Creo 10.0
高级设计

丁淑辉 姜 雪 / 编著

U0228502

清华大学出版社
北京

内 容 简 介

本书以 Creo 10.0 为基础,系统介绍了使用 Creo 软件进行产品高级建模的方法。全书共 10 章,详细介绍了机构运动仿真与分析、设计动画、复杂实体特征的创建、各类曲线与曲面特征建模及其编辑与分析方法、自顶向下设计、高级装配等方面的内容。本书以实践作为主线,结合近 60 个实例介绍了高级建模的理论与方法,可以使读者在理解建模原理、掌握建模思路的基础上,轻松掌握产品建模方法。

本书适合具有一定 Creo 设计基础的读者使用,可作为高等院校学生、工业设计以及机械等相关专业人员的学习和参考书籍。通过本书的学习,读者可以系统掌握使用 Creo 进行产品模型设计的理论与方法,能够进行较为复杂的曲面产品设计、大型装备模型设计及其运动分析。

图书在版编目(CIP)数据

Creo 10.0 高级设计/丁淑辉,姜雪编著.—北京:清华大学出版社,2024.3
ISBN 978-7-302-66029-3

Ⅰ.①C… Ⅱ.①丁… ②姜… Ⅲ.①计算机辅助设计-应用软件 Ⅳ.①TP391.72

中国国家版本馆 CIP 数据核字(2024)第 070055 号

责任编辑:苗庆波 赵从棉
封面设计:傅瑞学
责任校对:王淑云
责任印制:杨 艳

出版发行:清华大学出版社
     网   址:https://www.tup.com.cn,https://www.wqxuetang.com
     地   址:北京清华大学学研大厦 A 座   邮   编:100084
     社 总 机:010-83470000   邮   购:010-62786544
     投稿与读者服务:010-62776969,c-service@tup.tsinghua.edu.cn
     质量反馈:010-62772015,zhiliang@tup.tsinghua.edu.cn
印 装 者:三河市龙大印装有限公司
经   销:全国新华书店
开   本:185mm×260mm   印   张:28.75   字   数:696 千字
版   次:2024 年 3 月第 1 版   印   次:2024 年 3 月第 1 次印刷
定   价:88.00 元

产品编号:098826-01

Creo 是当今流行的三维设计软件，广泛应用于机械、工业设计等相关行业，是工程技术人员常用的设计软件，也逐渐成为国内外大专院校、职业院校工科学生必修的软件之一。Creo 提供了概念设计与渲染、零件设计、虚拟装配、功能模拟、生产制造等多方面的功能，可以为产品的计算机辅助设计与制造提供完整解决方案。本书重点讨论其零件设计、虚拟装配以及功能模拟中的部分内容。

本书以 Creo 10.0 为软件环境，阐述了数字化设计过程中进行复杂结构产品设计、复杂曲面设计、机构运动仿真与动画设计、高级装配设计等所需的软件操作方法。本书是作者根据多年企业现场装备的研发设计经验，在常年为企业工程师提供的培训内容基础上，精选常用功能编著而成。在本书的讲解中，始终保持了实践的特色。全书列举实例近 60 个，对所有重点内容均辅以例子讲解，使读者不但能轻松理解特征建模思路，更能了解其应用场合，尽快融入工程实际产品设计中去。

本书是一本以实践为主、理论结合实际的实用性教材，适合具有一定 Creo 设计基础的读者使用。通过本书的学习，读者可以掌握机构运动学分析与设计动画的建立方法、复杂实体特征的建模方法、复杂曲面特征的建模、编辑及其分析方法、自顶向下的设计方法，以及高级装配方法。

与本书内容相关的配套资源可扫描下面的二维码访问，内容包括书中所用实例和习题答案，读者可将其下载到计算机硬盘中，然后在 Creo 软件中打开。另外，作者还制作了与本书配套的电子教案，教师如有需要，扫下面的二维码下载。

本书由丁淑辉、姜雪编著，王明清、郭涛、吕秀明、陈晓龙、张丹丹、郭忠源、王国峰、李卫华、陈桂连、闫彩红、高桂英、陈桂芝等参与了编写工作。

本书虽几易其稿，但因作者水平有限，加之时间仓促，难免有疏漏之处，诚望广大读者和同仁不吝赐教！

配套资源

电子教案

作　者

2023 年 11 月

目录

CONTENTS

第1章

Creo概述与本书内容简介

本书主要介绍复杂特征、曲面建模方法、高级装配方法、自顶向下设计方法、机构仿真与分析、设计动画等方面的内容。本书的定位是面向有一定 Creo 使用基础的读者。

本章在介绍 Creo 软件的基础上,总结了使用本书前读者应掌握的基础知识,并介绍了本书的内容体系。

1.1 Creo 软件组成

Creo 是美国参数技术公司(Parametric Technology Corporation,PTC)开发的集成化三维 CAD/CAE/CAM 软件,能够实现计算机辅助设计、辅助分析、辅助制造、产品数据管理、工程过程优化等多方面的功能。不同规模的企业、不同的应用领域,需要软件中的不同部分,了解 Creo 的软件组成是系统掌握本软件所必需的。

使用 Creo 能够完成概念设计与渲染、零件设计、虚拟装配、功能模拟、生产制造等整个产品生产过程。根据功能的不同,Creo 10.0 共有 20 多个大的模块。针对产品设计的不同阶段,Creo 将产品设计分为概念与工业设计、机械设计、功能模拟、生产制造等几个大的方面,分别提供了完整的产品设计解决方案。

1. 概念与工业设计

Creo 可帮助客户通过草图、建模以及着色来轻松、快速地建立产品概念模型,其他相关部门在其流程中使用经认可的概念模型,可以尽早进行装配研究、设计及制造。此方面的主要模块有快速动画模拟、快速模型概念设计、网络动画渲染、草图照片快速生成三维模型、创建逼真图像等。

2. 机械设计

工程人员可利用 Creo 准确地建立与管理各种产品的设计与装配模型,获得诸如加工、材料成本等详细的模型信息;设计人员可轻松地探讨数种替换方案,可以使用原有的资料,以加速新产品的开发。此方面的主要模块有实体建模、复杂装配、钣金设计、管道设计、逆向工程、专业曲面设计、焊接设计等。

3. 功能模拟

Creo 软件可以使工程人员评估、了解并尽早改善他们设计的产品功能,以缩短推出市场的时间并减少开发费用。与其他 Creo 解决方案配合,使外形、配合性以及功能等从一开始就能正确地发展。此方面的主要模块有有限元分析、载荷处理、装配体运动分析、灵敏度优化分析、热分析、驾驶路面响应分析、振动模态分析、有限元网格划分等。

4. 生产制造

使用 Creo 能够准确制造所设计的产品,并说明其生产与装配流程。直接对实体模型进行加工,增加了准确性而减少了重复工作,并直接集成了 NC(数控)程序编制、加工设计、流程计划、验证、检查与设计模型。用于生产制造的主要模块有铸造模具优化设计、数控加工、注塑模具设计、操作仿真、CNC(计算机数控)设备的 NC 后处理、钣金设计制造等。

Creo 软件的使用,一般是一个多个模块综合使用的过程。例如,在进行通用产品设计时,一般首先使用概念设计模块建立概念模型,主要是进行外观设计与曲面建模;在设计经过论证后,再进行零件的详细设计建立各零件的精确三维模型并完成装配;最后在生产阶段,对需要进行数控加工的零件进行数控编程并导入机床加工,对采用普通机床加工的零件创建工程图并交付车间加工生产。

1.2 Creo 基础内容回顾

本节介绍读者学习本书内容所要掌握的关于 Creo 软件的基础知识,详细内容可参见作者编著的《Creo 10.0 基础设计》一书。

1. Creo 软件的基本操作

初步了解 Creo 软件,熟悉软件界面及模型操作方法。掌握模型观察方法,如模型缩放、移动、旋转等。其中,缩放包括使用鼠标滚轮缩放和 Ctrl+拖动中键(即,按下中键并移动鼠标)缩放;移动方法为 Shift+拖动中键;旋转模型的方法为拖动中键。调用视图列表中已保存的视图是观察模型特征方向的重要方法。此外,还可以使用重定向视图对话框动态定向视图,并将其保存至视图列表。

读者还应了解基本模型外观编辑与渲染方法,包括设置模型外观颜色、模型表面纹理及贴花、渲染时模型的光源、房间、环境效果等内容。

2. 参数化草绘

草图是 Creo 模型建立的基础,几乎每一个特征的创建过程中都离不开草图绘制。读者应理解参数化与参数化草图的概念,掌握草图的绘制过程,注意点、构造线、中心线等辅助图元和草绘诊断工具的使用。

3. 特征建模

特征建模是使用 Creo 软件的核心内容,读者应掌握最常用的草绘特征、基准特征和放置特征的创建方法。

草绘特征是生成实体的基本方法,主要有拉伸特征、旋转特征、扫描特征、混合特征、筋特征等。这些特征都是由草图经过拉伸、旋转、扫描、混合等操作方法生成的,所以称为草绘特征。

基准特征是模型建立的辅助工具,主要包括基准平面、基准轴、基准点、基准曲线、草绘基准曲线和基准坐标系等特征,应熟悉其创建方法及应用场合。

放置特征主要包括孔特征、圆角特征、倒角特征、抽壳特征和拔模特征。对于孔特征,要掌握矩形截面孔、标准轮廓孔、草绘孔以及螺纹孔的创建方法,尤其要熟悉螺纹孔的各种标准;对圆角特征,要求掌握圆角组的概念、各种圆角的形式及完全倒圆角等复杂圆角的创建方法;对于倒角特征,要求掌握边倒角和角倒角的创建方法;掌握不同厚度抽壳的方法;掌握简单拔模特征的创建方法。

4. 特征编辑

特征编辑主要包括特征复制、阵列、镜像、重定义等操作,熟练使用特征编辑方法是生成复杂模型的基础。

Creo 软件提供了特征直接粘贴、移动特征副本、旋转特征副本和改变特征副本参照等多种复制方式。特征阵列提供了尺寸阵列、方向阵列、轴阵列、填充阵列、表阵列、曲线阵列、参照阵列等多种阵列方法。读者应熟悉它们各自的应用场合。

除了上面的内容外,读者还应掌握以下常用特征操作:特征重命名;查看特征父子关系、解除特征父子关系;创建与分解局部组;理解特征生成失败的原因,掌握常用的解决特征生成失败的方法;特征隐含与恢复方法;特征重新排序与特征插入等。

5. 模型装配

复杂模型一般由多个零件模型组合而成,约束零件模型的过程就是模型装配。读者应掌握最基本的装配原理和过程,包括元件模型和组件模型的全相关性、装配的约束类型、元件操作、组件分解等问题。

6. 创建工程图

工程图中包含大量的尺寸信息,是工程上交流的语言。对于多数传统机械加工而言,都需要生成工程图。Creo 工程图模块提供了生成平面图及尺寸等标注信息的方法,要求读者掌握工程图与实体模型的全相关性、工程图中各种视图(包括剖视图和剖面图)的创建方法、视图的操作方法、尺寸标注与编辑等内容。

1.3　本书内容概述

本节简要说明后面章节所要介绍的内容,主要包括机构运动仿真与分析、设计动画、复杂实体特征的创建、常规曲面与专业曲面特征、曲线特征及其分析、曲面编辑及其分析、造型曲面特征、自顶向下设计方法、高级装配等。

1. 机构运动仿真与分析

机构运动仿真与分析是 CAD/CAE/CAM 软件中的一个重要应用,Creo 提供了一套完整的解决方案来实现此功能。在介绍机构运动仿真基本概念与界面的基础上,第 2 章介绍机构运动学、机构动力学仿真与分析的基本流程,以及槽连接、凸轮机构、齿轮机构、带连接等典型机械机构的仿真与分析方法。

2. 设计动画

第 3 章介绍使用 Creo 创建设计动画的方法,主要有:使用关键帧或伺服电动机创建快照动画的基本过程,介绍了创建分解动画和机构动画的方法,以及在设计动画中使用定时视图和定时透明设定模型旋转、缩放以及渐隐、渐强等效果的方法。

3. 复杂实体特征的创建

第 4 章介绍复杂实体特征的创建方法,主要包括扫描和混合两大类特征:旋转混合特征、常规混合特征、可变剖面扫描特征、螺旋扫描特征,以及扫描混合特征。

4. 常规曲面与专业曲面特征

第 5 章在讲解曲面基本概念基础上,介绍拉伸、旋转、扫描、混合、填充、复制、偏移、镜像、延伸等常规的生成曲面的方法,以及边界混合曲面、带曲面等专业曲面创建方法。

5. 曲线特征及其分析

曲线是曲面建模的基础,是创建扫描曲面、混合曲面、造型曲面等的重要元素。第 6 章介绍基准曲线、复制曲线、平移/旋转曲线、镜像曲线、偏移曲线、相交曲线、投影曲线、包络曲线等的创建方法,以及曲线的修剪方法,最后讲述曲面分析工具及其应用方法。

6. 曲面编辑及其分析

单个曲面特征对模型复杂度的表现能力有限,通过曲面编辑可生成复杂多变的模型外观。第 7 章介绍曲面的编辑方法,包括曲面修剪、曲面合并及曲面实体化和加厚、曲面折弯、曲面扭曲等操作,并介绍曲面分析工具和曲面连续性的概念。

7. 造型曲面特征

造型曲面是曲面设计的重要内容,第 8 章详细介绍造型曲面的产生、造型模块界面、造型曲线和造型曲面的创建及编辑等方法,最后结合实例介绍造型曲面的应用,重点讲述造型曲面与其他常规曲面、实体之间的结合方法。

8. 自顶向下设计

自顶向下设计是一种产品设计过程的管理方法,是指在创建产品时,首先设计产品框架或外形结构,然后对框架或外形逐步细化,最后得到底层零件的设计方法。第 9 章介绍自顶向下设计方法的概念,并系统讲解骨架模型、合并/继承特征、复制几何特征、发布几何特征、记事本等自顶向下设计工具的原理与使用方法。

9. 高级装配

第 10 章介绍创建组件以及元件放置的各种方式,装配中的布尔运算和大型组件中零件的简化表示等问题。

第2章

机构运动仿真与分析

Creo 是一款综合性工程软件,其功能贯穿了 CAD/CAE/CAM 整个制造业领域,本章讲述其 CAE(Computer Aided Engineer,计算机辅助工程)功能中的机构仿真与分析。Creo 提供了一组功能强大的工具用来模拟测试产品或设备的机械性能。通过模拟模型的实际工作情况,CAE 可在制造产品的物理样机前,以计算机仿真的形式检验产品的位置、运动、受力、受热等是否符合实际要求,以减少产品返工的次数,节约开发成本,加快产品设计进度。

Creo 提供的 CAE 模块包括 Creo 实时仿真(Creo Simulation Live)、Creo 有限元仿真(Creo Ansys Simulation)、Creo Simulate、机构设计和机构动力学(Mechanism Design and Mechanism Dynamics)、设计动画(Design Animation)等多项内容,本书仅讲述后两部分内容。机构设计和机构动力学是 Creo 的机械设计扩展模块(Mechanism Design eXtension, MDX),描述了将组件创建为运动机构并分析其运动规律的过程,主要内容包括创建机构模型,以及测量、观察、分析机构的运动等内容,本章重点讲述 MDX。

2.1　机构运动仿真概述与实例

2.1.1　机构运动仿真界面

机构运动仿真始于装配模型,要进入机构界面必须首先创建符合仿真要求的装配模型。进入组件模型后,打开功能区【应用程序】选项卡,如图 2.1.1 所示,在【运动】组中单击机构按钮 进入机构运动仿真界面,如图 2.1.2 所示(本例参见配套文件目录 ch2\ch2_1_example1)。与装配界面相比,仿真模块在界面左下角添加了机构树,用于显示运动模型中的元件以及定义的连接、电动机、弹簧、阻尼等各种元素。功能区添加了【机构】选项卡,用于定义机构运动仿真要素。

图 2.1.1　【应用程序】选项卡界面

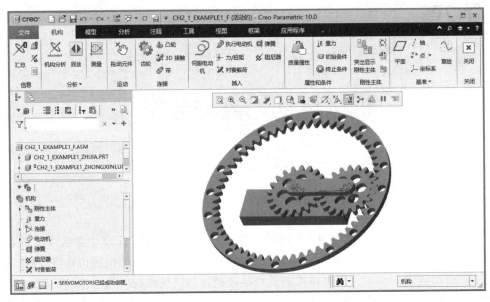

图 2.1.2　机构运动仿真界面

2.1.2　主体

运动模型机构树中列出了运动模型的元件组成及定义的连接、电动机、弹簧、阻尼等元素。运动模型的元件以主体为单位被分为若干组，图 2.1.3 显示了运动模型中的主体节点。

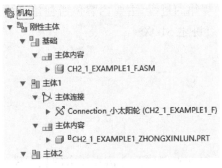

图 2.1.3　运动模型的主体节点

"主体"是指运动机构模型中的一个元件或彼此间没有相对运动的一组元件。一般情况下，第一个装配到组件中的主体将成为该运动机构的"基础"主体，如图 2.1.3 中"刚性主体"节点下的第一个节点，"基础"主体是其他主体装配的基础。

使用约束的方法将其他元件装配到基础主体上时，若此元件具有相对运动的自由度，系统自动将这些元件定义为主体，如图 2.1.3 中的"主体 1""主体 2"。在机构树的主体节点中，有"主体内容"和"主体连接"两项内容。"主体内容"中包含构成主体的一个或多个元件；"主体连接"中包含创建本主体时使用的连接方式，其中包括与其相约束的主体以及本主体的运动轴。

2.1.3　机构运动仿真实例

使用 Creo 机构模块进行运动学仿真的总体过程为：创建零件→装配运动模型→添加伺服电动机→分析→查看分析结果。本小节以连杆绕中心做回转运动的简单机构为例，介绍使用 Creo 机构模块进行机构运动学仿真的方法与流程。

例 2.1　创建如图 2.1.4 所示的装配模型，并使上部连杆机构绕下部支撑的回转中心以 10(°)/s 的角速度回转。

图 2.1.4 例 2.1 图

步骤 1：创建模型零件。

（1）创建下部支撑零件。单击【文件】→【新建】命令或工具栏中的新建按钮🗋，新建零件模型 ch2_1_example2_1.prt。单击【模型】选项卡【形状】组中的旋转命令按钮 ◌ 旋转 激活旋转命令，选择 FRONT 面作为草绘平面，TOP 面作为参考，方向向上，定义草图如图 2.1.5 所示。旋转 360°生成模型如图 2.1.6 所示。

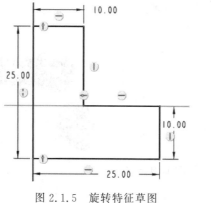

图 2.1.5 旋转特征草图

图 2.1.6 回转底座

（2）创建连杆零件。单击【文件】→【新建】命令或新建按钮🗋，新建零件模型 ch2_1_example2_2.prt。单击【模型】选项卡【形状】组中的拉伸命令按钮 🗗 激活拉伸命令，选择 TOP 面作为草绘平面，RIGHT 面作为参考，方向向右，定义草图如图 2.1.7 所示。拉伸高度 10 生成模型如图 2.1.8 所示。

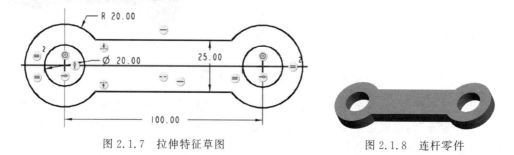

图 2.1.7 拉伸特征草图

图 2.1.8 连杆零件

步骤 2：装配运动模型。

（1）创建组件文件。单击【文件】→【新建】命令或工具栏中的新建按钮🗋，新建组件模型 ch2_1_example2.asm。

（2）装配零件 1。单击【模型】选项卡【元件】组中的组装元件命令按钮 ，选择步骤 1 中创建的零件 ch2_1_example2_1.prt，使用"默认"约束完成装配。

（3）装配零件 2。同样激活装配命令，选择步骤 1 中创建的零件 ch2_1_example2_2.prt，单击装配操控面板中的【连接类型】下拉列表，从弹出的用户定义约束集中选择【销】选项，如图 2.1.9 所示。

图 2.1.9　用户定义连接集

单击【放置】标签打开滑动面板，选择支撑件的回转中心和连杆一端的孔中心，创建"轴对齐"约束，如图 2.1.10 所示。选择支撑件台阶的上表面以及连杆的下表面，创建"平移"约束，如图 2.1.11 所示。

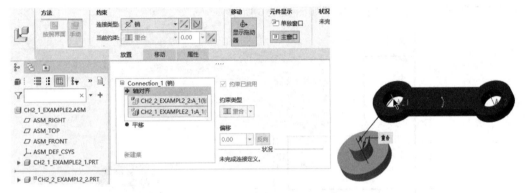

图 2.1.10　创建"轴对齐"约束

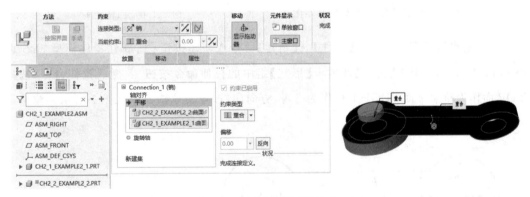

图 2.1.11　创建"平移"约束

至此模型装配完成，其中第一个元件（支撑件）位置固定，自由度为零；第二个元件（连杆）使用"轴对齐"约束限定了 4 个自由度，使用"平移"约束限定了 1 个自由度，在当前约束状态下，连杆可以绕其孔中心回转。

步骤 3：进入机构运动仿真模块。

单击【应用程序】选项卡【运动】组中的机构按钮 ，进入机构仿真模块。模型中出现旋转轴标记，如图 2.1.12 所示。

步骤 4：添加伺服电动机。

（1）添加伺服电动机。单击【机构】选项卡【插入】组中的伺服电动机命令按钮 ，弹出【电动机】操控面板如图 2.1.13 所示。单击【参考】标签弹出滑动面板，选择步骤 2 中装配生成的旋转轴标记，如图 2.1.14 所示。

图 2.1.12 带旋转轴标记的机构运动模型

图 2.1.13 【电动机】操控面板

（2）定义伺服电动机参数。单击【电动机】操控面板中的【配置文件详情】标签弹出滑动面板，在【驱动数量】区域中选择【角速度】，在【电动机函数】区域中设置【函数类型】为"常量"，【系数】文本框中输入"10"，单位为 deg/sec，如图 2.1.15 所示，其含义为指定伺服电动机的旋转角速度为 10(°)/s。

图 2.1.14 【参考】滑动面板

图 2.1.15 【配置文件详情】滑动面板

步骤 5：进行运动分析。

（1）定义运动分析。单击【机构】选项卡【分析】组中的机构分析按钮 ，弹出【分析定义】对话框。设置对话框中的【结束时间】为"36"，表示仿真时间为 36s，如图 2.1.16 所示。

提示：定义运动分析时，运动所使用的电动机默认为步骤 4 中所用的伺服电动机，单击【分析定义】对话框的【电动机】属性页，可以看到默认的"电动机 1"，并且其作用时间是从

"开始"一直到"终止",如图 2.1.17 所示。若【电动机】列表中没有项目,则单击 按钮添加已经定义的电动机。

图 2.1.16 【分析定义】对话框

图 2.1.17 【电动机】属性页

(2) 运行已经定义的分析。单击【分析定义】对话框中的【运行】按钮,可以看到图形窗口中的连杆绕步骤 2 中定义的运动轴回转了一周,同时在机构树的"回放"节点生成一个分析结果。

步骤 6:查看分析结果。

(1) 回放分析结果。单击【机构】选项卡【分析】组中的回放按钮 ,弹出【回放】对话框如图 2.1.18 所示。单击顶部的 按钮,弹出【动画】对话框如图 2.1.19 所示,单击播放按钮 ▶ 播放步骤 5 中创建的运动分析结果。单击【捕获】按钮,可以将运动过程捕获并存盘。本例动画参见配套文件 ch2\ch2_1_example2\ch2_1_example2.mpg。

(2) 保存分析结果集。单击【回放】对话框中的存盘按钮 ,将分析结果集以"pbk"格式存盘,下次打开机构文件时,单击【回放】对话框中的打开按钮 可打开此结果集。

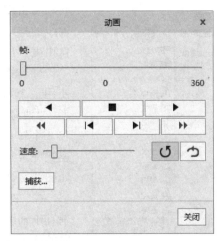

图 2.1.18 【回放】对话框　　　　　　图 2.1.19 【动画】对话框

本例运动仿真实例参见配套文件目录 ch2\ch2_1_example2。

2.2　使用预定义的连接集装配机构元件

在一般的模型装配过程中,组件内各元件之间没有自由度,不能产生相对运动。而在机构仿真过程中,若要使元件间产生相对运动,则在装配过程中必须使其自由度不被完全约束。如例 2.1 中,在装入第二个元件时仅约束了 5 个自由度,保留了其相对于轴线的转动自由度。Creo 通过系统预定义的连接集,在约束元件多个自由度的同时,保留了运动所需的自由度,可实现元件间的相对运动。

2.2.1　连接集概述

Creo 机构运动仿真模块中预定义了 12 种连接集,设计者在装配元件时,选用这些特定的约束集合,可以不完全约束模型。根据连接类型,允许元件以特定的方式运动。

一个自由元件在组件中分别存在沿 X、Y、Z 轴的平移和绕 X、Y、Z 轴旋转,共 6 个自由度,通过约束可减少元件的自由度数量。预定义连接通常将多个约束组合在一起来定义单个连接。如例 2.1 中连杆装配的"销"连接,使用了"轴对齐"和"平移"(两面重合)两个约束。通过"销"连接,连杆元件仅保留了绕轴线转动自由度,允许其绕下部支撑元件回转。

2.2.2　预定义连接集

Creo 中预定义的各种连接分别定义了不同的约束,通过限定自由度得到不同的运动方式。在元件装配过程中,单击【元件放置】操控面板中的【连接类型】下拉列表,弹出如图 2.2.1 所示的用户定义连接列表,通过定义其指定的约束完成装配。本小节介绍其中几种常用的连接集。

(1) 销。"销"连接创建一个绕轴线回转的运动,它使用一个"轴对齐"约束和一个"平移"约束限定元件的自由度。"轴对齐"约束限定元件垂直于轴线的 2 个移动自由度和 2 个

图 2.2.1 预定义连接集

转动自由度，"平移"约束添加"重合"约束到两个面上，限定沿轴线的移动自由度。连接完成后，元件具有一个绕轴线回转自由度，可绕轴线做回转运动，如图 2.2.2 所示。

（2）滑块。"滑块"连接创建一个沿轴线平移的运动，它使用一个"轴对齐"约束和一个"旋转"约束限定元件的自由度。"轴对齐"约束限定元件垂直于轴线的 2 个移动自由度和 2 个转动自由度，"旋转"约束限定绕轴线的旋转自由度。连接完成后，在沿轴线移动的自由度下，元件可沿轴线平移，如图 2.2.3 所示。

（3）圆柱。"圆柱"连接使用一个"轴对齐"约束限定元件垂直于轴线的 2 个移动自由度和 2 个转动自由度，保留了沿轴向的移动自由度和绕轴线的回转自由度。使用"圆柱"连接的元件具有移动和旋转两种运动的可能，如图 2.2.4 所示。

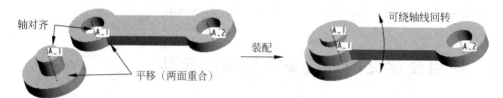

图 2.2.2 "销"连接

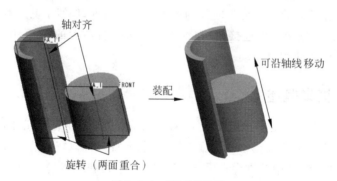

图 2.2.3 "滑块"连接

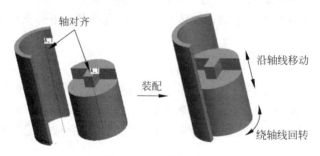

图 2.2.4 "圆柱"连接

（4）平面。"平面"连接使用一个"平面"约束使元件与组件的两平面重合（或间隔一定距离），元件此时具有 3 个自由度：沿平面的 2 个移动自由度和绕自身的旋转自由度，如图 2.2.5 所示。

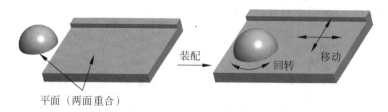

图 2.2.5 "平面"连接

（5）球。"球"连接使用"点对齐"约束，约束元件的 3 个移动自由度。如图 2.2.6 所示，元件可绕 3 条轴线旋转。

（6）槽。"槽"连接使用"点位于线上"约束来控制元件之间的运动联系。如图 2.2.7 所示，将左侧连杆上的基准点 PNT0 约束在盘形凸轮的凹槽中心线上，当凸轮绕中心回转时，可带动连杆摆动。

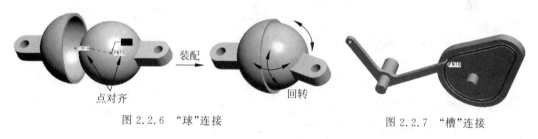

图 2.2.6 "球"连接   图 2.2.7 "槽"连接

2.3 机构运动学仿真与分析

2.1 节仅以实例简单说明了机构运动学仿真的过程，本节在介绍运动学仿真完整流程的基础上，详细介绍流程中各步骤的操作方法。

2.3.1 机构运动学仿真流程

机构运动学仿真的完整流程如下所述。

（1）创建模型。除了要创建可运动的装配模型外，还应设置运动轴的位置、运动限制等内容，对于含有凸轮、齿轮副等的机构，还应创建凸轮、齿轮副等特殊连接。

（2）检测模型。创建模型后，通过"拖动"等方法验证其运动，用于检验定义的连接是否能产生预期的运动。还可以在拖动的同时创建机构位置的快照，用于以后定义运动分析的起始位置。

（3）添加伺服电动机。伺服电动机用于定义机构所需的绝对运动，将其应用到运动轴上可指定机构元件或元件上点的位置、速度或加速度。

（4）准备分析。进行运动分析前，定义机构的初始位置快照以及创建测量。如果希望运动分析从元件上指定的位置开始，则可使用（2）在"拖动"过程中创建的快照；若要在运动分析中测量机构的位置,则应在此步骤中创建测量。

(5)分析模型。进行机构的运动学分析或位置分析,并模拟机构运动过程。

(6)查看分析结果。位置分析或运动学分析后,通过回放运动结果、查看数据、创建轨迹曲线、创建运动包络等操作来查看分析结果。

2.3.2 创建模型

创建模型包含生成运动连接及定义运动轴设置两部分内容。生成运动连接是指创建装配机构,并保持组件内元件间的相对运动,以得到期望的运动;定义运动轴设置是指创建运动机构的运动限制,以保证运动的正确性。

2.2节中介绍了常用的机构运动连接方法,使用这些方法创建的运动组件内保留的自由度即是可运动的自由度。在创建连接的同时,也可以定义运动轴设置。如图2.3.1所示,创建销连接时,在【元件放置】操控面板的【放置】滑动面板中,"销"约束列表的最后一项可定义运动轴设置。

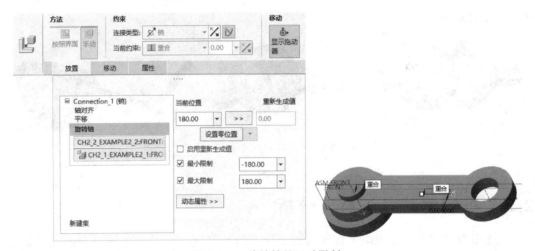

图 2.3.1　旋转轴的运动限制

定义运动轴设置时,首先选取运动轴参考。对于旋转轴,选择元件及组件上的两个平面,以定义旋转角度,图2.3.1所示的旋转轴定义中选择了元件和组件的FRONT面作为参考;对于移动轴,选择元件及组件上的两个参考,以定义移动距离,如图2.3.2所示,选择组件及元件的右侧面,定义轴的移动距离。

同时,还可以定义旋转轴及运动轴的极限位置以确定其运动范围。如图2.3.1中,其旋转轴的运动范围为$-180°\sim180°$,图2.3.2中移动轴的运动范围为$-1000\sim500$。

在机构仿真界面下的机构树中也可以定义运动轴设置。在机构树中单击展开运动轴所在的"主体",单击"主体连接"节点下的"旋转轴"并单击浮动工具栏中的编辑定义按钮 ✎,如图2.3.3所示,打开【运动轴】对话框如图2.3.4所示。选择旋转轴的角度参考或移动轴的偏移参考后,便可设置运动轴的当前位置、最大及最小限制等内容。

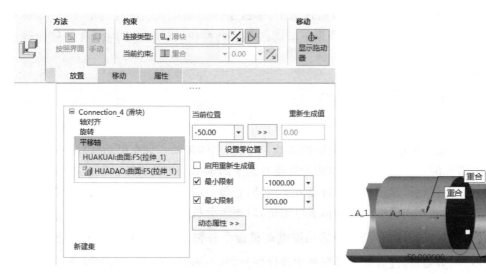

图 2.3.2 移动轴的运动限制

图 2.3.3 运动轴的浮动工具栏

图 2.3.4 【运动轴】对话框

2.3.3 检测模型

运动模型创建完成后,应验证其可运动性,此步骤可检验定义的连接能否产生预期的运动。一般使用"拖动"的方法进行模型检测。

单击【机构】选项卡【运动】组中的拖动元件命令按钮 ,弹出【拖动】对话框如图 2.3.5 所示。应用此对话框,可以交互方式拖动该主体,用于研究机构移动的特性以及主体的运动范围。

图 2.3.5 拖动对话框

默认状态下对话框上部的  按钮被选中,单击主体上的点、线、面将选中该主体,移动鼠标,该主体及相关主体将在装配约束下运动;单击 按钮,直接选择主体,移动鼠标将拖动该主体。

2.3.4 添加伺服电动机

伺服电动机是机构的驱动器,用于控制机构中主体的平移或旋转运动,在使用时通过将机构的位置、速度或加速度指定为时间的函数,来控制主体运动。伺服电动机只是对主体的某一自由度添加的一个运动约束,机构中并没有真正添加电动机的实体模型。

使用伺服电动机可规定机构以特定方式运动,它将引起在两个主体之间、单个自由度内的特定类型的运动。向模型中添加伺服电动机,以便为分析做准备。

单击【机构】选项卡【插入】组中的伺服电动机命令按钮 ,弹出【电动机】操控面板如图 2.3.6 所示,需要设置【参考】与【配置文件详情】两项内容。

图 2.3.6 【电动机】操控面板

单击【参考】标签弹出滑动面板,在屏幕上选择运动轴作为"从动图元"。根据选定运动轴的不同,系统将创建旋转电动机、平移电动机或槽电动机。选择旋转轴后创建旋转电动机如图 2.3.7 所示,选择平移轴后创建平移电动机如图 2.3.8 所示。

图 2.3.7 创建旋转轴电动机

图 2.3.8 创建平移轴电动机

单击打开【电动机】操控面板中的【配置文件详情】滑动面板,可设置电动机的运动形式及参数。单击【驱动数量】区域,弹出下拉列表如图 2.3.9 所示,通过从列表中指定电动机的角位置、角速度或角加速度等,可分别设置伺服电动机的运动形式。对于旋转轴电动机,当设置运动轴角速度为 $10(°)/s$ 时的滑动面板如图 2.3.10 所示。

图 2.3.9 定义电动机的运动形式

图 2.3.10 定义电动机的角速度

在设定电动机配置时,需要指定电动机函数及其参数。电动机函数用于指定伺服电动机位置、速度或加速度的变化形式,其下拉列表如图 2.3.11 所示,可以设定多种伺服电动机位置、速度或加速度的函数形式。不同的电动机函数需要设置不同的系数,如函数类型为"常量",则仅需指定常数系数 A 即可;若设置函数类型为"斜坡",则需要指定常数 A 和斜率 B 两个系数。

已经定义完成的电动机将出现在机构树的"电动机"节点中。单击其中的"电动机 1",弹出浮动工具栏如图 2.3.12 所示,单击其编辑定义按钮 ,将打开【电动机】操控面板,从中可编辑选定的电动机。

图 2.3.11 【函数类型】下拉列表

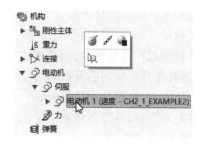

图 2.3.12 电动机的浮动工具栏

2.3.5　准备分析

为了完成机构分析,有些情况下需定义初始位置快照或创建测量。本步骤不是进行运动仿真所必需的。

初始位置快照记录了机构内零件间的相对位置,在进行运动分析前,定义初始位置快照可指定运动分析时零件的起始位置。要定义初始位置快照,单击图 2.3.5 所示【拖动】对话框中的【快照】,对话框变为如图 2.3.13 所示。拖动可移动元件到所需位置后,单击对话框中的快照按钮 📷 生成机构当前位置的快照。生成的快照位于下面的快照列表中,如图 2.3.14 所示,选择其中某个快照并单击其左侧的显示选定快照按钮 👓,模型可恢复到选定快照位置。

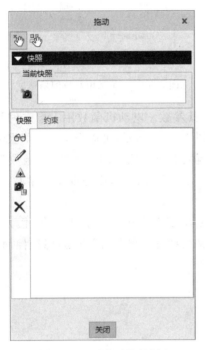

图 2.3.13　【拖动】对话框

图 2.3.14　【拖动】对话框中的快照列表

2.3.6　分析模型

对机构进行运动学分析时,Creo 将模拟机构的运动情况。本小节介绍的运动学分析可对机构进行位置分析或运动分析。

进行运动或位置分析,可模拟机构在伺服电动机作用下的运动。分析时需要选择电动机,并设置其在分析期间的开始和终止时间。运动学分析或位置分析是一系列的组件分析。如果装配正确,在进行运动模拟时,机构将在规定时间内按照预定的形式运动。在这期间若有机构装配不合理,系统将停止并给出运动失败的提示。

单击【机构】选项卡【分析】组中的机构分析按钮 ⚙,弹出【分析定义】对话框如图 2.3.15 所示。在【名称】文本框中输入分析名称,单击下部【类型】区域,弹出下拉列表如图 2.3.16

所示,可选取机构分析的 5 种类型:"位置"、"运动学"、"动态"、"静态"和"力平衡"。机构运动学分析可进行前两项,分别称为位置分析和运动分析。这两种分析相似,但在生成分析的测量结果时有差别,运动分析可计算机构中的点或运动轴的位置、速度和加速度,而位置分析则只能测量其位置,详见 2.3.7 节。

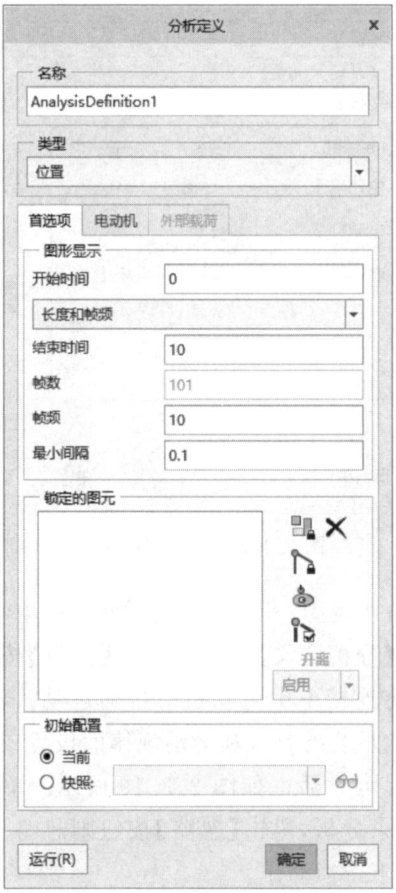

图 2.3.15 【分析定义】对话框

图 2.3.16 分析类型

在【分析定义】对话框的中部【图形显示】区域可指定分析的开始时间、结束时间、要显示模拟动画效果的帧数或帧频等内容。在【锁定的图元】区域中,可以锁定部分元件。在【初始配置】区域中,指定使用"当前"位置作为分析的起始位置,或使用 2.3.5 节中创建的快照作为起始位置。

【分析定义】对话框的【电动机】属性页如图 2.3.17 所示,显示了本分析中驱动机构运动的电动机,单击 按钮可添加电动机;选择电动机再单击 按钮可将其删除;单击 按钮将添加机构中所有的电动机。默认情况下,电动机的作用时间是从"开始"到"终止",在时间上单击,可输入相应的时间值(单位为秒(s))。若想实现多个元件的运动,需创建多个伺服电动机;若要实现多个元件的顺序运动,应在创建多个伺服电动机的基础上,使其作用时间首尾衔接起来,如图 2.3.18 所示,"电动机 1"的作用时间是从"开始"到第 10 秒,"电动机 2"的作用时间从第 11 秒到第 20 秒,"电动机 3"的作用时间从第 21 秒到终止。

图 2.3.17 添加电动机

图 2.3.18 添加多个电动机

图 2.3.19 错误提示对话框

当完成分析类型、开始与终止时间以及电动机的设置后,单击【分析定义】对话框中的【运行】按钮,观察机构在规定连接下由电动机产生的运动。若机构中存在不能满足装配要求和运动规律的设置或参数,则系统弹出提示对话框如图 2.3.19 所示。单击【停止】按钮可结束分析,单击【忽略】按钮则忽略当前错误,继续模拟下一帧动作。

2.3.7 查看分析结果

单击【分析定义】对话框中的【运行】按钮后,若系统没有出现错误提示,机构树中的【回放】节点上将生成一项可重新播放的结果集,如图 2.3.20 所示的 AnalysisDefinition1。对于此分析结果,可进行运动结果回放、干涉检测、运动包络创建、查看测量以及轨迹曲线创建等操作。

1. 运动结果回放

单击机构树中的结果集,在弹出的浮动工具栏(图 2.3.20)中单击播放按钮 ▶,弹出【动画】对话框如图 2.3.21 所示。单击其中的播放按钮 ▶ 播放分析模型时生成的动画;单击向后播放按钮 ◀,可向后播放动画;其他按钮的功能与音乐播放器类似。拖动【帧】进度条上的滑块,可直接显示特定位置上对应的帧;拖动【速度】进度条上的滑块,可改变动画播放的速度;单击【捕获】按钮弹出【捕获】对话框如图 2.3.22 所示,可生成"mpg"格式的视频文件。

图 2.3.20　结果集浮动工具栏

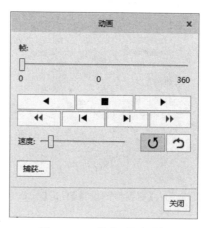

图 2.3.21　【动画】对话框

单击【机构】选项卡【分析】组中的回放按钮 ◀▶ ，弹出【回放】对话框如图 2.3.23 所示，也可以回放分析模型时生成的结果集。【结果集】下拉列表中列出了所有可以回放的结果集，选择一项并单击对话框中的播放按钮 ◀▶ ，将弹出如图 2.3.21 所示【动画】对话框播放动画。

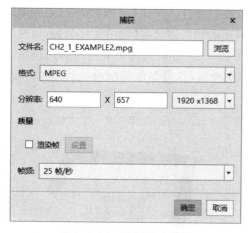

图 2.3.22　【捕获】对话框

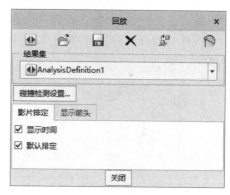

图 2.3.23　【回放】对话框

注意：结果集不能随模型存盘而存储到组件中，要保存分析结果，在【回放】对话框中的【结果集】下拉列表中选取要保存的结果，然后单击对话框中的存盘按钮 🖫 将其存为"pbk"格式文件。后期打开模型时，在本对话框中单击打开按钮 📂 打开此"pbk"文件，可打开此保存结果。

2. 干涉检测

在如图 2.3.23 所示【回放】对话框中，单击【碰撞检测设置】按钮，弹出【碰撞检测设置】对话框如图 2.3.24 所示，默认情况下系统碰撞检测设置为【无碰撞检测】，即系统忽略运动过程中元件间的干涉。若选择【全局碰撞检测】单选按钮，则在发生元件间的干涉时，干涉区域会高亮显示，如图 2.3.25 所示。也可选择【部分碰撞检测】单选按钮，通过选择想要检测碰撞的元件进行局部干涉检验。

图 2.3.24　【碰撞检测设置】对话框

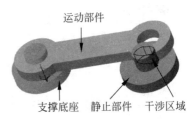

图 2.3.25　高亮显示干涉区域

3. 运动包络创建

在图 2.3.23 所示【回放】对话框中单击创建运动包络按钮 ，弹出【创建运动包络】对话框如图 2.3.26 所示，可创建运动部件的包络模型，用于表示分析期间一个或多个元件运动的范围。在【质量】区域的【等级】文本框中改变从 1～10 的整数，为创建运动包络模型指定质量级。在【元件】区域中单击 按钮选择要创建包络的元件，默认状态下所有元件被选中，按住 Ctrl 键单击元件可移除已选元件或添加新元件。单击【预览】按钮，可在模型上观察所选元件的运动包络，单击【确定】按钮，可将运动包络存储到【输出文件名】所指定的文件中。图 2.3.27 所示为颚式破碎机机构简图，图 2.3.28 所示为其中颚板的运动包络。关于颚式破碎机的机构仿真，将在 2.3.8 中的例子中介绍，其模型参见配套文件 ch2\ch2_3_example1.asm。

图 2.3.26　【创建运动包络】对话框

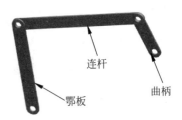

图 2.3.27　颚式破碎机机构

图 2.3.28　颚板的运动包络

4. 查看测量

在生成可回放的结果集后,单击【机构】选项卡【分析】组中的测量按钮  ,弹出【测量结果】对话框如图 2.3.29 所示。在运动学分析中,"测量"可以创建元件上点或运动轴的位置、速度或加速度曲线,有助于设计者了解和分析移动机构所产生的结果,并可提供用来改进机构设计的信息。

测量曲线是针对某一分析结果对机构中某点或轴的分析,所以在查看测量曲线前,必须选择结果集并创建测量。单击【测量结果】对话框【测量】区域中的 按钮创建新测量,弹出【测量定义】对话框如图 2.3.30 所示。单击【类型】区域,弹出下拉列表如图 2.3.31 所示,运动分析中可采用"位置""速度""加速度"等项目。

可对元件上的点或运动轴创建测量曲线。若选择运动轴,如图 2.3.32 所示,则可创建此轴的速度曲线;若选择元件上的某点,【测量定义】对话框变为如图 2.3.33 所示,则需要指定坐标系并指定显示点的速度大小或各轴速度的分量。

图 2.3.29 【测量结果】对话框

图 2.3.30 【测量定义】对话框

图 2.3.31 测量的类型

测量创建完成后,同时选择测量和结果集,【测量结果】对话框顶部的图形按钮 可用,单击该按钮弹出【图表工具】对话框,显示所选择点或运动轴的位置、速度或加速度曲线。例如,对图 2.3.32 所示连杆与颚板连接轴进行速度分析,打开【图表工具】对话框如图 2.3.34

所示,图中曲线显示了运动轴在不同时刻的速度大小。

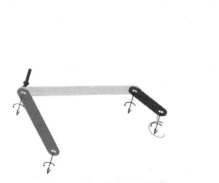

图 2.3.32　选择运动轴进行测量

图 2.3.33　【测量定义】对话框

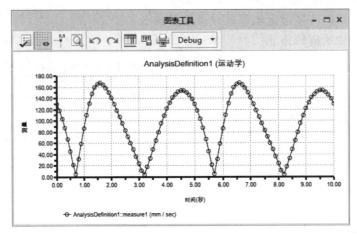

图 2.3.34　运动轴的速度曲线

注意:因为"测量"是某一分析结果对机构中某点或轴的分析,所以在没有创建测量或没有选取分析结果时,【测量结果】对话框中的 ⌇ 按钮呈灰色,不可用。

前已叙及,位置分析和运动分析在生成分析的测量结果时有差别,运动分析可计算机构中的点或运动轴的位置、速度和加速度,而位置分析则只能测量其位置。对于某位置分析结果集,创建两个测量如图 2.3.35 所示,measure1 为轴的位置测量,在任一位置均可得到其值,且 ⌇ 按钮可用;measure2 为轴的速度测量,在位置分析中其值不能计算,⌇ 按钮也不可用。

5. 轨迹曲线创建

轨迹曲线是指以图形的形式表示机构中某一点或顶点相对于另一零件的运动轨迹。在生成可回放结果集的基础上,单击【机构】选项卡【分析】组中的组溢出按钮,弹出命令面板如图 2.3.36 所示。单击【轨迹曲线】按钮,弹出【轨迹曲线】对话框如图 2.3.37 所示,在对话框中指定纸零件、曲线类型、需要记录的点以及一个运动结果集,即可创建该点相对于纸零件的运动轨迹。

图 2.3.35 对位置分析的测量结果

图 2.3.36 【轨迹曲线】命令面板

图 2.3.37 所示【轨迹曲线】对话框中,纸零件是在装配中选择的一个主体,用作描绘轨迹时的参考。可以将选取的主体想象为一张纸,将需要记录轨迹的点想象为一支笔,运动结果集中需要记录的点相对于纸零件的运动路线即为需要绘制的轨迹曲线。激活【轨迹曲线】对话框时,系统默认处于选择纸零件状态,单击模型中将要作为纸零件的元件,即可选中纸零件。可选择机构中某一元件的点、顶点或某一曲线的端点作为参考,生成其轨迹曲线。生成的轨迹曲线将与其参考坐标系、辅助平面等作为一个组记录在模型树中,如图 2.3.38 所示。

创建轨迹曲线的步骤总结如下。

(1) 做准备工作。进行运动学仿真分析,创建一个或多个结果集。

(2) 激活命令。单击【机构】选项卡【分析】组中的组溢出按钮,单击【轨迹曲线】按钮,弹出【轨迹曲线】对话框以及【选择】对话框。

(3) 选择纸零件。选择组件或某个元件,并单击【选择】对话框中的【确定】按钮,确定轨迹曲线的纸零件。

(4) 选择要创建轨迹曲线的参考点。选择元件上的点、顶点或某一曲线的端点。

图 2.3.37 【轨迹曲线】对话框

图 2.3.38 轨迹曲线

（5）选择结果集。在【结果集】框中选择一个结果集。

（6）完成。单击【轨迹曲线】对话框中的【确定】按钮，生成参考点相对于纸零件的轨迹曲线。

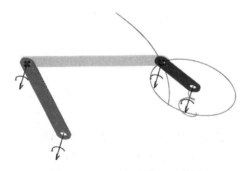

图 2.3.39 颚式破碎机示意图

生成的轨迹曲线是选择的参考点相对于纸零件的相对运动轨迹，同一个参考点相对于不同的纸零件生成的轨迹曲线可能不同。如图 2.3.39 所示的颚式破碎机，其运动过程为右侧的曲柄做回转运动，带动中间的连杆以及左侧的颚板摆动。若选择整个组件作为纸零件，其轨迹曲线为图中所示的圆，表示选择的参考点相对于静止的组件做圆周运动；若选择颚板作为纸零件，则参考点的轨迹曲线为图中的曲线，表示参考点相对于颚板摆动。

2.3.8 机构运动学分析实例

例 2.2 颚式破碎机机构简图如图 2.3.40 所示，已知颚板 CD 长度为 300mm，曲柄 AB 长度为 120mm，连杆 BC 长度为 400mm，模拟破碎机中四杆机构的工作原理。

本例设计过程的步骤：①创建零件模型；②创建机构组件；③进入仿真模块；④检测模型；⑤添加伺服电动机；⑥分析模型；⑦查看分析结果。

步骤1：创建零件模型。

(1) 创建曲柄 AB。单击【文件】→【新建】命令或工具栏中的新建按钮 □，新建零件模型 ch2_3_example1_qubing.prt。单击【模型】选项卡【形状】组中的拉伸命令按钮 激活拉伸命令，选择 FRONT 面作为草绘平面，RIGHT 面作为参考，方向向右，定义草图如图 2.3.41 所示。向 FRONT 面正方向拉伸 5 生成模型如图 2.3.42 所示。单击 按钮将 ch2_3_example1_qubing.prt 存盘。

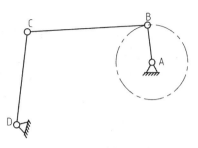

图 2.3.40　例 2.2 图

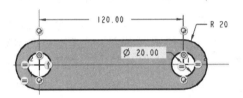

图 2.3.41　曲柄草图

图 2.3.42　曲柄模型

(2) 创建颚板和连杆。单击【文件】→【另存为】→【保存副本】命令，将此文件分别另存为 ch2_3_example1_eban.prt、ch2_3_example1_liangan.prt。分别打开两个文件，编辑其拉伸特征，修改其两圆心之间的距离，将 ch2_3_example1_eban.prt 中的 120 改为 300、ch2_3_example1_liangan.prt 中的 120 改为 400。得到颚板和连杆零件如图 2.3.43、图 2.3.44 所示。

图 2.3.43　颚板模型

图 2.3.44　连杆模型

(3) 创建支架(本例中仅创建两条中心线作为颚板和曲柄的铰接线)。单击【文件】→【新建】命令或工具栏中的新建按钮 □，新建零件模型 ch2_3_example1_zhijia.prt。单击【模型】选项卡【基准】组中的基准轴按钮 轴 激活基准轴命令，指定新创建的基准轴线 A_1 垂直于 FRONT 面，并选择 RIGHT 面和 TOP 面作为偏移参考，偏移距离分别为 450、200，如图 2.3.45 和图 2.3.46 所示。同样地，穿过 TOP 面和 RIGHT 面创建基准轴线 A_2。

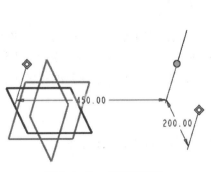

图 2.3.45　创建基准轴

图 2.3.46　【基准轴】对话框

步骤 2：创建机构组件。

（1）新建组件。单击【文件】→【新建】命令或工具栏中的新建按钮 ☐，新建组件模型 ch2_3_example1.asm。

（2）装配零件 ch2_3_example1_zhijia.prt。单击【模型】选项卡【元件】组中的组装元件命令按钮 ⬚ 激活装配命令，选择步骤 1 中创建的零件 ch2_3_example1_zhijia.prt，使用"默认"约束完成装配。

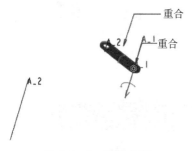

图 2.3.47 装配曲柄

（3）装配零件 ch2_3_example1_qubing.prt。单击【模型】选项卡【元件】组中的组装元件命令按钮 ⬚ 激活装配命令，选择步骤 1 中创建的零件 ch2_3_example1_qubing.prt，单击装配操控面板中的【连接类型】下拉列表，选择【销】连接，选择 ch2_3_example1_zhijia.prt 中的轴线 A_1 与曲柄一端的孔轴线对齐；并选择曲柄的 FRONT 面与组件的 ASM_FRONT 面对齐，创建"销"约束，如图 2.3.47 所示。

（4）装配零件 ch2_3_example1_eban.prt。使用与（3）相同的方法，将颚板装配在轴线 A_2 上，并单击【元件放置】操控面板上的【移动】标签，将颚板旋转至轴线 A_2 的上方，如图 2.3.48 所示。

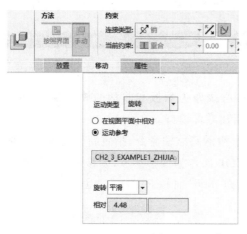

图 2.3.48 装配颚板

（5）装配零件 ch2_3_example1_liangan.prt。首先使用与（3）相同的方法，将连杆右端孔轴线装配在曲柄上端的轴线上，并使连杆和曲柄的 FRONT 面重合；然后单击【放置】滑动面板中的【新建集】选项，创建另一组【销】连接，将连杆左端孔轴线装配在颚板上端轴线上，如图 2.3.49 所示。

步骤 3：进入机构运动仿真模块。

单击【应用程序】选项卡【运行】组中的机构按钮 ⚙，进入机构仿真模块。

步骤 4：检测模型。

单击【机构】选项卡【运动】组中的拖动元件命令按钮 ✋，选择曲柄上一点或线，旋转曲

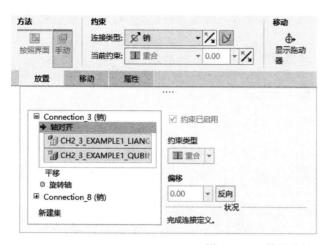
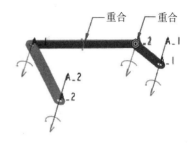

图 2.3.49 装配连杆

柄,观察元件在销约束下的运动,如图 2.3.50 所示。

步骤 5:添加伺服电动机。

(1)添加伺服电动机。单击【机构】选项卡【插入】组中的伺服电动机命令按钮,弹出【电动机】操控面板,选择曲轴与支架连接处的旋转轴作为从动图元,如图 2.3.51 所示。

(2)定义伺服电动机参数。单击【电动机】操控面板中的【配置文件详情】标签,设置其速度的函数类型为"常量",系数 A=72,如图 2.3.52 所示。

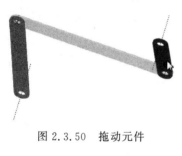

图 2.3.50 拖动元件

图 2.3.51 选择电动机旋转轴

图 2.3.52 定义电动机参数

步骤 6:分析模型。

(1)激活模型分析命令。单击【机构】选项卡【分析】组中的机构分析按钮,弹出【分析定义】对话框。

（2）设置首选项。从【类型】下拉列表中选择分析类型为【运动学】；接受默认的图形显示时间等设置，如图 2.3.53 所示。

（3）设置电动机。接受默认的电动机设置，如图 2.3.54 所示。

图 2.3.53　设置分析类型　　　　　　　图 2.3.54　设置电动机

（4）运行分析。单击【运行】按钮，曲柄做圆周运动，颚板在连杆带动下摆动，运动视频参见配套文件 ch2\ch2_3_example1\ch2_3_example1.mpg。

步骤 7：查看分析结果。

读者可根据 2.3.7 节所述，自行进行颚式破碎机机构的检查干涉、创建运动包络、查看测量以及创建轨迹曲线等分析操作。

本例模型参见配套文件 ch2\ch2_3_example1\ch2_3_example1.asm。

2.4　机构动力学仿真与分析

本节在机构运动学分析的基础上，对机构添加重力、外部负载、弹簧以及阻尼器等要素，并在此基础上对机构进行动力学、静态以及力平衡等分析。

2.4.1　机构动力学仿真流程

机构动力学仿真的完整流程如下所述。

（1）创建模型。除了定义运动机构所需的主体、连接外，为了进行机构的运动学和静态分析，还需要设置元件或组件的质量属性。

（2）检测模型。通过"拖动"的方法验证机构运动的正确性。

（3）添加建模要素。除了使用伺服电动机定义机构所需的运动外，在动态分析中还可以定义执行电动机，用于向机构施加特定的载荷；还可在机构中添加弹簧、阻尼器以及定义力、力矩、重力等。

（4）准备分析。在进行分析前，可以定义初始条件或创建测量。

（5）分析模型。机构动力学中，将主要进行动力学分析、静态分析以及力平衡分析。

（6）查看分析结果。运行动态分析后，可使用保存结果、查看数据、创建轨迹曲线、创建运动包络等多种方法来使用分析结果。

动力学分析与运动学分析的最大不同之处在于机构中添加了力的作用，主要研究力与运动、力与力之间的关系。本节重点介绍质量属性、重力、弹簧、阻尼器、执行电动机等的创建以及动力学分析、静态分析和力平衡分析等内容。

2.4.2　动力学仿真实例——单摆

例 2.3　图 2.4.1 所示为单摆机构简图，根据配套文件目录 ch2\ch2_4_example1 中给定的零件文件，完成如图 2.4.2 所示的组装过程，并模拟单摆的摆动。

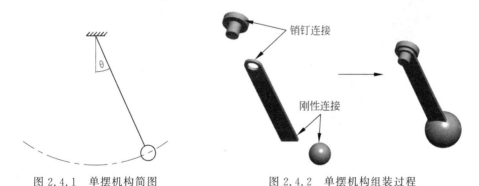

图 2.4.1　单摆机构简图　　　　　图 2.4.2　单摆机构组装过程

步骤 1：装配单摆机构。

（1）设置工作目录。将配套文件目录 ch2\ch2_4_example1 中的 3 个零件复制到硬盘中，并将工作目录设置于此。

（2）新建组件。单击【文件】→【新建】命令或工具栏中的新建按钮 ，新建组件模型 ch2_4_example1.asm。

（3）装配支撑 ch2_4_example1_zhicheng.prt。单击【模型】选项卡【元件】组中的组装元件命令按钮 激活装配命令，选择零件 ch2_4_example1_zhicheng.prt，使用"默认"连接方式，使零件与组件的坐标系对齐。

（4）装配连杆 ch2_4_example1_liangan. prt。同样激活装配命令，选择零件 ch2_4_example1_liangan. prt，单击装配操控面板中的【连接类型】下拉列表，选择【销】连接，选择连杆中的孔轴线 A_1，使其与支撑元件的轴线对齐；并选择连杆的后侧面与支撑的台阶面，使其"重合"，创建"销"约束，如图 2.4.3 所示。

（5）装配球 ch2_4_example1_qiu. prt。同样激活装配命令，选择零件 ch2_4_example1_qiu. prt，单击装配操控面板中的【连接类型】下拉列表，选择【刚性】连接，选择连杆与球的坐标系，使两坐标系对齐，如图 2.4.2 所示。

步骤 2：进入机构仿真界面。

单击功能区【应用程序】选项卡【运动】组中的机构按钮 ，进入机构运动仿真界面。

步骤 3：定义初始位置。

单击【机构】选项卡【运动】组中的拖动元件命令按钮 ，拖动球至一个倾斜位置，如图 2.4.4 所示。

步骤 4：分析模型。

单击【机构】选项卡【分析】组中的机构分析按钮 ，弹出【分析定义】对话框。单击【类型】下拉列表，选择分析类型为"动态"（即：动力学分析）；单击【外部载荷】标签，选中【启用重力】复选框，如图 2.4.5 所示。单击【运行】按钮，单摆按规律摆动，参见视频文件 ch2\ch2_4_example1\ch2_4_example1.mpg。

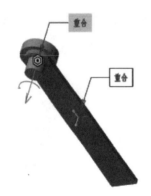

图 2.4.3　装配连杆

图 2.4.5　【分析定义】对话框

图 2.4.4　拖动单摆的球至倾斜位置

本例参见配套文件 ch2\ch2_4_example1\ch2_4_example1.asm。

2.4.3 质量属性、重力与动力学分析

以上以单摆为例,介绍了最简单的动力学仿真的创建过程。可以看出,在定义元件质量和重力加速度的条件下,给定一初始位置,在重力作用下即可进行机构仿真。

完成机构装配并进入仿真模块后,单击功能区【质量和条件】组中的质量属性按钮 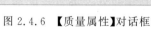,打开【质量属性】对话框,选择一个元件后,对话框如图 2.4.6 所示。对话框中显示的是元件默认的质量属性,系统设定元件密度为 1 tonne/mm^3,根据计算得到的体积最后算出元件质量,同时还计算了其重心、(转动)惯量等。

提示:Creo 中的单位 tonne 又称 metric ton,即通常所说的吨(t),为质量单位,1tonne=1000kg。

因为默认的密度远大于元件实际密度,因此需要根据材料设定元件实际密度。打开【质量属性】对话框中的【定义属性】下拉列表,并选择【密度】项,在"密度"文本框中输入铁的密度"7.8e-09",如图 2.4.7 所示。

图 2.4.6 【质量属性】对话框   图 2.4.7 定义材料密度

提示:在【质量属性】对话框中,因为密度的单位为 tonne/mm^3,因此将铁的密度 7.8×10^3KG/m^3 换算为 7.8×10^-9 tonne/mm^3,使用科学记数法写为 7.8e-09 tonne/mm^3。

单击功能区【质量和条件】组中的定义重力属性按钮 重力,弹出【重力】对话框如图 2.4.8 所示,用于定义重力加速度的大小及方向。其中【大小】文本框的值表示重力加速

图 2.4.8 【重力】对话框

度的大小,后面的【方向】文本框的值表示重力加速度的方向,其中 X、Z 为 0,Y 为 −1,表示重力加速度朝向 Y 轴的负方向。

根据系统的默认密度以及重力加速度,可得单摆所受重力。当偏离势能最低的位置时,例 2.3 中的单摆便具有了运动的可能。单击【机构】选项卡【分析】组中的机构分析按钮 ,弹出【分析定义】对话框,选择分析的类型为"动态",并在【外部载荷】属性页中选中【启用重力】复选框(图 2.4.5),单击【运行】按钮,便可观察单摆的动力学模拟。

提示:【分析定义】对话框中分析类型"动态",英文原文为 dynamic,翻译为"动力学的"、"动态的",是指将要进行的分析为动力学分析。

2.4.4 弹簧

弹簧在 MDX 中也是一种建模元素,用于生成平移或旋转弹力。线性弹簧被拉伸或压缩时产生线性弹力,扭转弹簧旋转时产生扭转力。线性弹簧的线性弹力和扭转弹簧的扭转力的作用均使弹簧返回到平衡位置(即弹簧受到合力为零的位置)。弹簧弹力的大小与距离平衡位置的位移成正比,弹力计算公式为 $F = kx$,其中 F 为弹簧弹力,k 为弹簧的刚度系数,x 为连接在弹簧上的物体距其平衡位置的距离。

注意:MDX 模块中的弹簧与在零件建模模式下使用螺旋扫描特征创建的弹簧不同。零件模式下创建的弹簧为刚体,只能作为一个主体或主体的一部分;而 MDX 模块中的弹簧是一种机构仿真的建模要素,在建模模式下并不显示弹簧轮廓。

单击【机构】选项卡【插入】组中的定义弹簧按钮 弹簧 ,弹出操控面板如图 2.4.9 所示,用于在两点之间或沿平移轴定义一个拉伸/压缩弹簧,或沿旋转轴定义一个扭转弹簧。

图 2.4.9 【弹簧】操控面板

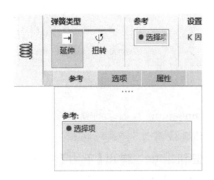

图 2.4.10 【参考】滑动面板

(1) 延伸 :创建拉伸/压缩弹簧。单击【参考】标签弹出滑动面板如图 2.4.10 所示,选择不同主体上的两点或一个平移轴,系统将在此两点之间或平移轴上生成弹簧。两点之间的弹簧如图 2.4.11 所示,位于平移轴上的弹簧如图 2.4.12 所示。

(2) 扭转 :创建扭转弹簧。选择旋转轴作为参考创建扭转弹簧,如图 2.4.13 所示。

(3) K 因子: 0.00000C N / mm :设置弹簧的刚度系数。

图 2.4.11 两点之间的弹簧　　　　图 2.4.12 平移轴上的弹簧　　　　图 2.4.13 扭转弹簧

（4）：设置位于平衡位置时弹簧的长度，默认值为主体上两点之间的距离。

（5）【选项】：单击此标签弹出【选项】滑动面板，如图 2.4.14 所示。选中【调整图标直径】复选框，可调整弹簧显示直径的大小。

（6）【属性】：单击此标签弹出【属性】滑动面板，如图 2.4.15 所示。在"名称"文本框中可输入弹簧的新名称。单击 **i** 按钮，弹出弹簧特征信息如图 2.4.16 所示。

图 2.4.14 【选项】滑动面板　　　　图 2.4.15 【属性】滑动面板

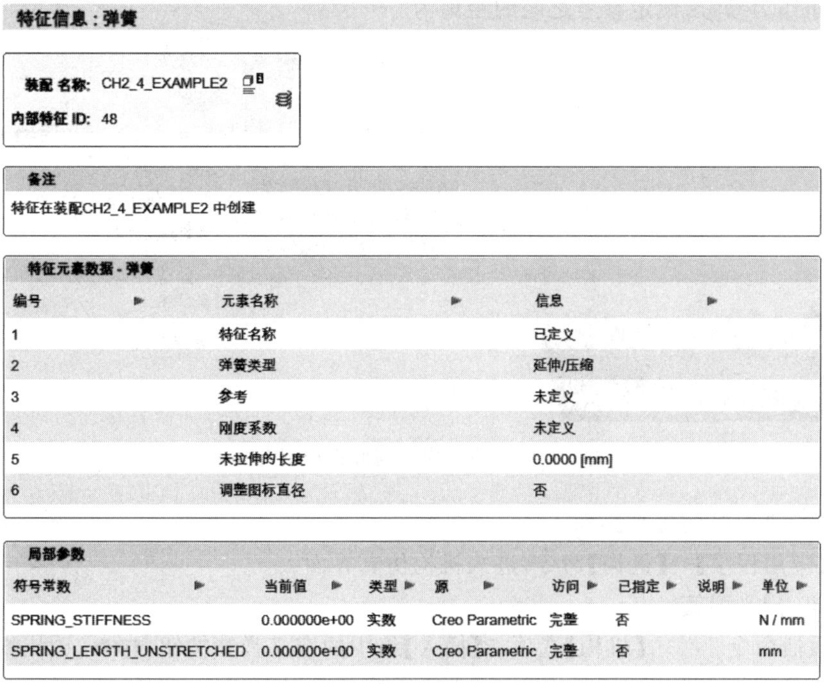

特征信息：弹簧

装配 名称： CH2_4_EXAMPLE2
内部特征 ID: 48

备注
特征在装配CH2_4_EXAMPLE2 中创建

特征元素数据 - 弹簧

编号 ►	元素名称 ►	信息 ►
1	特征名称	已定义
2	弹簧类型	延伸/压缩
3	参考	未定义
4	刚度系数	未定义
5	未拉伸的长度	0.0000 [mm]
6	调整图标直径	否

局部参数

符号常数 ►	当前值 ►	类型 ►	源 ►	访问 ►	已指定 ►	说明 ►	单位 ►
SPRING_STIFFNESS	0.000000e+00	实数	Creo Parametric	完整	否		N / mm
SPRING_LENGTH_UNSTRETCHED	0.000000e+00	实数	Creo Parametric	完整	否		mm

图 2.4.16 弹簧特征信息

例 2.4 图 2.4.17 所示为弹簧振子模型简图,根据配套文件目录 ch2\ch2_4_example2 中给定的零件文件,完成图中的装配,并模拟弹簧振子的振动。

步骤 1:装配弹簧振子机构。

(1) 设置工作目录。将配套文件目录 ch2\ch2_4_example2 中的 2 个零件复制到硬盘中,并将工作目录设置于此。

(2) 新建组件。单击【文件】→【新建】命令或工具栏中的新建按钮,新建组件模型 ch2_4_example2.asm。

(3) 装配 ch2_4_example2_1.prt。单击【模型】选项卡【元件】组中的组装元件命令按钮 激活装配命令,选择零件 ch2_4_example2_1,使用"默认"连接方式,使零件与组件的坐标系对齐。

(4) 装配 ch2_4_example2_2.prt。同样激活装配命令,选择零件 ch2_4_example2_2.prt,单击装配操控面板中的【连接类型】下拉列表,选择【滑块】连接,选择两元件中的轴线 A_1 使其对齐;并使元件 1 的顶面与元件 2 的底面重合,如图 2.4.18 所示。

图 2.4.17 弹簧振子模型　　　　图 2.4.18 约束滑块

步骤 2:定义平移轴的位置。

单击【放置】滑动面板中的【平移轴】项,定义运动轴设置。如图 2.4.19 所示,选择两模型的右侧面作为参考,设定参考之间的距离为"-50"。

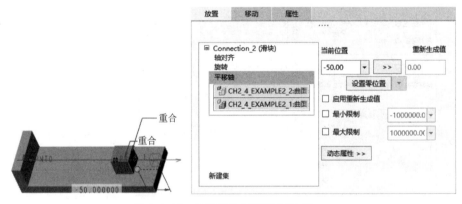

图 2.4.19 设定滑块与底板相距 50mm

步骤 3:进入机构仿真界面。

单击【应用程序】→【机构】命令,进入机构仿真界面。

步骤 4:定义弹簧。

(1) 激活命令。单击【机构】选项卡【插入】组中的定义弹簧按钮,弹出操控面板。

(2) 定义弹簧。选择两元件上的点,生成弹簧预览,如图 2.4.20 所示;输入弹簧刚度系数 10。单击操控面板中的 按钮，完成弹簧如图 2.4.17 所示。

步骤 5：定义质量属性。

单击功能区【质量和条件】组中的质量属性按钮 ，打开【质量属性】对话框。选择滑块元件，在【定义属性】下拉列表中选择"密度"，在【基本属性】区域中输入密度"7.8e-09"。

步骤 6：定义初始位置。

单击【机构】选项卡【运动】组中的拖动元件命令按钮 ，单击选中并拖动正方体至另一个零件的端部，如图 2.4.21 所示。

图 2.4.20　定义弹簧

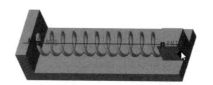

图 2.4.21　拖动滑块

步骤 7：分析模型。

单击【机构】选项卡【分析】组中的机构分析按钮 ，弹出【分析定义】对话框。单击【类型】区域，弹出下拉列表，选择分析类型为"动态"。单击【运行】按钮，正方体在图 2.4.21 所示初始位置下，由于弹簧的拉伸作用使系统按简谐规律振动，参见视频文件 ch2\ch2_4_example2\ch2_4_example2.mpg。

本例参见配套文件 ch2\ch2_4_example2\ch2_4_example2.asm。

2.4.5　阻尼器

阻尼器是一种负荷，用来模拟机构上的作用力。阻尼器产生的力会消耗运动机构的能量并阻碍其运动，称为阻尼力。阻尼力与应用该阻尼器的元件速度成比例，且与运动方向相反。

单击【机构】选项卡【插入】组中的定义阻尼器按钮 阻尼器，弹出操控面板如图 2.4.22 所示，用于在两点之间或沿平移轴定义一个平移阻尼器，或沿旋转轴定义一个扭转阻尼器，以消耗平移或扭转时机构的能量。

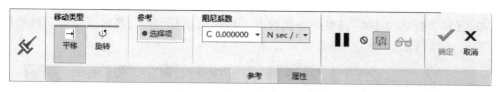

图 2.4.22　【阻尼器】操控面板

（1） ：创建平移阻尼器。单击【参考】标签弹出滑动面板，可选择不同主体上的两点或一个平移轴，系统将在此两点之间或平移轴上生成阻尼器，两点之间的阻尼器如图 2.4.23 所示。

（2） ：创建扭转阻尼器，用于消耗回转中的能量。

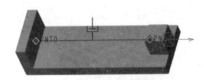

图 2.4.23　两点之间生成的阻尼器

（3）：输入阻尼系数，其单位为 N sec/mm。

例 2.5　对例 2.4 中的弹簧振子模型，在正方体振动的方向上，添加一个 0.001N sec/mm 的阻尼器，并模拟此时弹簧振子的振动。源文件参见配套文件目录 ch2\ch2_4_example3。

步骤 1：打开源文件。

将配套文件复制到硬盘，并将工作目录设置于此。打开文件 ch2\ch2_4_example3\ch2_4_example3.asm。

步骤 2：添加阻尼器。

单击【机构】选项卡【插入】组中的定义阻尼器按钮 ✕ 阻尼器，打开阻尼器定义操控面板。选择两元件上的点生成如图 2.4.23 所示的阻尼器，并输入其阻尼系数 0.001。单击 ✔ 按钮完成阻尼器的创建。在机构树中的"阻尼器"节点中添加"阻尼器 1"，如图 2.4.24 所示。

步骤 3：定义初始位置。

单击【机构】选项卡【运动】组中的拖动元件命令按钮 🖑 拖动元件，拖动正方体至另一个零件的端部，如图 2.4.21 所示。

步骤 4：分析模型。

单击【机构】选项卡【分析】组中的机构分析按钮 ⚒ 机构分析，弹出【分析定义】对话框。单击【类型】区域，弹出下拉列表，选择分析类型为"动态"。单击【运行】按钮，正方体在弹簧和阻尼器的双重作用下振动且振幅渐小，约 7s 后停止运动。参见视频文件 ch2\ch2_4_example3\ch2_4_example3.mpg。

图 2.4.24　添加阻尼器 1

2.4.6　执行电动机

执行电动机（force motors）是使主体产生特定载荷的工具，它通过对平移轴、旋转轴或槽机构施加力而产生运动。对机构添加执行电动机实际上是对机构主体添加了特定载荷。

提示：执行电动机原文为 force motors，翻译为"力电动机"也许更合适，用于表达添加到机构中的力。

单击【机构】选项卡【插入】组中的执行电动机按钮 ⚙ 执行电动机，弹出执行电动机操控面板如图 2.4.25 所示。

图 2.4.25　执行电动机操控面板

（1）参考：执行电动机可以对平移轴、旋转轴或槽机构施加力而使主体产生运动，选择模型中的平移轴、旋转轴或槽机构，可将其拾取到拾取框 从动图元 1个项，单击 ✕ 反向方向 按钮可改变对参考施加的力的方向。添加执行电动机后,所选择的参考上将添加电动机标志,如图 2.4.26 所示。

(2)【运动类型】:当选择不同类型的轴或机构作为参考时,【运动类型】区域中对应的图标  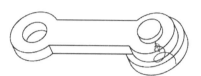 将被选中,表示元件将产生相应的运动。

(3)【配置文件】:表示执行电动机的驱动形式和函数类型。执行电动机的驱动形式默认设置为"力",单位为 N(牛顿),其【驱动数量】下拉列表中选择"力"。【函数类型】下拉列表如图 2.4.27 所示,选择相应的力的形式,可设置"常量""斜坡""余弦""摆线""抛物线""多项式"等多种形式的力。

图 2.4.26 在旋转轴上添加执行电动机

(4)【参考】滑动面板:在选择模型中的平移轴、旋转轴或槽机构作为参考时,选择的运动轴或机构被拾取到【从动图元】拾取框中,如图 2.4.28 所示。

图 2.4.27 执行电动机【函数类型】下拉列表

图 2.4.28 【参考】滑动面板

(5)【配置文件详情】滑动面板:用于配置执行电动机的详细参数,其驱动数量和函数类型与【配置文件】中的设置相同。施加一个 10N 的恒定力在平移轴上的执行电动机配置如图 2.4.29 所示,施加 10N·mm(对应图中为 mmN)的力矩在旋转轴上的执行电动机配置如图 2.4.30 所示。

图 2.4.29 作用在平移轴上的执行电动机配置

图 2.4.30 作用在旋转轴上的执行电动机配置

例2.6 如图2.4.31所示的滑块连接,在右侧的圆盘的平移轴上添加一个执行电动机,其力大小为0.03N、方向向左,并设定圆盘密度为7800kg/m^3,观察在此电动机作用下圆盘在10s内的运动状态。零件参见配套文件目录ch2\ch2_4_example4。

图2.4.31 例2.6模型

步骤1:装配滑块机构。

(1)设置工作目录。将配套文件目录ch2\ch2_4_example4中的两个零件复制到硬盘中,并将工作目录设置于此。

(2)新建组件。单击【文件】→【新建】命令或工具栏中的新建按钮 ,新建组件模型ch2_4_example4.asm。

(3)装配ch2_4_example4_1.prt。单击【模型】选项卡【元件】组中的组装元件命令按钮 激活装配命令,选择零件ch2_4_example4_3,使用"默认"连接方式,使零件与组件的坐标系对齐。

(4)装配ch2_4_example4_2.prt。同样激活装配命令,选择零件ch2_4_example4_2.prt,单击装配操控面板中的【连接类型】下拉列表,选择【滑块】连接,选择两元件的回转中心线A_1使其对齐;并选择两元件的FRONT面使其对齐,如图2.4.32所示。

图2.4.32 装配滑块

步骤2:定义平移轴的位置。

单击【放置】滑动面板中的【平移轴】项,定义运动轴设置。如图2.4.33所示,选择两模型的右侧面作为参考,设定参考之间的距离为"0"。

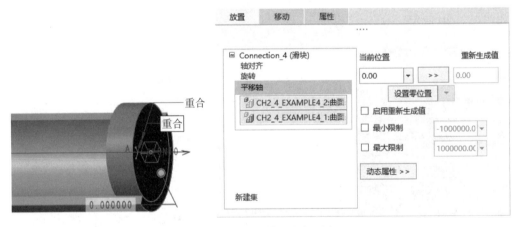

图2.4.33 设定模型右侧对齐

步骤3:进入机构仿真界面。

单击【应用程序】选项卡【运动】组中的机构按钮 ,进入机构运动仿真界面。

步骤 4：添加执行电动机。

（1）激活命令。单击【机构】选项卡【插入】组中的执行电动机按钮 🖉执行电动机 ，打开【执行电动机】操控面板。

（2）选择参考并设定电动机力的方向。选择组件中位于圆盘上的平移轴作为参考，单击【参考】区域中的 🖊反向方向 按钮，直至设置电动机力的方向向左，如图 2.4.34 所示。

（3）设置电动机力的大小。单击【配置文件详情】标签弹出滑动面板，选择电动机函数类型为"常量"，系数 A 输入 0.03N，如图 2.4.35所示。

图 2.4.34 设定执行电动机力的方向

步骤 5：定义质量属性。

单击功能区【质量和条件】组中的质量属性按钮 📊质量属性 ，打开【质量属性】对话框。选择圆盘元件，在【定义属性】下拉列表中选择"密度"，在【基本属性】区域中密度输入"7.8e-09"。可以看到，系统自动计算其质量为 1.8378kg，如图 2.4.36 所示。

图 2.4.35 【配置文件详情】滑动面板

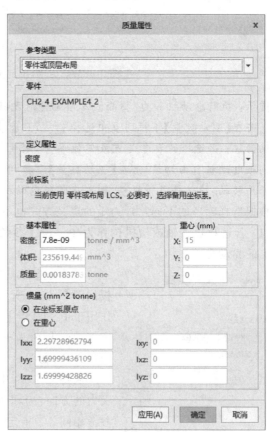

图 2.4.36 【质量属性】对话框

步骤 6：分析模型。

单击【机构】选项卡【分析】组中的机构分析按钮 📊机构分析 ，弹出【分析定义】对话框。单击【类型】区域弹出下拉列表，选择分析类型为"动态"。单击【运行】按钮，圆盘在图 2.4.31 所示初始位置开始做加速度运动。参见视频文件 ch2\ch2_4_example4\ch2_4_example4.mpg。

本例中圆盘运动距离的计算方法为：圆盘质量 $m=1.84\text{kg}$，在 $F=0.03\text{N}$ 力的作用下，10s 内其运动距离为 $s=Ft^2/2m=0.03\times100/3.68\text{m}=0.8\text{m}$。

本例参见配套文件 ch2\ch2_4_example4\ch2_4_example4.asm。

2.4.7　力与扭矩

力和力矩用来模拟对机构施加的外部影响。力表现为推力或拉力，可导致作用对象做平移运动，例如，力施加于平移运动物体，可使其产生加速度。力矩表现为力作用于对象使其旋转或扭转的作用，可以使旋转运动物体产生角加速度。

单击【机构】选项卡【插入】组中的定义力或力矩按钮 ┣━力/扭矩，弹出【电动机】操控面板如图 2.4.37 所示，可创建点力或扭矩。

图 2.4.37　力/力矩定义操控面板

提示：执行电动机和力/扭矩的本质都是对元件施加驱动力或力矩，因此两者可以自由切换。若在【驱动数量】下拉列表中选择"力"，且参考选择平移轴、旋转轴或槽机构，则生成执行电动机；若选择的参考是点或其他参考，则生成力/力矩。执行电动机和力/扭矩也可以与伺服电动机自由切换，若在【驱动数量】下拉列表中选择"位置"、"速度"或"加速度"，参考选择平移轴、旋转轴或槽机构，则创建伺服电动机。

根据选择参考的不同，力/力矩的定义方式也不相同，分为以下三种形式。

（1）若选择运动轴或槽机构作为参考，其【参考】滑动面板如图 2.4.38 所示，将创建运动轴上的驱动力。

图 2.4.38　选择运动轴时【参考】
滑动面板

（2）若选择基准点或顶点作为参考，其【参考】滑动面板如图 2.4.39 所示，将创建作用于点上的驱动力，此时力作用于 PNT0 点上，力的方向通过坐标系指定，图中通过设定 X 文本框值为－1，指定力的方向朝向默认坐标系 X 轴的负方向，如图 2.4.40 所示。

从图 2.4.39 中可以看出，还可以通过以下三种方法定义力的方向：①指定直线作为参考，此时力的方向与直线参考相同；②指定平面，此时力的方向朝向平面的法线方向；③指定位于不同主体上的两点或两个顶点作为参考而创建的一对作用力与反作用力，两力大小相等、方向相反，力为负时两点相互吸引，为正时两点便彼此远离。

（3）若选择主体作为参考，则为有旋转可能性的主体指定扭矩，以使其产生角加速度。如图 2.4.41 所示，对连杆添加逆时针力矩。

图 2.4.40 力的定义

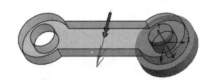

图 2.4.39 选择基准点时【参考】滑动面板   图 2.4.41 对连杆添加扭矩

2.4.8 初始条件

初始条件是指机构中主体的初始位置和速度设置,是在动力学分析之初对机构设定的。单击【机构】选项卡【属性和条件】组中的定义初始条件按钮 初始条件 ,弹出【初始条件定义】对话框如图 2.4.42 所示。机构可指定的初始条件包括位置和速度两方面。

(1) 位置初始条件用于确定动力学分析的开始位置。对话框中的【快照】区域用于确定机构的位置初始条件,默认情况下,下拉列表中显示"当前屏幕",即动力学分析从当前屏幕位置开始。单击下拉列表,将显示系统中已经设定的快照。选择其中一个快照,动力学分析将从当前快照确定的位置开始,单击 66 按钮可将当前机构调整到选中快照的位置。

(2) 速度初始条件用于确定动力学分析开始的速度。单击对话框中的 、、、 和 按钮分别定义点、运动轴、角度和切向槽的初始速度。定义运动轴初速度时首先单击 按钮,然后选择模型中的运动轴,最后在对话框下部的【大小】文本框中输入速度的模。设置某运动轴初始速度如图 2.4.43 所示,此时图中设定了其速度的模为"50mm/sec"。

例 2.7 对例 2.6 所示滑块机构(图 2.4.31)添加初始条件并分析其运动。例 2.6 模型已添加力大小为 0.03N、方向向左的执行电动机,设置圆盘的初始位置为自右端面向左偏移 900mm,初始速度为,170mm/s 向右。圆盘密度为 7800kg/m^3,观察圆盘在 20s 内的运动状态。零件参见配套文件目录 ch2\ch2_4_example5。

步骤 1:设定平移轴的位置。

(1) 设置工作目录。将配套文件目录 ch2\ch2_4_example5 中的 3 个文件复制到硬盘中,并将工作目录设置于此。

(2) 打开机构。单击【文件】→【打开】命令或工具栏中的打开按钮 ,打开文件 ch2_4_example5.asm。

(3) 进入机构仿真界面。单击【应用程序】选项卡【运动】组中的机构按钮 ,进入机构运动仿真界面。

图 2.4.42 【初始条件定义】对话框

图 2.4.43 设定某运动轴速度

（4）设定平移轴位置。在模型树中右击元件 ch2_4_example5_2.prt，单击快捷菜单中的编辑按钮 ，打开【元件放置】操控面板，单击【放置】标签打开滑动面板，选择"平移轴"项，设定当前位置为"－900"，如图 2.4.44 所示。此时圆盘位置如图 2.4.45 所示。

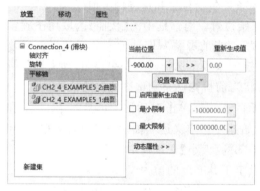

图 2.4.44 【放置】滑动面板

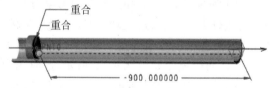

图 2.4.45 设定圆盘初始位置

步骤 2：定义快照。

单击【机构】选项卡【运动】组中的拖动元件命令按钮 ，弹出【拖动】对话框，单击 按钮定义当前位置的快照 Snapshot2。

步骤 3：定义元件初始条件。

（1）激活命令。单击【机构】选项卡【属性和条件】组中的定义初始条件按钮 初始条件，弹出【初始条件定义】对话框，定义初始条件 InitCond1。

（2）定义初始位置。单击【快照】区域，弹出下拉列表，选择步骤 2 中定义的快照 Snapshot 作为动力学分析的初始位置。

（3）定义运动轴初始速度。单击对话框中的  按钮，并选择运动轴，在对话框的【大小】文本框中输入"170"，表示运动轴的初始速度为沿运动轴方向（向右）、大小为 170mm/s，如图 2.4.46 所示。

步骤 4：定义力。

单击【机构】选项卡【插入】组中的定义力或力矩按钮 ，弹出【电动机】操控面板。选择已有的运动轴作为参考，设定力的大小为 0.03N，方向向左。

步骤 5：定义元件质量属性。

单击功能区【质量和条件】组中的质量属性按钮 ，打开【质量属性】对话框。选择圆盘元件，在【定义属性】下拉列表中选择"密度"，在【基本属性】区域中输入密度"7.8e-09"。

步骤 6：分析模型。

（1）单击【机构】选项卡【分析】组中的机构分析按钮 ，弹出【分析定义】对话框。单击【类型】区域弹出下拉列表，选择分析类型为"动态"，进行动力学分析。设置【持续时间】为 20s。

（2）设定初始配置。选择【初始配置】区域的【初始条件状态】单选按钮，在其后的下拉列表中，系统自动选择步骤 3 中创建的初始条件 InitCond1，如图 2.4.47 所示。

图 2.4.46　定义初始条件

图 2.4.47　【分析定义】对话框

（3）运动分析。单击【运行】按钮，圆盘在图 2.4.45 所示初始位置，在向右 50mm/s 的初速度和向左加速度的作用下，先向右、再向左运动。参见视频文件 ch2\ch2_4_example5\ch2_4_example5.mpg。

本例中圆盘的质量 $m=1.84$kg，初速度 $v_0=-0.17$m/s，在 $F=0.03N$ 力的作用下，20s 内其运动距离为 $s=v_0t+Ft^2/2m=(-0.17\times20+0.03\times400/3.68)m=-0.14$m。

本例参见配套文件 ch2\ch2_4_example5\ch2_4_example5_f.asm。

2.4.9　静态分析

机构在承受已知力作用下的静态分析研究主体的受力平衡情况。单摆机构的初始位置如图 2.4.48(a)所示，连杆和球保持在同一水平线上；在重力和向右的水平力作用下，机构会在图 2.4.48(b)所示位置保持平衡。

(a)　　　　　　　　　　(b)

图 2.4.48　静态分析

单击【机构】选项卡【分析】组中的机构分析按钮 ，弹出【分析定义】对话框。单击【类型】区域弹出下拉列表，选择分析类型为"静态"，进行机构的静态分析。进行静态分析前，一般要首先指定元件的密度等属性，并定义外部力或力矩。

例 2.8　对图 2.4.48 所示机构进行静态分析，已知元件密度为 7800kg/m^3，施加在 PNT0 点上的力为 15N，水平向右，机构的初始位置水平。

步骤 1：打开组件并进入结构仿真界面。

（1）设置工作目录。将配套文件目录 ch2\ch2_4_example6 中的文件复制到硬盘中，并将工作目录设置于此。

（2）打开机构。单击【文件】→【打开】命令或工具栏中的打开按钮 ，打开文件 ch2_4_example6.asm，机构处于水平位置，如图 2.4.48(a)所示。

（3）进入机构仿真界面。单击【应用程序】选项卡【运动】组中的机构按钮 ，进入机构运动仿真界面。

步骤 2：定义快照。

单击【机构】选项卡【运动】组中的拖动元件命令按钮 ，弹出【拖动】对话框，单击 按钮定义当前位置的快照 Snapshot1。

步骤 3：定义元件质量属性。

单击功能区【质量和条件】组中的质量属性按钮 ，打开【质量属性】对话框。选择组件,并设置其密度为"7.8e-09"。

步骤 4:定义力。

单击【机构】选项卡【插入】组中的定义力或力矩按钮 ⊢力/扭矩,弹出【电动机】操控面板。选择连杆元件上的点 PNT0 定义作用于此点上的力,单击【参考】标签弹出滑动面板,设定其方向为:X 轴方向分量为"1",其他方向分量均为"0",表示此力沿水平向右,如图 2.4.49 所示。单击【配置文件详情】标签弹出滑动面板,设定电动机函数为"常量",并输入系数大小为"15",其单位为 N,如图 2.4.50 所示。

图 2.4.49　【参考】滑动面板

图 2.4.50　【配置文件详情】滑动面板

步骤 5:进行静态分析。

(1)激活命令。单击【机构】选项卡【分析】组中的机构分析按钮 ⊠,弹出【分析定义】对话框。单击【类型】区域弹出下拉列表,选择分析类型为"静态"。

(2)设定初始配置。在【初始配置】区域中选择快照 Snapshot1,如图 2.4.51 所示。

(3)设定最大步距因子。在【最大步距因子】区域中取消选中【默认】复选框,并输入因子"0.01"。

(4)添加外部载荷。单击"外部载荷"标签,默认情况下,步骤 4 中定义的力已经添加到机构上;若没有添加,则在【外部载荷】属性页中单击添加按钮 ▦ 。选中【启用重力】复选框,如图 2.4.52 所示。

(5)运动分析。单击【运行】按钮,弹出【图表工具】对话框如图 2.4.53 所示,其中的图形显示了在多次迭代的情况下,运动主体加速度逐渐变为 0 并停止的过程。同时机构在受力平衡情况下保持不动,如图 2.4.48(b)所示。

本例参见配套文件 ch2\ch2_4_example6\ch2_4_example6_f.asm。

图 2.4.51　选择快照 Snapshot1

图 2.4.52　【外部载荷】属性页

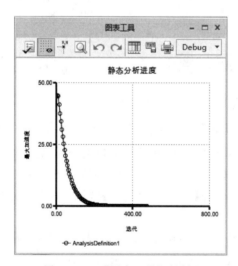

图 2.4.53　【图表工具】对话框

2.4.10　力平衡分析

力平衡分析是指为了保持机构在特定位置的静止状态,计算在特定点需要施加力的大小的过程。2.4.8 节中的静态分析是向机构施加力后计算其静态位置,而力平衡分析是一种逆向的静态分析,可以求出使机构在特定形态中保持固定所需要的力。

在运行力平衡分析前,必须将机构自由度降至零。使用连接锁定、两个主体间的主体锁定、某点的测力计锁定或者将活动的伺服电动机应用于运动轴等方法可以减少结构的自由度,直到获得零自由度为止。

单击【机构】选项卡【分析】组中的机构分析按钮 ![机构分析],弹出【分析定义】对话框。单击【类型】区域弹出下拉列表,选择分析类型为"力平衡",进行机构的力平衡分析,如图 2.4.54 所示。

进行力平衡分析时,机构的自由度必须为零。可以使用以下方法调整机构自由度。

(1) ![icon]:创建刚性主体锁定。首先选择先导主体,然后选择一组要锁定的从动主体。在分析过程中,从动主体相对于先导主体保持固定。

(2) ![icon]:创建连接锁定。单击此按钮后选择某个连接,则分析时此连接允许的移动将在分析时被锁定。

(3) ![icon]:启用/禁用连接。通过禁用连接减少组件自由度。

(4) ![icon]:创建测力计锁定。测力计锁定是一个约束,同时也创建了需要测量的力的矢量。测力计锁定是进行力平衡分析时必需的。

在创建测力计锁定时,单击此按钮并选择将应用平衡力的点,然后选择一个零件,模型上将显示该零

图 2.4.54 【分析定义】对话框

件的坐标系来参考力的方向,要求设计者通过输入 X、Y 和 Z 坐标方向的分量来定义力的方向。测力计锁定创建完成后,将在选定点处显示箭头,表示该测力计的作用点和方向,如图 2.4.55 所示为在 PNT0 点处添加了 X 方向的力。此时【分析定义】对话框【锁定的图元】列表中显示了创建的测力计,如图 2.4.56 所示。

图 2.4.55 测力计的作用点和方向

(5) ![icon]:删除锁定的图元。单击此按钮,可以从【锁定的图元】列表中删除不想要的锁定或禁用约束。

创建锁定后,单击【分析定义】对话框中【自由度】区域中的评估按钮 ![icon],系统将在 DOF 框中显示当前机构的自由度。若显示自由度为"0",则单击对话框中的【运行】按钮,系统将计算在选定的初始位置保持力平衡时反作用的载荷大小,如图 2.4.57 所示。

例 2.9 如图 2.4.58 所示单摆机构,当其摆杆处于水平位置时,对其进行力平衡分析,求需要施加在 PNT0 点竖直向上的反力大小,已知各元件密度均为 7800kg/m^3。例子中使用的文件参见配套文件目录 ch2\ch2_4_example7。

步骤 1:打开组件。

(1) 设置工作目录。将配套文件目录 ch2\ch2_4_example7 中的文件复制到硬盘中,并

图 2.4.56 【分析定义】对话框

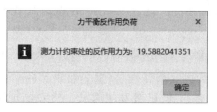

图 2.4.57 力平衡计算结果

将工作目录设置于此。

（2）打开机构。单击【文件】→【打开】命令或工具栏中的打开按钮 📂，打开文件 ch2_4_example7.asm，机构处于水平位置，如图 2.4.58 所示。

图 2.4.58 力平衡分析实例

步骤 2：进入机构仿真界面并准备分析。

（1）单击【应用程序】选项卡【运动】组中的机构按钮 🔧，进入机构运动仿真界面。

（2）单击【机构】选项卡【运动】组中的拖动元件命令按钮 ✋，弹出【拖动】对话框，单击 📷 按钮定义当前位置的快照 Snapshot1。

（3）定义元件质量属性。单击功能区【质量和条件】组中的质量属性按钮 🔩，打开【质量属性】对话框。选择组件，并设置其密度为"7.8e-09"。

步骤 3：进行力平衡分析。

（1）激活命令。单击【机构】选项卡【分析】组中的机构分析按钮 📐，弹出【分析定义】对话框。单击【类型】区域弹出下拉列表，选择分析类型为"力平衡"。

（2）设定初始配置。在【初始配置】区域中，选择快照 Snapshot1。

（3）创建测力计锁定。单击 🔧 按钮，并选择 PNT0 点作为受力点。选择连杆，使用其坐标系分量值定义测力计力的方向，在其 X 方向输入 1，Y、Z 方向均输入 0，表示力的方向水平向上,如图 2.4.55 所示。

(4) 运动分析。单击【运行】按钮,计算 PNT0 点的反作用力结果如图 2.4.57 所示。

本例参见配套文件 ch2\ch2_4_example7\ch2_4_example7_f.asm。

2.5 运动副

除了 2.2 节中介绍的 12 种连接方式之外,MDX 还定义了凸轮从动机构连接、齿轮副,以及带连接等特殊的连接形式。因"槽"连接可构成带凹槽的凸轮结构,故也将放入本节介绍。

2.5.1 槽连接

2.2 节中讲述的"槽"连接用于形成各类带凹槽的凸轮机构。如图 2.5.1 所示,使用"点位于线上"约束,将连杆上的 PNT0 点约束在凸轮凹槽中心的曲线上形成"槽"连接。在凸轮的运动轴上添加伺服电机,并使其回转,连杆将在 PNT0 点的带动下摆动,参见视频文件 ch2\ch2_5_example1\ch2_5_example1.mpg。

例 2.10 使用"槽"连接创建如图 2.5.1 所示的凸轮机构,例子中使用的文件参见配套文件目录 ch2\ch2_5_example1。

步骤 1:打开组件。

(1) 设置工作目录。将配套文件目录 ch2\ch2_5_example1 中的文件复制到硬盘中,并将工作目录设置于此。

(2) 打开机构。单击【文件】→【打开】命令或工具栏中的打开按钮 ,打开文件 ch2_5_example1.asm,如图 2.5.2 所示。可以看出,凸轮和连杆已分别装配到支架上。

图 2.5.1 槽机构   图 2.5.2 已有模型

步骤 2:创建"槽"连接。

(1) 打开凸轮装配界面。单击元件 ch2_5_example1_tulun.prt,在弹出的浮动工具栏中单击编辑定义按钮 ,打开【元件放置】操控面板。

(2) 定义"槽"连接。单击【放置】标签弹出滑动面板,单击【新建集】添加新连接,选择连接方式为【槽】。选择连杆中的基准点 PNT0 和凸轮上的 4 段线(按 Ctrl 键选择),创建一个"重合"约束,如图 2.5.3 所示。

步骤 3:进入机构仿真界面并添加伺服电动机。

(1) 进入机构仿真界面。单击【应用程序】选项卡【运动】组中的机构按钮 ,进入机构运动仿真界面。

图 2.5.3 槽连接

（2）添加伺服电动机。单击【机构】选项卡【插入】组中的伺服电动机命令按钮 ，弹出【电动机】操控面板，单击凸轮的旋转轴，并设置电动机的速度为 36(°)/s。

步骤 4：分析模型。

单击【机构】选项卡【分析】组中的机构分析按钮 ，弹出【分析定义】对话框。单击【类型】区域弹出下拉列表，选择分析类型为"位置"或"运动学"，在【终止时间】文本框中输入"30"。单击【运行】按钮，凸轮在设定的时间段内旋转 3 周，同时连杆在"槽"连接的约束下摆动，参见视频文件 ch2\ch2_5_example1\ch2_5_example1.mpg。

本例参见配套文件 ch2\ch2_5_example1\ch2_5_example1_f.asm。

2.5.2 凸轮机构

2.5.1 节中介绍的"槽"连接机构可以构建带凹槽的凸轮机构，本节介绍滚子推杆凸轮机构。

通过在两个主体上指定相配合的曲面或曲线，可定义凸轮从动机构连接。当凸轮机构中的凸轮主体做回转运动时，与之配合的滚子从动件将沿指定的曲面或曲线运动。如图 2.5.4 所示，凸轮与支撑轴以"销"连接，滚子和推杆与导轨以"滑块"连接，最后在滚子和凸轮间创建凸轮连接，当凸轮回转时，将带动推杆沿导轨做上下运动。

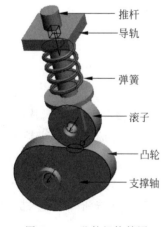

通过在凸轮和滚子两个主体上指定曲面或曲线定义凸轮机构连接，在凸轮机构运动时，凸轮和滚子上指定的曲面或曲线始终处于结合状态。凸轮机构的运动轨迹仅与选择的曲面或曲线有关，而不必在创建凸轮从动机构连接前定义凸轮的几何形状。

在 MDX 中，单击【机构】选项卡【连接】组中的定义凸轮机构按钮 凸轮 ，弹出【凸轮从动机构连接定义】对话框如图 2.5.5 所示，通过选择"凸轮 1"和"凸轮 2"的"曲面/曲线"，完成凸轮机构的定义。

单击【凸轮从动机构连接定义】对话框中的【凸轮 1】标签打开属性页，单击【曲面/曲线】区域中的 按钮，并选择

图 2.5.4 凸轮机构简图

图 2.5.6 中的凸轮边缘曲线。同样地,单击【凸轮 2】属性页中的曲面/曲线 按钮,选择滚子边缘曲线,如图 2.5.6 所示。也可以选择凸轮和滚子相配合的曲面来创建凸轮机构,如图 2.5.7 所示。注意:以上凸轮曲面/曲线的选择是多选,在系统处于选择状态时,系统弹出【选择】对话框,当完成曲面/曲线的选取时,需要单击【选择】对话框中的【确定】按钮。

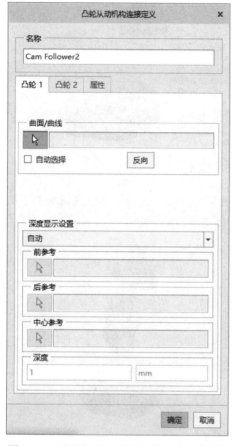

图 2.5.5 【凸轮从动机构连接定义】对话框

图 2.5.6 凸轮和滚子的边缘曲线

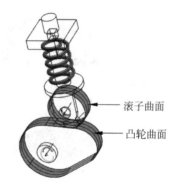

图 2.5.7 凸轮和滚子曲面

例 2.11 创建如图 2.5.4 所示的凸轮机构,例子中使用的文件参见配套文件目录 ch2\ch2_5_example2。

步骤 1:设置工作目录并创建装配文件。

(1) 设置工作目录。将配套文件目录 ch2\ch2_5_example2 中的文件复制到硬盘中,并将工作目录设置于此。

(2) 创建装配文件。单击【文件】→【新建】命令或工具栏中的新建按钮 ,新建组件模型 ch2_5_example2.asm。

步骤 2:装配各元件。

(1) 装配零件 ch2_5_example2_jizuo.prt。单击【模型】选项卡【元件】组中的组装元件命令按钮 激活装配命令,从工作目录下选择零件 ch2_5_example2_jizuo.prt,使用"默认"连接方式,使零件与组件的坐标系对齐。

（2）装配零件 ch2_5_example2_jizuo. prt。同样激活装配命令，选择零件 ch2_5_example2_tulun. prt，单击装配操控面板中的【连接类型】选项框，在弹出的下拉列表中选择【销】约束。选择两轴"对齐"、两面"重合"，完成"销"连接，如图 2.5.8 所示。

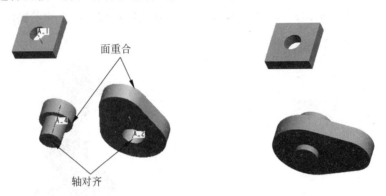

图 2.5.8　装配基座

（3）与（2）相同方法，装配零件 ch2_5_example2_follower. prt。使用【滑块】约束，并选择两轴"对齐"、两面"对齐"，创建"滑块"连接，如图 2.5.9 所示。

图 2.5.9　装配推杆

（4）与（2）同样的方法，装配零件 ch2_5_example2_roller. prt。使用【销】约束，并选择两孔中心轴"对齐"、两 FRONT 面"对齐"，创建"销"连接，如图 2.5.10 所示。

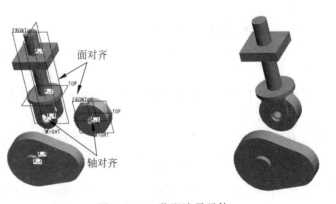

图 2.5.10　装配滚子元件

步骤3：进入机构仿真界面。

单击【应用程序】选项卡【运动】组中的机构按钮 ，进入机构运动仿真界面。

步骤4：定义凸轮机构。

（1）激活命令。单击【机构】选项卡【连接】组中的定义凸轮机构按钮 凸轮 ，弹出【凸轮从动机构连接定义】对话框。

（2）选择"凸轮1"曲线。单击【凸轮1】属性页中【曲面/曲线】区域中的 按钮，并按住Ctrl键依次选择图2.5.11中凸轮边缘曲线，单击【选择】对话框中的【确定】按钮。

（3）选择"凸轮2"曲线。单击【凸轮2】属性页中【曲面/曲线】区域中的 按钮，并按住Ctrl键依次选择图2.5.11中的滚子边缘曲线，单击【选择】对话框中的【确定】按钮。

步骤5：定义弹簧。

（1）定义位置。单击【机构】选项卡【运动】组中的拖动元件命令按钮 ，选择凸轮元件，旋转凸轮使推杆降至较低位置，如图2.5.12所示。

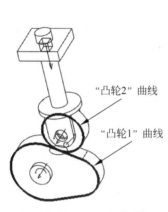

图 2.5.11 选择边缘曲线

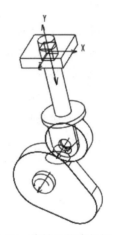

图 2.5.12 旋转凸轮降低推杆位置

（2）激活弹簧命令。单击【机构】选项卡【插入】组中的插入弹簧按钮 弹簧 。

（3）定义弹簧。按住 Ctrl 键依次选择元件 ch2_5_example2_jizuo.prt 和 ch2_5_example2_follower.prt 上的 PNT0 点，生成弹簧预览，如图2.5.13所示。输入弹簧刚度系数 10，并单击弹簧操控面板上的【选项】标签，调整弹簧直径至 25mm，单击 按钮完成弹簧定义，如图2.5.14所示。

步骤6：添加伺服电动机。

单击【机构】选项卡【插入】组中的伺服电动机命令按钮 ，弹出【电动机】操控面板，选择凸轮的旋转轴作为参考，并设置其旋转角速度为 36(°)/s。

步骤7：分析模型。

单击【机构】选项卡【分析】组中的机构分析按钮 ，弹出【分析定义】对话框。单击"类型"区域弹出下拉列表，选择分析类型为"位置"或"运动学"，在【终止时间】文本框输入"30"。单击【运行】按钮，凸轮在设定的时间段内旋转3周，同时滚子带动推杆在凸轮机构的约束下上下移动，参见视频文件 ch2\ch2_5_example2\ch2_5_example2.mpg。

图 2.5.13　选择弹簧的参考点　　　　　图 2.5.14　生成弹簧

本例参见配套文件 ch2\ch2_5_example2\ch2_5_example2_f.asm。

2.5.3　齿轮副

使用齿轮副可控制两个运动轴之间的速度关系。齿轮副中的每个"齿轮"均为一个由托架和运动齿轮两个主体构成的运动轴连接。如图 2.5.15 所示，两齿轮装配于轴上，每个齿轮与一根轴使用"销"连接，共得到两个运动轴连接，齿轮副中两齿轮的运动关系即创建在这两根运动轴上。

单击【机构】选项卡【连接】组中的定义齿轮副连接按钮 ⚙️齿轮，弹出【齿轮副定义】对话框，如图 2.5.16 所示，需要设计者指定齿轮副名称、类型以及指定两齿轮的运动轴。

图 2.5.15　齿轮副模型　　　　　图 2.5.16　【齿轮副定义】对话框

齿轮副的类型分"一般"、"正"、"锥"、"蜗轮"以及"齿条和小齿轮"5 种,如图 2.5.17 所示。其中"一般"类型的齿轮副用来创建任意空间位置上的齿轮副连接,如直齿轮、斜齿轮、锥齿轮、齿轮齿条或内齿轮、外齿轮等任意的齿轮机构。但是,"一般"类型齿轮副仅能表示连接主体之间的运动关系,不能表达机构运动过程中主体间的受力状况。

图 2.5.17 齿轮副类型

其余的齿轮副类型,包括"正"、"锥"、"蜗轮"和"齿条和小齿轮",用于创建动态齿轮副。动态齿轮副用于进行动态分析、力平衡分析或静态分析等涉及质量的分析。在定义动态齿轮副时,可以定义其压力角和螺旋角,在扭矩从一个齿轮传递到另一个齿轮时,这些角度会影响齿轮间的反作用载荷的方向。也可创建测量,以捕获动态齿轮副中的反作用载荷的特定分量。图 2.5.18 表示了定义动态齿轮副时压力角、螺旋角、斜角等参数的定义方法,其中,图 2.5.18(a)为创建正齿轮副时的参数定义界面,图 2.5.18(b)为创建锥齿轮副时的参数定义界面。

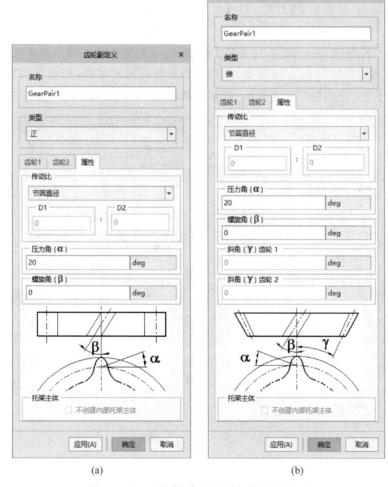

(a)   (b)

图 2.5.18 正齿轮副和锥齿轮副的属性定义

定义一般齿轮副连接过程中,若选择的运动轴均为旋转轴,可创建图 2.5.15 所示圆柱外齿轮连接,也可创建图 2.5.19(a)所示内齿轮连接(行星轮系中行星轮与内齿轮的啮合)或图 2.5.19(b)所示空间轮系连接。此时通过设定两齿轮的节圆直径约束两运动轴的速度,但不约束轴所在主体的相对空间方位。

创建一般齿轮副连接时,选择一个旋转轴与一个移动轴,则可创建齿轮、齿条连接副,如图 2.5.20 所示,能够实现转动到平动的转换。

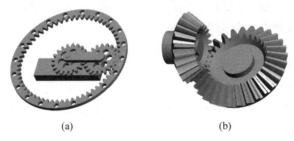

(a)   (b)

图 2.5.19　行星轮系和空间轮系连接

图 2.5.20　齿轮齿条连接

定义齿轮副连接,关键是定义两运动齿轮的运动轴。对于"一般"齿轮副连接,若要定义非齿轮齿条齿轮副,必须定义【齿轮 1】和【齿轮 2】两个属性页中的"运动轴"和"节圆直径"两项内容。

(1) 指定齿轮副的"运动轴"。定义每个齿轮时,首先要选择机构中的旋转轴,齿轮将绕旋转轴做回转运动。如图 2.5.21 所示,在指定各齿轮的旋转轴后,系统自动将构成旋转轴的两主体分别作为"小齿轮"和"托架"。若要使其互换,可单击"主体"的 按钮。

图 2.5.21　齿轮副定义界面

（2）指定齿轮运动轴的方向。齿轮在绕旋转轴转动时有两个方向，系统通过箭头以右手定则的方式确定齿轮转动方向。如图 2.5.22（a）中箭头方向所示，根据右手定则，大齿轮将作顺时针旋转。由于小齿轮与其是外啮合，小齿轮应作逆时针旋转，其箭头如图 2.5.22（b）所示。在"齿轮 1"方向确定的情况下，单击【齿轮 2】属性页中【运动轴】后的 ⚒ 按钮，可改变其回转方向，以适应内啮合或外啮合的需要。

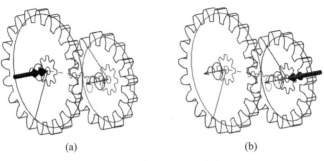

| (a) | (b) |

图 2.5.22　指定齿轮运动轴方向

（3）指定齿轮的节圆直径。齿轮副中的两个运动主体的表面不必相互接触就可工作，因为齿轮副定义的是速度约束，而不是基于模型几何形状的约束。因此，齿轮副传动比与所选齿轮的外形无关，仅取决于齿轮副定义时指定的节圆直径。系统认定两齿轮主体在节圆直径处做纯滚动，由此可知齿轮副的传动比为齿轮 2 与齿轮 1 的节圆直径的比值。

定义完成的齿轮副连接将在模型中显示连接图标，如图 2.5.23 所示。同时在机构树的"连接"节点上将添加一个"齿轮"节点，如图 2.5.24 所示。若要使齿轮连接在模型中不显示，单击【机构】选项卡【信息】组中的机构显示按钮 ✕ 机构显示 ，取消选中"凸轮"复选框即可。

图 2.5.23　齿轮副连接图标　　　　　图 2.5.24　机构树

对于"一般"齿轮连接中的齿轮与齿条副，必须定义齿轮和齿条的"运动轴"以及齿轮节圆直径。如图 2.5.25 所示，分别设置齿轮的旋转轴与齿条直线运动轴，以及齿轮的节圆直径 200。在进行运动仿真时，齿轮将以伺服电动机指定的角速度旋转，而齿条将以齿轮节圆半径处的线速度做直线运动。

(a)   (b)

图 2.5.25　齿轮齿条副定义

(a) 齿轮定义对话框；(b) 齿条定义对话框

齿轮齿条副在模型上的显示如图 2.5.26 所示，在机构树中的显示如图 2.5.27 所示。

图 2.5.26　齿轮齿条副的显示

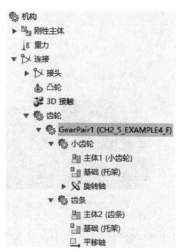

图 2.5.27　机构树

例 2.12 创建图 2.5.28 所示外啮合圆柱齿轮副连接,并以图中的小齿轮为原动件,使其以 3.6(°)/s 的角速度带动大齿轮转动。其中,大齿轮的参数(为与软件中保持一致,变量用正体字母表示,余同)为:模数 $m=10$,齿数 $z1=20$,压力角 $\alpha=20°$,齿顶高系数 $ha^*=1$,顶隙系数 $c^*=0.25$,齿厚 $b=20mm$。小齿轮的齿数 $z2=15$,齿厚 $b=20mm$。例子中使用的支架文件参见配套文件目录 ch2\ch2_5_example3。

图 2.5.28 外啮合圆柱齿轮模型

本例主要练习渐开线齿轮的建模方法,以及齿轮副连接的创建方法。模型创建过程主要包括大小齿轮的建模以及元件装配与分析等三部分。

第一部分:创建大齿轮。

分析:根据大齿轮的参数,计算齿轮尺寸如下。

(1)齿顶圆直径:$da1=m×z1+2×ha×m=220$。

(2)分度圆直径:$d1=m×z1=200$。

(3)齿底圆直径:$df1=m×z1-2×(ha^*+c^*)×m=175$。

(4)基圆直径:$db1=m×z1×\cos(alpha)$。

由机械原理知识可知,齿轮齿廓渐开线上任意一点的极坐标方程为:

$$r=(db1/2)/\cos(alphak)$$
$$theta=(180/pi)×\tan(alphak)-alphak$$

式中,alphak 为渐开线上任意一点处的压力角;在极角 theta 的计算中,因为 $\tan(alphak)$ 计算出来的是弧度,而使用"从方程"的方法创建曲线时方程中参数 theta 使用的单位是角度,故乘以 180/pi 转换为角度,pi 为圆周率。

齿轮的创建过程分为以下几步:

(1)以草绘基准曲线的方式创建齿顶圆、分度圆、齿根圆;

(2)以草绘基准曲线的方式创建一条渐开线;

(3)镜像(2)中创建的渐开线;

(4)创建齿坯;

(5)在齿坯上以(2)、(3)中生成的两条渐开线为边界剪除材料生成一个齿槽;

(6)阵列齿槽,完成此齿轮的制作。

大齿轮建模过程如下。

步骤 1:创建新文件。

单击【文件】→【新建】命令或工具栏中的新建按钮 🗋,输入文件名 ch2_5_example3_1,并选用公制模板 mmns_part_solid_abs 创建新文件。

步骤 2:在 FRONT 面上创建齿顶圆、分度圆、齿根圆。

(1)激活草绘基准曲线命令。单击【模型】选项卡【基准】组中的草绘按钮 ᨆ,选择 FRONT 面作为草绘平面,以 RIGHT 面为参考,方向向右,进入草绘界面。

(2)绘制草图。以坐标原点为圆心,分别绘制直径为 220、200、175 的圆作为齿顶圆、分度圆、齿根圆,如图 2.5.29 所示。单击 ✔ 按钮完成草绘曲线特征。

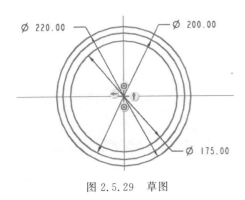

图 2.5.29　草图

步骤 3：在 FRONT 面上创建一条渐开线。

（1）激活基准曲线命令。单击【模型】选项卡【基准】组中的组溢出按钮,在弹出的菜单中依次单击【曲线】、【来自方程的曲线】命令,弹出【曲线：从方程】操控面板。

（2）选择坐标系并确定坐标系类型。选择系统默认坐标系 PRT_CSYS_DEF 作为参考,并设置坐标类型为【柱坐标】。

（3）创建渐开线方程。单击方程编辑按钮 ✎编辑,在弹出的【方程】对话框中输入渐开线方程,如图 2.5.30 所示。存盘并退出,生成的齿顶圆、分度圆、齿根圆及渐开线如图 2.5.31 所示。

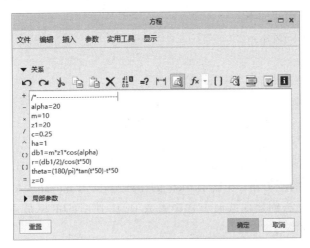

图 2.5.30　渐开线方程编辑界面

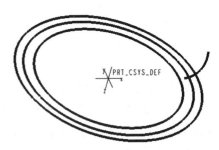

图 2.5.31　渐开线

提示：方程中 t*50 为渐开线上任意一点处的压力角 alphak（因方程中所有符号需为英文半角,用“*”表示“×”）。因为 t 的变化范围为 0～1,本例中使用 t*50 作为压力角是为了得到压力角从 0°～50°变化时生成的渐开线,便于生成全齿高。其他参数和方程的含义可以参考前面的解释和有关专业书籍。

步骤 4：镜像步骤 3 中创建的渐开线,生成齿槽的另一侧。

要镜像渐开线,必须先创建一个镜像平面。镜像平面是由经过原渐开线与分度圆交点的平面旋转半个齿槽角度形成的,为了生成经过原渐开线与分度圆交点的平面又需要创建经过平面的轴线和交点。其创建过程如下：

（1）创建基准轴线。经过 RIGHT 面和 TOP 面创建一条基准轴线。

（2）创建基准点。经过步骤 3 中生成的渐开线和步骤 2 中绘制的直径为 200 的分度圆创建基准点 PNT0。

（3）创建基准平面。经过（1）、（2）中生成的基准轴线和基准点创建基准平面 DTM1。

（4）创建镜像用的基准平面。经过（1）中创建的轴线,并且与（3）中创建的基准平面偏移 4.5°创建镜像平面。

提示：该齿轮的齿数为 20,一个齿和一个齿槽对应的角度为 360°/20＝18°,一个齿槽对应 9°，(4)中创建的镜像平面与(3)中的基准平面相隔半个齿，对应的角度为 4.5°。

（5）镜像渐开线。选中渐开线，单击【模型】选项卡【编辑】组中的镜像按钮 ⫴镜像，激活镜像命令，选择(4)中创建的基准平面，单击镜像操控面板中的按钮 ✔ 完成镜像，如图 2.5.32 所示。

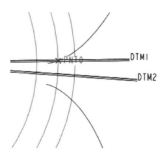

图 2.5.32 镜像渐开线

步骤 5：使用拉伸命令创建齿坯。

单击【模型】选项卡【形状】组中的拉伸按钮 ⬚拉伸，选择 FRONT 面作为草绘平面，以 RIGHT 面为参考，方向向右，绘制一个直径为 220 的圆，并绘制中心孔作为草图，如图 2.5.33 所示。输入拉伸特征高度为 20，并使特征生成于 FRONT 面的正方向，如图 2.5.34 所示。

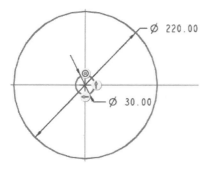

图 2.5.33 齿轮毛坯草图

图 2.5.34 齿轮毛坯

步骤 6：创建齿槽切除特征。

分析：若齿底圆直径小于基圆，基圆以下的齿面轮廓为非渐开线，在制图中使用半径为 $d/5$（d 为分度圆直径）的圆弧来生成。本步骤首先在齿底圆和渐开线的基础上生成一部分齿槽，然后绘制圆弧并倒角形成齿槽。

（1）单击【模型】选项卡【形状】组中的拉伸按钮 ⬚拉伸，在操控面板中选择去除材料模式 ⫴移除材料。选择 FRONT 面作为草绘平面，以 RIGHT 面为参考，方向向右，进入草绘界面。

（2）绘制齿底圆和渐开线的轮廓。单击投影命令按钮 ⬚投影，选择齿底圆和两条渐开线，生成如图 2.5.35 所示的图形。

（3）绘制基圆到齿底圆部分曲线。首先以渐开线为端点绘制圆弧并将其半径改为 40，如图 2.5.36 所示，再加入半径 0.5 的倒角并修剪草图，完成的草图如图 2.5.37 所示。

提示：渐开线开始于基圆，而齿槽开始于齿底圆，要想使整个齿廓均为渐开线，则齿底圆直径须大于或等于基圆直径。当齿底圆直径小于基圆直径时，齿底圆到基圆的部分可用一段与渐开线相切的线段或圆弧来代替。若采用圆弧，其半径约为分度圆直径的五分之一，上例中分度圆直径 $d=200$，所以采用 $R=40$ 的圆弧。

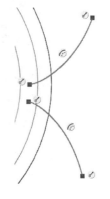

图 2.5.35 在草图中绘制渐开线

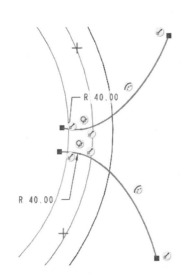

图 2.5.36　绘制基圆到齿底圆的曲线

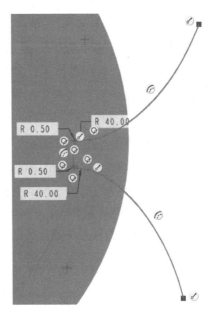

图 2.5.37　齿槽草图

（4）返回到拉伸特征操控面板，调整特征生成方向生成齿槽预览如图 2.5.38 所示，完成拉伸特征生成一个齿槽。

步骤 7：阵列齿槽。

（1）选中步骤 6 中生成的去除材料拉伸特征，并单击【模型】选项卡【编辑】组中的阵列按钮 ，激活阵列特征操控面板。

（2）选择阵列方式为"轴"，选择前面创建的中心线，指定在 360°角上生成 20 个阵列特征，单击 按钮完成阵列。

步骤 8：创建并阵列孔。

创建拉伸特征生成孔。使用去除材料的拉伸特征，以齿轮表面作为草绘平面，距离齿轮中心 50，创建直径为 40 的孔特征，并以中心轴为轴线阵列拉伸孔特征，阵列数为 6。生成的齿轮如图 2.5.39 所示。

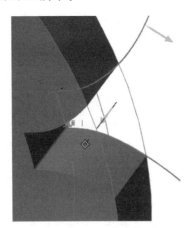

图 2.5.38　生成齿槽预览

图 2.5.39　大齿轮模型

步骤9：隐藏曲线。

（1）显示层树。在导航区顶部单击 » 按钮，弹出工具栏如图2.5.40所示，单击层树按钮 🗂 在导航区中显示层树导航区。

（2）创建新层。在层树导航区右击并选择快捷菜单中的【新建层】命令创建一个新层，按住Ctrl键选择模型中的草绘基准曲线和渐开线。

（3）隐藏层。在层树导航区右击新建层，选择快捷菜单中的【隐藏】命令。

（4）保存状态。在层树导航区右击，并选择快捷菜单中的【保存状态】命令。

图2.5.40 导航区按钮

以上工作，也可通过以下方法完成：选取层树中的层"03_PRT_ALL_CURVES"并右击，选择快捷菜单中的【隐藏】命令。

至此大齿轮创建完成，参见配套文件 ch2\ch2_5_example3_1_f.prt。

图2.5.41 小齿轮模型

第二部分：创建小齿轮。

使用与创建大齿轮相同的方法，创建小齿轮如图2.5.41所示。其参数如下。

（1）齿顶圆直径：$da2 = m \times z2 + 2 \times ha \times m = 170$。

（2）分度圆直径：$d2 = m \times z2 = 150$。

（3）齿底圆直径：$df2 = m \times z2 - 2 \times (ha^* + c^*) \times m = 125$。

（4）基圆直径：$db2 = m \times z2 \times \cos(alpha)$。

在创建渐开线时，使用系统默认坐标系"PRT_CSYS_DEF"，其圆柱坐标方程如下：

```
alpha = 20
m = 10
z2 = 15
c = 0.25
ha = 1
db2 = m * z2 * cos(alpha)
r = (db2/2)/cos(t * 50)
theta = (180/pi) * tan(t * 50) - t * 50
z = 0
```

创建的齿轮如图2.5.41所示，参见配套文件 ch2\ch2_5_example3_2_f.prt。

第三部分：元件装配与分析。

步骤1：创建机构组件。

（1）新建组件。单击【文件】→【新建】命令或工具栏中的新建按钮 🗋，新建组件模型 ch2_5_example3.asm。

（2）装配零件 ch2_5_example3_zhijia.prt。单击【模型】选项卡【元件】组中的组装元件命令按钮 🖳 激活装配命令，选择配套文件中的支架模型 ch2_5_example3_zhijia.prt，使用"默认"放置方式，使零件与组件的坐标系对齐，如图2.5.42所示。

图 2.5.42　支架零件模型

（3）装配零件 ch2_5_example3_1。同样激活装配命令，选择大齿轮零件 ch2_5_example3_1.prt，单击装配操控面板中的【连接类型】下拉列表，选择"销"连接，使 ch2_5_example3_zhijia.prt 中的轴线与齿轮中心孔轴线对齐；并使支架的前侧面与齿轮的后侧面重合，如图 2.5.43 所示。装配完成后的模型如图 2.5.44 所示。

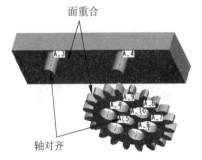

图 2.5.43　大齿轮装配约束　　　　图 2.5.44　大齿轮安装完成

（4）用同样方式装配小齿轮 ch2_5_example3_2.prt，并旋转齿轮，使其与大齿轮啮合，如图 2.5.28 所示。

步骤 2：进入机构运动仿真模块。

单击【应用程序】选项卡【运动】组中的机构按钮 ，进入机构运动仿真模块。

步骤 3：添加齿轮副连接。

（1）激活命令。单击【机构】选项卡【连接】组中的定义齿轮副连接按钮 ，弹出【齿轮副定义】对话框，设置齿轮副类型为【一般】。

（2）设置齿轮 1。选择小齿轮所在的旋转轴作为齿轮 1 的运动轴，并设置其节圆直径为 150。

（3）设置齿轮 2。选择大齿轮所在的旋转轴作为齿轮 2 的运动轴，并设置其节圆直径为 200。

（4）设置齿轮 2 的方向。单击运动轴方向按钮 改变齿轮 2 的方向，保证两齿轮旋转方向相反，如图 2.5.45 所示。

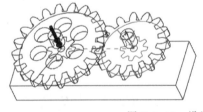

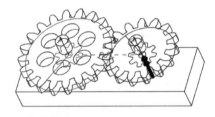

图 2.5.45　设置两齿轮旋转方向

至此齿轮副创建完成，如图 2.5.23、图 2.5.24 所示。

步骤 4：添加伺服电动机。

（1）添加伺服电动机。单击【机构】选项卡【插入】组中的伺服电动机命令按钮 ，弹出

【电动机】操控面板,选择小齿轮所在的旋转轴为电动机运动轴。

（2）定义伺服电动机参数。单击【电动机】操控面板中的【配置文件详情】标签,设置其速度为"常量",系数 A＝3.6,如图 2.5.46 所示。

图 2.5.46 添加伺服电动机

步骤 5：分析模型。

单击【机构】选项卡【分析】组中的机构分析按钮 ,弹出【分析定义】对话框,选择分析类型为【运动学】,设置分析终止时间为 100,单击【运行】按钮,小齿轮以 3.6(°)/s 的角速度做回转运动。同时,在齿轮副连接节圆相切的约束下,大齿轮做旋转运动。运动视频参见配套文件 ch2\ch2_5_example3\ch2_5_example3.mpg。

本例创建的运动仿真实例参见配套文件目录 ch2\ch2_5_example3。

例 2.13 创建图 2.5.20 所示齿轮齿条连接,例子中使用的文件参见配套文件目录 ch2\ch2_5_example4。

本例主要练习齿条创建方法及齿轮齿条连接副的创建方法。

步骤 1：创建齿条元件。

（1）设置工作目录。将配套文件目录 ch2\ch2_5_example4 复制到硬盘中,并将工作目录设置于此。

（2）新建零件。单击【文件】→【新建】命令或工具栏中的新建按钮 ,新建零件模型 ch2_5_example1_chitiao.prt。

步骤 2：创建拉伸特征。

单击【模型】选项卡【形状】组中的拉伸特征按钮 激活拉伸命令,选择 FRONT 面作为草绘平面,TOP 面作为参考,方向向上,创建草图如图 2.5.47 所示。设置向 FRONT 面的正方向拉伸 20,如图 2.5.48 所示。

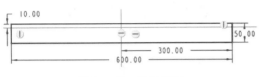

图 2.5.47　齿条草图

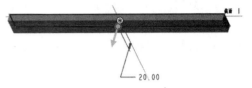

图 2.5.48　齿条毛坯

步骤 3：创建齿条的第一个齿槽。

单击【模型】选项卡【形状】组中的拉伸特征按钮 _{拉伸} 激活拉伸命令，单击 ⬜移除材料 按钮创建去除材料特征。选择 FRONT 面作为草绘平面，TOP 面作为参考，方向向"顶"。在步骤 2 中创建实体的右端定义草图如图 2.5.49 所示，指定向 FRONT 面的正方向拉伸 20 创建第一个齿槽，如图 2.5.50 所示。

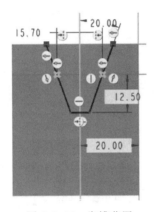

图 2.5.49　齿槽草图

图 2.5.50　齿槽

步骤 4：创建倒圆角。

单击【模型】选项卡【工程】组中的圆角命令按钮 倒圆角 ，激活倒圆角命令，选择齿顶和齿底所在的 4 条边作为参考，创建半径为 1 的倒圆角，如图 2.5.51 所示。

步骤 5：阵列齿槽与倒圆角。

（1）创建局部组。按住 Ctrl 键，从模型树中选择齿槽特征和圆角特性，在弹出的浮动工具栏中单击创建局部组命令按钮 ，创建局部组，如图 2.5.52 所示。

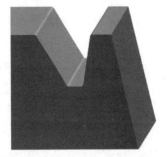

图 2.5.51　创建倒圆角

图 2.5.52　创建局部组

　　(2) 激活阵列。选择创建的局部组,单击【模型】选项卡【编辑】组中的阵列命令按钮 ⊞ ,弹出阵列操控面板,选择阵列方式为"尺寸"。

　　(3) 设置阵列尺寸。选择齿槽距右端面的距离 20 作为阵列尺寸,并设置阵列距离为 31.4(一个齿距),如图 2.5.53 所示。

　　(4) 设置阵列数为 19,得到齿条模型如图 2.5.54 所示。

　　(5) 创建基准轴线。经过齿条下面前侧边创建基准轴,如图 2.5.55 所示,以备用作装配基准。

　　步骤 6:装配齿条。

　　(1) 打开装配文件。单击【文件】→【打开】命令或工具栏中的打开按钮 ⊃ ,选择已有组件 ch2_5_example4.asm,如图 2.5.56 所示。

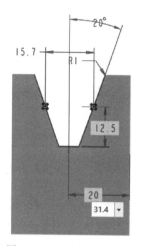

图 2.5.53　选择阵列尺寸

图 2.5.54　齿条模型

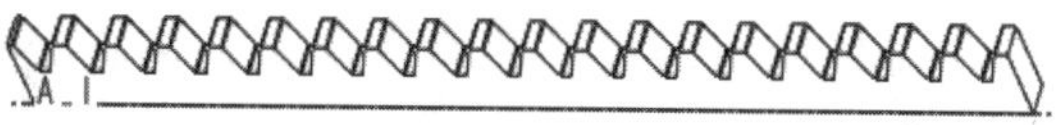

图 2.5.55　创建基准轴

　　(2) 装配 ch2_5_example4_chitiao.prt。单击【模型】选项卡【元件】组中的组装元件命令按钮 ⊔ 激活装配命令,选择文件 ch2_5_example4_chitiao。使用"滑块"连接方式,使元件与组件上的两基准轴对齐,并使齿条的前侧面与支架轨道的内侧面重合,如图 2.5.57 所示。

图 2.5.56　已有文件

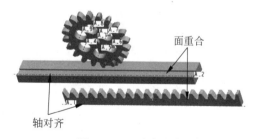

图 2.5.57　齿条约束

　　(3) 定义齿条的平移轴。单击齿条装配操控面板【放置】滑动面板中的"平移轴"项,选择齿条右侧面和支架右侧面作为参考,并设置两面距离为 0,指定平移轴的初始位置,如图 2.5.58 所示。单击操控面板上的 ✓ 按钮完成装配。

　　步骤 7:定义快照。

　　单击【模型】选项卡【元件】组中的拖动元件命令按钮 👆 ,弹出【拖动】对话框。单击快照命令按钮 📷 定义当前位置的快照 Snapshot1。

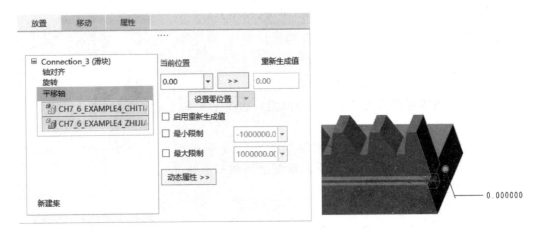

图 2.5.58　指定平移轴的初始位置

步骤 8：进入机构运动仿真模块。

单击【应用程序】选项卡【运动】组中的机构按钮 ![图标]，进入机构运动仿真模块。

步骤 9：添加齿轮副连接。

（1）激活命令。单击【机构】选项卡【连接】组中的定义齿轮副连接按钮 ![图标]，弹出【齿轮副定义】对话框，设置齿轮副类型为【一般】。

（2）设置小齿轮。选择齿轮所在的旋转轴作为小齿轮的运动轴，并设置其节圆直径为 200。

（3）设置齿条。选择齿条所在的平移轴作为齿条的运动轴。

（4）设置齿条的运动方向。单击运动轴方向按钮 ![图标] 改变齿条运动方向，保证在其啮合位置齿条与齿轮运动方向相同，如图 2.5.59 所示。

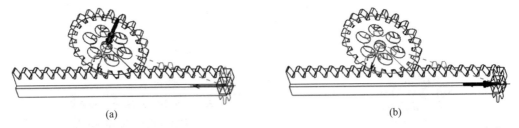

(a)   (b)

图 2.5.59　设置齿条运动方向与齿轮转动相符
（a）齿轮运动方向为逆时针；（b）齿条运动方向为向右

至此齿轮齿条运动副创建完成，如图 2.5.26、图 2.5.27 所示。

步骤 10：添加伺服电动机。

（1）添加伺服电动机 1。单击【机构】选项卡【插入】组中的伺服电动机命令按钮 ![图标]，弹出【电动机】操控面板，选择齿轮所在的旋转轴作为电动机运动轴。设置其速度为"常量"，系数 A＝12。

（2）用同样方法定义伺服电动机 2。选择齿轮所在的旋转轴作为电动机运动轴。设置其速度为"常量"，系数 A＝－24。

步骤 11：分析模型。

（1）激活命令。单击【机构】选项卡【分析】组中的机构分析按钮 ，弹出【分析定义】对话框。

（2）设置分析选项。选择分析类型为【运动学】，设置分析结束时间为 20，并设置其【初始配置】为步骤 7 中定义的快照 Snapshot1，如图 2.5.60 所示。

（3）编辑伺服电动机。设置伺服电动机 1 的作用时间从"开始"到"10"，伺服电动机 2 的作用时间从"11"到"终止"，如图 2.5.61 所示。

图 2.5.60　【分析定义】对话框

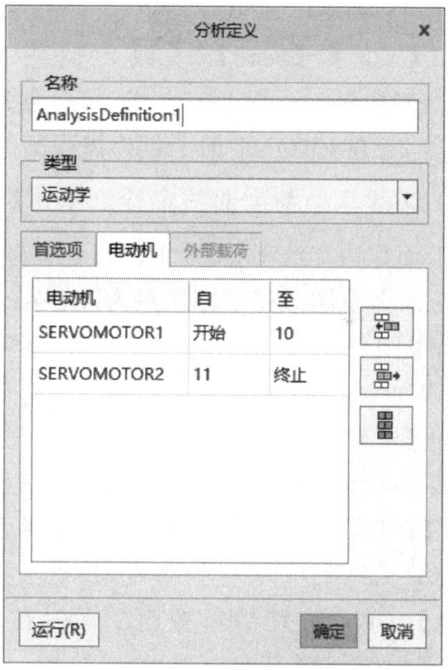

图 2.5.61　设置伺服电动机

（4）运动分析。单击【运行】按钮，齿轮将首先在伺服电动机 1 的作用下带动齿条向右侧运动，然后在伺服电动机 2 的作用下快速向左侧运动。运动视频参见配套文件 ch2\ch2_5_example4\ch2_5_example4.mpg。

本例创建的运动仿真实例参见配套文件目录 ch2\ch2_5_example4。

例 2.14　创建图 2.5.62 所示行星齿轮系，图中内齿轮参数：模数 m＝10，齿数 z1＝60，压力角 α＝20°，齿顶高系数 ha*＝1，顶隙系数 c*＝0.25，齿厚 b＝20mm。中间小太阳轮和行星轮的参数相同，齿数 z2＝z3＝20，齿厚 b＝20mm。例子中使用的中间小太阳轮、行星轮、支架、系杆以及已完成的装配文件参见配套文件目录 ch2\ch2_5_example5。

本例介绍渐开线直齿内齿轮的创建方法，以及行星轮系的装配方法。

第一部分：创建渐开线直齿内齿轮。

分析：内齿轮的渐开线形状和与之啮合的外齿形状相同，其齿形参数如下。

(1) 齿顶圆直径：$da1 = m \times z1 - 2 \times ha \times m = 580$。

(2) 分度圆直径：$d1 = m \times z1 = 600$。

(3) 齿底圆直径：$df1 = m \times z1 + 2 \times (ha^* + c^*) \times m = 625$。

(4) 基圆直径：$db1 = m \times z1 \times \cos(alpha)$。

图 2.5.62 行星齿轮系

其齿廓渐开线与外齿轮相同，其任意一点的极坐标方程为：

$$r = (db1/2)/\cos(alphak)$$
$$theta = (180/pi) \times \tan(alphak) - alphak$$

内齿轮建模过程如下。

步骤 1：创建新文件。

单击【文件】→【新建】命令或工具栏中的新建按钮 □，输入文件名"h2_5_example5_1"并选用公制模板 mmns_part_solid_abs 创建新文件。

步骤 2：在 FRONT 面上创建齿顶圆、分度圆、齿根圆。

(1) 激活草绘基准曲线命令。单击【模型】选项卡【基准】组中的草绘按钮 ～，选择 FRONT 面作为草绘平面，以 RIGHT 面为参考，方向向右，进入草绘界面。

(2) 绘制草图。以坐标原点为圆心，分别绘制直径为 580、600、625 的圆作为齿顶圆、分度圆、齿根圆，如图 2.5.63 所示。单击 ✔ 按钮完成草绘曲线特征。

步骤 3：在 FRONT 面上创建一条渐开线。

单击【模型】选项卡【基准】组中的组溢出按钮，在弹出的菜单中依次单击【曲线】、【来自方程的曲线】命令，弹出【曲线：从方程】操控面板。选择系统默认坐标系 PRT_CSYS_DEF 作为参考，并指定坐标类型为【柱坐标】。单击方程编辑按钮 ✐ 编辑，在弹出的【方程】对话框中输入渐开线方程，如图 2.5.64 所示，生成渐开线如图 2.5.65 所示。

步骤 4：镜像步骤 3 中创建的渐开线，生成齿槽的另一侧。

(1) 创建基准轴线。经过 RIGHT 面和 TOP 面创建一条基准轴线。

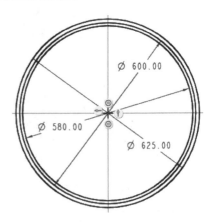

图 2.5.63 草图

(2) 创建基准点。经过步骤 3 中生成的渐开线和步骤 2 中绘制的直径为 600 的分度圆创建基准点 PNT0。

(3) 创建基准平面。经过(1)、(2)中生成的基准轴线和基准点创建基准平面 DTM1，如图 2.5.66 所示。

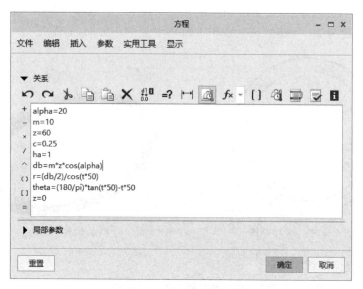

图 2.5.64　渐开线方程

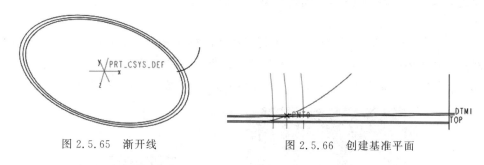

图 2.5.65　渐开线

图 2.5.66　创建基准平面

　　(4) 创建镜像用的基准平面。经过(1)中创建的轴线,并且与(3)中创建的基准平面偏移 1.5°创建镜像平面 DTM2,如图 2.5.67 所示。

　　(5) 镜像渐开线。选中渐开线,单击【模型】选项卡【编辑】组中的镜像按钮 $\|$（镜像,激活镜像命令,选择(4)中创建的基准平面,单击镜像操控面板中的 ✔ 确定 按钮完成镜像,如图 2.5.68 所示。

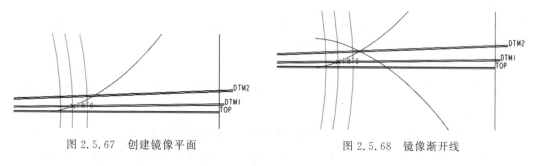

图 2.5.67　创建镜像平面

图 2.5.68　镜像渐开线

　　步骤 5:使用拉伸命令创建齿坯。

　　单击【模型】选项卡【形状】组中的拉伸按钮 ,选择 FRONT 面作为草绘平面,以

RIGHT 面为参考,方向向右,分别绘制直径为 700 和 580 的圆作为草图,如图 2.5.69 所示。输入拉伸特征高度为 20,并使特征生成于 FRONT 面的正方向,如图 2.5.70 所示。

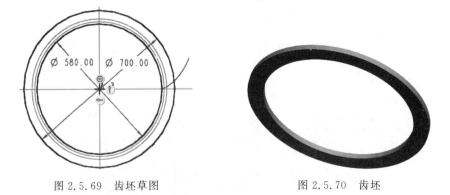

图 2.5.69　齿坯草图　　　　　　　　　　　　图 2.5.70　齿坯

步骤 6:创建齿槽切除特征。

(1)激活命令。单击【模型】选项卡【形状】组中的拉伸按钮 ,在操控面板中选择去除材料模式 移除材料 。选择 FRONT 面作为草绘平面,以 RIGHT 面为参考,方向向右,进入草绘界面。

(2)绘制齿底圆和渐开线轮廓。单击投影命令按钮 投影 ,选择齿底圆和两条渐开线生成渐开线和齿槽底部曲线,并在齿底部创建半径为 1 的圆角,如图 2.5.71 所示。

(3)返回到拉伸特征操控面板,调整特征生成方向,生成一个齿槽,如图 2.5.72 所示。

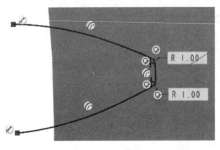 

图 2.5.71　齿槽草图　　　　　　　　　　图 2.5.72　齿槽

步骤 7:创建圆角。

单击【模型】选项卡【工程】组中的圆角命令按钮 倒圆角 ,选择齿顶两条线作为参考,创建半径为 2 的圆角特征。

步骤 8:阵列齿槽。

(1)将齿槽与圆角编组。选择齿槽和圆角特征,在弹出的浮动菜单中单击创建局部组命令按钮 ,将两个特征编为一个组。

(2)阵列组。选择组,并单击【模型】选项卡【编辑】组中的阵列按钮 阵列 ,设置为"轴"阵列。并指定在 360°范围内生成 60 个特征,单击 ✔ 按钮完成阵列。至此完成内齿建模。

步骤 9:创建孔特征并阵列。

(1)创建去除材料拉伸特征。单击【模型】选项卡【形状】组中的拉伸按钮 ,在操控面板中选择去除材料模式 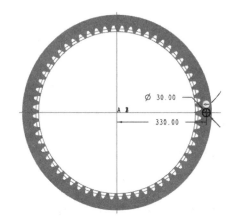。选择齿轮表面作为草绘平面创建草图如图 2.5.73 所示。选择"穿透"深度模式创建孔。

（2）阵列孔。选择步骤（1）中创建的拉伸孔特征，单击【模型】选项卡【编辑】组中的阵列按钮 ，设置为"轴"阵列。并指定在 360°范围内生成 20 个特征，单击 ✓ 按钮完成阵列。

至此内齿轮建模完成，如图 2.5.74 所示。参见配套文件 ch2\ch2_5_example5_neichilun. prt。

图 2.5.73 孔特征草图

图 2.5.74 内齿轮模型

第二部分：创建行星轮系机构模型。

步骤 1：打开已有装配文件。

打开文件 ch2_5_example5.asm，可得以完成装配如图 2.5.75 所示。

步骤 2：装配内齿轮。

单击【模型】选项卡【元件】组中的组装元件命令按钮 激活装配命令，选择内齿轮 ch2_5_example5_neichilun. prt，在操控面板的【连接类型】下拉列表中选择【销】连接，使 ch2_5_example5_zhijia. prt 中的轴线与内齿轮中心孔轴线对齐；并使支架顶面与内齿轮底面重合，如图 2.5.76 所示。

图 2.5.75 已有装配模型

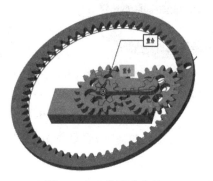

图 2.5.76 装配内齿轮

步骤3：更改内齿轮连接轴的名称。

为了便于区分连接轴，在【元件放置】操控面板的【放置】滑动面板中，单击连接名称，在右侧的【集名称】文本框中，将连接名称更改为"Connection_内齿轮"，如图2.5.77所示。

图2.5.77　更改连接名称

步骤4：进入机构运动仿真模块。

单击【应用程序】选项卡【运动】组中的机构按钮 ^{机构}，进入机构运动仿真模块。

步骤5：添加中心小太阳轮与行星轮之间的齿轮副连接。

（1）激活命令。单击【机构】选项卡【连接】组中的定义齿轮副连接按钮 ^{齿轮}，弹出【齿轮副定义】对话框，设置齿轮副类型为【一般】。

（2）设置齿轮1。选择中心小太阳轮所在的旋转轴"Connection_小太阳轮.axis.1"作为齿轮1的运动轴，并设置其节圆直径为200。

图2.5.78　创建小太阳轮和行星轮之间的齿轮副连接

（3）设置齿轮2。选择行星轮所在的旋转轴"Connection_行星轮.axis.1"作为齿轮2的运动轴，并设置其节圆直径为200。

（4）设置齿轮2的方向。单击运动轴方向按钮 ✗ 改变齿轮2的方向，保证两齿轮旋转方向相反，如图2.5.78所示。

步骤6：用同样方法添加行星轮与内齿轮之间的齿轮副连接。

选择内齿轮所在的旋转轴"Connection_内齿轮.axis.1"作为齿轮1的运动轴，并设置其节圆直径为600。选择行星轮所在的旋转轴"Connection_行星轮.axis.1"作为齿轮2的运动轴，设置节圆直径为200，并单击运动轴方向按钮 ✗ 改变齿轮2的方向，保证两齿轮旋转方向相同。

步骤7：添加伺服电动机并分析模型。

行星轮系中，通过定义小太阳轮、内齿轮的不同转速，可得到杆系转速，本步骤在内齿轮上定义了两个伺服电动机,分别定义了两种转速。在小太阳轮上定义了一个伺服电动机。最后选择不同的内齿轮转速,可得到不同的系杆转速。

（1）添加伺服电动机 1。单击【机构】选项卡【插入】组中的伺服电动机命令按钮 ，选择中间小太阳轮所在的旋转轴"Connection_小太阳轮. axis. 1"作为电动机运动轴,设置其速度为"常量",系数 A＝10。

（2）添加伺服电动机 2。同样地,选择内齿轮所在的旋转轴"Connection_内齿轮. axis. 1"作为电动机运动轴,设置其速度为"常量",系数 A＝0。

（3）添加伺服电动机 3。同理,选择内齿轮所在的旋转轴"Connection_内齿轮. axis. 1"作为电动机运动轴,设置其速度为"常量",系数 A＝－10。

步骤 8：分析与测量模型。

（1）创建分析 1。单击【机构】选项卡【分析】组中的机构分析按钮 ，弹出【分析定义】对话框,选择分析类型为【运动学】,设置分析结束时间为 72。打开【电动机】属性页,删除电动机 2,仅保留电动机 1 和电动机 3,如图 2.5.79 所示。单击【运行】按钮,小太阳轮以 10(°)/s 的角速度做回转运动,而内齿轮则以相同角速度反转。运动视频参见配套文件 ch2\ch2_5_example5\ch2_5_example5_1. mpg。

（2）对分析 1 创建测量。单击【机构】选项卡【分析】组中的测量按钮 ，弹出【测量结果】对话框,选择行星轮上的运动轴作为要测量的对象,如图 2.5.80 所示,创建测量 measure1,如图 2.5.81 所示。可以看到,此时所选运动轴的角速度为 15(°)/s。单击【测量结果】对话框中的绘制测量图形按钮 ，显示测量图形如图 2.5.82 所示。

图 2.5.79 【电动机】属性页

图 2.5.80 【测量结果】对话框

图 2.5.81　测量定义

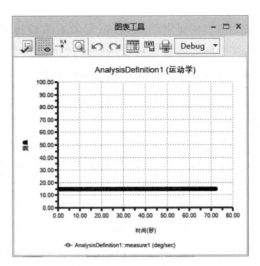

图 2.5.82　测量的图形

（3）创建分析 2。同样地，单击【机构】选项卡【分析】组中的机构分析按钮 ，弹出【分析定义】对话框，选择分析类型为【运动学】，设置分析结束时间为 72。打开【电动机】属性页，删除电动机 3，仅保留电动机 1 和电动机 2，如图 2.5.83 所示。单击【运行】按钮，小太阳轮以 10(°)/s 的角速度做回转运动，而内齿轮则固定不动。运动视频参见配套文件 ch2\ch2_5_example5\ch2_5_example5_2.mpg。

（4）对分析 2 创建测量。同样激活测量工具，对分析 2 的结果集 AnalysisDefinition2 应用测量 measure1，测量结果为 7.5，如图 2.5.84 所示。单击【测量结果】对话框中的绘制测量图形按钮 ，显示测量图形如图 2.5.85 所示。

图 2.5.83　【分析定义】对话框【电动机】属性页

图 2.5.84　【测量结果】对话框

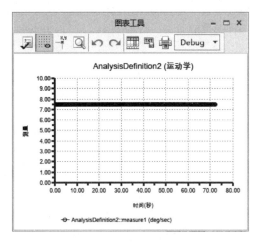

图 2.5.85　测量的图形

本例创建的运动仿真实例参见配套文件目录 ch2\ch2_5_example5。

2.5.4　带连接

带连接用于绕机构中选定的滑轮创建封闭带,可用于进行运动和动态分析。在机构运动仿真中,滑轮是一种在其周边有凹槽的轮盘。在带连接系统中,带沿着该凹槽运行,并将滑轮连接到下一个滑轮。使用滑轮来更改施加力的方向、传输旋转运动,如果各滑轮的直径不同,则可由此增减沿着线性或旋转运动轴的力。如图 2.5.86(a)所示机构中包含两个滑轮,创建带连接后如图 2.5.86(b)所示。

(a)　　　　　　　　　　　　　　(b)

图 2.5.86　滑轮及其带连接
(a) 包含滑轮的机构;(b) 创建带连接

要创建带连接机构,首先要创建两个滑轮,滑轮的结构为周边带有凹槽的轮盘。在机构运动仿真模块中,滑轮应为具有旋转轴的元件或部件,同时其周边应有一个回转面。

打开配套文件 ch2\ch2_5_example6\ch2_5_example6.asm,组件中的机构如图 2.5.86(a)所示,其中的两个滑轮均为使用"销"连接装入的元件。单击【应用程序】选项卡【运动】组中的机构按钮  进入机构仿真模块,单击【机构】选项卡【连接】组中的创建带连接命令按钮

,弹出带连接操控面板如图 2.5.87 所示,单击【参考】标签弹出滑动面板如图 2.5.88所示。

有两种选择参考的方式可以定义带连接:

(1) 选择两个滑轮的旋转轴。按住 Ctrl 键,依次选择两滑轮的旋转轴后,带连接的【参考】滑动面板如图 2.5.89(a)所示,旋转轴后面的数字代表皮带所在滑轮的直径,带连接预

图 2.5.87　带连接操控面板

图 2.5.88　【参考】滑动面板

览如图 2.5.89(b)所示，拖动图中的滑块或直接在【参考】滑动面板中输入数字可改变滑轮直径。

（2）直接选择滑轮上要包络皮带的曲面。按住 Ctrl 键，选择两滑轮上要包络皮带的面，如图 2.5.90(a)所示，其【参考】滑动面板如图 2.5.90(b)所示，此时将创建包络两个选定面的皮带连接，如图 2.5.90(b)所示。

在【参考】滑动面板中，单击 按钮可以改变带连接的方向，如图 2.5.91 所示。

创建带连接的过程如下。

（1）准备。在组件模型中，以"销"连接装入两个滑轮元件。

(a)

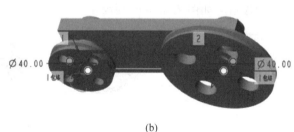

(b)

图 2.5.89　选择旋转轴创建带连接

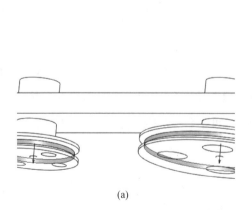

(a)

(b)

图 2.5.90　选择包络面创建带连接

（2）单击【应用程序】选项卡【运动】组中的机构按钮 ，进入机构仿真模块。

（3）单击【机构】选项卡【连接】组中的创建带连接命令按钮 🔗带，弹出带连接操控面板。

（4）选择皮带的包络面或旋转轴作为参考，创建皮带连接。

图 2.5.91　改变带连接的方向

（5）更改皮带的连接方式，创建正确的带连接，完成带连接的创建。

例 2.15　创建图 2.5.91 所示带连接机构，并在左侧滑轮以 60(°)/s 的角速度旋转的条件下，创建带连接机构仿真。源文件参见配套文件 ch2\ch2_5_example6\ch2_5_example6.asm。

步骤 1：打开源文件并进入仿真模块。

（1）打开源文件。机构中已经创建了以销钉连接的两个滑轮，如图 2.5.86(a)所示。

（2）单击【应用程序】选项卡【运动】组中的机构按钮 ⚙，进入机构仿真模块。

步骤 2：创建带连接。

（1）激活带连接命令。单击【机构】选项卡【连接】组中的创建带连接命令按钮 🔗带，弹出带连接操控面板。

（2）选择参考。选择皮带的包络面作为参考，如图 2.5.90 所示，生成皮带连接预览如图 2.5.86(b)所示。

图 2.5.92　设置旋转轴速度

（3）更改皮带的连接方式。在【参考】滑动面板中选择任意一个参考，并单击 按钮更改皮带连接的方向，如图 2.5.91 所示。

（4）单击带连接操控面板中的 ✔ 按钮完成操作。

步骤 3：创建运动仿真。

（1）创建伺服电动机。单击【机构】选项卡【插入】组中的伺服电动机命令按钮 ，弹出【电动机】操控面板。选择左侧滑轮的旋转轴作为运动轴，设置轴的旋转速度为 60(°)/s，如图 2.5.92 所示。

（2）创建机构分析。单击【机构】选项卡【分析】组中的机构分析按钮 ，修改分析的结束时间为 60，单击【运行】按钮，运行机构分析。

本例模型及其运动仿真视频参见配套文件目录 ch2\ch2_5_example6。

第3章

设 计 动 画

本章介绍使用 Creo 创建设计动画的方法,主要讲述使用关键帧或伺服电动机创建快照动画的基本过程,并介绍分解动画和机构动画的创建方法,以及在设计动画中使用定时视图和定时透明设置模型旋转、缩放以及渐隐、渐强等效果的方法。

3.1 概述

3.1.1 设计动画简介

设计动画(Design Animation)是 Creo 提供的 CAE 模块之一,可以创建组件模型的装配或拆卸序列动画,以展示产品装配或拆卸步骤,或使用伺服电动机模拟组件的机构运动过程,并且可以在动画中添加模型旋转、缩放以及消隐等效果。设计动画具有如下功能。

(1)机构运行可视化。将机构主体拖动到不同位置,并拍下快照来创建动画,用于模拟机构运动过程。

(2)创建组件模型的装配或拆卸序列动画。

(3)创建产品维护动画。创建产品维修的简短动画,用来展示产品维护步骤,指示用户维修产品的方法。

根据创建方式的不同,动画分为快照动画、分解动画以及机构动画三类。快照动画是利用快照或伺服电动机生成关键帧的动画;分解动画是利用组件模型中的分解视图作为关键帧,快速创建的模型装配动画;机构动画是利用机构运动仿真生成的回放结果创建的动画。

3.1.2 设计动画模块界面

设计动画是创建在组件模型或机构运动模型基础上的,要进入动画模块首先必须创建组件模型或运动模型。打开组件模型,单击【应用程序】选项卡【运动】组中的动画按钮 动画 进入动画模块,如图 3.1.1 所示。单击【动画】选项卡【关闭】组中的关闭按钮 关闭 返回组件装配界面。

设计动画模块图形窗口的上方添加了时间线窗口,用于记录动画过程,以后创建的关键帧序列、各种视图和显示样式都以时间线为基准显示在此窗口中。功能区添加了【动画】选

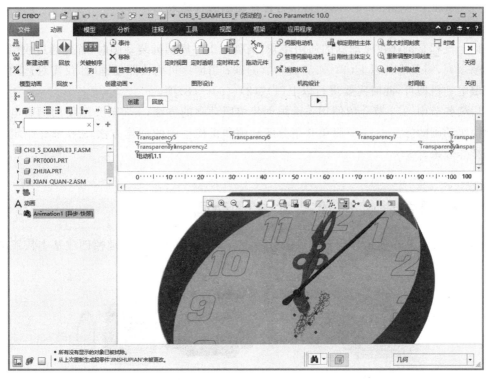

图 3.1.1 动画模块界面

项卡,用于创建和管理动画。左侧模型树下部添加动画树,用于记录创建的动画。

3.1.3 创建快照动画的一般过程

快照动画是使用关键帧序列创建的动画,本章主要介绍创建快照动画的方法。在机构装配或拆卸过程中,首先使用快照的方法捕捉若干个典型位置,这些位置快照称为动画的"关键帧",每个关键帧即是组件的一个装配位置或机构的一个工作位置。将这些关键帧按照一定的顺序依次连续播放出来,并在关键帧之间设置过渡,便形成组件装配视频或机构工作视频。

在快照动画创建过程中,若组件中已经存在运动轴(移动轴或旋转轴),则可直接对运动轴添加伺服电动机,并利用伺服电动机自动生成关键帧;若已经定义伺服电动机,将其直接添加到动画中即可。

创建快照动画的一般流程如下:

(1)打开要创建设计动画的组件,并进入动画模块。

(2)新建一个快照动画。

(3)定义主体,将需要拆分的部分定义为不同主体。

(4)拖动主体,并在主体的每一个拖动位置上生成一个快照。

(5)用(4)生成的快照,按照时间的先后顺序创建关键帧序列,并将其添加到动画中。

(6)若组件中存在已定义运动轴,则对其添加伺服电动机;若存在已定义伺服电动机,则直接将其添加进动画。

（7）添加定时视图和定时透明，作为设计动画的特殊效果。

（8）生成并播放动画。

以上流程是创建快照动画的通用步骤，当创建组件模型拆装动画时，首先通过快照创建关键帧序列，需要进行以上（1）～（5）、（7）、（8）项；当创建机构快照动画时，仅需对运动轴添加伺服电动机即可，此时需要进行以上（1）、（2）、（6）～（8）项。

后续各节中，3.2节介绍使用关键帧创建快照动画的方法，3.3节介绍使用伺服电动机创建快照动画的方法，3.4节简单介绍分解动画和机构动画的创建方法，3.5节介绍定时视图等特殊效果。

3.2　使用关键帧创建基本快照动画

本节以图3.2.1所示齿轮轴组件的分解过程为例，介绍使用关键帧创建基本快照动画的过程。本例所用文件参见配套文件目录ch3\ch3_2_example1。

图3.2.1　齿轮轴组件分解

(a) 组合状态；(b) 分解状态

3.2.1　使用关键帧创建设计动画的准备工作

创建设计动画的准备工作包括：进入动画模块、创建一个动画以及定义主体。

（1）将配套文件目录ch3\ch3_2_example1复制至硬盘，并将工作目录设置于此。打开组件模型ch3\ch3_2_example1.asm，并单击【应用程序】选项卡【运动】组中的动画按钮，进入动画模块。

（2）新建一个动画。单击【动画】选项卡【模型动画】组中的新建动画命令按钮下部的命令溢出按钮，弹出菜单如图3.2.2所示，单击 快照 按钮弹出【定义动画】对话框如图3.2.3所示，输入动画名称或接受默认名称，单击【确定】按钮创建动画Animation2。

图3.2.2　【新建动画】下拉菜单

图3.2.3　【定义动画】对话框

（3）定义主体。主体的概念与机构仿真中的概念相同，是指机构模型中的一个元件或彼此间没有相对运动的一组元件。在创建设计动画时，主体中的元件间没有相对运动。创建快照过程中，以主体为单位拖动元件。

单击【动画】选项卡【机构设计】组中的主体定义按钮 ⚏ 刚性主体定义 ，弹出【动画刚性主体】对话框如图 3.2.4 所示。其左侧为主体列表，选中其中一个主体，单击【编辑】、【移除】等按钮可对其进行相应操作。

默认情况下，设计动画中的主体按照机构运动仿真中定义主体的规则创建，即：第一个装入的元件被默认指定为基础主体；相对没有自由度的元件被放置在一个主体中。本例中所有元件间均没有自由度，故系统将其全部放入基础主体 Ground 中。

图 3.2.4 【动画刚性主体】对话框

单击【新建】按钮，弹出【刚性主体定义】及【选择】对话框如图 3.2.5 所示，选择元件（按住 Ctrl 键可选择多个），并单击【选择】对话框中的【确定】按钮，选中的元件被定义到此主体中，同时从基础主体 Ground 中被删除。在【动画刚性主体】对话框的主体列表中选择一个主体并单击【编辑】按钮，可重新打开图 3.2.5 所示对话框，在对话框中可添加或删除主体中的元件。

在【动画刚性主体】对话框中选择主体并单击【移除】按钮，系统弹出【警告】对话框，提示"已加亮的主体中的所有零件将被移到基础"，单击【接受】按钮，选中的主体将被删除，同时主体中的元件将被转移到基础主体 Ground 中。

本例中，为了演示所有零件的装配过程，单击【动画刚性主体】对话框中的【每个主体一个零件】按钮，把每个元件定义为一个主体，如图 3.2.6 所示。

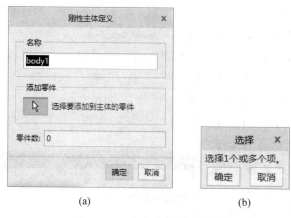

图 3.2.5 定义主体的对话框
（a）【刚性主体定义】对话框；（b）【选择】对话框

图 3.2.6 单击【每个主体一个零件】按钮

此时，基础主体 Ground 中并没有包含零件，因为阶梯轴是子组件中第一个装入的零件，因此可以将其作为 Ground。在图 3.2.6 所示【动画刚性主体】对话框中选择主体列表中的 Ground，并单击【编辑】按钮，打开【刚性主体定义】及【选择】对话框，如图 3.2.7 所示，在模型中选择阶梯轴零件，并单击【选择】对话框中的【确定】按钮。此时的【动画刚性主体】对话框如图 3.2.8 所示,主体 body1 被移入基础主体 Ground 中。

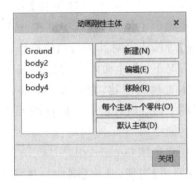

图 3.2.7 【刚性主体定义】对话框   图 3.2.8 【动画刚性主体】对话框

3.2.2 定义快照并生成关键帧序列

单击【动画】选项卡【机构设计】组中的拖动元件按钮 ,弹出【拖动】对话框如图 3.2.9 所示。通过拖动的方法将元件放置到特定位置后,单击 按钮生成当前位置快照,可用于动画中的关键帧。

默认情况下,元件可被自由拖动。为了便于观察元件间的装配关系,可沿着或绕着元件的坐标轴拖动元件。单击【拖动】对话框中的【高级拖动选项】标签,展开元件平移与旋转控制面板,如图 3.2.9 所示。单击 按钮并选择一个元件,系统将此元件的坐标系作为拖动元件的参考,单击 、 和 按钮分别实现沿参考坐标系的 X 方向、Y 方向以及 Z 方向的移动;单击 、 和 按钮分别实现绕参考坐标系的 X 方向、Y 方向以及 Z 方向的转动。

将元件的未分解状态定义为快照 Snapshot1,如图 3.2.1(a)所示。图 3.2.10 所示状态定义为 Snapshot2,图 3.2.11 所示状态定义为 Snapshot3,图 3.2.1(b)所示完全分解状态定义为 Snapshot4。

定义关键帧序列是利用上面创建的快照,按时间顺序生成一个依次播放的序列。单击【动画】选项卡【创建动画】组中的管理关键帧序列按钮

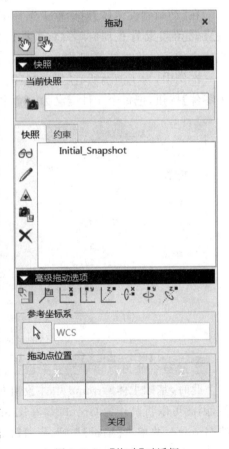

图 3.2.9 【拖动】对话框

⬚⬚⬚ **管理关键帧序列** ,弹出【关键帧序列】对话框如图 3.2.12 所示,单击【新建】按钮,弹出新建【关键帧序列】对话框如图 3.2.13 所示,可以创建关键帧序列;或单击【动画】选项卡【创建动画】组中的创建关键帧序列按钮 ⬚⬚⬚ ,也可直接打开图 3.2.13 所示对话框定义关键帧序列。

图 3.2.10　快照 Snapshot2

图 3.2.11　快照 Snapshot3

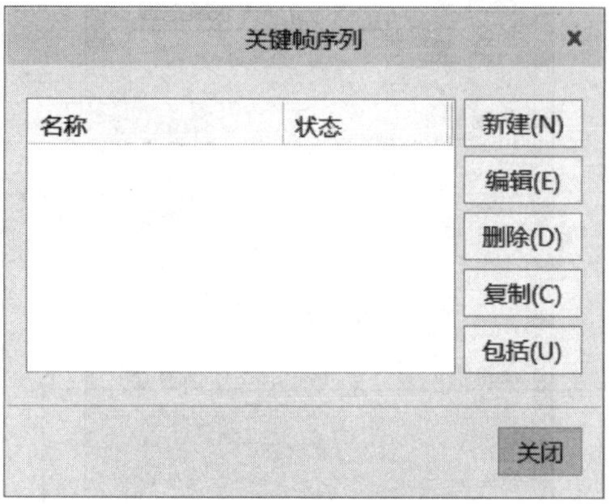

图 3.2.12　【关键帧序列】对话框

图 3.2.13　新建【关键帧序列】对话框

　　单击图 3.2.13 所示新建【关键帧序列】对话框中【关键帧】区域右侧的下拉按钮▼,弹出已经定义的快照,如图 3.2.14 所示。选择 1 个快照并在下部【时间】文本框中输入该快照在动画中显示的时间,单击右侧的 ✚ 按钮,将此快照添加到关键帧序列列表中。所有快照添加完成后如图 3.2.15 所示,单击【确定】按钮完成关键帧定义,此时此关键帧序列将出现在动画时域之中,如图 3.2.16 所示。同时,此关键帧序列也会添加到【关键帧序列】对话框中,如图 3.2.17 所示。选择某关键帧序列,单击对话框中的【包括】按钮可再次将其添加到动画中。

图 3.2.14　选择快照

图 3.2.15　添加快照完成

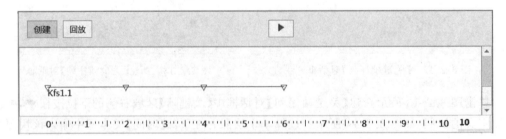

图 3.2.16　动画时域

　　按照以上时间顺序创建的快照序列是组件模型的拆卸过程，单击图 3.2.15 所示【关键帧序列】对话框中的【反转】按钮，将此序列中关键帧显示顺序反转，创建组件模型的装配过程。

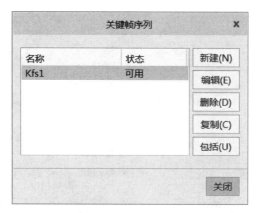

图 3.2.17 【关键帧序列】对话框

3.2.3 启动、播放并保存动画

单击动画时域(位于图形窗口的上部)顶部的生成动画按钮 ▶ 启动动画。启动动画时,系统的时间节点将从时间线的开始运动到结束,在这个过程中,关键帧序列中定义的各快照将按照时间顺序依次出现,各快照之间元件的状态将依次过渡。

启动动画以后,单击动画时域顶部的回放按钮 回放 ,屏幕弹出回放控制框如图 3.2.18 所示,单击播放按钮 ▶ 播放动画。单击左侧的捕获按钮 💾 弹出【捕获】对话框如图 3.2.19 所示,可设置捕获视频的名称、类型、图形大小、视频质量等参数,单击【确定】按钮捕获当前动画。本例中捕获的装配过程动画视频参见配套文件 ch3\ch3_2_example1.mpg,模型拆卸动画视频参见 ch3_2_example1_2.mpg。单击创建动画按钮 创建 可返回创建动画界面。

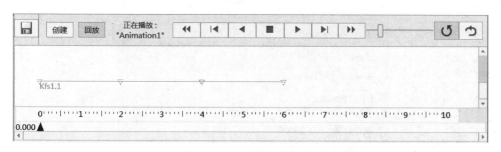

图 3.2.18 动画回放控制区

单击【动画】选项卡【回放】组中的回放动画按钮 ◀▶ ,弹出【回放】对话框如图 3.2.20 所示,单击播放当前结果集按钮 ◀▶ 可播放当前选定的结果集;单击保存结果集按钮 💾 ,将结果集存盘,其扩展名为".pba"。上例中定义的动画名称为 Animation2,保存的结果集为 Animation2.pba。后期打开动画文件后,单击打开结果集按钮 📂 ,找到存盘的结果集文件后可将其恢复到当前动画文件中。

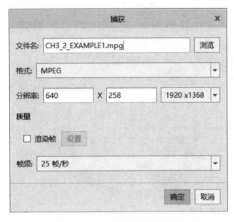

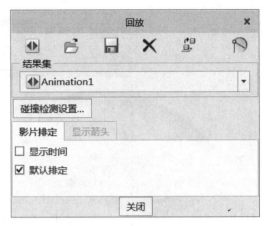

图 3.2.19 【捕获】对话框   图 3.2.20 【回放】对话框

3.2.4 修改动画执行时间

双击动画时域下部的时间线,弹出【动画时域】对话框如图 3.2.21 所示,可以修改当前动画的开始时间、结束时间以及动画各帧之间的间隔时间。拖动动画时域中代表关键帧序列的倒三角形符号,可以改变此关键帧执行的时间。也可以单击【动画】选项卡【创建动画】组中的管理关键帧序列按钮  管理关键帧序列 ,在弹出的【关键帧序列】对话框(图 3.2.17)中选择要编辑的关键帧序列,并单击【编辑】按钮,在打开的【关键帧序列】对话框中选择要改变显示时间的快照,在"时间"文本框中输入其执行时间,并单击鼠标中键或按 Enter 键,单击【确定】按钮完成修改。

图 3.2.21 修改动画时域

3.3 使用伺服电动机创建基本快照动画

当机构模型中存在运动轴或已定义伺服电动机时,可通过添加伺服电动机或直接使用伺服电动机生成快照动画,其基本步骤为:①进入动画模块;②新建快照动画;③拖动主体生成初始位置快照;④定义伺服电动机并将其添加到动画中,或直接将已定义伺服电动机添加到动画中;⑤生成动画,完成动画定义。

以上步骤中创建伺服电动机的方法与2.3节中介绍的方法类似,此处不再赘述,仅以实例介绍使用伺服电动机创建快照动画的基本方法。

例 3.1 打开配套文件 ch3\ch3_3_example1\ch3_3_example1.asm,可得已经创建的行星轮系如图 3.3.1 所示,根据机构中已有的主体与伺服电动机的定义,创建其机构动画。

(1) 将配套文件目录 ch3\ch3_3_example1 复制至硬盘,并将工作目录设置于此,打开其组件文件 ch3_3_example1.asm,并单击【应用程序】选项卡【运动】组中的动画按钮，进入动画模块。

(2) 新建一个动画。单击【动画】选项卡【模型动画】组中的新建动画命令按钮 下部的命令溢出按钮,弹出菜单如图 3.2.2 所示,单击 快照 按钮弹出【定义动画】对话框,创建新动画 Animation2。

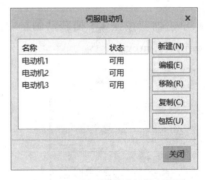

图 3.3.1 例 3.1 图   图 3.3.2 【伺服电动机】对话框

(3) 添加伺服电动机。单击【动画】选项卡【机构设计】组中的管理伺服电动机按钮 管理伺服电动机 ,打开【伺服电动机】对话框如图 3.3.2 所示。首先在伺服电动机列表中选择"电动机 1",单击【包括】按钮;然后选择"电动机 3",单击【包括】按钮,再单击【关闭】按钮关闭对话框。此时图形窗口上部的时间线上显示两个伺服电动机的作用时间为从"开始"到"结束",如图 3.3.3 所示。

注意:此机构模型中的电动机 1、电动机 2、电动机 3,分别控制如下运动:中间小太阳轮所在旋转轴的转动,其角速度为 $10(°)/s$;内齿轮所在旋转轴的转动,其角速度为 $0(°)/s$;内齿轮所在旋转轴的转动,其角速度为 $-10(°)/s$。因为电动机 2 和电动机 3 为对同一旋转轴的约束,所以不能同时添加这两个伺服电动机。

图 3.3.3　添加伺服电动机

图 3.3.4　【动画时域】对话框

（4）修改动画时域。双击图形窗口底部的时间线，弹出【动画时域】对话框，将其"结束时间"改为 100，如图 3.3.4 所示。

（5）修改伺服电动机的时域。分别双击时间线上部的伺服电动机实例"电动机 1.1"、"电动机 3.1"，弹出【伺服电动机时域】对话框如图 3.3.5、图 3.3.6 所示，将其"终止伺服电动机"时间分别改为 100、50。此时的伺服电动机时域线如图 3.3.7 所示。

（6）启动并播放动画。单击动画时域（位于图形窗口的上部）顶部的生成动画按钮 ▶ 启动动画，各运动部件按伺服电动机规定的运动规律运动。生成动画后，单击动画时域顶部的回放按钮 回放 ，在弹出的回放控制区中单击播放按钮 ▶ 播放动画，单击捕获按钮 💾 捕获动画。本例动画视频参见配套文件 ch3\ch3_3_example1\ch3_3_example1.mpg。

图 3.3.5　伺服电动机结束时间为第 100 秒末

图 3.3.6　伺服电动机结束时间为第 50 秒末

（7）保存动画。单击【动画】选项卡【回放】组中的回放动画按钮 ⬌，弹出【回放】对话框，单击保存结果集按钮 💾 将结果集存盘。本例保存的结果集为 Animation2.pba。

本例结果参见配套文件 ch3\ch3_3_example1\ch3_3_example1_f.asm。

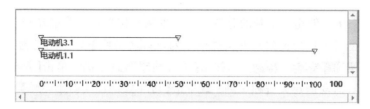

图 3.3.7　伺服电动机时域线

3.4　分解动画和机构动画

3.2 节和 3.3 节创建的均为快照动画,本节简单介绍使用分解动画和机构动画快速创建设计动画的方法。

3.4.1　分解动画

分解动画是利用组件模型中的分解视图作为关键帧,快速创建的模型装配动画,其创建过程与快照动画类似,不同的是,分解动画不需要定义和拖动主体,只需要调用组件模型中的分解视图创建关键帧序列,即可生成动画并播放。其主要流程如下:

(1)打开要创建设计动画的组件,并进入动画模块;

(2)新建一个分解动画;

(3)调用组件模型中的分解视图创建关键帧序列,并将其添加到动画中;

(4)生成并播放动画。

以图 3.4.1 所示组件模型为例,制作其分解动画。本例模型参见配套文件目录 ch3\ch3_4_example1,在其组件 ch3_4_example1.asm 中,已经创建了三个分解视图,如图 3.4.2~图 3.4.4 所示。

图 3.4.1　组件模型

图 3.4.2　左侧分解视图

图 3.4.3　右侧分解视图

图 3.4.4　全部分解视图

单击【应用程序】选项卡【运动】组中的动画按钮 ，进入动画模块。可以看到,左侧动画树中默认已经创建了一个分解动画,可以直接在其基础上进行编辑;也可单击【动画】选项卡【模型动画】组中的新建动画命令按钮 下部的命令溢出按钮,在弹出的菜单中单击

分解动画按钮  分解 ，创建一个新的分解动画。本例直接在原有分解动画基础上编辑。

分解动画的主要工作为创建新的关键帧序列，单击【动画】选项卡【创建动画】组中的管理关键帧序列按钮 管理关键帧序列 ，弹出【关键帧序列】对话框，单击【新建】按钮，弹出新建【关键帧序列】对话框创建关键帧序列；或单击【动画】选项卡【创建动画】组中的创建关键帧序列按钮 ，直接定义关键帧序列。本例使用分解视图作为关键帧，在新建【关键帧序列】对话框中单击【关键帧】区域右侧的倒三角符号，弹出组件模型已创建各分解视图列表如图 3.4.5 所示。选择视图，并指定视图显示的时间，然后单击 ➕ 按钮将视图添加到分解视图列表中，创建关键帧序列如图 3.4.6 所示。将关键帧序列加入动画时域，如图 3.4.7 所示。

图 3.4.5　已有分解视图列表　　　　图 3.4.6　创建的分解视图序列

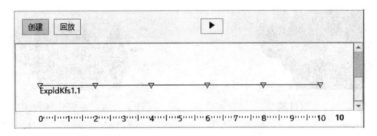

图 3.4.7　将分解视图列表加入动画时域

单击动画时域(位于图形窗口的上部)顶部的生成动画按钮 ▶ 启动动画，系统根据图 3.4.6 中的关键帧序列生成设计动画。单击动画时域顶部的回放按钮 回放 ，在弹出的回放控制区中单击播放按钮 ▶ 播放动画，单击捕获按钮 🖫 捕获动画。本例动画视频参见配套文件 ch3\ch3_4_example1\ch3_4_example1.mpg。单击【动画】选项卡【回放】组中的回放动画按钮 回放 ，弹出【回放】对话框，单击保存结果集按钮 🖫 将结果集存盘。本例保存的结果集为 Animation1.pba。本例结果参见配套文件 ch3\ch3_4_example1\ch3_4_example1_f.asm。

3.4.2　机构动画

机构动画是利用机构运动仿真生成的回放结果直接创建的动画。其主要流程如下：

(1) 打开要创建设计动画的组件，并进入动画模块；

(2) 新建一个机构动画，创建过程中导入回放文件；

(3) 生成并播放动画。

在创建机构动画时，机构模型必须保存了分析结果集文件（扩展名为".pbk"的文件）。进入动画模块后，单击【动画】选项卡【模型动画】组中的新建动画按钮  下的倒三角形符号，弹出下拉菜单如图3.2.2所示，单击从机构动态对象导入按钮 从机构动态对象导入 ，弹出【定义动画】对话框如图3.4.8所示。单击【导入回放】右侧的 按钮，选择在机构运动分析时创建的结果集文件，如图3.4.9所示，单击【确定】按钮完成。此时动画时域中添加导入的回放，如图3.4.10所示，单击动画时域中的生成动画按钮 ▶ 启动动画。

图3.4.8　【定义动画】对话框　　　　图3.4.9　选择结果集文件

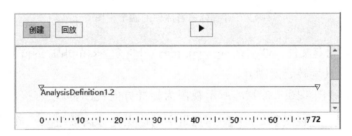

图3.4.10　机构运动回放导入动画时域

3.5　设计动画中的定时视图与定时透明

利用设计动画的"定时视图"功能，可以在动画执行过程中创建时间与命名视图之间的关系，用于在特定时间从特定的视图方向或以特定的视图大小观察模型，便于从不同的方位或以不同的细节详细观察模型结构。

3.5.1　命名视图的创建

创建定时视图前需首先创建命名视图，Creo中有两种途径可创建命名视图：

（1）在"视图管理器"中创建命名视图。单击【视图】选项卡【模型显示】组中的视图管理器按钮 ，打开【视图管理器】对话框。打开【定向】属性页，单击【新建】按钮创建一个新视图，输入视图名称并按 Enter 键或鼠标中键确认后，单击【编辑】→【编辑定义】命令，打开【视图】对话框，确定模型视图方向后，单击【确定】按钮完成。

（2）在"重定向视图"中创建命名视图。单击【视图】选项卡【方向】组中的已保存方向按钮 ，在弹出的下拉菜单中单击重定向按钮 重定向(O)... 打开【视图】对话框，输入视图名称后确定模型方向，单击【确定】按钮完成。

3.5.2 旋转装配动画的创建

在不同的方位创建命名视图，并在创建的动画播放过程中依次显示以上各命名视图，则在动画播放时各命名视图将依次展现，并依据各自展现的时间平滑过渡，形成模型的旋转效果。如图 3.5.1 所示的减速箱部件的四个视图，前一视图绕其中心旋转 90°得到下一视图，将这四个视图分别保存为命名视图，分别应用于其装配动画过程中，将得到一边旋转一边装配的效果，便于使用者或读者观察。

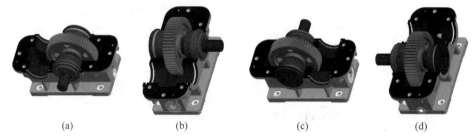

(a)　　　　　　(b)　　　　　　(c)　　　　　　(d)

图 3.5.1　减速箱部件的四个视图

例 3.2　打开配套文件 ch3\ch3_5_example1\ch3_5_example1.asm，根据图 3.5.1 所示的装配模型创建其旋转装配动画。

（1）创建命名视图。图 3.5.1(a)所示视图为标准方向视图，可以直接使用。使用 3.5.1 节中介绍的方法，单击【视图】选项卡【方向】组中的已保存方向按钮 ，在弹出的下拉菜单中单击重定向按钮 重定向(O)... 打开【视图】对话框。在【方向】属性页的"类型"下拉列表中选择"动态定向"选项，选择旋转方式为"中心轴"，在 Y 轴的旋转角度中输入 90，表示绕模型的 Y 旋转中心轴旋转 90°，得到视图如图 3.5.1(b)所示。在"视图名称"文本框中输入视图名称 1，单击其右侧的保存按钮 将此视图保存，如图 3.5.2 所示。同样地，依次将视图旋转180°、-90°得到图 3.5.1(c)、(d)所示视图，视图名称分别命名为 2、3。

（2）进入动画模块并新建一个动画。单击【应用程序】选项卡【运动】组中的动画按钮 ，进入动画模块，并创建快照动画 Animation2。

（3）定义主体。单击【动画】选项卡【机构设计】组中的定义主体按钮 刚性主体定义，在弹出的【动画刚性主体】对话框中单击【每个主体一个零件】按钮，然后在主体列表中选择 Ground，并单击【编辑】按钮，打开【刚性主体定义】及【选择】对话框。在模型中选择阶梯轴零件,并单击【选择】对话框中的【确定】按钮,将阶梯轴零件作为基础主体 Ground,其他的每个零件作为一个主体。

（4）定义快照。单击【动画】选项卡【机构设计】组中的拖动元件按钮 ，弹出【拖动】对话框。使用拖动方法将元件放置到特定位置后,单击 按钮生成当前位置快照,用作动画中的关键帧。本例创建的第一个关键帧如图 3.5.1(a)所示,其余关键帧分别如图 3.5.3 所示。

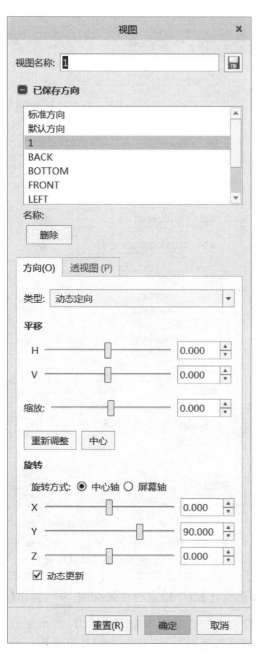

图 3.5.2　命名视图的创建

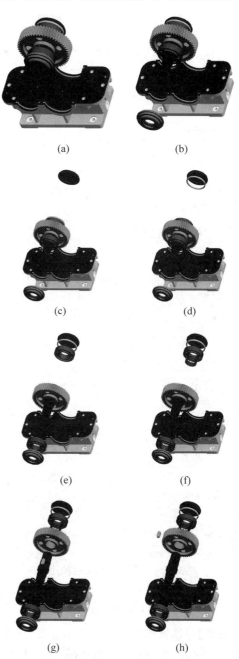

图 3.5.3　动画中的关键帧

（5）生成关键帧序列。单击【动画】选项卡【创建动画】组中的创建关键帧序列按钮 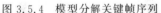，打开关键帧序列定义对话框。依次选择步骤（4）中创建的 9 幅关键帧，同时在"时间"文本框中依次输入 0 至 8，定义每个关键帧，完成后单击 ✚ 按钮将其添加到列表中，最终创建的关键帧列表如图 3.5.4 所示。

按照模型分解的顺序创建的视频为模型的分解动画，要创建模型安装动画，单击对话框中的【反转】按钮，生成的安装关键帧序列如图 3.5.5 所示。

图 3.5.4　模型分解关键帧序列

图 3.5.5　模型装配关键帧序列

（6）定义定时视图。单击【动画】选项卡【图形设计】组中的定时视图按钮 ，弹出【定时视图】对话框如图 3.5.6 所示。在"名称"下拉列表中选择视图 DEFAULT，并指定后于"开始"时间，在"值"文本框中输入 0，表示在动画开始之后 0s 显示 DEFAULT 视图。单击【应用】按钮将其应用于动画中，动画时域中添加定时视图符号如图 3.5.7 所示。

在【定时视图】对话框中依次选择命名视图 1、2、3、DEFAULT，分别选择时间"Kfs1.2：1

Snapshot8"、"Kfs1.2:3 Snapshot6"、"Kfs1.2:5 Snapshot4"、"Kfs1.2:8 Snapshot1",如图 3.5.8 所示,并分别单击【应用】按钮。动画时域如图 3.5.9 所示。

（7）启动、播放并保存动画。单击动画时域顶部的生成动画按钮 ▶ 启动动画。生成动画后单击动画时域顶部的回放按钮 回放 ,在弹出的回放控制区中单击播放按钮 ▶ 播放动画,单击捕获按钮 💾 捕获动画。本例动画参见配套文件 ch3\ch3_5_example1\ch3_5_example1.mpg。

单击【动画】选项卡【回放】组中的回放动画按钮 ,弹出【回放】对话框,单击保存结果集按钮 💾 将结果集存盘。本例保存的结果集为 Animation2.pba。本例生成的文件参见配套文件目录 ch3\ch3_5_example1。

图 3.5.6 【定时视图】对话框

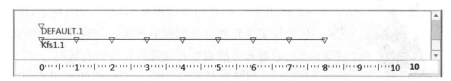

图 3.5.7 动画时域中的定时视图符号

图 3.5.8 各个定时视图

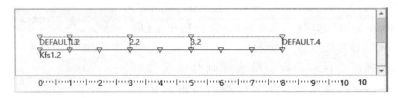

图 3.5.9　动画时域中的定时视图线

3.5.3　带局部放大视图动画的创建

在创建设计动画时，若模型整体结构较大，而某些运动零部件却相对较小，则创建的视频文件中这些较小零部件的运动状态不便于观察。利用"定时视图"功能，创建较小零部件的局部放大命名视图，既能观察模型的整体效果，又可在特定时间观察较小运动部件的局部细节。

图 3.5.10　例 3.3 图

例 3.3　打开配套文件 ch3\ch3_5_example2\ch3_5_example2.asm，可得表盘模型如图 3.5.10 所示，模型中已经创建好了齿轮副以及伺服电动机。创建其运动仿真视频，要求运动过程中能观察其局部齿轮的啮合情况。

（1）创建命名视图。图 3.5.10 中的视图为 STANDARD命名视图，例题的文件中已经建好。本步骤中分别对正面、右侧以及左侧的三处齿轮啮合创建命名视图，其名称分别为1、2、3，如图 3.5.11 所示。

图 3.5.11　三个命名视图

（2）进入动画模块并新建一个动画。单击【应用程序】选项卡【运动】组中的动画按钮，进入动画模块，并创建快照动画 Animation2。

（3）定义主体。单击【动画】选项卡【机构设计】组中的定义主体按钮，在弹出的【动画刚性主体】对话框中单击【每个主体一个零件】按钮，然后在主体列表中选择Ground，并单击【编辑】按钮，打开【刚性主体定义】及【选择】对话框。按住 Ctrl 键在模型中依次选择 zhijia.prt、xian_quan-2.asm、jinshupian.prt、dian_lu_ban-1-2.asm、citie.prt、gai.prt等静止的零部件作为基础主体 Ground，其他的每个零件作为一个主体。

（4）修改动画时域。双击图形窗口顶部的时间线，在弹出的【动画时域】对话框中，修改"结束时间"为 100。

（5）添加伺服电动机。单击【动画】选项卡【机构设计】组中的管理伺服电动机按钮 ⚙管理伺服电动机 ，打开【伺服电动机】对话框。选择已存在的伺服电动机"电动机 1"，单击【包括】按钮，将电动机应用到动画中，作用时间为从"开始"到"结束"。

（6）定义定时视图。单击【动画】选项卡【图形设计】组中的定时视图按钮 🕐 ，弹出【定时视图】对话框。在"名称"下拉列表中依次选择命名视图 STANDARD、1、2、3、STANDARD，其应用时间分别为"开始"、"开始"之后 30s、"开始"之后 60s 、"开始"之后 80s、"电动机 1.1 结束"，分别如图 3.5.12 所示。动画时域中添加定时视图符号如图 3.5.13 所示。

(a)　　　　　　　　(b)

(c)　　　　　(d)　　　　　(e)

图 3.5.12　动画中的各个定时视图

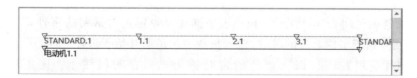

图 3.5.13　定时视图线

（7）启动、播放并保存动画。单击动画时域顶部的生成动画按钮 ▶ 启动动画。生成动画后单击动画时域顶部的回放按钮 回放 ，在弹出的回放控制区中单击播放按钮 ▶ 播放动画,单击捕获按钮 💾 捕获动画。本例动画参见配套文件 ch3\ch3_5_example2\ch3_5_example2. mpg。

单击【动画】选项卡【回放】组中的回放动画按钮 ◆ ,弹出【回放】对话框,单击保存结果集按钮 💾 将结果集存盘。本例保存的结果集为 Animation2. pba。本例生成的文件参见配套文件目录 ch3\ch3_5_example2。

3.5.4 定时透明动画的创建

在设计动画中,除了可以使用"定时视图"功能显示不同位置的局部细节外,还可以使用"定时透明"创建视图在特定时间的透明效果。

对选定的零部件,创建在特定时间上的透明效果,可方便地展示模型内部的结构,以增强动画对模型内外整体的表达效果。如图 3.5.14 所示钟表的表盘,图 3.5.14(a)为其整体效果,图 3.5.14(b)为将外层表壳去除后的视图,图 3.5.14(c)为仅剩齿轮和表针后的视图。

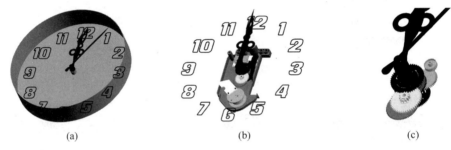

(a)   (b)   (c)

图 3.5.14   利用定时透明展示钟表内部结构

(a)钟表整体效果;(b)去除外壳后的钟表;(c)仅剩齿轮和表针的钟表

在设计动画模块中,单击【动画】选项卡【图形设计】组中的定时透明按钮 🔲 ,打开【定时透明】及【选择】对话框,分别如图 3.5.15 所示。创建一项定时透明需要以下步骤。

(1)设置定时透明的名称。在【定时透明】对话框的"名称"文本框中输入定时透明名称,或接受默认名称。

(2)选择要创建透明效果的元件。选择一个元件,或按住 Ctrl 键选择多个元件,然后单击【选择】对话框中的【确定】按钮。

(3)设置透明程度。拖动"透明"滚动条,或直接在其后的文本框中输入 0~100 间的某一整数,数字代表透明程度,0 表示完全不透明,100 表示完全透明。

(4)设置透明时间。在"后于"下拉列表中选择要设定定时透明的事件,"值"文本框中输入定时透明开始于事件之后的秒数,输入负数表示透明开始于事件之前。

(5)单击【应用】按钮,以上创建的定时透明显示在时间线上。图 3.5.16 所示的Transparency1 是在动画开始之后 5s 开始显示的透明效果。

在动画时域内单击代表定时透明的倒三角形符号 ▽ ,定时透明高亮显示。右击该符号弹出快捷菜单如图 3.5.17 所示,单击【编辑】命令,弹出【定时透明】编辑对话框,可以修改其名称、透明元件、透明程度以及开始时间。

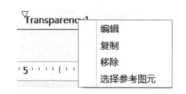

(a)   (b)

图 3.5.15 【定时透明】和【选择】对话框

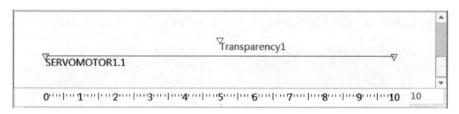

图 3.5.16 定时透明动画时域

　　若同一组元件上设置了两个或两个以上定时透明效果，当动画运行到两个透明效果之间时，设置透明的元件将在两个透明设置之间光滑过渡。利用这一点，可在模型内设置多个透明效果，以产生模型元件渐变的效果。

图 3.5.17 定时透明的快捷菜单

　　例 3.4　配套文件 ch3\ch3_5_example3\ch3_5_example3.mpg 演示了钟表的传动过程，但由于外壳的遮挡，无法看清齿轮的传动。试创建元件的定时透明效果，依次将表盘和内部非运动部件隐藏，以便于观察齿轮传动。

　　步骤 1：打开模型并进入动画模块。

　　将工作目录设定到源文件所在目录，并打开文件 ch3_5_example3.asm。单击【应用程序】选项卡【运动】组中的动画按钮 ，进入动画模块，在动画时域中已经存在伺服电动机。

　　步骤 2：创建表盘的渐隐效果。

　　（1）创建表盘元件的初始定时透明。单击【动画】选项卡【图形设计】组中的定时透明按钮 打开【定时透明】对话框，选择表盘外壳元件 prt0001.prt，设置其透明度为 0、时间为

"开始",单击【应用】按钮完成定时透明 Transparency1,如图 3.5.18 所示。

　　(2) 创建表盘元件的第二、三、四个定时透明。使用与(1)相同的方法,选择与(1)中同样的元件,分别设定定时透明 Transparency2、Transparency3、Transparency4,其透明度分别为 100、100、0,时间为"开始"后 10s、"开始"后 90s、"电动机 1.1 结束",如图 3.5.19～图 3.5.21 所示。

图 3.5.18　第一个定时透明

图 3.5.19　第二个定时透明

图 3.5.20　第三个定时透明

图 3.5.21　第四个定时透明

　　在动画执行过程中,表盘元件将在第一、二个透明间呈现渐隐效果,在第三、四个透明间呈现渐显效果。其动画时域如图 3.5.22 所示。

　　步骤 3:创建内部其他非运动元件的渐隐效果。

　　使用与步骤 2 相同的方法,按住 Ctrl 键选择元件 zhijia.prt、xuan_quan-2.asm、din_lu_ban-1-2.prt、jinshupian.prt、gai.prt,在时间"开始"、"开始"后 30s、"开始"后 70s、"电动机 1.1 结束"上,分别设置元件的透明度为 0、100、100、0,如图 3.5.23～图 3.5.26 所示。

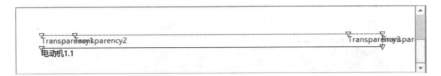

图 3.5.22 表盘元件定时透明动画时域

图 3.5.23 第五个定时透明

图 3.5.24 第六个定时透明

图 3.5.25 第七个定时透明

图 3.5.26 第八个定时透明

在动画执行过程中,钟表内部的选定元件将在第一、二个透明间呈现渐隐效果,在第三、四个透明间呈现渐显效果。其时间线如图 3.5.27 所示。

步骤 4:启动、播放并保存动画。

(1)单击动画时域顶部的生成动画按钮 ▶ 启动动画。生成动画后单击动画时域顶部

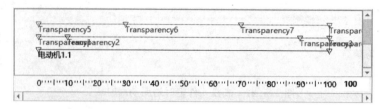

图 3.5.27　钟表内部的选定元件定时透明动画时域

的回放按钮 回放 ，在弹出的回放控制区中单击播放按钮 ▶ 播放动画，单击捕获按钮 🖫 捕获动画。本例动画参见配套文件 ch3\ch3_5_example3\ch3_5_example3.mpg。

（2）单击【动画】选项卡【回放】组中的回放动画按钮 ^{◆▶}，弹出【回放】对话框，单击保存结果集按钮 🖫 将结果集存盘。本例保存的结果集为 Animation1.pba。本例生成的文件参见配套文件目录 ch3\ch3_5_example3。

第4章

复杂实体特征的创建

本章介绍 Creo 软件提供的复杂实体特征的建模方法,主要包括旋转混合、常规混合、可变剖面扫描、螺旋扫描以及扫描混合特征。

4.1 混合特征的创建

由数个截面在其顶点处用过渡直线或曲线连接而成的特征称为混合特征(blend feature)。按照截面间的位置关系可将混合分为平行混合(parallel blend)、旋转混合(rotational blend)和常规混合(general blend)。

平行混合是混合特征中最简单的一种,其所有截面相互平行,在相互平行的窗口中绘制,并指定各截面间的距离即可。平行混合的详细内容参见参考文献 2(丁淑辉所著《Creo 4.0 基础设计》)一书。

4.1.1 旋转混合

旋转混合是使用绕旋转轴旋转的截面创建而成,参与混合的截面间彼此成一定角度。在创建旋转混合特征时,若第 1 个截面包含几何中心线,则系统会将其自动选为旋转轴;若第一个草绘不包含几何中心线,可选择其他特征的直边、坐标系的轴、基准轴等参考作为旋转轴。其他截面均以第 1 个截面选定的旋转轴为旋转中心,绕旋转中心旋转指定角度,得到旋转混合特征。

图 4.1.1 所示 3 个截面具有相同的顶点数,其所在的平面均过同一轴线且彼此成一定角度,若各截面的顶点依次连接,便得到混合特征,其形成过程如图 4.1.2 所示。这种特征是由各顶点绕截面所经过的轴线旋转混合而形成的,因此称为旋转混合特征,此轴线即为旋转中心。

由图 4.1.2 所示的 3 个截面生成的旋转混合实体特征如图 4.1.3 所示,各顶点间光滑连接生成模型如图 4.1.3(a)所示;各顶点间以直线连接形成模型如图 4.1.3(b)所示。

由上述可以看出,生成旋转混合特征所必需的要素包括:

(1) 至少两个截面;

(2) 各截面间的角度;

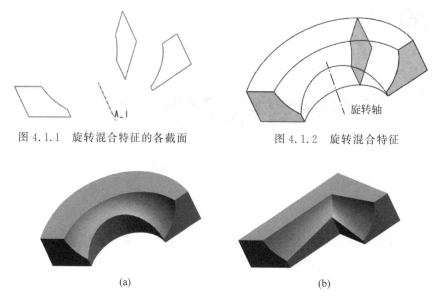

图 4.1.1 旋转混合特征的各截面   图 4.1.2 旋转混合特征

(a)   (b)

图 4.1.3 旋转混合特征的两种形式

（3）特征的生成方式：直的或光滑、开放或封闭。

注意：除了使用一个点或圆、椭圆等无顶点的草图作为截面的情况外，旋转混合特征的每个截面都必须具有相同的顶点数，若顶点数不同，可使用混合顶点。

单击【模型】选项卡【形状】组中的组溢出按钮，弹出菜单如图 4.1.4 所示，单击旋转混合特征命令按钮  旋转混合 ，弹出旋转混合特征操控面板如图 4.1.5 所示。其主要要素包括：

图 4.1.4 旋转混合命令菜单

图 4.1.5 旋转混合特征操控面板

（1）类型：选择创建实体或曲面。若选择创建实体旋转混合特征，则截面需要保持封闭状态。

（2）混合，使用：选择草绘截面或选定截面。默认由设计者草绘截面；若已创建特征的截面草图，可单击"选定截面"按钮再选择已有截面。

（3）截面 1：旋转混合特征的第 1 个截面草图。单击 定义 按钮弹出【草绘】对话框，选择草绘平面后可创建截面；当开始创建第 2 个截面时，此界面将变为截面 2，以此类推。

（4）轴：若第 1 个截面内含有几何中心线，系统自动选择此线作为旋转轴；若第 1 个截面不包含几何中心线，则须指定外部参考作为特征的旋转轴。

（5）设置：在特征类型选择"实体"情况下，单击 移除材料 按钮创建移除材料特征，单

击  加厚草绘 按钮创建壳体特征。

（6）截面：单击【截面】标签弹出滑动面板如图 4.1.6 所示，用于定义特征的草图，指定第 1 个截面的旋转轴以及其他截面的位置。单击面板中的【定义】按钮弹出【草绘】对话框如图 4.1.7 所示，指定截面草图的草绘平面及参考后绘制截面 1。截面 1 完成后界面变为如图 4.1.8 所示，在指定截面 2 的位置后，单击【草绘】按钮进入草绘截面绘制截面 2，以此类推。

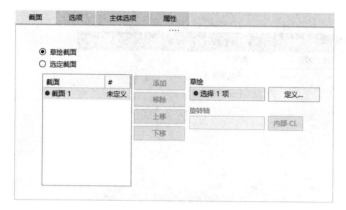

图 4.1.6　【截面】滑动面板　　　　　　　图 4.1.7　【草绘】对话框

（7）选项：确定特征混合时各截面顶点的连接方式。单击【选项】标签弹出滑动面板如图 4.1.9 所示，选择【直】单选按钮，混合特征各顶点间以直线连接，并用直纹曲面连接截面的边；选择【平滑】单选按钮，混合特征各顶点间以平滑直线连接，并用样条曲面连接截面的边。

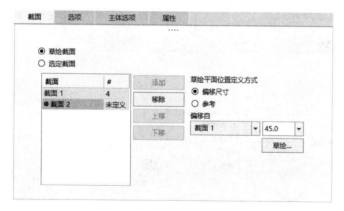

图 4.1.8　截面 2 的操控面板　　　　　　　图 4.1.9　【选项】滑动面板

创建旋转混合特征的流程总结如下。

（1）激活命令。单击【模型】选项卡【形状】组中的组溢出按钮，在弹出的菜单中单击旋转混合特征命令按钮 旋转混合，弹出旋转混合特征操控面板。

（2）定义特征属性。选择特征类型为"实体"或"曲面"，单击【选项】标签，选择特征生成方式为【直】或【平滑】；若创建移除材料特征，单击【设置】区域中的 移除材料 按钮；若创建壳体，则单击 加厚草绘 按钮。

（3）创建或选择截面。选择由设计者草绘的截面或直接选择已有截面，默认为前者。单击【截面1】区域的截面定义按钮 ✏️ 定义，或者单击【截面】标签，在弹出的滑动面板中单击 定义... 按钮，在弹出的【草绘】对话框中设置草绘平面和参考平面，并创建第1个截面。

（4）截面旋转轴的确定。若上述(3)中创建的截面1中包含几何中心线，则默认用作此旋转混合特征的旋转轴；若不包含，则选择其他特征的直边、坐标系的轴、基准轴等参考作为外部旋转轴。注意：选择外部旋转轴时，操控面板中的轴选择框应处于活动状态，此时轴选择框为淡绿色且框内提示"选择项"，如图4.1.10所示。

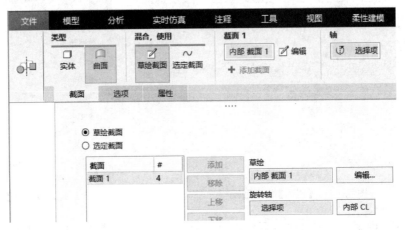

图4.1.10　外部旋转轴激活状态

（5）指定其他截面旋转角度并创建新截面。单击【截面】滑动面板中的添加新截面按钮 添加，弹出截面2定义面板如图4.1.11所示，指定新截面"偏移自"下拉选项中的哪个截面以及偏移角度，然后单击新截面草绘按钮 草绘...，进入草绘界面绘制新截面。

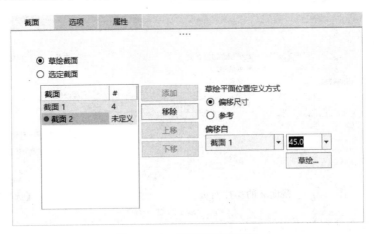

图4.1.11　新截面定义面板

（6）若还有更多截面，则重复(5)，否则预览并完成特征创建。

例4.1　创建如图4.1.3(a)所示实体模型。

步骤1：创建辅助轴和辅助平面。为便于观察特征形状，本例选择穿过默认坐标系PRT_CSYS_DEF Y轴，且与FRONT面成45°角的平面作为第1个截面的草绘平面。

（1）过默认坐标系 PRT_CSYS_DEF 的 Y 轴创建辅助轴线 A_1。单击【模型】选项卡【基准】组中的基准轴命令按钮 ⫶ 轴 弹出【基准轴】对话框，选择坐标系 PRT_CSYS_DEF 的 Y 轴作为参考，约束方式为"穿过"，创建基准轴 A_1，其对话框和生成的辅助线如图 4.1.12 所示。

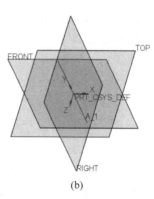

(a)　　　　　　　　　　　　(b)

图 4.1.12　创建基准轴 A_1

（2）过辅助轴线 A_1 创建辅助平面 DTM1。单击【模型】选项卡【基准】组中的基准平面命令按钮 ▱ 平面，弹出【基准平面】对话框，选择辅助轴线 A_1 为参考，约束方式为"穿过"；选择 FRONT 面为参考，约束方式为"偏移"，偏移为旋转 45°。其对话框和生成的辅助平面如图 4.1.13 所示。

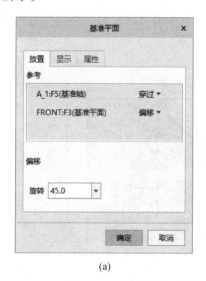
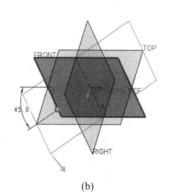

(a)　　　　　　　　　　　　(b)

图 4.1.13　【基准平面】对话框及生成的辅助平面

步骤 2：激活旋转混合命令，并设置属性。

（1）激活命令。单击【模型】选项卡【形状】组中的组溢出按钮，在弹出的菜单中单击旋转混合特征命令按钮 旋转混合,弹出旋转混合特征操控面板。

（2）设置属性。单击操控面板中的【选项】标签,设置特征属性为【直】。

注意：对于平滑过渡的混合特征,为了便于观察顶点间连接是否正确,可以先设置为各顶点间直线连接,待结果正确后再将其属性修改为【平滑】。

步骤3：创建第1个截面。

（1）设置草绘平面。选择 DTM1 为草绘平面,接受查看草绘平面的方向为指向屏幕里侧,TOP 面为参考平面,方向向上,进入草绘平面。

（2）创建第1个截面,如图 4.1.14 所示,草图完成后退回到实体建模界面。注意：图中最左侧的线为几何中心线。

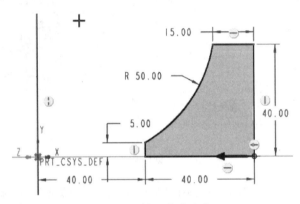

图 4.1.14　第 1 个草绘截面

步骤4：创建第2、3个截面。

（1）创建第2个截面。单击【截面】滑动面板中的添加新截面按钮 添加 ,设置截面2偏移自截面1,输入偏移角度−45°。然后单击新截面草绘按钮 草绘... ,进入草绘界面绘制截面2,如图 4.1.15 所示。完成后退出草绘界面。

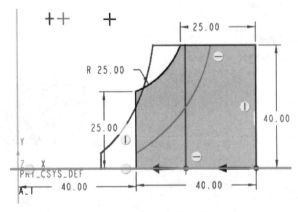

图 4.1.15　第 2 个草绘截面

（2）创建第3个截面。继续添加截面,设置截面3偏移自截面2,偏移角度为−90°,截面 3 如图 4.1.16 所示。

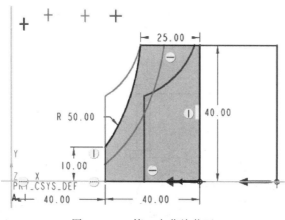

图 4.1.16 第 3 个草绘截面

步骤 5：预览并修改完成特征创建。

预览特征如图 4.1.17 所示,观察顶点间的连接是否正确。在操控面板中单击【选项】标签,选择【平滑】单选按钮,完成特征如图 4.1.3(a)所示。本例参见配套文件 ch4\ch4_1_example1.prt。

提示：与平行混合相同,旋转混合各截面中也有起始点,每个截面中生成的第 1 个顶点作为本截面的起始点,起始点以箭头表示,如图 4.1.14～图 4.1.16 所示。若想要改变起始点,选择要设为起始点的点后右击,在弹出的快捷菜单中选择【起始点】项,或选择点后单击【草绘】选项卡【设置】组中的组溢出按钮,弹出菜单如图 4.1.18 所示,单击【起点】命令,均可将该点设为起始点。

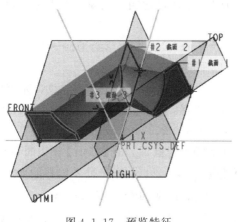

图 4.1.17 预览特征

图 4.1.18 【设置】组溢出菜单

例 4.2 创建如图 4.1.19 所示的圆柱凸轮。

分析：图 4.1.19(a)中圆柱凸轮给出了位于 0°、100°、160°、270°位置上的截面尺寸,将这四个截面光滑连接形成模型如图 4.1.19(b)所示。可使用旋转混合的方法创建模型。

步骤 1：激活命令。

单击【模型】选项卡【形状】组中的组溢出按钮,在弹出的菜单中单击旋转混合特征命令按钮 _{旋转混合},激活旋转混合特征命令。

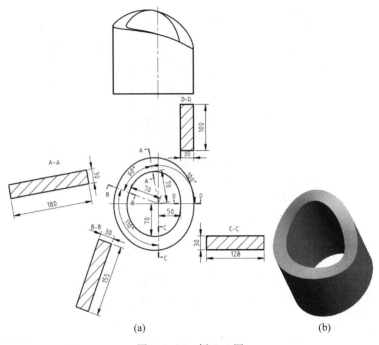

图 4.1.19 例 4.2 图

步骤 2：定义属性。

单击操控面板中的【选项】标签，指定特征属性为【直】。

步骤 3：创建第 1 个截面。

按照 D—D、C—C、B—B、A—A 截面的顺序，依次创建四个截面。本步骤创建 D—D 截面，选择 FRONT 面为其草绘平面。

（1）设置草绘平面。选择 FRONT 为草绘平面，接受查看草绘平面的方向为指向屏幕里侧，TOP 面为参考平面，方向向上，进入草绘平面。

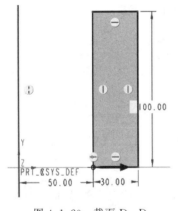

图 4.1.20 截面 D—D

（2）创建第 1 个截面如图 4.1.20 所示，完成后退回实体建模界面。注意：图中最左侧的线为几何中心线。

步骤 4：创建第 2、3、4 个截面。

（1）创建第 2 个截面。在【截面】滑动面板中单击添加新截面按钮 [添加]，设置截面 2 偏移自截面 1，偏移角度为 90°。单击新截面草绘按钮 [草绘...]，进入草绘界面绘制截面 C—C，如图 4.1.21 所示，完成后退出草绘界面。

（2）创建第 3 个截面。继续添加截面，设置截面 3 偏移自截面 2，偏移角度为 110°，截面 B—B 如图 4.1.22 所示。

（3）创建第 4 个截面。继续添加截面，设置截面 4 偏移自截面 3，偏移角度为 110°，截面 A—A 如图 4.1.23 所示。

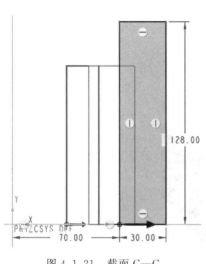

图 4.1.21　截面 C—C

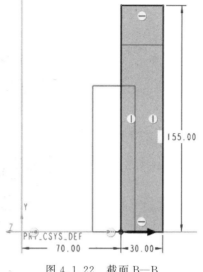

图 4.1.22　截面 B—B

步骤 5：封闭起始截面和终止截面。

单击操控面板中的【选项】标签,弹出滑动面板,选中【连接终止截面和起始截面】复选框,如图 4.1.24 所示。截面封闭后的模型预览如图 4.1.25 所示。

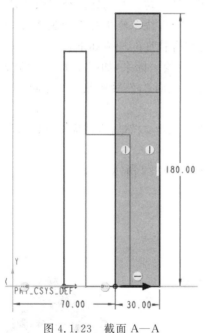

图 4.1.23　截面 A—A

图 4.1.24　封闭模型截面

步骤 6：预览并修改完成特征创建。

观察顶点间的连接是否正确。在操控面板中单击【选项】标签,选择【平滑】单选按钮,完成特征如图 4.1.19 所示。本例参见配套文件 ch4\ch4_1_example2.prt。

提示：例 4.2 所示为封闭模型,相对于例 4.1 所示开放模型来说,封闭的旋转混合特征最后 1 个截面与第 1 个截面相接,构成了一个 360°封闭模型。

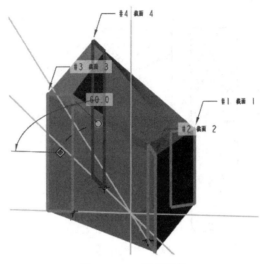

图 4.1.25　模型预览

4.1.2　常规混合

　　常规混合可看成平行混合和旋转混合的综合,参与混合的截面间除了可以像平行混合那样间隔一定距离,还可以像旋转混合那样绕旋转轴旋转。与旋转混合不同的是,常规混合的每个截面均需要包含一个草绘坐标系,下一个截面可绕草绘坐标系的 X、Y、Z 任意一条坐标轴旋转。以图 4.1.26 所示模型为例说明常规混合特征的构成如下:

　　(1) 在草绘平面上绘制截面 1,其中包含一个草绘坐标系,如图 4.1.26 中的截面 1;

　　(2) 沿截面 1 中坐标系 Z 轴方向偏移 40,绘制截面 2,然后将截面 2 连同其草绘坐标系绕 Y 轴旋转 20°;

　　(3) 沿截面 2 中坐标系 Z 轴方向偏移 70,绘制截面 3,然后将截面 3 连同其草绘坐标系绕 X 轴旋转 25°。

　　(4) 将 3 个截面依次连接,形成实体模型如图 4.1.27 所示。

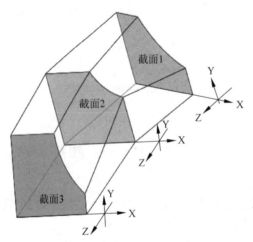

图 4.1.26　常规混合特征建模过程

图 4.1.27　常规混合特征

三种混合方式的比较如图 4.1.28 所示。图 4.1.28(a)为平行混合特征示意图,其三个截面相互平行,且截面间距一定;图 4.1.28(b)表示出了旋转混合特征的生成方法,图中的三个截面相交于一条轴线,且绕此轴线间隔一定角度分布。

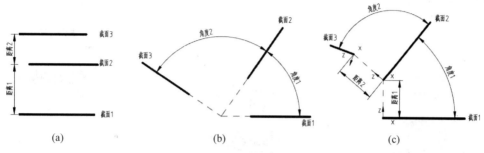

图 4.1.28 混合特征建模方法比较

图 4.1.28(c)表示出了常规混合特征的生成方法,图中截面 2 的绘制可分解为两步:

① 沿截面 1 中草绘坐标系的 Z 轴平移距离 1,这个过程相当于平行混合;

② 将绘制好的截面 2(连同截面内的坐标系)绕截面 2 中的 X、Y、Z 坐标轴分别旋转一定的角度,这个过程相当于增强版的旋转混合。

同样,截面 3 的绘制也是在截面 2 位置的基础上,首先沿截面 2 草绘坐标系 Z 轴平移,然后再沿截面 3 的坐标轴旋转而成。

综上所述,创建常规混合特征的步骤如下。

(1) 修改配置文件,添加并激活命令。将 enable_obsoleted_features 的值修改为 yes,在功能区添加常规混合命令,然后激活新添加的命令,打开常规混合浮动菜单如图 4.1.29 所示。以上进行的修改配置文件和添加命令详见步骤之后的提示。

(2) 选择截面创建方式。选择【选择截面】命令并选择模型已有截面,选择【草绘截面】命令绘制新截面,然后单击【完成】项进入下一步。

(3) 打开特征定义对话框并定义属性。特征定义对话框以及属性菜单如图 4.1.30 所示,设置特征属性为【直】或【平滑】,单击【完成】项进入截面定义步骤。

图 4.1.29 确定截面生成方式

图 4.1.30 常规混合特征定义对话框

（4）设置第1个截面的草绘平面。打开【设置草绘平面】菜单如图4.1.31所示，设置草绘平面后，菜单变为如图4.1.32所示，单击【确定】项接受特征生成方向，单击【反向】项修改特征生成方向。单击【确定】项后菜单变为如图4.1.33所示，单击【默认】项接受默认视图方向，进入截面草绘平面。

图4.1.31　确定特征草绘平面

图4.1.32　确定特征生成方向

图4.1.33　确定特征放置方式

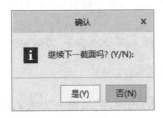

图4.1.34　【确认】对话框

（5）创建第1个截面，注意截面必须包含草绘坐标系。

（6）分别输入第2个截面绕X、Y、Z轴的旋转角度，并创建第2个截面。系统弹出【确认】对话框，如图4.1.34所示。

（7）若还有更多截面，单击图4.1.34所示对话框中的【是】按钮，并重复（6），否则单击对话框中的【否】按钮结束截面绘制。

（8）根据系统提示，从截面2开始分别输入下一截面到上一截面的距离，如截面2到截面1、截面3到截面2……。

（9）预览并完成特征创建。

提示：在Creo 10.0中，常规混合属于不常用命令，需要修改配置文件并添加命令后才能显示在功能区中。命令调出过程包括以下两个步骤：

（1）修改配置文件。单击【文件】→【选项】命令打开【Creo Parametric选项】对话框，选中其左侧【配置编辑器】项，单击搜索选项按钮 查找(F)... ，在弹出的【查找选项】对话框中输入关键词enable_obsoleted_features，修改其设置值为yes，单击【添加/更改】按钮完成修改，如图4.1.35所示；或单击新建选项按钮 添加(A)... ，在弹出的【添加选项】对话框中输入选项名称enable_obsoleted_features，设置值为yes，单击【确定】按钮完成添加。

（2）自定义功能区添加命令。在【Creo Parametric选项】对话框中，单击【自定义】→【功能区】项，在右侧窗口中输入过滤命令"混合"，选择下面列表中的【常规混合】命令，单击窗口中部的添加按钮 ➡ ，在右侧窗口中设置添加位置为【设计零件】→【模型】→【形状】→【形状溢出】，如图4.1.36所示，单击【确定】按钮完成命令添加。

例4.3　创建如图4.1.27所示实体模型。

步骤1：激活命令。

单击【模型】选项卡【形状】组中的组溢出按钮，在弹出的菜单中单击【常规混合】→【伸出项】命令。

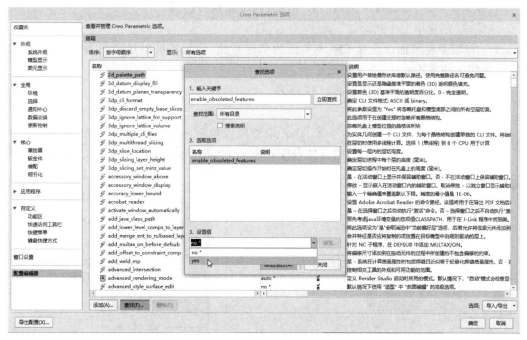

图 4.1.35　查找并修改选项

图 4.1.36　添加常规混合命令至功能区

步骤 2：定义属性。

选择截面创建方式为【草绘截面】，并设置特征属性为【直】。

步骤 3：创建第 1 个截面。

（1）设置草绘平面。选择 FRONT 面为草绘平面，设置特征创建方向为 FRONT 正方向，接受默认的放置方式，进入草绘平面。

（2）创建第 1 个截面，如图 4.1.37 所示。

步骤 4：创建第 2、3 个截面。

（1）输入第 2 个截面绕坐标系 X、Y、Z 轴的旋转角度并创建第 2 个截面。在消息区的文本框中分别输入绕 X、Y、Z 轴的旋转角度 0°、20°、0°，并定义截面 2，如图 4.1.38 所示。

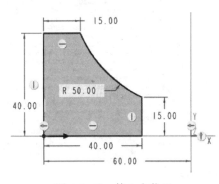

图 4.1.37　第 1 个截面

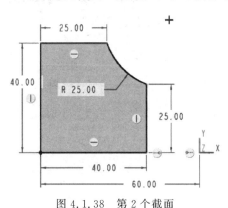

图 4.1.38　第 2 个截面

（2）输入第 3 个截面的旋转角度并创建第 3 个截面。单击【确认】对话框中的【是】按钮，确定要创建第 3 个截面。分别输入绕 X、Y、Z 轴的旋转角度 25°、0°、0°，并定义截面 3，如图 4.1.39 所示。

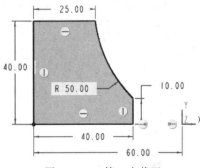

图 4.1.39　第 3 个截面

（3）单击【确认】对话框中的【否】按钮，完成截面创建。

步骤 5：输入截面间距离。

（1）输入截面 2 到截面 1 的深度值 40。

（2）输入截面 3 到截面 2 的深度值 70。

步骤 6：预览并完成特征创建。

预览生成的特征，得到如图 4.1.27 所示模型。本例参见配套文件 ch4\ch4_1_example3.prt。

4.1.3　混合特征的几个问题

1. 各截面顶点数的问题

创建混合特征时，所有截面须具有相同数量的边。当截面边数不相同时，可通过如下方法解决：

（1）分割。单击【草绘】选项卡【编辑】组中的分割命令按钮 分割，使用"分割"命令将一条边分割成为两条或多条，从而达到增加截面顶点的目的。

（2）采用"混合顶点"的方法指定一个点作为一条边。此点可与其他截面上的一条边相连。

如图 4.1.40 所示,选中三角形截面右侧顶点,右击并选择快捷菜单中的【混合顶点】命令,或单击【草绘】选项卡【设置】组的组溢出菜单中的【特征工具】→【混合顶点】命令,顶点处出现一个圆圈,表示此顶点为混合顶点。图 4.1.41 所示为混合形成的实体。

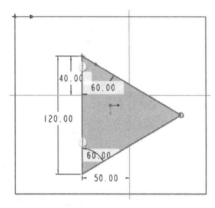

图 4.1.40 混合顶点

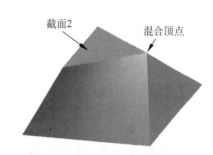

图 4.1.41 截面 2 为混合顶点的平行混合特征

但对于圆、椭圆等图形来说,截面间混合时可以不需要顶点,而是截面间顺序连接。如图 4.1.42 所示两个椭圆均没有顶点,两截面顺序连接形成混合特征,如图 4.1.43 所示。

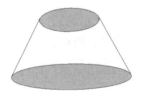

图 4.1.42 混合特征的截面为椭圆

图 4.1.43 由椭圆截面形成的混合特征

2. 起始点问题

对每个截面都要指定一个起始点,截面间连接时从起始点开始,按照起始点箭头方向依次连接。若截面间的起始点位置不合适,可进行更改。

(1)改变起始点。选择要作为起始点的点,右击并在快捷菜单中选择【起点】命令,或单击【草绘】选项卡【设置】组的组溢出菜单中的【特征工具】→【起点】命令,此时箭头移至此点,表示此点成为新的起始点。

(2)改变顶点的连接方向。选择起始点,右击并在快捷菜单中选择【起点】命令,或单击【草绘】选项卡【设置】组的组溢出菜单中的【特征工具】→【起点】命令,此时箭头方向翻转,表示顶点连接时顺序翻转。

3. 以顶点为截面时混合特征的收尾方式

混合特征的第一个和最后一个截面可以是一个点,此时与其相邻截面的所有顶点均收于此点,如图 4.1.44 所示。

在创建混合特征时,若截面间连接时的属性设为【平

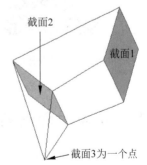

图 4.1.44 最后一个截面为点的混合特征

滑】,此点的收尾方式可以设为【尖角】或【光滑】。在截面间连接方式设为【平滑】后,特征操控面板增加【相切】滑动面板,如图 4.1.45 所示。若选择【尖角】项,则上一个截面中的顶点直接连接到此点,形成一个尖点的形状,如图 4.1.46 所示;若选择【光滑】项,则在此点连接的线相切,形成较平滑的造型,如图 4.1.47 所示。

图 4.1.45 【相切】滑动面板　　图 4.1.46 【尖角】连接方式　　图 4.1.47 【平滑】连接方式

4. 混合的相切控制

在创建混合特征时,若顶点间连接时的属性设为【平滑】,则可以使用"相切"选项来控制混合特征与其相邻曲面的相切情况。如图 4.1.48 所示模型上部的混合实体与底部实体没有相切,而图 4.1.49 中模型上部混合实体的右侧底边与底部实体的右侧面相切。

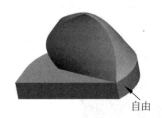

图 4.1.48　混合特征与底部实体不相切

在特征操控面板的【相切】滑动面板中,单击将要进行相切控制的截面后的控制方式,弹出下拉列表如图 4.1.50 所示,选择"相切"项,并根据模型提示选择相切面。

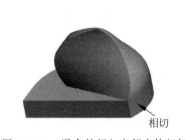

图 4.1.49　混合特征与底部实体相切

图 4.1.50　截面的相切控制界面

4.2　可变截面扫描特征的创建

使用扫描(sweep)的方法可将二维截面沿轨迹扫掠生成扫描特征。若扫描过程中截面始终垂直于单一轨迹,则生成恒定截面扫描;若扫描过程中选定多个轨迹控制截面方向,则生成可变截面扫描(variable section sweep)。

可变截面扫描突破了恒定截面扫描单一截面和截面垂直于轨迹的限制,可沿扫描轨迹生成截面可变的特征,且扫描过程中可以控制截面不与原始轨迹垂直。图4.2.1对恒定截面扫描特征和可变截面扫描特征作出对比:

(1) 图4.2.1(a)所示恒定截面扫描特征的椭圆形截面沿轨迹扫过,且扫掠过程中截面始终垂直于轨迹;

(2) 图4.2.1(b)所示可变截面扫描特征中三角形截面沿轨迹1扫掠时始终垂直于轨迹1,截面的三个顶点分别位于轨迹2、3、4上,截面随着轨迹的变化而变化;

(3) 图4.2.1(c)所示为截面不与轨迹垂直的可变截面扫描特征,其生成过程中四边形截面垂直于轨迹在指定平面上的投影,而不垂直于轨迹。

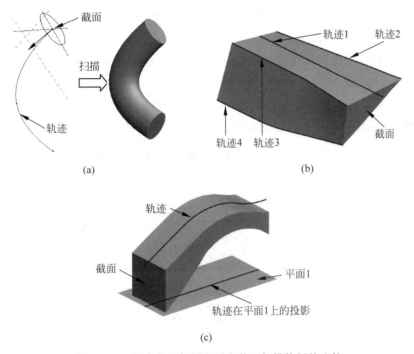

图4.2.1 恒定截面扫描和可变截面扫描特征的比较

4.2.1 可变截面扫描特征简介

由前面的分析可以看出,可变截面扫描特征的要素主要有:

(1) 截面;

(2) 控制截面变化的轨迹线;

(3) 截面沿轨迹线扫掠的方式(即剖面的控制方式)。

定义可变截面扫描特征的过程也就是选择轨迹线、绘制截面以及确定截面沿轨迹线扫掠方式的过程。创建可变截面扫描特征时,必须先选择轨迹线,然后才能创建截面。单击【模型】选项卡【形状】组中的扫描命令按钮 ✏扫描 ,弹出【扫描】操控面板如图4.2.2所示,单击【选项】区域中的 ∠可变截面 按钮创建变截面扫描特征。需要定义的主要要素包括以下几种。

图 4.2.2 【扫描】操控面板

（1）类型：选择创建实体或曲面。若选择创建实体特征，则截面需要保持封闭状态。

（2）截面：单击创建截面命令按钮 ✏️草绘 ，进入草绘界面创建一个草图作为特征截面。若未选择轨迹线，该命令按钮不可用。

（3）设置：当特征类型选择"实体"时，单击 ✏️移除材料 按钮创建去除材料特征，单击 ▢加厚草绘 按钮创建壳体特征。

（4）选项：扫描特征默认选择 ⊢恒定截面 按钮，表示创建恒定截面特征；选择 ✓可变截面 按钮创建可变截面扫描特征。

（5）参考：单击操控面板中的【参考】标签弹出滑动面板如图 4.2.3 所示，用于选择特征轨迹及控制特征截面的扫描方式。这在 4.2.2 节将重点讲述。

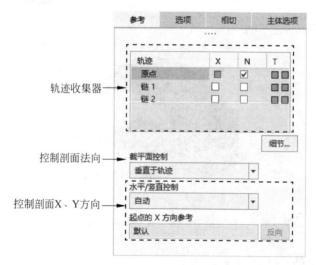

图 4.2.3 【参考】滑动面板

图 4.2.4 【选项】滑动面板

（6）【选项】滑动面板：单击操控面板中的【选项】标签弹出滑动面板如图 4.2.4 所示，设置特征是否封闭、闭合以及草绘截面的放置点。【草绘放置点】项用于选择进入草绘界面绘制截面时的原点，默认情况下草绘放置点位于原点轨迹的起始点，如图 4.2.5 所示；若选择原点轨迹上的基准点 PNT0 作为草绘放置点，进入草绘器时系统便自动定位到 PNT0 点开始绘制截面，如图 4.2.6 所示。

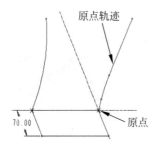

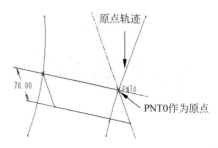

图 4.2.5　草绘放置点位于原点轨迹的起点　　　图 4.2.6　草绘放置点位于 PNT0 点

4.2.2　可变截面扫描特征轨迹选择与截面控制

图 4.2.3 所示面板上部为轨迹收集器，用于显示用户选定的轨迹以及轨迹的用途。收集器包含"轨迹"、X、N、T 四列，"轨迹"列用于显示选定轨迹，X、N、T 复选框分别控制剖面的 X 轴、剖面的法向、剖面的切向。

（1）轨迹：可变截面扫描特征的轨迹分为两类。

第一类轨迹在收集器中显示为"原点"，称为原点轨迹，扫描过程中扫描截面的原点总是位于此轨迹上，所以，原点轨迹用于控制截面上原点的位置。设计者选择的第一条轨迹被自动指定为原点轨迹，曲线上有"原点"标记，如图 4.2.7 上面一条曲线所示。

原点轨迹的一端有箭头，表示此端点为轨迹的起点，箭头方向表示此点的法向。后期创建截面草图时，原点轨迹的法向朝向屏幕外方向，此方向即为可变截面扫描特征的截面 Z 轴方向。单击箭头，系统会将箭头切换到原点轨迹的另一端。

注意：可变截面扫描特征的轨迹可由多条线段或曲线组成，但各段线必须首尾相连，且各相邻线段要相切。

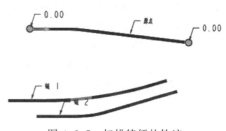

图 4.2.7　扫描特征的轨迹

第二类轨迹为额外轨迹，在收集器中显示为"链 1"、"链 2"……，这些轨迹可用于控制截面形状的变化。当曲线被选作额外轨迹后，曲线上出现"链 1"等标记，如图 4.2.7 中下面两条曲线所示。

根据原点轨迹和额外轨迹与截面的约束关系，两类轨迹共同控制截面的变化，从而得到可变截面扫描特征。图 4.2.8 中原点轨迹控制圆形截面的原点（此处为圆心），额外轨迹"链1"控制圆形截面的形状（此处控制圆的大小）；图 4.2.9 中，原点轨迹控制三角形截面的原点，额外轨迹"链 1""链 2""链 3"分别控制截面的三个顶点。

（2）X 复选框：X 代表 X 轴，用以指定截面中的 X 轴方向，默认状态下由系统自动控制。本书对此不作详细介绍。

（3）N 复选框：N 代表垂直（normal），用于控制截面的法线方向。默认状态下"原点轨迹"这一列中的 N 复选框被选中，表示截面的法线方向始终沿着原点轨迹（或其切线）方向，其示意图如图 4.2.10 所示。

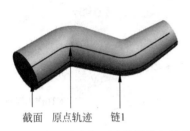

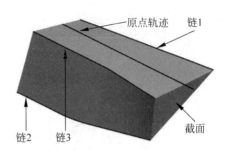

图 4.2.8 截面为半径可变的圆的扫描特征　　　图 4.2.9 截面为形状可变的三角形的扫描特征

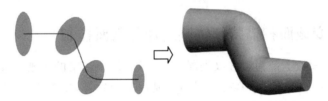

图 4.2.10 截面法线始终与轨迹垂直的扫描特征

（4）T 复选框：T 代表相切（tangent），用于控制剖面的切向方向。本书对此不作介绍。

【参考】滑动面板中间的【截平面控制】栏用于控制截面的法线方向，单击该选项框弹出截平面控制的三种方式："垂直于轨迹""垂直于投影""恒定法向"，如图 4.2.11 所示。

（1）垂直于轨迹：选择此项后，截面在扫描过程中总是垂直于选中的轨迹。选中的轨迹可以是原点轨迹，也可以是额外轨迹，取决于该条轨迹后面的 N 复选框是否被选中。如图 4.2.11 所示，原点轨迹被选中，则此特征的截面垂直于原点轨迹，得到如图 4.2.12 所示的模型。若选中额外轨迹的 N 复选框，如图 4.2.13 所示"链 1"的 N 复选框被选中，则生成特征时截面将垂直于被选中的链，如图 4.2.14 所示。

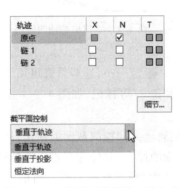

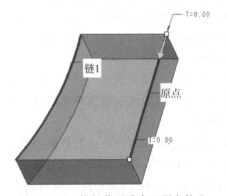

图 4.2.11 截平面控制的三种方式　　　　　图 4.2.12 特征截面垂直于原点轨迹

（2）垂直于投影：将选定轨迹沿一定方向投影到某平面上形成投影线，截面扫描过程中将垂直于此投影线。如图 4.2.15 所示，截面扫描过程中垂直于轨迹沿平面 1 法线方向投影到平面 1 上的投影线。

（3）恒定法向：扫描过程中，截面法向将始终保持一个方向。如图 4.2.16 所示，选择 DTM1 面作为扫描特征的法向参考，在生成可变截面扫描特征时，截面将始终沿着 DTM1 面的法向。

图 4.2.13　链 1 的 N 复选框被选中

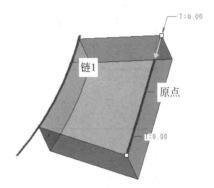

图 4.2.14　特征截面垂直于链 1

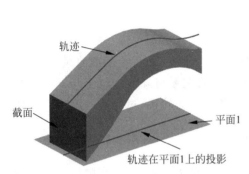

图 4.2.15　特征截面垂直于轨迹的投影

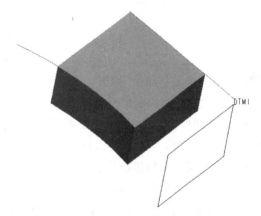

图 4.2.16　特征截面恒定法向

4.2.3　可变截面扫描特征的创建过程与范例

可变截面扫描特征创建的一般步骤如下：

（1）单击【模型】选项卡【形状】组中的扫描命令按钮 ⬛扫描 ，弹出【扫描】操控面板如图 4.2.2 所示，单击【选项】区域中的 ⌇可变截面 按钮创建变截面扫描特征。

（2）单击【参考】标签，选择轨迹线，并确定截面控制方式。

（3）单击创建截面命令按钮 ☑草绘 ，进入草绘界面，创建一个草图作为特征截面。

（4）（可选项）确定生成为实体、曲面、去除材料或壳体等形式。

（5）（可选项）单击【选项】标签，确定草绘放置点及是否开放等项目。

（6）完成。

下面以两个实例模型的建立过程为例，介绍可变截面扫描特征的创建方法。

例 4.4　创建如图 4.2.17 所示变截面扫描实体模型，已知模型的截面垂直于线①。

分析：由图 4.2.17(a)左视图可以看出该扫描特征的截面为三角形，且截面的顶点分别位于三条轨迹线上。图 4.2.17(b)俯视图中线①、线③显示为直线，说明线①和线③位于与主视图平行的平面中；同样地，图 4.2.17(c)线②在主视图中显示为直线，从投影关系上说

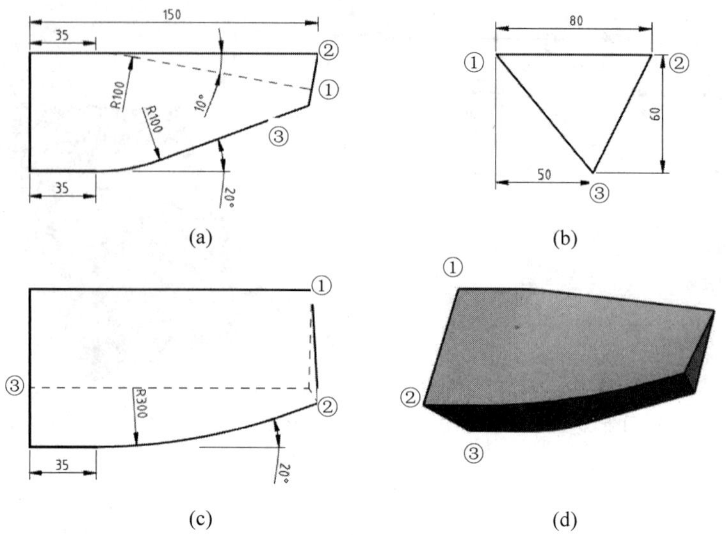

图 4.2.17 例 4.4 图

明它位于俯视图平面中,如图 4.2.17(d)所示。

模型创建过程:根据上面的分析,首先按照图中尺寸绘制三条草绘基准曲线,线①位于 FRONT 面中,线②位于 TOP 面中,根据左视图上的位置关系可知线③位于与 FRONT 面平行的基准平面上,如图 4.2.18 所示。然后选择三条线作为轨迹,过轨迹的起始点绘制三角形创建可变截面扫描特征。

步骤 1:创建草绘基准曲线①。

单击【模型】选项卡【基准】组中的草绘命令按钮 _{草绘},激活草绘命令。在弹出的【草绘】对话框中选择 FRONT 面作为草绘平面,TOP 面作为参考平面,方向向上。绘制草绘基准曲线①,如图 4.2.19 所示。

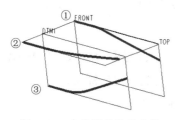

图 4.2.18 特征的基准曲线

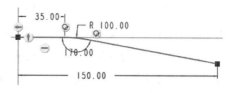

图 4.2.19 绘制草绘基准曲线①

步骤 2:创建草绘基准曲线②。

同样地,激活草绘命令后选择 TOP 面作为草绘平面,RIGHT 面作为参考平面,方向向右。绘制草绘基准曲线②,如图 4.2.20 所示。

步骤 3:创建草绘基准曲线③。

(1)创建基准平面作为曲线③所在的草绘平面。单击【模型】选项卡【基准】组中的基准平面命令按钮 _{平面},选择 FRONT 面为参考,设置约束方式为"偏移",并设置偏距为 50,创建基准平面 DTM1。

（2）创建基准曲线③。单击【模型】选项卡【基准】组中的草绘命令按钮 ，选择（1）中创建的基准平面 DTM1 作为草绘平面，TOP 面作为参考平面，方向向上，绘制草绘基准曲线③，如图 4.2.21 所示。

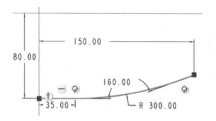

图 4.2.20　绘制草绘基准曲线②

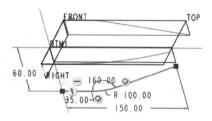

图 4.2.21　绘制草绘基准曲线③

步骤 4：创建可变截面扫描特征。

（1）激活命令。单击【模型】选项卡【形状】组中的扫描命令按钮 扫描 ，弹出【可变截面扫描】操控面板。

（2）选择轨迹线。选择轨迹线①作为原点轨迹，按住 Ctrl 键依次选择线②、线③作为额外轨迹线。

注意：在选择原点轨迹时，确保其箭头位于左端起始点，如图 4.2.22 所示，表示此点为截面的原点，且截面的法向向右，当进入草绘平面绘制草图时箭头方向会朝向屏幕外侧。

（3）绘制截面。单击创建截面命令按钮 草绘 进入草绘界面，过三条轨迹线在草绘平面上的交点作三角形如图 4.2.23 所示。单击草绘器中的 ✔ 按钮完成草图。

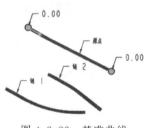

图 4.2.22　基准曲线

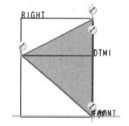

图 4.2.23　截面

（4）单击操控面板中的确认按钮 ✔ 完成建模，创建的模型如图 4.2.17 所示。本例参见配套文件 ch4\ch4_2_example1.prt。

上例中截面的三个顶点均位于轨迹上，由轨迹控制截面上所有尺寸的变化。下面再来看一个例子，其截面中仅有部分元素与轨迹有关，其他元素由截面中的尺寸和约束来确定。

例 4.5　创建如图 4.2.24 所示变截面扫描实体模型。

分析：本例中特征的截面如图 4.2.24 左视图所示。扫描过程中，只有右上角的顶点是随轨迹变化的，其他顶点均受截面内尺寸的约束。以边①作为原点轨迹，边②作为额外轨迹，两条轨迹同时约束截面上部的两个顶点，创建可变截面扫描特征。

模型创建过程：首先创建两条草绘基准曲线，再创建可变截面扫描特征。

步骤 1：创建草绘基准曲线。

单击【模型】选项卡【基准】组中的草绘命令按钮 ，选择 TOP 面作为草绘平面，

RIGHT 面作为参考平面,方向向右,绘制草绘基准曲线如图 4.2.25 所示。

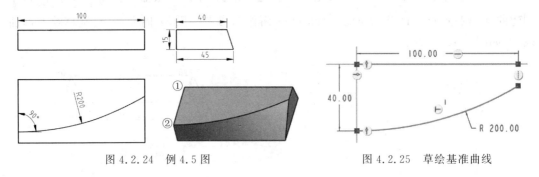

图 4.2.24 例 4.5 图   图 4.2.25 草绘基准曲线

步骤 2:创建可变截面扫描特征。

(1) 激活命令。单击【模型】选项卡【形状】组中的扫描命令按钮 ▨ 扫描 ,弹出【可变截面扫描】操控面板。

(2) 选择轨迹线。选择步骤 1 中创建的直线作为原点轨迹,按住 Ctrl 键选择半径为 200 的圆弧作为额外轨迹线。

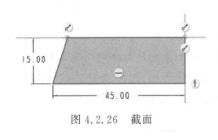

图 4.2.26 截面

(3) 绘制截面。单击创建截面命令按钮 ▨ 草绘 进入草绘界面,绘制截面如图 4.2.26 所示,图中四边形上侧两端点分别位于两条轨迹线上。单击草绘器中的 ✔ 按钮完成草图。

(4) 单击操控面板中的按钮 ✔ 完成建模,如图 4.2.24 所示。本例参见配套文件 ch4\ch4＿2＿example2. prt。

本例截面只有上侧两顶点位置随着轨迹的变化而变化,其他尺寸和约束均保持截面中的定义不变。由此可见,只有使截面图元经过轨迹线或与轨迹线保持一定尺寸或约束关系,截面才能在扫掠过程中随着轨迹的变化而变化。

4.2.4 使用关系式控制可变截面扫描特征

在可变截面扫描特征中存在一个内置参数 trajpar,其值在 0 和 1 之间,可以用来控制截面尺寸的变化,控制特征外形作有规律变化。trajpar 在扫描轨迹的起始点值为 0,终点值为 1,中间连续变化。

此参数要配合"关系"才能使用。如图 4.2.27(a)所示,使用关系式控制截面高度值的变化,生成可变截面扫描特征如图 4.2.27(b)所示。此高度公式为:$sd21 = 10 \times \sin(trajpar \times 720) + 20$,其中 sd21 为截面高度值 20 的参数符号。当进入关系编辑界面后,模型中的每个尺寸都会以参数符号表示,形式为 sd♯,其中"♯"为顺序号,由系统指定。

注意:公式"$sd21 = 10 \times \sin(trajpar \times 720) + 20$"的含义:$\sin(trajpar \times 720)$ 表示随着变量 trajpar 从 0～1 变化,在扫描轨迹上创建一条有两个波形的正弦曲线;前面乘以 10,表示将曲线的振幅放大 10 倍;后面加 20 表示将曲线整体增高 20。综上所述,本公式表示沿扫描轨迹变化的一条正弦曲线,此曲线有两个波形,其值在起始点为 20,振幅为 20。

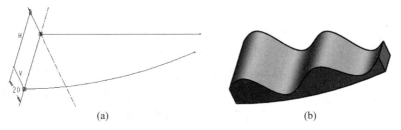

(a)　　　　　　　　　　　　(b)

图 4.2.27　尺寸按关系式变化的可变截面扫描特征

关系编辑时,公式全部使用英文半角符号,如"sd21＝10×sin(trajpar×720)＋20"应写作"sd21＝10 * sin(trajpar * 720)＋20"。

例 4.6　创建如图 4.2.27 所示变截面扫描实体模型,其尺寸如图 4.2.28 所示。

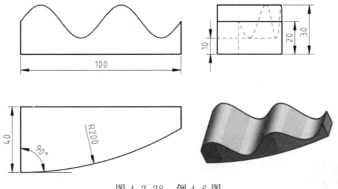

图 4.2.28　例 4.6 图

分析:此模型是例 2.4 模型的延伸,使用参数 trajpar 来控制截面高度即可得到本模型。

模型创建过程:创建两条草绘基准曲线;选择此曲线作为可变截面扫描特征的轨迹;创建截面,使用参数 trajpar 控制截面高度。

步骤 1:创建草绘基准曲线。

单击【模型】选项卡【基准】组中的草绘命令按钮 ，激活草绘命令。在弹出的【草绘】对话框中选择 TOP 面作为草绘平面,RIGHT 面作为参考平面,方向向右。绘制草绘基准曲线如图 4.2.29 所示。

步骤 2:创建可变截面扫描特征。

(1) 激活命令。单击【模型】选项卡【形状】组中的扫描命令按钮 扫描 ,弹出【可变截面扫描】操控面板。

(2) 选择轨迹线。选择步骤 1 中创建的直线作为原点轨迹,按住 Ctrl 键选择半径为 200 的圆弧作为额外轨迹线。

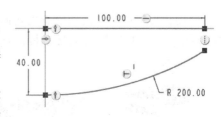

图 4.2.29　绘制草绘基准曲线

(3) 绘制截面。单击创建截面命令按钮 草绘 进入草绘界面,绘制截面如图 4.2.30 所示,图中矩形下面两顶点分别位于两条轨迹上。

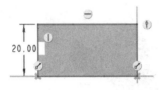

图 4.2.30　绘制截面

（4）在截面中添加关系。单击【工具】选项卡【模型意图】组中的切换尺寸命令按钮 🔧 切换尺寸 ，草图中的数字尺寸值变为尺寸名称，如图 4.2.31(a) 所示，单击创建关系命令按钮 **d= 关系** 弹出【关系】对话框，在"关系"下面的文本框中输入公式，如图 4.2.31(b) 所示。单击【确定】按钮退出【关系】对话框，单击草绘器中的 ✔ 按钮完成草图。

（a）

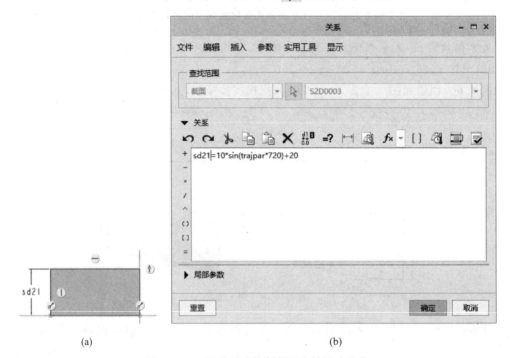

（b）

图 4.2.31　以关系式控制草图中的尺寸变化

（5）单击操控面板中的 ✔ 按钮完成建模，如图 4.2.28 所示。本例参见配套文件 ch4\ch4_2_example3.prt。

4.3　螺旋扫描特征的创建

　　螺旋扫描特征是一剖面沿着旋转面上的螺旋轨迹扫描而生成的特征，此特征可以为实体（图 4.3.1）、切口（即去除材料特征）（图 4.3.2）、壳体（图 4.3.3）或曲面、壳体切口、曲面修剪等形式。

图 4.3.1　实体特征

图 4.3.2　切口特征

图 4.3.3　壳体特征

4.3.1 螺旋扫描实体特征简介

单击【模型】选项卡【形状】组的扫描特征命令的溢出按钮,弹出菜单如图4.3.4所示,单击螺旋扫描特征命令按钮 ∭ **螺旋扫描** ,弹出【螺旋扫描】操控面板如图4.3.5所示。

需要定义的主要要素包括以下几种。

(1) 类型:定义特征为实体或曲面。

(2) 间距:定义螺距。若要定义变螺距扫描特征,单击【间距】标签,在其滑动面板中以表的形式定义多个螺距。

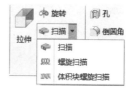

图4.3.4 螺旋扫描命令按钮

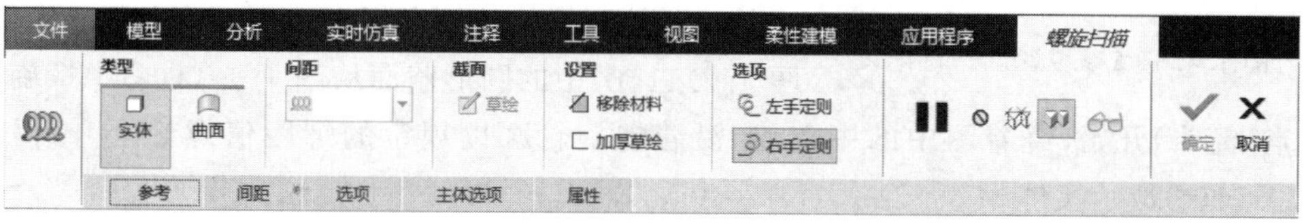

提示:使用螺旋扫描特征生成的典型零件有螺纹和弹簧,在螺纹中每圈螺纹间的距离称为"螺距",在弹簧中每圈弹簧间的距离称为"节距"。在螺旋扫描特征创建过程中统称为"螺距"。

图4.3.5 【螺旋扫描】操控面板

(3) 截面:打开草绘器以创建或编辑扫描截面。

(4) 设置:修改特征为移除材料特征或壳体特征。

(5) 选项:设置扫描方向,默认使用右手螺旋定则(简称右手定则)。螺旋有右旋和左旋两种旋向,选择【右手定则】生成右旋螺纹,此种螺纹沿顺时针方向旋转时可旋入,在竖直方向上右边高,如图4.3.6所示;相反地,选择【左手定则】生成左旋螺纹,沿逆时针方向旋转时旋入,竖直方向上左边高,如图4.3.7所示。

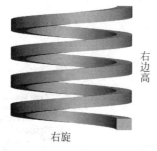

图4.3.6 右手定则设置螺旋方向

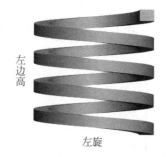

图4.3.7 左手定则设置螺旋方向

(6) 参考:单击【参考】标签弹出滑动面板如图4.3.8所示,用于定义特征的螺旋轮廓、扫描的起点、扫描特征的螺旋轴以及确定截面的方向。①【螺旋轮廓】区域内的收集器显示了螺旋扫描的草绘轮廓,单击【定义】按钮,弹出【草绘】对话框,指定草绘平面、参照平面后进入草绘器绘制螺旋扫描的草绘轮廓。②单击【起点】后的【反向】按钮,在螺旋轮廓的两个端点间切换螺旋扫描的起点。③【螺旋轴】区域内的收集器显示螺旋的旋转轴,收集器处于活动状态下,单击与螺旋轮廓共面的直线、边、轴或坐标系轴可以将其选作旋转轴,单击【内部

图 4.3.8 【参考】滑动面板

CL】按钮将在螺旋轮廓草绘中定义的中心线设置为扫描的旋转轴。④【截面方向】区域用于设置扫描截面的方向,选择【穿过螺旋轴】单选按钮定义截面所在的平面通过旋转轴,如图 4.3.9 所示,截面所在的 FRONT 面穿过螺旋扫描特征的中心线;若选择【垂直于轨迹】单选按钮,则定义的截面将垂直于扫描轨迹,如图 4.3.10 所示,轨迹线与截面将保持垂直关系。

提示:"垂直于轨迹"原文为 Norm To Traj,即 normal to trajectory。在螺旋扫描特征中,轨迹不是直接创建的,而是系统通过螺旋轮廓和螺距自动计算生成的。

螺旋扫描特征定义过程中,并不需要扫描螺旋线,而是绘制控制螺旋线形状的外形轮廓线,即螺旋轮廓。图 4.3.11(b)中的圆形截面从图 4.3.11(a)中螺旋轮廓的起点(箭头)开始,绕着图中的中心线,沿着螺旋轮廓以规定的螺距值螺旋上升,得到如图 4.3.11(c)所示实体。

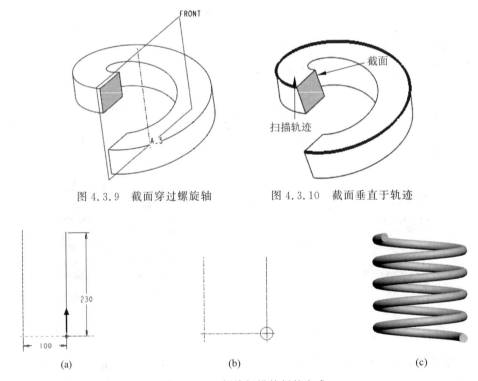

图 4.3.9 截面穿过螺旋轴   图 4.3.10 截面垂直于轨迹

(a)   (b)   (c)

图 4.3.11 螺旋扫描特征的生成
(a) 螺旋轮廓;(b) 截面;(c) 实体

若绘制如图 4.3.12(a)所示螺旋轮廓,并绘制圆形截面,将创建如图 4.3.12(b)所示的圆锥螺旋弹簧。

图 4.3.12 锥形螺旋弹簧

4.3.2 螺旋扫描特征的创建过程与实例

使用螺旋扫描的方法生成实体特征的一般步骤如下。

（1）单击【模型】选项卡【形状】组中的扫描特征命令溢出按钮，在弹出的菜单中单击螺旋扫描特征命令按钮 ∭ 螺旋扫描，弹出【螺旋扫描】操控面板。

（2）设置螺旋扫描特征的类型、间距、选项等属性。

（3）单击【参考】标签，在弹出的滑动面板中设置螺旋扫描特征的螺旋轮廓。

（4）单击创建截面草图命令按钮 ⟋草绘 绘制截面。

（5）预览并生成螺旋扫描特征。

例 4.7 创建如图 4.3.13 所示的螺旋扫描特征，熟悉螺旋扫描特征的创建过程。

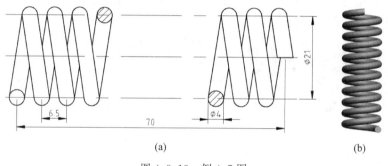

图 4.3.13 例 4.7 图

分析：由图 4.3.13(a)中参数可看出，螺旋扫描特征的螺旋轮廓为长度为 70 的直线，且与螺旋轴平行，轮廓到旋转中心的距离为 10.5；螺距为常数 6.5；截面为起始于螺旋轮廓且直径为 4 的圆。

模型创建过程：根据上面参数，激活命令后首先绘制长 70 的直线作为螺旋轮廓，设置螺距，最后创建截面即可。

步骤 1：激活命令。

单击【模型】选项卡【形状】组的扫描特征命令的溢出按钮，在弹出的菜单中单击螺旋扫描特征命令按钮 ∭ 螺旋扫描，弹出【螺旋扫描】操控面板。

步骤 2：定义特征属性。

设置特征类型为【实体】，扫描间距为 6.5，使用右手定则。

步骤 3：定义螺旋轮廓。

（1）确定螺旋轮廓的草绘平面。单击【参考】标签弹出滑动面板，单击【螺旋轮廓】区域的【定义】按钮,在弹出的【草绘】对话框中选择 FRONT 面作为草绘平面,TOP 面作为参考平面,方向向上。单击【草绘】按钮进入草绘器。

(2)绘制螺旋轮廓。绘制如图 4.3.14 所示的直线作为螺旋轮廓,注意绘制中心线。

步骤 4:绘制截面。

单击创建截面草图命令按钮 ⌀草绘 ,进入草绘器绘制截面如图 4.3.15 所示。图中,右侧垂直相交的辅助线是草绘截面的中心点,左侧竖线是旋转中心。

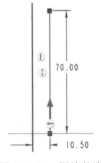

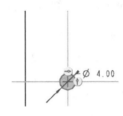

图 4.3.14　螺旋轮廓　　　　　　　图 4.3.15　截面

步骤 5:预览并生成模型,如图 4.3.13 所示。

本例参见配套文件 ch4\ch4_3_example1.prt。

例 4.8　使用与例 4.7 相同的参数创建传送压缩空气用的螺旋气管模型,如图 4.3.16 所示,气管厚度为 0.4,外壁直径为 4。

图 4.3.16　例 4.8 图

分析:本例题创建的为薄壁螺旋扫描实体特征,即螺旋扫描壳体。其创建过程与例 4.7 基本相同,需在操控面板的【设置】区域单击【加厚草绘】按钮,并设置厚度和生产壳的侧。

步骤 1:激活命令,设置特征属性、螺旋轮廓以及绘制截面。步骤与例 4.7 相同。

步骤 2:设置壳体参数。

单击操控面板【设置】区域中的壳体按钮 ⎿ 加厚草绘 ,操控面板【设置】区域变为如图 4.3.17 所示,输入壳体厚度 0.4,并单击其后的改变加厚方向按钮 ⊠,使得生成的实体在草图的内侧,如图 4.3.18 所示。

图 4.3.17　【设置】区域

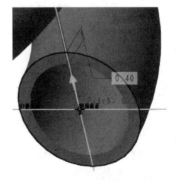

图 4.3.18　生成的实体位于草图内侧

本例参见配套文件 ch4\ch4_3_example2.prt。

4.3.3 变螺距螺旋扫描特征与压缩弹簧的创建实例

在创建螺旋扫描特征过程中,若只设置了一种螺距,则生成定螺距扫描特征。要生成如图 4.3.19 所示的变螺距扫描特征,需以表的形式设置多种螺距值。单击螺旋扫描操控面板的【间距】标签弹出滑动面板,单击【添加间距】项可在列表中添加定义螺距值的一行数据,用于设置某个位置的螺距值。图 4.3.20 所示表中数值即为图 4.3.19 所示特征的螺距。

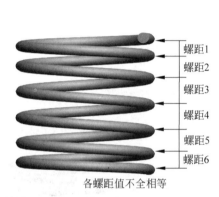

各螺距值不全相等

图 4.3.19 变螺距扫描特征

图 4.3.20 【间距】滑动面板

例 4.9 创建如图 4.3.19 所示的螺旋扫描特征。图中特征的旋向为左旋,螺旋轮廓长度为 250mm,轮廓与螺旋轴平行,到螺旋轴的距离为 101mm。在螺旋轮廓两端螺距为 25mm,向内螺距逐渐增大,在离螺旋轮廓两端 80mm 处螺距增大为 50mm,中间 90mm 长度范围内螺距均为 50mm。截面为直径为 20mm 的圆。

步骤 1:激活命令,设置特征类型,并绘制螺旋轮廓。

(1)单击【模型】选项卡【形状】组的扫描特征命令的溢出按钮,在弹出的菜单中单击螺旋扫描特征按钮 ㈜ ▏**螺旋扫描** ,弹出【螺旋扫描】操控面板。

(2)设置特征类型为【实体】,使用左手定则。

(3)单击【参考】标签弹出滑动面板,单击【定义】按钮,选择 FRONT 面作为草绘平面,TOP 面作为参考平面,方向向上,创建螺旋轮廓如图 4.3.21 所示,注意绘制中心线。

步骤 2:设置螺距。

(1)单击【螺旋扫描】操控面板中的【间距】标签弹出滑动面板,面板表格中已经存在起点位置的螺距值,将其修改为 25。

(2)单击【添加间距】项添加终点位置螺距,修改其值为 25。

(3)再次单击【添加间距】项,修改其间距为 50,位置类型为"按值",位置为 80。

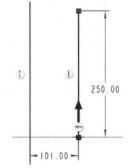

图 4.3.21 特征螺旋轮廓

(4) 与(3)方法相同,添加第 4 行,定义其间距为 50,位置类型为"按值",位置为 170。

螺距定义完成后的【间距】面板如图 4.3.20 所示,图形如图 4.3.22 所示。

步骤 3:绘制截面。

单击创建截面草图命令按钮 <u>☑草绘</u> ,进入草绘器绘制截面如图 4.3.23 所示。图中,右侧垂直相交的辅助线是草绘截面的中心点,左侧竖线是旋转中心。

步骤 4:预览并生成模型,如图 4.3.19 所示。

本例参见配套文件 ch4\ch4_3_example3.prt,此模型经修改后可用作压缩弹簧。压缩弹簧是机械设计中经常使用的一种弹簧,为了保证两支撑端面与弹簧的轴线垂直,从而使弹簧受压时不至于歪斜,通常需将压缩弹簧两端面磨平;同时,弹簧的两个端面应与邻圈并紧,形成的圆圈只起支撑作用,不参与变形,这种圆称为"死圈",一般弹簧的死圈约为 0.75～1.75 圈,其他圈为"有效圈"。压缩弹簧如图 4.3.24 所示。

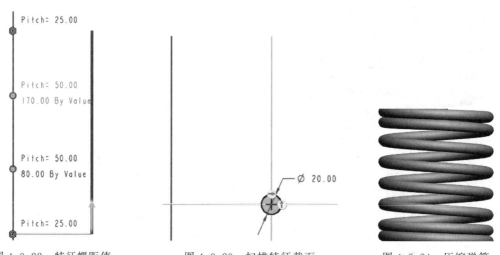

图 4.3.22 特征螺距值　　　图 4.3.23 扫描特征截面　　　图 4.3.24 压缩弹簧

例 4.10 打开例 4.9 中创建的模型 ch3\ch4_3_example3.prt,将其改为标准压缩弹簧,使两端各保留 1.5 圈左右的死圈,将有效圈的螺距改为 40,从螺旋圈中心处将两端磨平。

分析:本例中螺旋轮廓上前 30mm 和后 30mm 的螺距均为 20mm,以形成 1.5 圈的死圈。在螺旋轮廓 31mm 和 219mm 处螺距均变为 40mm,中间部分螺距均为 40mm。螺旋扫描特征完成后,需添加去除材料拉伸特征,将模型端面切平。

步骤 1:激活原有模型。

打开配套文件 ch4\ch4_3_example3.prt,单击螺旋扫描特征,在弹出的浮动菜单中单击编辑定义按钮 ,弹出螺旋扫描特征操控面板。

步骤 2:修改螺旋轮廓。

单击【间距】标签弹出滑动面板,修改螺距值如图 4.3.25 所示。新的螺旋扫描特征预览如图 4.3.26 所示。

步骤 3:端面磨平并完成模型。

(1) 激活拉伸特征命令。单击【模型】选项卡【形状】组中的拉伸按钮 ,在弹出的操控面板中选择去除材料模式 移除材料 。

序号	间距	位置类型	位置
1	20.00		起点
2	20.00		终点
3	20.00	按值	30.00
4	40.00	按值	31.00
5	40.00	按值	219.00
6	20.00	按值	220.00
添加间距			

图 4.3.25　扫描特征螺距值

（2）绘制草图。在 FRONT 面中绘制草图如图 4.3.27 所示。

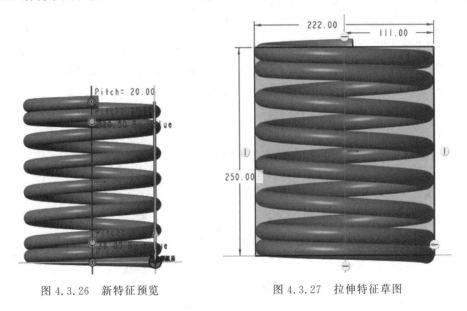

图 4.3.26　新特征预览　　　　　图 4.3.27　拉伸特征草图

（3）设置属性。选择去除材料属性为双侧拉伸，深度大于 222，去除材料的方向为草绘外侧。

（4）完成模型如图 4.3.24 所示。本例参见配套文件 ch4\ch4_3_example4.prt。

4.3.4　使用螺旋扫描切口特征创建螺纹

使用修饰螺纹特征或标准螺纹孔特征均可生成修饰性螺纹，这种螺纹仅仅是以线条表示轮廓，并没有生成真实的螺纹切口。而使用螺旋扫描切口特征可以在实体上生成螺纹牙型，创建真实的螺纹，如图 4.3.28 所示。

单击【模型】选项卡【形状】组的扫描特征命令的溢出按钮，在弹出的菜单中单击螺旋扫描特征命令按钮 螺旋扫描，在弹出的【螺旋扫描】操控面板中单击【设置】区域的 移除材料 按钮，设置螺旋扫描切口特征。此时的【螺旋扫描】操控面板如图 4.3.29 所示。

图 4.3.28 　使用螺旋扫描切口特征创建螺纹

图 4.3.29 　【螺旋扫描】操控面板

定义螺旋扫描切口的一般步骤如下。

(1) 单击【模型】选项卡【形状】组的扫描特征命令的溢出按钮,在弹出的菜单中单击螺旋扫描特征命令按钮 螺旋扫描,弹出【螺旋扫描】操控面板。

(2) 设置螺旋扫描特征的类型、间距、选项等属性。

(3) 单击【设置】区域的 移除材料 按钮,设置螺旋扫描切口特征。

(4) 单击【参考】标签,在弹出的滑动面板中设置螺旋扫描特征的螺旋轮廓。

(5) 单击创建截面草图命令按钮 草绘 绘制截面。

(6) 设置去除材料的侧。

(7) 预览并生成螺旋扫描切口特征。

例 4.11 　创建如图 4.3.30 所示的六角头螺栓模型。

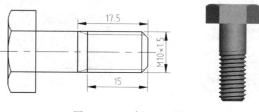

图 4.3.30 　例 4.11 图

分析:普通螺纹为了加工的方便一般在螺纹末端做收尾,本例中收尾长度为 2.5mm,查手册可算出 M10×1.5 螺纹深度约为 0.81mm。螺纹轮廓尺寸如图 4.3.30 所示。

步骤 1:创建或打开螺栓毛坯文件。

打开配套文件 ch4\ch4_3_example5.prt。或根据图 4.3.31 所示尺寸创建螺栓毛坯模型。

步骤 2:激活螺旋扫描切口命令并设置属性。

(1) 单击【模型】选项卡【形状】组的扫描特征命令的溢出按钮,在弹出的菜单中单击螺旋扫描特征命令按钮 螺旋扫描,弹出【螺旋扫描】操控面板。

(2) 定义螺旋扫描特征的类型为【实体】、旋向为【右手定则】。

(3) 单击【设置】区域中的 移除材料 按钮,设置螺旋扫描切口特征。

步骤 3:绘制螺旋轮廓。

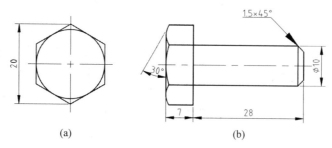

图 4.3.31　螺纹轮廓尺寸

选择一个过螺栓中心的平面作为螺旋轮廓的草绘平面，绘制轨迹如图 4.3.32 所示。注意第一段轨迹要与螺栓边线重合。

步骤 4：设置螺距为 1.5。

步骤 5：绘制截面。

绘制截面如图 4.3.33 所示，图中尺寸可参阅国标《普通螺纹　基本尺寸》。

步骤 6：确定去除材料的侧。

接受如图 4.3.34 所示的去除材料方向，若不是朝向草图内侧，应单击图中箭头改变方向，也可单击操控面板中【移除材料】按钮后的箭头图标✗改变移除材料的方向。

步骤 7：完成模型。本例参见配套文件 ch4\ch4_3_example5_f.prt。

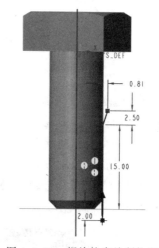

图 4.3.32　螺旋轮廓绘制轨迹

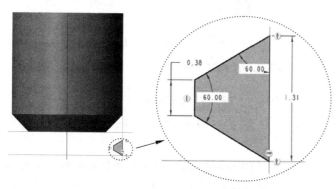

图 4.3.33　螺旋扫描切口的截面

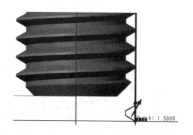

图 4.3.34　确定去除材料的侧

4.4　扫描混合特征的创建

4.4.1　扫描混合特征简介

扫描特征是一个截面沿着一条或多条轨迹扫掠形成的，若轨迹为多条则形成可变截面扫描；混合特征是若干个截面依次连接而形成的，截面在连接过程中无须轨迹线。扫描混合特征综合了"扫描"和"混合"的特点,将数个截面沿着一条轨迹线依次混合形成实体、曲面、壳体或去除其他实体的材料。

如图 4.4.1 所示,截面 1(分割为六段的椭圆)的六个顶点沿着轨迹的方向,与截面 2(具有六个顶点的四边形)各顶点依次连接,形成实体。这个过程既是两个截面混合的过程,又是截面沿轨迹扫掠的过程。如图 4.4.2 所示的扫描混合壳体特征,三个截面的各顶点沿着轨迹依次连接形成壳体,也是混合与扫描的过程。

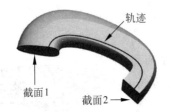

图 4.4.1　扫描混合实例一　　　　　　　图 4.4.2　扫描混合实例二

与创建可变截面扫描类似,创建扫描混合特征需要三个基本要素:

(1)轨迹。扫描混合特征需要一条轨迹,用来控制扫描的路径。

(2)截面。扫描混合特征需要至少两个截面。

(3)截面的控制方式。

单击【模型】选项卡【形状】组中的扫描混合命令按钮 ✏️扫描混合,弹出扫描混合特征操控面板如图 4.4.3 所示。需要定义的主要要素包括以下几种。

图 4.4.3　扫描混合特征操控面板

(1)类型:选择创建实体或曲面。若选择创建实体特征,则截面须保持封闭状态。

(2)设置:当特征类型选择"实体"时,单击 ✏️移除材料 按钮可创建去除材料特征,单击 ☐加厚草绘 按钮创建壳体特征。

(3)参考:单击【参考】标签弹出滑动面板如图 4.4.4 所示,用于选择特征的轨迹及控制截面的扫描方式。此部分内容与可变截面扫描特征相似,【轨迹】列表用于选择扫描轨迹,【截平面控制】区域用于设置剖面的扫描方式。

(4)截面:在选择轨迹后,扫描混合特征操控面板中添加【截面】选项卡,单击此标签弹出【截面】滑动面板如图 4.4.5 所示。扫描混合特征的截面均显示在面板中间的截面列表中,可通过右侧的按钮插入、删除、绘制或修改截面;在列表框底部的【截面位置】和【截面 X 轴方向】区域设置截面的位置和草绘平面的 X 轴方向。在面板中,选择【草绘截面】或【选定截面】单选按钮,确定草绘此特征的截面或选择其截面;单击【插入】按钮,在"截面"收集器中添加一个新的截面;单击【移除】按钮,选中截面后将其删除;选中一个截面,单击【草绘】按钮进入草绘器绘制或修改此截面草图。

图 4.4.4 【参考】滑动面板

图 4.4.5 【截面】滑动面板

【截面】滑动面板下部的【截面位置】拾取框指定了每个剖面所在的位置。在扫描混合特征中，线段的端点和基准点可以作为剖面位置。因此，若想在非端点处创建截面，可在此点将轨迹打断形成端点或在此处创建一个基准点。如图 4.4.6 所示，为了形成中间的圆截面，在轨迹上创建基准点 PNT0，定义端点处的截面后，单击【插入】按钮并单击 PNT0 点，此点即被收入拾取框，单击【草绘】按钮便可进入草绘截面绘制 PNT0 点处的截面。

后面的【旋转】文本框用于确定【截面位置】上草绘平面 X 轴的旋转方向。为了确定草图位置，每个草绘平面均有一个坐标系，坐标系的 Z 轴指向屏幕外侧，朝向设计者；其 X 轴方向由【截面】滑动面板最底部【截面 X 轴方向】选项框确定，默认情况下设置为"默认"。【旋转】文本框的作用是使草绘坐标系的 X 轴旋转一个角度，以使扫描混合特征产生螺旋效果。

如图 4.4.7 所示的特征由"截面 1"和"截面 2"沿着轨迹扫描混合而成。"截面 1"位于轨迹的起点，无旋转角度，其【截面】滑动面板与草图如图 4.4.8 所示；"截面 2"位于轨迹的终点，旋转 40°，其【截面】滑动面板与草图如图 4.4.9 所示。

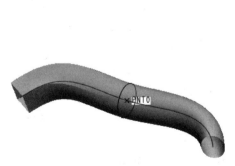

图 4.4.6 以基准点为参照插入截面

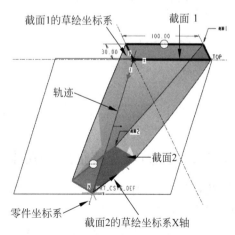

图 4.4.7 旋转截面创建扫描混合特征

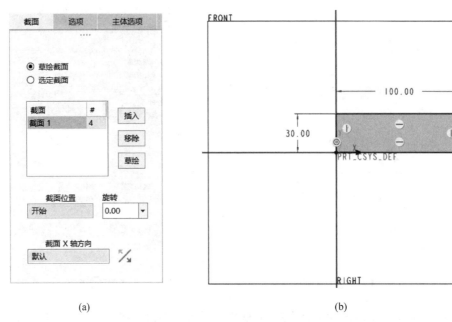

(a)   (b)

图 4.4.8 截面 1 的【截面】滑动面板及其草图

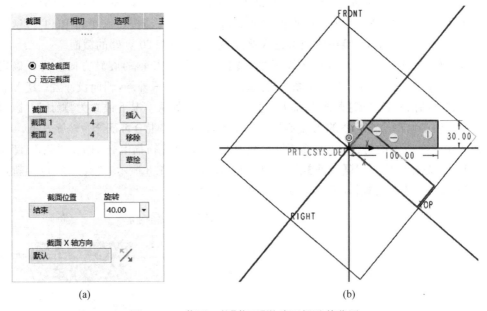

(a)   (b)

图 4.4.9 截面 2 的【截面】滑动面板及其草图

4.4.2 扫描混合特征的创建步骤

创建扫描混合特征时首先要选择轨迹,然后才能以轨迹上的点作为原点绘制截面。创建扫描混合特征的步骤如下。

(1) 激活命令。单击【模型】选项卡【形状】组中的扫描混合命令按钮 ✍扫描混合,弹出扫描混合特征操控面板。

（2）选择扫描轨迹并设置截面控制方式。单击【参考】标签弹出滑动面板，选择扫描轨迹并在【截平面控制】区域中选择截面的控制方式。

（3）绘制截面。单击【截面】标签弹出【截面】滑动面板，依次创建各截面。

① 创建第 1 个截面。单击轨迹上的端点或基准点选择截面位置，单击面板上的【草绘】按钮进入草绘器创建第 1 个截面。

② 创建第 2 个截面。单击面板上的【插入】按钮，并单击轨迹上的其他端点或基准点选择此截面位置，单击面板上的【草绘】按钮进入草绘器创建第 2 个截面。

③ 创建其他截面。使用与②相同的方法创建其他截面。

（4）预览并完成特征创建。

4.4.3 扫描混合特征创建实例

例 4.12 创建如图 4.4.10 所示的把手零件。

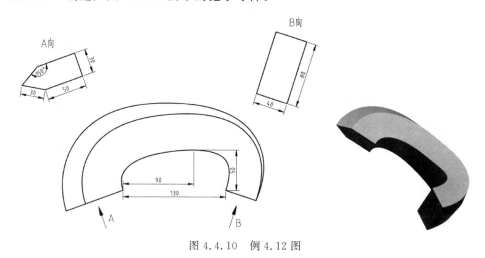

图 4.4.10 例 4.12 图

分析：本例可使用 A 向和 B 向的两个截面沿主视图中内侧的轨迹扫描混合而成。

步骤 1：创建草绘基准曲线以备选作扫描混合特征的轨迹。

单击【模型】选项卡【基准】组中的草绘命令按钮 ，激活草绘命令。在弹出的【草绘】对话框中选择 FRONT 面作为草绘平面，TOP 面作为参考平面，方向向上。绘制如图 4.4.11 所示的样条曲线作为扫描混合特征的轨迹。

步骤 2：创建扫描混合特征。

（1）激活命令。单击【模型】选项卡【形状】组中的扫描混合命令按钮 扫描混合，弹出扫描混合特征操控面板。

（2）选择扫描轨迹并设置截面控制方式。单击【参考】标签弹出滑动面板，选择步骤 1 中绘制的草绘基准曲线作为轨迹，并在【截平面控制】区域中设置截面的控制方式为"垂直于轨迹"。

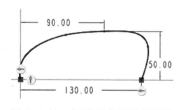

图 4.4.11 扫描混合特征的轨迹

（3）绘制截面。单击【截面】标签弹出滑动面板，依次创建各截面。

① 创建第1个截面。单击轨迹上位于坐标原点的端点,并单击【截面】滑动面板上的【草绘】按钮,创建第1个截面,如图4.4.12所示。单击工具栏中的 ✔ 按钮。

② 创建第2个截面。单击【截面】滑动面板上的【插入】按钮,并选择轨迹的另一个端点,单击【草绘】按钮,创建第2个截面如图4.4.13所示。(注意:要将图形左边打断为2条线。)单击工具栏中的 ✔ 按钮。

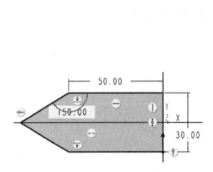

图4.4.12 特征的第1个截面

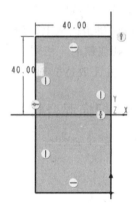

图4.4.13 特征的第2个截面

(4) 预览并完成特征创建,如图4.4.10所示。本例参见配套文件 ch4\ch4_4_example1.prt。

例4.13 创建如图4.4.14所示模型,已知中间圆形截面经过模型轨迹中心点。

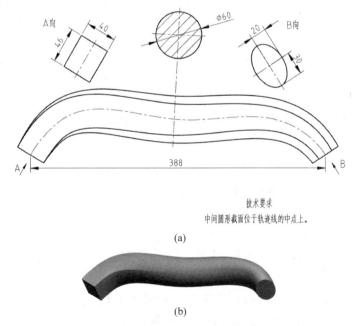

(a)

(b)

图4.4.14 例4.13的尺寸及模型图

分析:从图4.4.14中可以看出,模型沿轨迹形成,又依次经过三个截面,可以使用扫描混合方法完成模型;模型中间圆形截面过轨迹中点,需要在轨迹中点处创建一个基准点,用于放置截面。

步骤 1：创建草绘基准曲线以备选作扫描混合特征的轨迹。

（1）创建基准曲线。单击【模型】选项卡【基准】组中的草绘命令按钮 ～，激活草绘命令。在弹出的【草绘】对话框中选择 FRONT 面作为草绘平面，TOP 面作为参考平面，方向向上。绘制如图 4.4.15 所示的样条曲线作为扫描混合特征的轨迹。

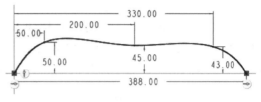

图 4.4.15　扫描混合特征的轨迹

（2）在轨迹中点处创建基准点。单击【模型】选项卡【基准】组中的基准点命令按钮 ××点 激活基准点命令，选择（1）中创建的样条曲线作为参考，偏移的比率值设置为 0.5。创建基准点 PNT0，如图 4.4.16 所示。

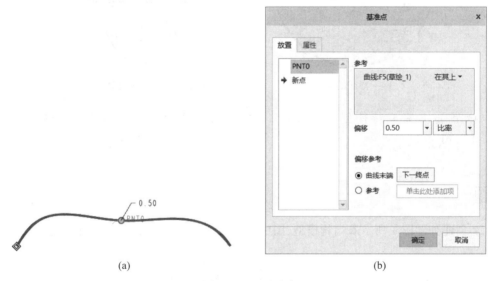

(a) (b)

图 4.4.16　基准点

步骤 2：创建扫描混合特征。

（1）激活命令。单击【模型】选项卡【形状】组中的扫描混合命令按钮 扫描混合，弹出扫描混合特征操控面板。

（2）选择扫描轨迹并设置截面控制方式。单击【参考】标签弹出滑动面板，选择步骤 1 中绘制的草绘基准曲线作为轨迹，并在【截平面控制】区域中设置截面的控制方式为"垂直于轨迹"。

（3）绘制截面。单击【截面】标签弹出滑动面板，依次创建各截面。

① 创建第 1 个截面。单击轨迹上位于坐标原点上的端点，并单击【截面】滑动面板上的【草绘】按钮，创建第 1 个截面，如图 4.4.17 所示。单击工具栏中的 ✔ 按钮。

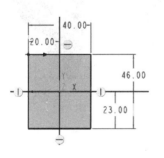

图 4.4.17　特征的第 1 个截面

② 创建第 2 个截面。单击【截面】面板上的【插入】按钮,并选择在轨迹上创建的基准点,单击【草绘】按钮,创建第 2 个截面,如图 4.4.18 所示。(注意:图中的圆按标注的尺寸打断为 4 部分,起始点位于左上角。)单击工具栏中的 ✔ 按钮。

③ 创建第 3 个截面。单击【截面】面板上的【插入】按钮,并选择轨迹的另一个端点,单击【草绘】按钮,创建第 3 个截面,如图 4.4.19 所示。(注意:图中椭圆两轴半径分别为 20 和 30,并且按尺寸打断为 4 部分,起始点位于左上角。)单击工具栏中的 ✔ 按钮。

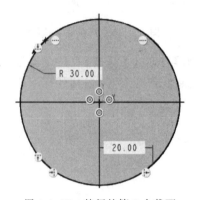

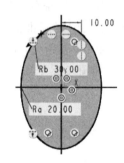

图 4.4.18　特征的第 2 个截面　　　　图 4.4.19　特征的第 3 个截面

(4) 预览并完成特征创建,如图 4.4.14 所示。本例参见配套文件 ch4\ch4_5_example2.prt。

习题

1. 创建如题图 1 所示衣帽钩模型(图中仅给出部分关键尺寸,其他尺寸自定)。

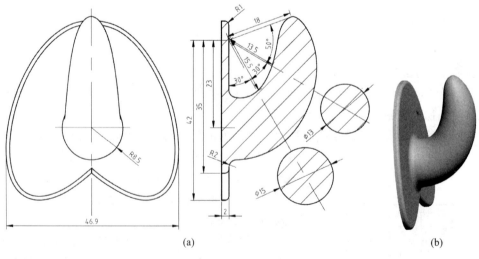

(a)　　　　　　　　　　　　　　　　　　　(b)

题图 1　习题 1 图

2. 创建如题图 2 所示滚珠丝杠模型。

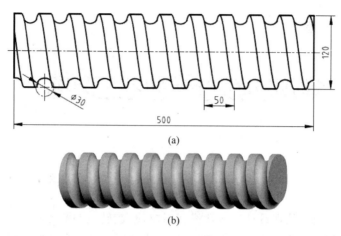

(a)

(b)

题图 2　习题 2 图

3. 创建如题图 3 所示升降衣架摇把模型(图中仅给出部分关键尺寸,其他尺寸自定)。

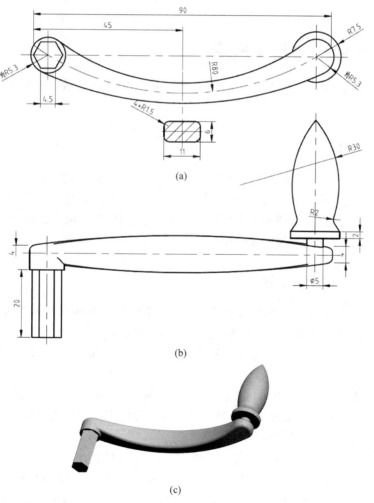

(a)

(b)

(c)

题图 3　习题 3 图

第5章

常规曲面与专业曲面特征

曲面建模一般用于外观设计。通常将利用拉伸、旋转、扫描、混合、填充、复制、偏移、镜像和延伸等方法创建的曲面特征称为常规曲面,将利用边界混合、带曲面等方法创建的曲面特征称为专业曲面。

本章在介绍曲面基本概念基础上,讲解常用的常规曲面和专业曲面的建模方法。

5.1　曲面特征的基本概念

本节讲述曲面的几个基本概念,包括曲面、曲面的颜色显示以及曲面的常规建模方法等。

5.1.1　曲面

曲面是没有厚度的几何特征,主要用于生成三维模型的外观表面。曲面与前文创建的壳体特征不同,壳体特征有厚度值,其本质上是实体;而曲面仅代表位置和形状,没有厚度,属于数学的范畴,不具备物理和工程特性。在模型中创建的曲面最终都要转变为具有厚度的壳体或实体后,才能在工程实践中使用。

5.1.2　曲面的颜色显示

着色状态下曲面的默认颜色为青紫色,在这种模式下不易观察其实际形状以及面与面之间的连接状况,如图 5.1.1 所示。为便于显示面与面之间的连接关系,以及曲面内曲率的变化,曲面在以线框显示时,其线框分为边界线和棱线两种,分别以不同颜色显示。

（1）边界线：默认状态下为粉红色,也称为单侧边。单侧边的一侧为此特征的曲面,另一侧不属于此特征的面。如图 5.1.2 所示模型顶部和底部的圆为边界线,其颜色为粉红色,表示圆的内部是空的,外部是模型的表面。

（2）棱线：曲面的棱线默认状态下为紫色,也称为双侧边。双侧边的两侧均为此特征的曲面,如图 5.1.2 所示,模型中间的边为棱线,表示其两侧均为模型的表面。

为了直观显示曲面的形状,可将曲面以网格形式显示。单击【分析】选项卡【检查几何】

组中的网格化曲面命令按钮  ,弹出【网格】对话框如图 5.1.3 所示。单击模型中需要以网格显示的面,选中的面以指定的网格间距显示,如图 5.1.4 所示。单击图形工具栏中的重画命令按钮 ,或按快捷键 Ctrl+R,网格显示消失。

图 5.1.1 着色方式显示曲面模型

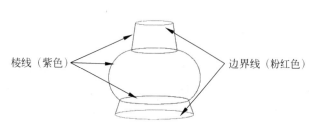

图 5.1.2 线框方式显示曲面模型

图 5.1.3 【网格】对话框

图 5.1.4 以网格显示曲面

5.1.3 曲面特征创建方法

曲面常用于表达形状复杂多变的模型外观,因此一般由多个特征组合而成。同时,曲面是没有厚度的几何要素,在工程实践中不存在这样的模型,因此在使用前曲面都需要进行加厚或实体化操作。曲面建模的一般步骤如下。

(1) 使用曲面特征建模方法生成多个曲面特征。

(2) 使用曲面特征编辑方法,将各独立曲面特征整合为一个面组,同时对这个面组特征进行编辑操作。

(3) 使用【加厚】或【实体化】等曲面编辑方法将曲面特征转化为壳体或实体。

单个曲面的建模主要分为常规曲面、专业曲面以及自由曲面等方法。常规曲面主要包括拉伸、旋转、扫描、混合等草绘特征生成的曲面,以及填充曲面、复制曲面、偏移曲面、镜像曲面、延伸曲面等;专业曲面包括边界混合曲面、圆锥曲面、N 侧曲面、剖面混合到曲面、切面混合到曲面、曲面间混合、从文件混合曲面、带曲面、展平曲面等。本章将讲述主要的常规曲面和专业曲面的建模方法。

5.2 由草绘特征生成拉伸、旋转、扫描以及混合曲面

因草绘特征生成曲面的方法较为简单,本节仅以实例简述其建模过程。关于其建模过程的详细说明,请参见王海霞、丁淑辉所著《Creo 10.0 基础设计》一书。

除了常规的定截面扫描曲面特征和平行混合曲面特征外,使用扫描和混合的方法还可以创建可变截面扫描曲面特征、螺旋扫描曲面特征、扫描混合曲面特征、旋转混合曲面特征以及常规混合曲面特征,其创建方法与其实体特征建模方法类似,只需要在操控面板中将实体类型变更为曲面即可。相关内容详见第4章。

5.2.1 拉伸曲面特征

图 5.2.1 所示曲面可由拉伸特征创建,其创建过程如下。

（1）单击【模型】选项卡【形状】组中的拉伸特征命令按钮 ，在弹出的操控面板中单击 按钮创建曲面。操控面板如图 5.2.2 所示。

（2）绘制草绘截面。单击操控面板中的【放置】标签,弹出滑动面板如图 5.2.3 所示,直接选择一个已经定义好的草图或单击【定

图 5.2.1 拉伸曲面

义】按钮绘制一个新的草图。此处选择 FRONT 面作为草绘平面,绘制如图 5.2.4 所示截面。

图 5.2.2 拉伸曲面特征的操控面板

图 5.2.3 【放置】滑动面板

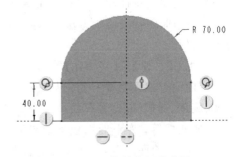

图 5.2.4 拉伸特征的草图

（3）设置曲面深度。选择深度类型为盲孔 ，并输入深度值 60。

（4）设置曲面特征的"开放"与"闭合"属性。单击操控面板中的【选项】标签，弹出滑动面板默认未选中【封闭端】复选框，生成开放特征如图 5.2.1 所示。选中【封闭端】复选框如图 5.2.5 所示，可创建两端封闭的曲面，如图 5.2.6 所示。

（5）预览并完成特征。本例参见配套文件 ch5\ch5_2_example1.prt。

创建拉伸曲面特征时，截面不一定是封闭图形，例如，图 5.2.7 所示曲面是由一条曲线拉伸生成的。本例参见配套文件 ch5\ch5_2_example2.prt。

图 5.2.5 【选项】滑动面板

图 5.2.6 封闭拉伸曲面模型

图 5.2.7 开放的拉伸曲面

5.2.2 旋转曲面特征

图 5.2.8 所示曲面由旋转特征生成，其创建步骤如下。

（1）单击【模型】选项卡【形状】组中的旋转特征命令按钮 ，在弹出的操控面板中单击 按钮创建曲面。操控面板如图 5.2.9 所示。

（2）定义草绘截面。单击操控面板中的【放置】标签，弹出滑动面板如图 5.2.10 所示，选择已定义好的草图或单击【定义】按钮创建新草图。此处选择 FRONT 面作为草绘平面，绘制如图 5.2.11 所示草绘截面。

图 5.2.8 旋转曲面特征

图 5.2.9 旋转曲面特征操控面板

（3）设置旋转类型并输入角度。选择旋转角度类型 ，并输入角度值 360。

（4）预览并完成特征。本例参见配套文件 ch5\ch5_2_example3.prt。

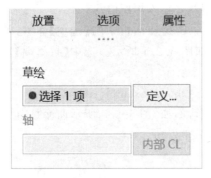

图 5.2.10 【放置】滑动面板

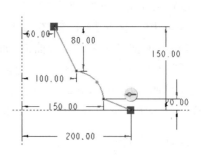

图 5.2.11 旋转特征的草图

5.2.3 扫描曲面特征

图 5.2.12 所示弯管曲面由扫描曲面特征生成,其创建步骤如下。

(1) 创建草绘基准曲线特征。单击【模型】选项卡【基准】组中的草绘命令按钮 草绘,选择 FRONT 面作为草绘平面,RIGHT 面作为参考,方向向右,绘制曲线如图 5.2.13 所示。

图 5.2.12 扫描曲面特征

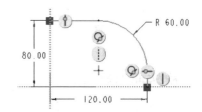

图 5.2.13 草绘基准曲线

(2) 激活扫描曲面命令。单击【模型】选项卡【形状】组中的扫描特征命令按钮 扫描,在弹出的操控面板中单击 曲面 按钮创建曲面。操控面板如图 5.2.14 所示。

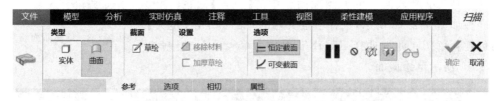

图 5.2.14 扫描特征操控面板

(3) 选择扫描轨迹。选择(1)中创建的草绘基准曲线作为扫描特征轨迹,如图 5.2.15 所示,曲线下端点作为扫描起始点。单击【扫描】操控面板的【参考】标签,弹出滑动面板如图 5.2.16 所示,接受各默认选项。

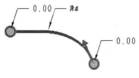

图 5.2.15 扫描轨迹

(4) 设置扫描曲面属性。单击操控面板中的【选项】标签,弹出滑动面板如图 5.2.17 所示。若选中【封闭端】复选框可创建两端封闭的曲面,此处曲面为两端开放,不选中【封闭端】复选框。

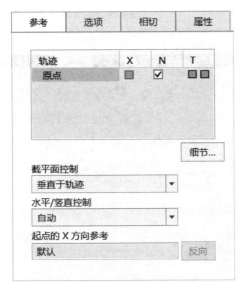

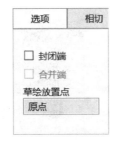

图 5.2.16　【参考】滑动面板　　　　　　图 5.2.17　【选项】滑动面板

（5）绘制扫描曲面的截面。单击操控面板上的绘制截面命令按钮 ⃞草绘 ，进入截面定义草绘界面。绘制截面如图 5.2.18 所示。单击草绘操控面板中的 ✓按钮退出草图，扫描特征预览如图 5.2.19 所示。

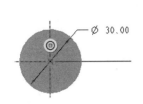

图 5.2.18　扫描特征的截面

图 5.2.19　扫描特征预览

（6）预览并完成特征。本例参见配套文件 ch5\ch5_2_example4.prt。

5.2.4　混合曲面特征

图 5.2.20 所示曲面由混合曲面特征生成，创建步骤如下。

（1）激活混合曲面命令。单击【模型】选项卡【形状】组中的组溢出按钮，在弹出的菜单中单击混合特征命令按钮 ⬭混合，激活混合特征。在其操控面板中单击 ⬭按钮创建曲面，其操控面板如图 5.2.21 所示。

图 5.2.20　混合曲面特征

（2）创建第 1 个截面。单击操控面板中的【截面】标签，弹出滑动面板如图 5.2.22 所示，单击【定义】按钮，选择 TOP 面作为草绘平面，RIGHT 面作为参考，方向向右，进入草绘界面绘制草图,如图 5.2.23 所示。在操控面板中单击 ✓ 确定 按钮退出草图,返回混合界面。

图 5.2.21　混合特征操控面板

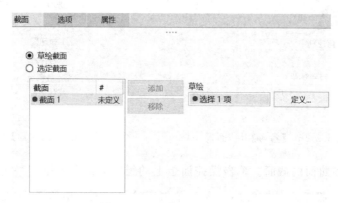

图 5.2.22　【截面】滑动面板

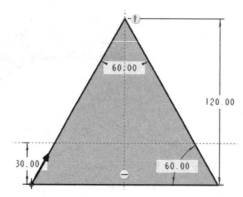

图 5.2.23　混合特征的第 1 个截面

（3）创建第 2 个截面。继续单击操控面板中的【截面】标签,在弹出的滑动面板中输入截面间距离 65,如图 5.2.24 所示。单击【草绘】按钮进入草绘界面,绘制一个圆并打断为 3 段,作为第 2 个截面,如图 5.2.25 所示。单击操控面板中的 ✓ 确定 按钮退出草图,返回混合界面。

（4）完成混合特征。图形区显示特征预览如图 5.2.26 所示,单击操控面板中的 ✓ 确定 按钮完成特征,如图 5.2.20 所示。本例参见配套文件 ch5\ch5_2_example5.prt。

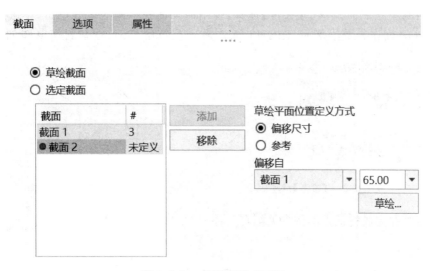

图 5.2.24　【截面】滑动面板

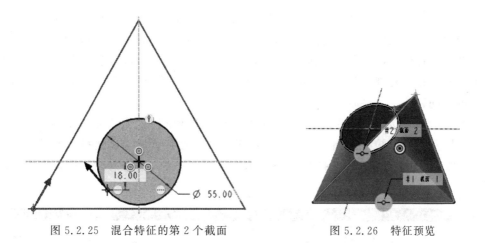

图 5.2.25　混合特征的第 2 个截面　　　图 5.2.26　特征预览

5.3　填充特征

填充特征用于创建平整面,如图 5.3.1 所示为一个填充特征的实例,其创建步骤如下。

(1) 单击【模型】选项卡【曲面】组中的填充曲面命令按钮 ▨ 填充,弹出填充特征操控面板如图 5.3.2 所示。

图 5.3.1　填充曲面

图 5.3.2　填充特征操控面板

（2）绘制草绘截面。单击【参考】标签，弹出滑动面板如图5.3.3所示，单击【定义】按钮，选择 TOP 面作为草绘平面，RIGHT 面向右定位草绘平面，创建封闭草图如图5.3.4所示。

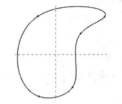

图5.3.3　【参考】滑动面板　　　　　图5.3.4　填充曲面的草图

（3）预览并完成特征。本例参见配套文件 ch5\ch5_3_example1.prt。

5.4　复制、粘贴与选择性粘贴曲面

可以使用"复制"、"粘贴"和"选择性粘贴"命令复制特征、几何、曲线和边链。复制命令将选择的项目复制到剪贴板，选择的项目可以是特征，也可以是几何、曲线和边等非特征图元。粘贴和选择性粘贴命令具有粘贴剪贴板项目、移动剪贴板项目等多个功能，用于在原来或新的参照上粘贴复制到剪贴板中的项目。根据剪贴板中存放项目的不同，粘贴界面和操作方法也不同。

若粘贴的项目为特征，系统将打开特征创建操控面板，用于重定义粘贴的新特征。图5.4.1所示为粘贴拉伸曲面特征的操控面板。若粘贴特征时采用选择性粘贴的方式并选中【对副本应用移动/旋转变换】复选框，则会打开"移动（复制）"操控面板，如图5.4.2所示。

图5.4.1　粘贴特征的操控面板

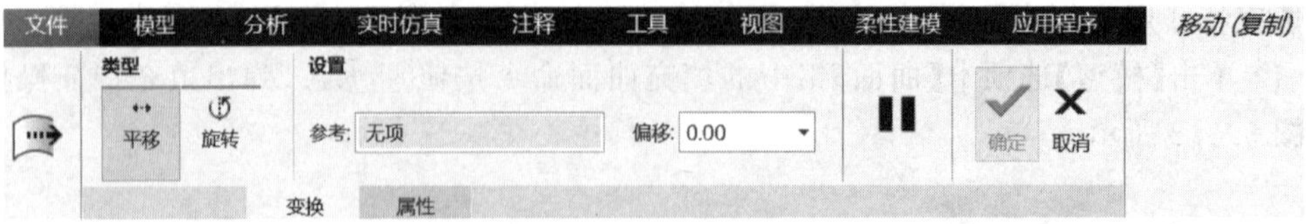

图5.4.2　移动（复制）粘贴曲面特征的操控面板

若粘贴的项目是几何，系统将打开图5.4.3所示粘贴曲面组操控面板。若对几何应用选择性粘贴，系统将打开移动/旋转操控面板，与特征的选择性粘贴功能相似，但有【参考】属性页，用户可以更换被复制的曲面。图5.4.4所示为粘贴曲面组的操控面板。主体的复制粘贴操作与几何类似，不再赘述。

图 5.4.3　粘贴曲面几何的操控面板

图 5.4.4　选择性粘贴曲面几何的操控面板

1. 粘贴曲面组

选择一组曲面并应用"复制""粘贴"命令将复制曲面组。首先选择一个或一组曲面,单击【模型】选项卡【操作】组中的复制命令按钮 🗐 复制 ,或直接按快捷键 Ctrl＋C,将面组复制到剪贴板。再单击【模型】选项卡【操作】组中的粘贴命令按钮 📋 粘贴 ,或直接按快捷键 Ctrl＋V,系统打开操控面板如图 5.4.3 所示,可以复制与源曲面形状和大小相同的曲面。其面板功能解释如下。

(1)参考:操控面板上的【参考】滑动面板如图 5.4.5 所示,在【复制参考】收集器中可以添加、删除或更改要复制的曲面。

(2)选项:单击操控面板上的【选项】标签,弹出滑动面板如图 5.4.6 所示,在此面板中可选择多种曲面的复制方式。

图 5.4.5　【参考】滑动面板

图 5.4.6　【选项】滑动面板

① 按原样复制所有曲面:创建选定曲面的精确副本。

② 排除曲面并填充孔:复制曲面时可从当前复制特征中排除部分曲面或填充曲面内的孔,选择【排除曲面并填充孔】单选按钮可进一步选择排除的曲面或要填充的孔/曲面,如图 5.4.7 所示。

③ 复制内部边界:选择边界,复制时仅生成边界内的几何,其界面如图 5.4.8 所示。

例 5.1　如图 5.4.9 所示,模型上表面由三个面组成,表面中包含两个孔,要求复制上表面并在复制过程中填充孔。本例参见配套文件 ch5\ch5_4_example1.prt。

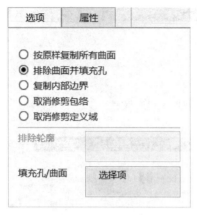

图 5.4.7 【排除曲面并填充孔】界面

图 5.4.8 【复制内部边界】界面

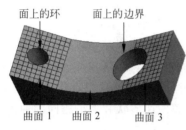

图 5.4.9 例 5.1 图

（1）选择模型上任一表面，单击【模型】选项卡【操作】组中的复制按钮 ，或直接按组合键 Ctrl＋C，将选择的表面复制到剪贴板中。

（2）单击【模型】选项卡【操作】组中的粘贴按钮 ，或直接按组合键 Ctrl＋V，弹出粘贴几何操控面板如图 5.4.3 所示。

（3）系统默认打开【参考】滑动面板，并激活参照收集器，按住 Ctrl 键选择图 5.4.9 所示曲面 1、曲面 2 和曲面 3。

（4）单击 按钮预览复制的曲面，如图 5.4.10 所示，可以看到原样复制的曲面。

（5）单击 按钮退出预览，在【选项】滑动面板中选择【排除曲面并填充孔】单选按钮，按住 Ctrl 键将左边圆所在的曲面 1 和右边圆的边界添加到【填充孔/曲面】收集器中。再次单击 按钮预览，结果如图 5.4.11 所示。

图 5.4.10 原样复制曲面

图 5.4.11 填充孔复制曲面

（6）单击 按钮完成复制。模型参见配套文件 ch5\ch5_4_example1_f.prt。

提示：利用【排除曲面并填充孔】选项中的"填充孔"功能可以填充曲面内的孔和由多个曲面边界形成的闭合区域。上例中，左侧圆是位于面上的孔，右侧圆是由位于曲面 2 和曲面 3 上的两个半圆形边界形成的闭合区域。在选择参照时，左侧圆直接选择曲面 1，右侧圆选择圆上的任一边界即可。

2. 选择性粘贴曲面组

使用"选择性粘贴"时也需要首先选择并复制曲面组。注意：当选择并复制实体模型的

表面时不能执行"选择性粘贴"命令,只有选择并复制了曲
面后才可激活此命令。

使用"复制"命令将曲面几何复制到剪贴板,单击【模
型】选项卡【操作】组中粘贴按钮 粘贴 右侧的三角形符
号,弹出下拉菜单如图 5.4.12 所示,单击【选择性粘贴】命
令,或直接按组合键 Ctrl＋Shift＋V,弹出操控面板如
图 5.4.13 所示,可生成选定曲面的副本并对其实施移动
或旋转操作。

图 5.4.12　选择性粘贴命令

图 5.4.13　选择性粘贴曲面操控面板

(1) 平移 旋转 :平移/旋转图标。 平移 表示复制并移动图形, 旋转 表示复制并旋转图形。

(2) 参考:此滑动面板用于收集要移动/旋转的项目,如图 5.4.14 所示。

(3) 变换:此滑动面板用于设置曲面移动的方向参考和距离(或曲面旋转的轴线和角
度),可以连续设置多个移动/旋转,如图 5.4.15 所示。

图 5.4.14　选择性粘贴曲面几何时的
【参考】滑动面板

图 5.4.15　【变换】滑动面板

例 5.2　以例 5.1 中生成的曲面为源曲面,复制并旋转曲面。

(1) 打开配套文件 ch5\ch5_4_example1_f.prt,选择复制生成的曲面几何,单击【模型】
选项卡【操作】组中的复制按钮 复制 ,或直接按组合键 Ctrl＋C,将其复制到剪贴板中。注
意:此处要选择曲面几何,而不能选择曲面特征。

(2) 单击【模型】选项卡【操作】组中的选择性粘贴按钮 选择性粘贴 ,或直接按组合键
Ctrl＋Shift＋V,弹出选择性粘贴曲面几何操控面板。

(3) 单击操控面板上的【变换】标签,设置变换方式为"旋转",设置曲面旋转的【方向参考】
为实体右下竖直边并输入旋转角度 45°,如图 5.4.16 所示,生成的曲面如图 5.4.17 所示。

(4) 单击操控面板上的【选项】标签,弹出【选项】滑动面板如图 5.4.18 所示,默认状态
下【隐藏原始几何】复选框被选中,生成的模型中原始参考被隐藏,如图 5.4.19 所示;取消
选中【隐藏原始几何】复选框,生成的模型中原始参考被保留,如图 5.4.20 所示。

图 5.4.16 【变换】滑动面板

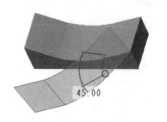

图 5.4.17 选择性粘贴曲面预览

图 5.4.18 【选项】滑动面板

图 5.4.19 隐藏原始参考

图 5.4.20 参考保留原始

（5）预览并完成。隐藏原始参考模型参见配套文件 ch5\ch5_4_example1_f2.prt。

5.5 偏移曲面特征

曲面偏移是通过偏移已有曲面生成新的曲面。如图 5.5.1 所示，下部曲面经过偏移生成了上部带网格的曲面。

图 5.5.1 偏移曲面

单击【模型】选项卡【编辑】组中的偏移命令按钮 📑 偏移，弹出操控面板如图 5.5.2 所示。

（1）类型：设置要偏移的对象为曲面、曲线或面组边界链。

（2）偏移类型：设置偏移类型，系统提供了标准偏移、拔模偏移、展开偏移、替换曲面偏移四种偏移方式。

图 5.5.2 偏移曲面操控面板

（3）偏移：设置偏移距离。

（4）参考：单击此标签弹出【参考】滑动面板，用于设置要偏移的曲面，如图 5.5.3 所示。

（5）选项：单击此标签弹出【选项】滑动面板，用于设置偏移曲面的生成方式，如图 5.5.4 所示。

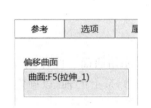

图 5.5.3 　【参考】滑动面板

图 5.5.4 　【选项】滑动面板

5.5.1　标准偏移

标准偏移是指从实体表面或曲面上偏移一定距离生成新的曲面特征，其偏移方式如图 5.5.4 所示，有垂直于曲面、自动拟合和控制拟合三种方式，分别介绍如下。

1. 垂直于曲面

生成偏移曲面时，偏移方向垂直于源曲面，图 5.5.1 使用的就是这种方式。在满足这种约束关系下，生成的偏移曲面一般会发生变化，图 5.5.5 显示了源曲面偏移后变大的情况，图 5.5.6 中生成的偏移曲面为了保持与源曲面的垂直关系而变小。

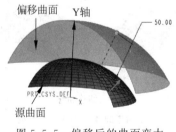

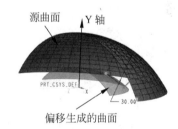

图 5.5.5 　偏移后的曲面变大

图 5.5.6 　偏移后的曲面变小

2. 自动拟合

在以"垂直于曲面"方式生成偏移曲面时，生成的曲面和源曲面间需要保持一种严格的垂直关系，曲面也会因为要保持这种垂直关系而缩放和平移。在图 5.5.5 和图 5.5.6 中，曲面自动缩放并沿 Y 轴平移。"自动拟合"曲面生成方式中，系统自动调整生成的曲面，缩放并平移曲面。

"垂直于曲面"和"自动拟合"两种曲面生成方式类似，均为在保证一定约束的情况下自动生成曲面，设计者无法干预。图 5.5.7 所示为"垂直于曲面"偏移，图 5.5.8 所示为"自动拟合"偏移。

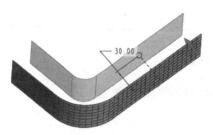

图5.5.7 "垂直于曲面"偏移

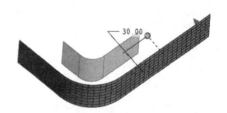

图5.5.8 "自动拟合"偏移

3. 控制拟合

控制拟合指系统在指定坐标系下缩放并沿指定轴偏移原始曲面。此种拟合方式需要用户指定一个坐标系和坐标系上的轴,以确定生成曲面时允许的缩放方向,如图5.5.9所示。

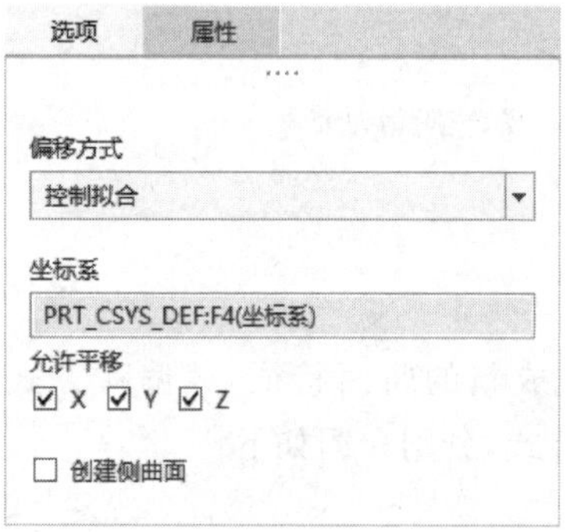

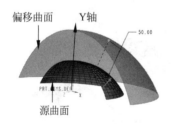

图5.5.9 控制拟合的选项

将图5.5.5所示偏移的控制方式改为"控制拟合",并选择沿系统默认坐标系拟合,设置为沿X轴和Z轴允许平移,生成曲面如图5.5.10所示。图中因Y轴方向不允许平移,故在Y轴方向上源曲面和偏移曲面对齐,比起图5.5.5所示"自动拟合",生成的偏移曲面更大。

在各种曲面生成方式下,均有一个【创建侧曲面】复选框(图5.5.4),用于确定是否在源曲面和偏移曲面之间创建连接曲面。图5.5.11所示为选中【创建侧曲面】复选框后生成偏移曲面的效果。

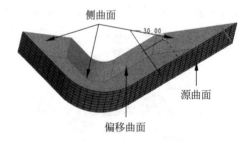

图5.5.10 控制拟合(Y轴方向不允许平移)

图5.5.11 选中【创建侧曲面】复选框后的偏移曲面

5.5.2 拔模偏移

拔模偏移在曲面上创建带有拔模侧面的草绘区域偏移曲面。根据所选拔模源曲面的不同,生成的拔模可为实体或连续曲面组。若源曲面为实体的表面,则生成的拔模为连续的体积块;若源曲面为曲面,则生成的拔模为连续曲面组。如图5.5.12所示,选择实体的圆弧面作为拔模源曲面,通过拔模偏移在回转面上生成一个带有拔模侧面的偏移实体特征。

拔模偏移特征操控面板如图5.5.13所示,其建模要素主

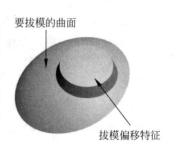

图5.5.12 拔模偏移特征

要有：偏移曲面、草绘的拔模区域、偏移距离、拔模角度、偏移选项等。

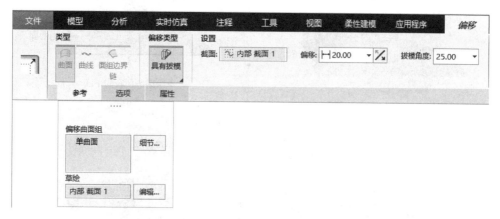

图 5.5.13 拔模偏移操控面板

（1）偏移曲面：即要拔模的面,必须首先选中此面才能激活偏移命令。对于图 5.5.12
中的拔模偏移,其所在的回转面即为偏移曲面。

（2）草绘的拔模区域：草绘的一个或几个封闭区
域,用于指定要拔模的区域。如图 5.5.14 所示位于
TOP 面上的圆即为拔模偏移特征的拔模区域。

（3）偏移距离：从偏移曲面到生成的偏移面间的
距离,如图 5.5.15 所示。

（4）拔模角度：源曲面与生成的偏移曲面间的倾
斜角度,如图 5.5.15 所示。

（5）选项：用于控制生成的偏移曲面的形式,其
滑动面板如图 5.5.16 所示,主要用于控制侧曲面的形式。

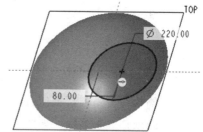

图 5.5.14 草绘的拔模区域

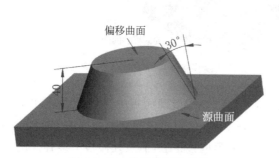

图 5.5.15 拔模曲面示意图

图 5.5.16 【选项】滑动面板

图 5.5.17(a)中拔模偏移特征的侧曲面垂直于选定的拔模曲面,图 5.5.17(b)中侧曲面
垂直于草绘的拔模区域。

当【选项】中的"侧面轮廓"为"直的"时,模型如图 5.5.17 所示,拔模特征的侧曲面均为
直面,与选定的拔模曲面、生成的新偏移曲面均没有相切关系;而图 5.5.18 显示了拔模特
征的侧面轮廓与其相连接曲面间保持相切关系的情况,其"侧面轮廓"选项为"相切"。

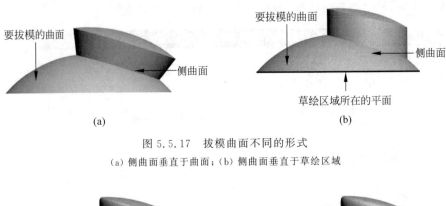

图 5.5.17　拔模曲面不同的形式
(a) 侧曲面垂直于曲面；(b) 侧曲面垂直于草绘区域

图 5.5.18　拔模特征的侧面轮廓属性为"相切"的情形
(a) 侧曲面垂直于曲面；(b) 侧曲面垂直于草绘

5.5.3　展开偏移

展开偏移与拔模偏移类似，可以将选定的源曲面偏移并在源曲面和生成的新曲面间创建连接曲面或连续实体块。如图 5.5.19 所示为在源曲面上生成选定区域内的展开偏移实体特征。

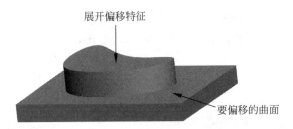

图 5.5.19　展开偏移特征

展开偏移操控面板如图 5.5.20 所示，从其【选项】滑动面板中可以看出，可以将选定的整个曲面展开，也可以仅展开特定的草绘区域。同时，也可以控制侧曲面的方向垂直于选定曲面或草绘区域。在以上功能上展开偏移与拔模偏移相似，但展开偏移不具有拔模角度，也不能设置与相邻曲面相切。

5.5.4　替换曲面偏移

替换曲面偏移是指用选定的曲面替换实体上的源曲面，并在替换曲面和偏移源曲面间填充新的实体特征。如图 5.5.21 所示，选择实体圆柱上表面并将其偏移到实体上侧的曲面，两表面之间填充实体形成新的特征，如图 5.5.22 所示。

图 5.5.20　展开偏移操控面板

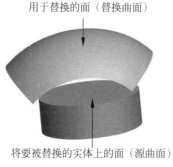

图 5.5.21　替换曲面偏移

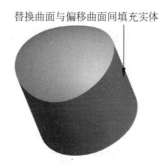

图 5.5.22　替换曲面偏移生成填充实体

　　替换曲面偏移操控面板如图 5.5.23 所示,替换曲面偏移创建过程中需确定的要素主要有偏移曲面、替换曲面和选项。

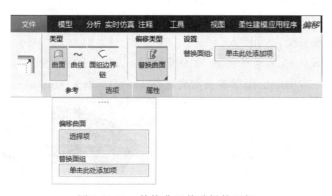

图 5.5.23　替换曲面偏移操控面板

（1）偏移曲面：将要被替换掉的实体上的表面。

注意：替换曲面偏移操作将生成实体，此实体与模型中原有实体结合形成一个整体，所以在激活替换曲面偏移前预选中的偏移曲面必须为实体的表面。若选择的偏移曲面为曲面特征上的面组，则替换曲面偏移不可用。

（2）替换曲面：用于替换偏移曲面的曲面，它将会成为新生成实体的表面。

（3）选项：如图5.5.24所示，【选项】滑动面板中仅有"保持替换曲面"一个复选框，若被选中，在生成新的实体时替换曲面不被修剪，其效果如图5.5.25所示。

图5.5.24　【选项】滑动面板

图5.5.25　"保持替换曲面"状态下的替换曲面偏移

由上面对四种偏移特征的叙述可以看出，标准偏移生成曲面特征，替换曲面偏移生成实体特征，拔模偏移和展开偏移根据所选源曲面的不同可生成实体或曲面。各类拔模在模型树中的表示也不一样，标准偏移以 ▥ 表示，拔模偏移以 ▥ 表示，展开偏移以 ▥ 表示，替换曲面偏移以 ▥ 表示。

5.5.5　曲面偏移特征创建步骤与实例

（1）激活命令：选择曲面，单击【模型】选项卡【编辑】组中的偏移命令按钮 ▥ 偏移 ，弹出偏移操控面板。注意：若要进行替换曲面偏移，则选择的参考必须是实体表面。

（2）设置偏移类型：在操控面板中设置偏移类型为标准偏移、具有拔模、展开或替换曲面。

（3）根据不同的偏移类型，进行如下操作。

① 标准偏移：设置偏移距离和生成偏移曲面的形式，并设置是否创建侧曲面。

② 拔模偏移：设置或草绘拔模区域以及偏移距离，并设置侧曲面的拔模角度、垂直参考和是否与其他曲面相切。

③ 展开偏移：设置展开区域、偏移距离等选项。

④ 替换曲面偏移：设置替换曲面，以及是否保留替换曲面。

（4）预览并完成特征。

例5.3　偏移图5.5.26中的曲面，生成如图5.5.27所示封闭曲面，生成曲面与源偏移曲面间距离为200。本例原始模型参见配套文件ch5\ch5_5_example1.prt。

图5.5.26　例5.3图（一）　　　　　　图5.5.27　例5.3图（二）

分析：本例使用带侧曲面的标准偏移完成。

（1）打开配套文件 ch5\ch5_5_example1.prt。

（2）激活命令：选中曲面，单击【模型】选项卡【编辑】组中的偏移命令按钮 ⬚偏移，弹出偏移操控面板。

（3）设置偏移距离：在操控面板中输入偏移距离200。

（4）更改选项：单击操控面板上的【选项】标签，在弹出的滑动面板中选中【创建侧曲面】复选框。

（5）预览并生成模型。本例参见配套文件 ch5\ch5_5_example1_f.prt。

例5.4 在实体表面生成如图5.5.28所示特征。本例原始模型参见配套文件 ch5\ch5_5_example2.prt。

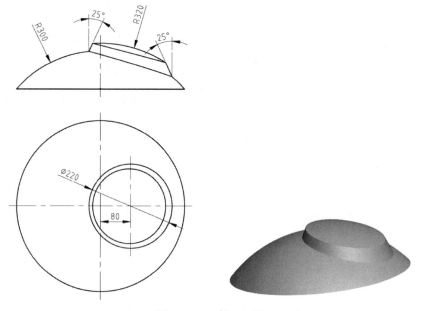

图5.5.28 例5.4图

分析：本例模型中要生成的部分为典型的拔模偏移特征，可以使用拔模偏移生成。

（1）打开配套文件 ch5\ch5_5_example2.prt。

（2）激活命令。选中实体上表面，单击【模型】选项卡【编辑】组中的偏移命令按钮 ⬚偏移，弹出偏移操控面板。

（3）选择偏移类型为"具有拔模"。

（4）绘制拔模区域。单击操控面板上的【参考】标签，弹出滑动面板如图5.5.29所示，单击"草绘"区域中的【定义】按钮，以 TOP 面为草绘平面，RIGHT 面向右作为参考，绘制如图5.5.30所示草图。

（5）设置偏移距离。在操控面板中输入偏移距离20、拔模角度25°。

（6）更改选项。单击操控面板上的【选项】标签，在弹出

图5.5.29 【参考】滑动面板

的滑动面板中选择侧曲面垂直于"草绘"、侧面轮廓为"直",如图 5.5.31 所示。

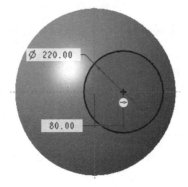

图 5.5.30　定义拔模区域的草图　　　　图 5.5.31　【选项】滑动面板

（7）预览并生成模型。本例参见配套文件 ch5\ch5_5_example2_f.prt。

例 5.5　在实体表面生成如图 5.5.32 所示文字标志，要求文字高度为 10，凸起部分倒圆角 R＝0.5。本例原始模型参见配套文件 ch5\ch5_5_example3.prt。

分析：可以使用拔模偏移或展开偏移生成凸起的文字，然后使用自动倒圆角工具对文字上各个凸边倒角。本例中使用展开偏移特征创建文字凸起。

步骤 1：打开配套文件 ch5\ch5_5_example3.prt。

步骤 2：创建草绘基准曲线特征。

单击【模型】选项卡【基准】组中的草绘命令按钮 ，激活草绘命令。在弹出的【草绘】对话框中选择 TOP 面作为草绘平面，RIGHT 面作为参考，方向向右，创建如图 5.5.33 所示的文字，其字体为 font3d。

图 5.5.32　例 5.5 图　　　　　　　　图 5.5.33　创建文字

步骤 3：使用展开偏移生成凸起的文字。

（1）激活命令：选中实体上表面，单击【模型】选项卡【编辑】组中的偏移命令按钮 偏移，弹出偏移操控面板。

（2）选择偏移类型为"展开"。

（3）草绘要展开的草绘区域。

① 单击【选项】标签，在弹出的滑动面板中设置展开区域为"草绘区域"并设置侧面垂直

于"曲面",如图 5.5.34 所示。

　② 单击【选项】面板中的【定义】按钮,在弹出的【草绘】面板中设置 TOP 面作为草绘平面,RIGHT 面向右作为参考。

　③ 单击【草绘】按钮进入草绘平面,使用投影命令,根据步骤 2 中创建的文字在 TOP 面上创建需要展开的草图。单击草绘器中【草绘】选项卡【草绘】组中的投影命令按钮□ 投影,在弹出的工具栏中单击编辑链命令按钮 📄 打开【链】对话框,如图 5.5.35 所示。选择"基于规则""完整环"选项,单击步骤 2 中创建的文字的任意部分,被单击的整个封闭环被选中,单击【确定】按钮。然后单击投影工具栏中的完成按钮 ☑ 绘制此部分草图。同理绘制所有文本。

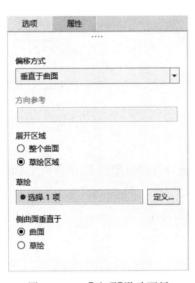

图 5.5.34 　【选项】滑动面板

图 5.5.35 　【链】对话框

　　文本绘制过程中,"设"字由于左右部分相连,不满足草图完整性要求,在绘制投影草图后,修改其中相连接部分以满足草图要求,如图 5.5.36 所示。完成后的草图如图 5.5.37 所示。

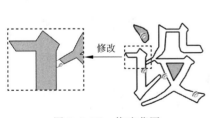

图 5.5.36 　修改草图

图 5.5.37 　展开偏移的草图

　　(4) 设置偏移距离。在操控面板中输入偏移距离 10。

　　(5) 预览并完成凸起的文字。

步骤 4：生成圆角。

(1) 激活命令。单击【模型】选项卡【工程】组中的倒圆角命令溢出按钮，在弹出的子菜单中单击自动倒圆角命令按钮  自动倒圆角 ，弹出自动倒圆角操控面板。

(2) 设置圆角半径为 0.5。

(3) 设置倒圆角范围。取消选中"凹边"复选框，并单击【排除】标签，将原有回转体模型的边（如图 5.5.38 所示）添加到"排除的边"收集器中，如图 5.5.39 所示。

图 5.5.38　倒角过程中排除的曲面

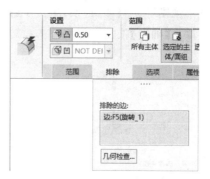

图 5.5.39　自动倒圆角操控面板

(4) 单击  确定 按钮完成倒圆角命令。

本例参见配套文件 ch5\ch5_5_example3_f.prt。

例 5.6　使用图 5.5.40(a)中曲面替代六面体上表面，创建带有自由曲面的模型，如图 5.5.40(b)所示。本例原始模型参见配套文件 ch5\ch5_5_example4.prt。

分析：使用替换曲面偏移即可完成。

步骤 1：打开配套文件 ch5\ch5_5_example4.prt。

步骤 2：替换曲面偏移。

(1) 激活命令。选中六面体上表面，单击【模型】选项卡【编辑】组中的偏移命令按钮  偏移 ，弹出偏移操控面板。

(2) 选择偏移类型为【替换曲面】。

(3) 选择模型上的曲面为替换面组。其【参考】滑动面板如图 5.5.41 所示。

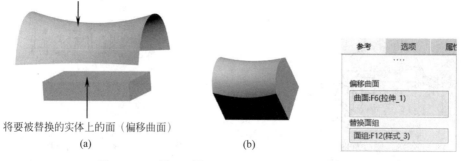

用于替换的面（替换曲面）

将要被替换的实体上的面（偏移曲面）

(a)　　　　　　　　(b)

图 5.5.40　例 5.6 图

图 5.5.41　【参考】滑动面板

(4) 预览并生成模型。本例参见配套文件 ch5\ch5_5_example4_f.prt。

5.6　镜像曲面特征

使用平面或基准平面作为镜像平面,可以镜像选定的曲面,如图 5.6.1 所示,其操作过程如下。

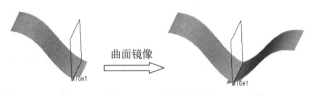

图 5.6.1　镜像曲面

（1）选择要镜像的曲面。此处选择的被镜像曲面可以是曲面特征,也可以是曲面几何。创建镜像特征时,选择特征或几何作为被镜像的项目,前者称为特征镜像,后者称为几何镜像,其界面将稍有不同。本小节以选择曲面几何为例讲述,在图形区中直接单击选择曲面几何。

（2）激活曲面镜像命令。单击【模型】选项卡【编辑】组中的镜像命令按钮 ▯▯镜像,弹出操控面板如图 5.6.2 所示。

图 5.6.2　镜像曲面操控面板

（3）选择镜像平面。单击【参考】标签,弹出滑动面板如图 5.6.3 所示,选择 RIGHT 面作为镜像平面。

（4）确定是否隐藏源曲面。单击【选项】标签,弹出如图 5.6.4 所示滑动面板,【隐藏原始几何】复选框可以控制是否隐藏源曲面,此处不选中该复选框。

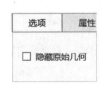

图 5.6.3　【参考】滑动面板　　　　图 5.6.4　【选项】滑动面板

（5）预览并完成特征。本例所用原始模型参见配套文件 ch5\ch5_6_example1.prt,生成镜像曲面后的模型参见配套文件 ch5\ch5_6_example1_f.prt。

5.7 延伸曲面特征

延伸曲面也是一种曲面生成方法,使用曲面延伸的方法可以在原有曲面的边界上按一定规律生成一定长度的曲面,或在原有曲面的边界上延伸曲面到选定的平面。

如图 5.7.1(a)所示,将选定曲面的边延伸 100,延伸过程中保持原曲面的曲率,得到图 5.7.1(b)所示曲面模型,在原曲面上增加的部分即为创建的延伸曲面特征。

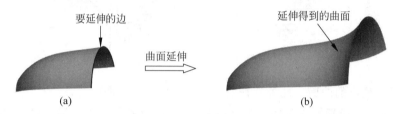

图 5.7.1 相同曲率延伸

也可以使曲面的选定边垂直延伸到某平面得到延伸曲面。如图 5.7.2(a)所示,将曲面上的边沿垂直于 RIGHT 面的方向延伸到 RIGHT 面,延伸过程中新生成的曲面部分为延伸曲面,如图 5.7.2(b)所示。

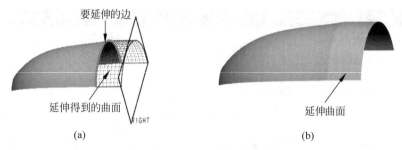

图 5.7.2 延伸到选定的面

激活延伸曲面命令前需要首先选中曲面上要延伸的边,然后单击【模型】选项卡【编辑】组中的延伸命令按钮 ➡延伸 ,弹出曲面延伸操控面板如图 5.7.3 所示,需要定义的要素主要包括以下几种。

图 5.7.3 曲面延伸操控面板

(1)类型:沿初始曲面延伸曲面或将曲面延伸至平面,前者是以一定规律沿着源曲面延伸曲面,如图 5.7.1 所示;后者是将曲面的边垂直延伸到参考平面,如图 5.7.2 所示。

(2)参考:选择要延伸的边,并在将曲面延伸到参考平面时设置参考平面。

（3）测量：沿原始曲面延伸曲面时有效，滑动面板如图 5.7.4 所示。用于设置延伸距离、延伸方式以及延伸的边。

（4）选项：沿原始曲面延伸曲面时有效，滑动面板如图 5.7.5 所示。用于设置拉伸方式。

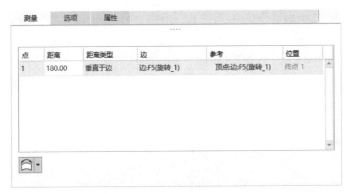

图 5.7.4 【测量】滑动面板

图 5.7.5 【选项】滑动面板

由图 5.7.5 可以看出，沿原始曲面延伸曲面时有相同、相切、逼近三种延伸方式。

（1）相同：创建与原始曲面类型相同的曲面作为延伸曲面。

（2）相切：创建与原始曲面相切的延伸曲面。

（3）逼近：创建一个边界边与延伸边的边界混合。

图 5.7.6 中，延伸图 5.7.6(a)的右边界时，使用"相同"的方式将曲面延伸 180 时，得到图 5.7.6(b)所示模型，而使用"相切"或"逼近"方式延伸曲面时，得到的模型如图 5.7.6(c)所示。

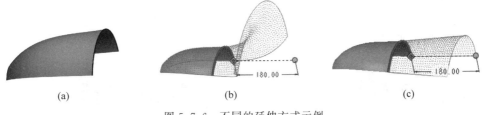

(a)   (b)   (c)

图 5.7.6 不同的延伸方式示例

延伸曲面的步骤如下：

（1）选择要延伸曲面的边，并激活命令。

（2）选择曲面延伸的类型为沿初始曲面延伸曲面或将曲面延伸到参考平面。

（3）设置延伸距离或延伸到的参考平面。

（4）预览并完成。

例 5.7 延伸图 5.7.7(a)所示环形曲面，得到图 5.7.7(b)所示模型。原始模型参见配套文件 ch5\ch5_7_example1.prt。

步骤 1：打开配套文件 ch5\ch5_7_example1.prt。

步骤 2：激活曲面延伸命令。

选择上部环形曲面的边，如图 5.7.8 所示，单击【模型】选项卡【编辑】组中的延伸命令按

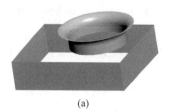 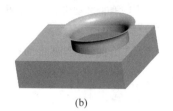

(a)　　　　　　　　　　　　　　(b)

图 5.7.7　例 5.7 图

(a) 原始模型；(b) 完成后的模型

钮 🔘延伸 ，激活延伸命令。

步骤 3：使用"至平面"的延伸方式延伸第一部分曲面。

(1) 选择延伸类型。在操控面板上的"类型"区域中，单击 🔲 至平面 按钮，设置延伸方式为到选中的平面。

(2) 选择前侧面作为延伸参考，如图 5.7.8 所示，得到延伸曲面特征如图 5.7.9 所示。

图 5.7.8　指定延伸的边和参照　　　　图 5.7.9　延伸曲面特征

步骤 4：使用与步骤 3 相同的方法延伸环形曲面另一侧的边，得到延伸曲面如图 5.7.10 所示。

步骤 5：延伸右侧的曲面。

(1) 选中右侧的一条边，如图 5.7.11 所示，单击【模型】选项卡【编辑】组中的延伸命令按钮 🔘延伸 激活延伸命令。

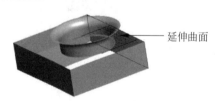 

图 5.7.10　延伸另一侧的面　　　　　图 5.7.11　延伸右侧边

图 5.7.12　【参考】滑动面板

(2) 在操控面板"类型"区域中，单击 🔲 至平面 按钮，设置延伸方式为到选中的平面。

(3) 添加要延伸的边。单击延伸操控面板中的【参考】标签，在弹出的滑动面板中（图 5.7.12）单击【细节】按钮弹出【链】对话框，对话框中显示了要延伸的边，按住 Ctrl 键单击右侧要延伸曲面的另一条边，如图 5.7.13 所示。单击【链】对话框中的【确定】按钮完成延伸边的选择。

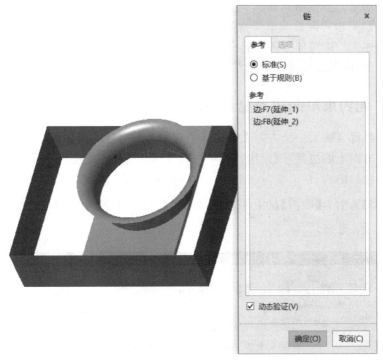

图 5.7.13　以链边的形式选择要延伸的边

（4）选择延伸参考。激活图 5.7.12 所示操控
面板中的"参考平面"拾取框,选择模型右侧面作为
延伸参考,得到延伸曲面如图 5.7.14 所示。

步骤 6：使用与步骤 5 相同的方法延伸左侧曲
面,得到如图 5.7.7(b)所示效果。

本例参见配套文件 ch5 \ ch5 _ 7 _ example1 _
f. prt。

图 5.7.14　延伸右侧面

5.8　边界混合曲面特征

边界混合是生成曲面的一种重要方法,其基本思想是通过定义边界的方法产生曲面。
定义边界混合曲面时,在一个或两个方向上指定边界创建曲面,并根据相关要求设置边界约
束条件或其他相关设置来获得所需的曲面模型。如图 5.8.1 所示,依次选择图 5.8.1(a)所

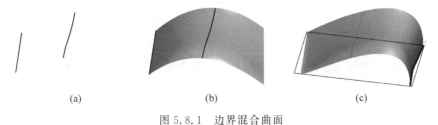

(a)　　　　　　　　　(b)　　　　　　　　　(c)

图 5.8.1　边界混合曲面

示的 3 条边创建边界混合曲面如图 5.8.1(b)所示,若设置边界约束条件为左侧边所在的面与 TOP 面垂直,则边界混合曲面变为如图 5.8.1(c)所示。

本节在讲述无约束单向边界混合曲面和双向混合曲面的基础上,重点讲述边界混合曲面的边界约束条件,最后讲述影响边界混合曲面形状的一些其他设置。

5.8.1 无约束单向边界混合曲面

仅指定边界混合曲面一个方向上的边界创建的边界混合曲面如图 5.8.1(b)所示,因为仅指定了一个方向上的边界,因此称其为单向边界混合曲面。此曲面不受边界约束、控制点约束或影响曲线的影响,是形状控制最简单的一种边界混合曲面。

单击【模型】选项卡【曲面】组中的边界混合曲面命令按钮 ,弹出边界混合曲面特征操控面板如图 5.8.2 所示。

图 5.8.2 边界混合曲面特征操控面板

操控面板中的 第一方向: 选择项 收集器用于收集第一个方向上的边界,默认弹出的【曲线】滑动面板如图 5.8.3 所示。收集的第一方向上的边界同时显示于【曲线】滑动面板中的"第一方向"收集器中。

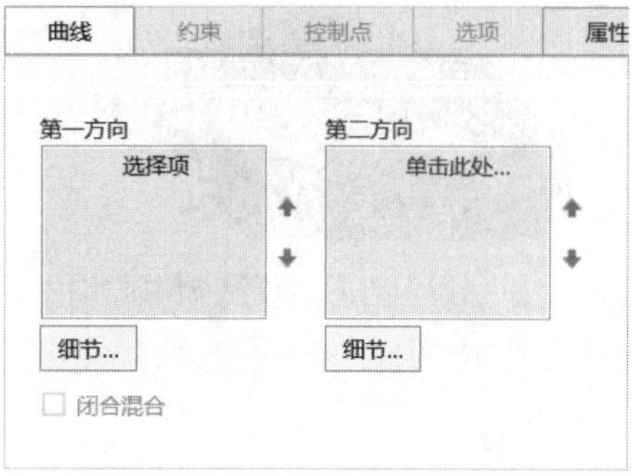

创建无约束单向边界混合曲面的过程如下。

(1)绘制曲线或实体以备用于选作边界混合曲面的边界。

(2)激活边界混合命令。

(3)依次选择第一方向上的各条边界,若要创建首尾相接的边界混合曲面,应选中【曲线】滑动面板中的"闭合混合"复选框。

(4)预览并完成边界混合曲面。

图 5.8.3 边界混合曲面特征的【曲线】
滑动面板

例 5.8 在图 5.8.4(a)所示模型上创建如图 5.8.4(b)所示曲面。本例所用原始模型参见配套文件 ch5\ch5_8_example1.prt。

(a)   (b)

图 5.8.4 例 5.8 图

（1）激活边界混合命令。单击【模型】选项卡【曲面】组中的边界混合曲面按钮，弹出边界混合曲面特征操控面板。

（2）选择第一方向上的各条边界。按住 Ctrl 键依次选择实体的左边线、实体上的 S 形线、实体的右边线，如图 5.8.5(a)所示，3 条曲线被收集到【曲线】滑动面板的【第一方向】收集器中，如图 5.8.5(b)所示。

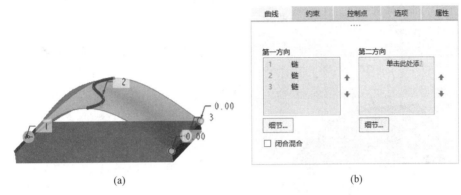

(a)　　　　　　　　　　　　　(b)

图 5.8.5　选择边界线

（3）预览并完成创建，得到如图 5.8.4(b)所示的曲面模型。本例参见配套文件 ch5\ch5_8_example1_f. prt。

5.8.2　无约束双向边界混合曲面

创建边界混合曲面时，若在两个方向上指定边界将创建双向边界混合曲面。如图 5.8.6(a)所示，经过方向 1 的三条曲线、方向 2 的两条曲线形成双向边界混合曲面如图 5.8.6(b)所示。

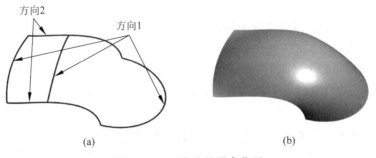

(a)　　　　　　　　　　　(b)

图 5.8.6　双向边界混合曲面

注意：在两个方向上创建混合曲面时，其外部边界必须形成一个封闭的环，即：形成混合曲面的外部边界必须相交。图 5.8.6 中方向 1 上外部的两条边与方向 2 上的两条边形成一个封闭环。若选中的曲线外部边界没有形成封闭环，系统将不能生成曲面预览，特征生成失败。

若边界不终止于相交点，系统将自动修剪这些边界，并使用能够形成封闭环的部分形成曲面。如图 5.8.7 所示的四条边界两两相交后形成一个封闭区域，系统过相交区域内的边

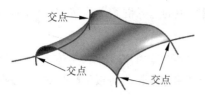

图 5.8.7 由封闭环创建的边界
混合曲面

界线形成曲面,其他开放部分被舍弃。

单击边界混合曲面操控面板上的【曲线】标签,弹出"曲线"滑动面板,按住 Ctrl 键依次选择方向 1 的三条曲线;然后单击面板中的"第二方向"拾取框使其处于活动状态,按住 Ctrl 键依次选择方向 2 的两条曲线,得到模型如图 5.8.8(a)所示,此时面板如图 5.8.8(b)所示。

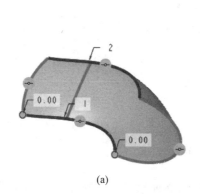

(a)

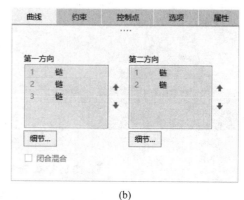

(b)

图 5.8.8 选择边界线

创建无约束双向边界混合曲面的过程如下。

(1)绘制曲线或实体以备用于选作边界混合曲面的边界。

(2)激活边界混合命令。

(3)打开"曲线"滑动面板,依次选择第一方向上的各条边界。

(4)单击激活"曲线"滑动面板的"第二方向"拾取框,并依次选择第二方向上的各条边界。

(5)预览并完成边界混合曲面的创建。

例 5.9 创建如图 5.8.6 所示的鼠标上盖曲面模型。

分析:此曲面模型为鼠标上盖曲面模型的简化版,采用了方向 1 的三条线和方向 2 的两条线来控制鼠标形状(图 5.8.6)。其中,方向 2 上的两条线为水平线,完成后的鼠标前后宽度相同。

本例中,创建了若干基准平面作为曲面边界的草绘平面。为了使各曲线能够相交,还创建了若干基准点,作为草绘曲线时创建"相同点"约束的参考。

模型创建过程:①创建各基准平面 DTM1、DTM2、DTM3,如图 5.8.9 所示;②创建基准点 PNT0、PNT1 并过基准点绘制方向 2 的第 1 条曲线;③镜像得到方向 2 的第 2 条曲线;④创建基准点 PNT2、PNT3 以便绘制方向 1

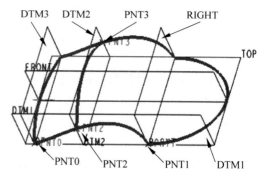

图 5.8.9 模型基准点和基准平面

中间的曲线；⑤依次创建方向 1 的三条曲线；⑥以上面绘制的曲线为边界创建混合曲面。

步骤 1：创建基准平面。

（1）创建基准平面 DTM1。单击【模型】选项卡【基准】组中的基准平面命令按钮 ，激活基准平面命令，选择 FRONT 面作为参考，向前偏移 30 创建基准面 DTM1。

（2）同理，偏移于 RIGHT 面，偏距为 −40，创建 DTM2 面。

（3）同理，偏移于 RIGHT 面，偏距为 −70，创建 DTM3 面。完成后的基准平面如图 5.8.10 所示。

步骤 2：创建基准点 PNT0、PNT1 作为边界曲线的交点。

（1）创建基准平面 PNT0。单击【模型】选项卡【基准】组中的基准点命令按钮 点 ▼ ，经过 TOP 面、DTM1 面、DTM3 面创建基准点 PNT0。

（2）同理，经过 TOP 面、DTM1 面、RIGHT 面创建基准点 PNT1，如图 5.8.11 所示。

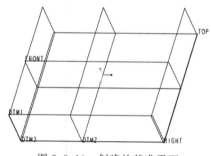

图 5.8.10　创建的基准平面

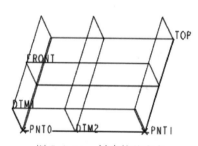

图 5.8.11　创建的基准点

步骤 3：绘制第 1 条边界曲线。

单击【模型】选项卡【基准】组中的草绘基准曲线命令按钮 ，激活草绘基准曲线命令，选择 DTM1 面作为草绘平面，RIGHT 面作为参考，方向向右，创建草绘基准曲线如图 5.8.12 所示。注意将曲线的两端点分别约束到基准点 PNT0、PNT1 上。

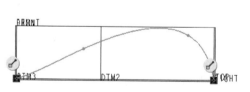

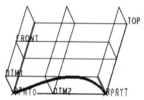

图 5.8.12　绘制第 1 条边界曲线

步骤 4：绘制第 2 条边界曲线。

选中步骤 3 中创建的基准曲线，单击【模型】选项卡【编辑】组中的镜像命令按钮 镜像，以 FRONT 面作为镜像平面，生成镜像曲线，如图 5.8.13 所示。

步骤 5：创建基准点 PNT2、PNT3。

（1）创建基准平面 PNT2。单击【模型】选项卡【基准】组中的基准点命令按钮 点 ▼ ，过基准面 DTM2 和第 1 条边界曲线创建基准点 PNT2。

（2）同理，过基准面 DTM2 和第 2 条边界曲线创建基准点 PNT3，如图 5.8.14 所示。

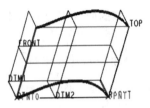

图 5.8.13 镜像生成第 2 条基准曲线

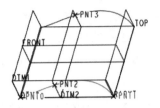

图 5.8.14 创建基准点 PNT2 和 PNT3

步骤 6：绘制第 3 条基准曲线。

单击【模型】选项卡【基准】组中的草绘基准曲线按钮 ，激活草绘基准曲线特征命令，以 DTM2 面作为草绘平面绘制草绘基准曲线，如图 5.8.15 所示。注意将曲线的两端点分别约束到基准点 PNT2、PNT3 上。

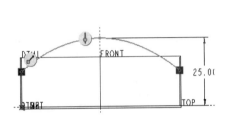

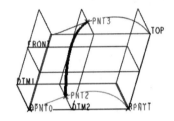

图 5.8.15 绘制第 3 条基准曲线

步骤 7：绘制第 4 条基准曲线。

单击【模型】选项卡【基准】组中的草绘基准曲线命令按钮 ，激活草绘基准曲线命令，以 TOP 面作为草绘平面，绘制椭圆并修剪得到草绘基准曲线，如图 5.8.16 所示。注意将椭圆的短轴端点约束到基准点 PNT1 上。

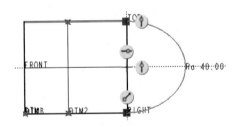

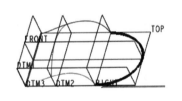

图 5.8.16 绘制第 4 条基准曲线

步骤 8：绘制第 5 条基准曲线。

单击【模型】选项卡【基准】组中的草绘基准曲线命令按钮 ，激活草绘基准曲线命令，以 TOP 面作为草绘平面，绘制草绘基准曲线，如图 5.8.17 所示。注意将端点约束到基准点 PNT0 上并使两端点关于中心线对称。

步骤 9：创建边界混合曲面。

单击【模型】选项卡【曲面】组中的边界混合命令按钮 ，弹出边界混合曲面特征操控面板。单击【曲线】标签，在弹出的"曲线"滑动面板中依次选择第一方向的 3 条曲线；然后单击面板中的"第二方向"拾取框使其处于活动状态，并依次选择第二方向的 2 条曲线，得到

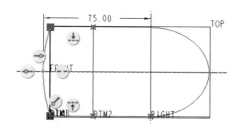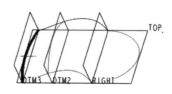

图 5.8.17　绘制第 5 条基准曲线

模型如图 5.8.8(a)所示,此时的"曲线"滑动面板如图 5.8.8(b)所示。单击 ✔ 确定 按钮完成操作。

完成的模型参见配套文件 ch5\ch5_8_example2.prt。

5.8.3　设置边界混合曲面的边界约束

边界混合特征的边界条件是指所创建的边界混合曲面与其相邻曲面的位置关系。以上两小节中创建的无约束边界混合曲面的边界条件设置为默认的"自由",即:此曲面与其相邻接的曲面仅为相互结合,未设置任何的边界约束。如图 5.8.18 所示,新创建的曲面与原有曲面在边界处相交,不存在其他约束。本例所用模型参见配套文件 ch5\ch5_8_example3.prt,读者可参照练习。

单击边界混合曲面操控面板上的【约束】标签,弹出"约束"滑动面板如图 5.8.19 所示,在此可设置曲面与其他原有曲面的约束条件。

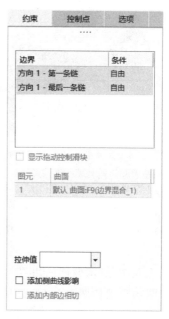

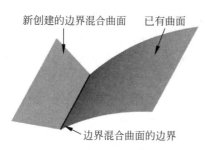

图 5.8.18　边界混合曲面之间的位置关系

图 5.8.19　【约束】滑动面板

在面板中选择要设置约束的边界(本例中为第一条链,如图 5.8.20 所示),并单击其后的"条件"框,弹出下拉列表如图 5.8.21 所示,从中可选择下列边界条件之一。

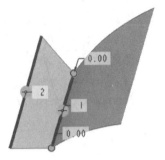

图 5.8.20　曲面沿边界 1 自由

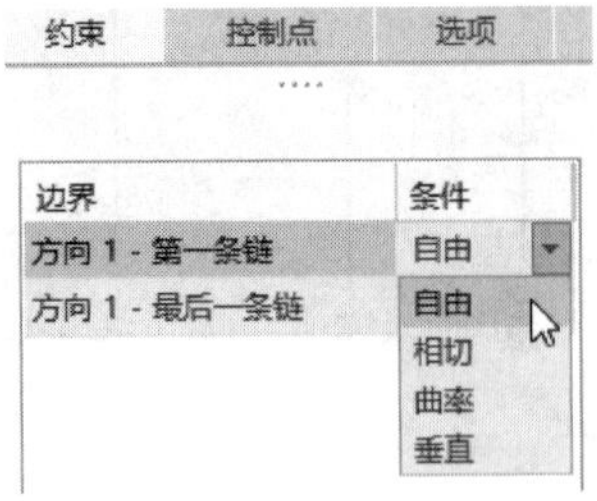

图 5.8.21　边界条件

（1）自由：沿边界没有设置相切条件，表示生成的曲面与边界曲线所在的其他曲面没有关系，此时边界线上以符号 ⊶ 表示，如图 5.8.20 所示。

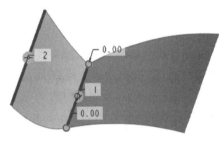

图 5.8.22　曲面沿边界 1 与已有面相切

（2）相切：混合曲面沿边界与参考曲面相切，此时的边界线上以符号 ⊕ 表示，如图 5.8.22 所示。

（3）曲率：混合曲面沿边界具有曲率连续性，即曲面在边界线处与选择的相邻曲面具有相同（或尽量相同）的曲率变化，此时边界线上以符号 ⌒ 表示，如图 5.8.23 所示。

（4）垂直：混合曲面与参考曲面垂直，即曲面在边界线处与选择的相邻曲面垂直，此时边界线上以符号 ⊥ 表示，如图 5.8.24 所示。

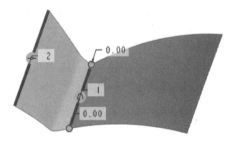

图 5.8.23　曲面沿边界 1 与已有面曲率相同

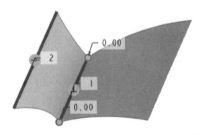

图 5.8.24　曲面沿边界 1 与已有面垂直

若边界条件设置为"相切"、"曲率"或"垂直"，可以通过改变拉伸因子来改变曲面的形状。拉伸因子的默认值为 1，选中【约束】滑动面板中的"显示拖动控制滑块"复选框可以显示控制滑块，通过拖动控制滑块或在滑动面板的"拉伸值"文本框中直接输入数值，可以改变拉伸因子。

图 5.8.23 所示曲面的边界条件设置为"曲率"，其拉伸因子为默认值 1。将拉伸因子改为 3 后图形形状如图 5.8.25（a）所示，此时的滑动面板如图 5.8.25（b）所示。

从图 5.8.23 和图 5.8.25（a）的比较可以看出：在将拉伸因子由 1 改为 3 后，曲面边界与相邻曲面的曲率更加接近了，但是以曲面更大的扭曲作为代价的。

例 5.10　改变图 5.8.26（a）所示模型的边界约束，使其形状变为如图 5.8.26（b）所示。

分析：改变图 5.8.26（a）所示曲面的底面椭圆弧的边界约束为垂直于底平面，即可得到

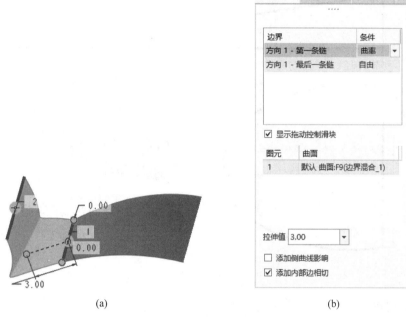

图 5.8.25　改变拉伸因子后曲面形状的变化

图 5.8.26　例 5.10 图

图 5.8.26(b)所示模型。操作步骤如下。

(1) 打开配套文件 ch5\ch5_8_example4.prt。

(2) 激活边界混合曲面重定义命令。选择已经创建的边界混合曲面,右击,在弹出的快捷菜单中单击编辑定义按钮 ,弹出边界混合曲面特征操控面板。

(3) 单击【约束】标签弹出滑动面板,在"方向 1-第一条链"后的"条件"下拉列表中选择"垂直",并确保下面的参考平面收集器中收集的平面为 TOP 面,如图 5.8.27 所示。

完成的模型参见配套文件 ch5\ch5_8_example4_f.prt。

例 5.11　创建如图 5.8.28 所示曲面模型。

分析:本模型由两个边界混合曲面构成,首先创建左侧的主体曲面,然后创建右侧的小曲面,使其与先前创建的曲面相切即可。

模型创建过程:①创建辅助平面;②绘制基准曲线;③创建左侧主体曲面;④创建右侧小曲面。

图 5.8.27　约束滑动面板

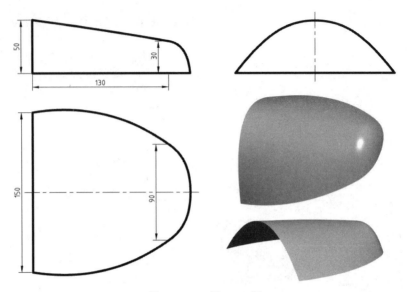

图 5.8.28　例 5.11 图

步骤 1：创建新文件。

使用 mmns_part_solid_abs 模板新建一个零件模型。

步骤 2：创建辅助平面。

创建基准平面 DTM1。单击【模型】选项卡【基准】组中的基准平面命令按钮 ⬚，弹出基准平面定义对话框，选择 RIGHT 面作为参考，向右偏移 130 创建基准平面 DTM1，如图 5.8.29 所示。

步骤 3：绘制基准曲线。

（1）绘制第 1 条曲线。单击【模型】选项卡【基准】组中的草绘基准特征命令按钮 〜，激活草绘基准命令，以 TOP 面作为草绘平面，RIGHT 面作为参考，方向向右，绘制如图 5.8.30 所示的草绘基准曲线。注意：曲线的两端点分别位于 RIGHT 面和 DTM1 面上。

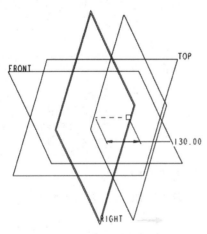

图 5.8.29　创建基准平面 DTM1

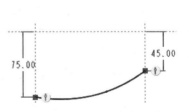

图 5.8.30　绘制第 1 条基准曲线

（2）镜像曲线。选择（1）中绘制的基准曲线，单击【编辑】→【镜像】命令或工具栏中的 ◫ 按钮，以 FRONT 面作为镜像平面，生成镜像曲线。

（3）绘制第 3 条曲线。单击【插入】→【模型基准】→【草绘】命令或工具栏中的 ◠ 按钮，激活草绘基准特征命令，以 TOP 面作为草绘平面，RIGHT 面作为参考，方向向右，绘制如图 5.8.31 所示的草绘基准曲线。注意：曲线要与（1）、（2）中绘制的曲线保持相切关系。

（4）绘制第 4 条曲线。同理，以 RIGHT 面作为草绘平面，TOP 面作为参考，方向向"顶"，绘制如图 5.8.32 所示的草绘基准曲线。注意：曲线的两端点要落在（1）、（2）中绘制的曲线的端点上。

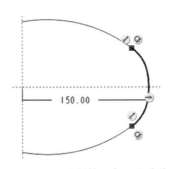

图 5.8.31　绘制第 3 条基准曲线

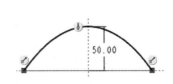

图 5.8.32　绘制第 4 条基准曲线

（5）绘制第 5 条曲线。同理，以 DTM1 面作为草绘平面，TOP 面作为参考，方向向"顶"，绘制如图 5.8.33 所示草绘基准曲线。注意：曲线两端点要落在（1）、（2）中绘制的曲线上。

步骤 4：创建第 1 个边界混合曲面。

单击【模型】选项卡【曲面】组中的边界混合按钮 ◰，激活边界混合曲面命令。按住 Ctrl 键选择步骤 3 中绘制的第 1、2 条曲线作为第一方向的曲线；单击面板中的"第二方向"拾取框使其处于活动状态，并依次选择步骤 3 中绘制的第 4、5 条曲线作为第二方向曲线，生成模型预览如图 5.8.34 所示。单击 ✔ 确定 按钮。

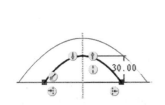

图 5.8.33　绘制第 5 条基准曲线

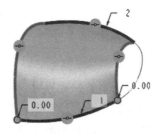

图 5.8.34　第 1 个边界混合曲面预览

步骤 5：创建第 2 个边界混合曲面。

（1）激活命令。单击【模型】选项卡【曲面】组中的边界混合按钮 ◰，激活边界混合曲面命令。

（2）选择曲线。按住 Ctrl 键选择步骤 3 中绘制的第 3、5 条曲线作为边界曲线。

（3）设置边界条件。单击操控面板上的【约束】标签，弹出【约束】滑动面板，设置最后一条链的边界条件为"相切"，单击下部的"曲面"拾取框，选择步骤 4 中创建的曲面。模型与滑动面板如图 5.8.35 所示。

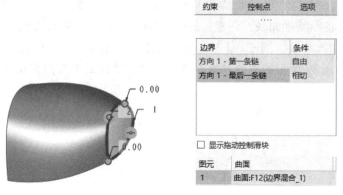

图 5.8.35　设置边界混合曲面的边界条件

完成的模型参见配套文件 ch5\ch5_8_example5.prt。

5.8.4　边界混合曲面的控制点

若边界曲线由多条线段组成，则创建边界混合曲面时，在线段交点处将会生成内部曲线，从而将曲面分割成若干个小曲面。如图 5.8.36(a)所示，图中曲线 1 由两段直线、一段圆弧组成，将创建的边界混合曲面以线框显示，如图 5.8.36(b)所示，可以看出在线段交点处产生了两条多余曲线，将边界混合曲面分割为三个小曲面（图中中间曲面处于选中状态）。

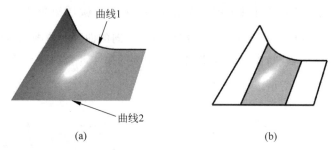

图 5.8.36　边界混合曲面的控制点

使用边界混合曲面的控制点可以控制曲面的形状。对每个方向上的曲线，可以设置彼此连接的点。通过创建具有最佳曲面数量的曲面，使用边界混合曲面的控制点将有助于更精确地实现设计意图。清除不必要的小曲面和多余边，可得到较平滑的曲面形状，避免曲面不必要的扭曲和拉伸。

由如图 5.8.37(a)所示的两条曲线构成的默认边界混合曲面如图 5.8.37(b)所示，图中曲线 1 中有两个交点，曲线 2 中有两个交点，因此创建的边界混合曲面中默认含有 4 条内部曲线。

边界中线段的顶点可以作为边界混合的控制点，下面通过设置彼此连接的控制点来减

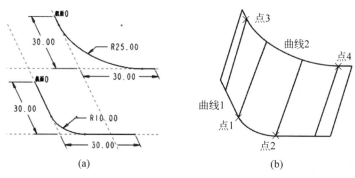

图 5.8.37 边界混合曲面的构成面

少图 5.8.37(b)所示曲面的内部曲线。

选中创建的边界混合曲面并使其处于编辑定义状态,单击操控面板中的【控制点】标签,弹出滑动面板如图 5.8.38 所示。通过设置控制点的集合可以减少构成模型的小曲面。

(1)方向:可以对边界混合的两个方向设置控制点集合,默认状态下设置为第一方向;对双向边界混合曲面可设置第二方向的控制点集合。

(2)拟合:设置形成控制点间混合曲线的参数。可以设置为"自然"、"弧长"、"段至段"或"可延展"等方式之一。

(3)"集"收集器:用于收集控制点的集合。当添加了一组控制点集合后,它们会作为"集 1"出现在收集器中。可通过选择"新建集"来添加控制点的新集合。

图 5.8.38 【控制点】滑动面板

(4)"链"收集器:用于设置每一组控制点集合中两条边界链上的点。

例 5.12 使用控制点减少图 5.8.37(b)所示曲面中的小曲面数量。

分析:创建两个控制点的集合:点 1 与点 3、点 2 与点 4。使模型中小曲面的数量减少为 3,如图 5.8.39 所示。

(1)打开配套文件 ch5\ch5_8_example6.prt。

(2)激活边界混合曲面重定义命令。选择已经创建的边界混合曲面,右击,在弹出的快捷菜单中单击编辑定义按钮 ,弹出边界混合曲面操控面板。

(3)单击操控面板中的【控制点】标签,弹出滑动面板,在"集"处于"新建集"状态下,激活"链"收集器,分别选择"曲线 1"上的"点 1"和"曲线 2"上的"点 3",创建"集 1"。

(4)使用与步骤(3)相同的方法,选择"曲线 1"上的"点 2"和"曲线 2"上的"点 4",创建"集 2"。

创建完成两组控制点集合后的"控制点"滑动面板如图 5.8.40 所示,最终模型参见配套文件 ch5\ch5_8_example6_f.prt。

提示:可选作控制点的点包括:用于定义边界的基准曲线顶点或边顶点;曲线上的基准点。

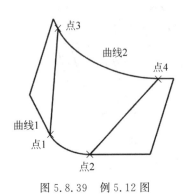

图 5.8.39　例 5.12 图

图 5.8.40　【控制点】滑动面板

5.8.5　边界混合曲面的其他影响因素

单击边界混合曲面操控面板中的【选项】标签,弹出滑动面板如图 5.8.41 所示,在此可选择曲线或边链来影响边界混合曲面的形状,并且可以设置选择的曲线对生成曲面的影响程度及拟合的准确度。

图 5.8.41　【选项】滑动面板

(1) 影响曲线:此收集器用于收集影响曲面形状的曲线或边链,可以添加一条或多条。单击下面的"细节"按钮弹出"链"对话框,可以详细设置链的集合。

(2) 平滑度因子:介于 0~1 的一个数值,用于控制曲面与影响曲线拟合的程度,数值越大,曲面与影响曲线的拟合程度就越小。如图 5.8.42(a)中曲线对曲面的影响因子是 0.3,图 5.8.42(b)中的影响因子为 0.6。

(3) 在方向上的曲面片:用于指定"第一"和"第二"方向上的曲面片数量,数量越大,表示曲面拟合准确度越高,曲面与所选曲线也就越靠近,但系统计算量也越大。

图 5.8.42 所用原始模型参见配套文件 ch5\ch5_8_example7.prt,结果参见配套文件 ch5\ch5_8_example7_f1.prt 和 ch5_8_example7_f2.prt,请读者自行练习。

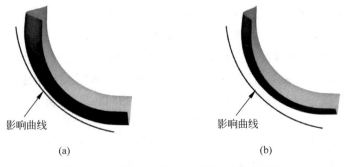

(a)　　　　　　　　　　　　(b)

图 5.8.42　影响曲线对边界混合曲面的影响

(a) 影响因子为 0.3;(b) 影响因子为 0.6

5.9　带曲面特征

带曲面是一种基准特征,表示沿曲线创建的一个区域,并相切于与此曲线相交的参考曲线。如图 5.9.1 所示,带曲面沿中间纵向曲线创建(此曲线称为基础曲线),并切于左边的两条和右边的一条参考曲线。

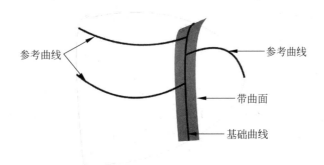

图 5.9.1　带曲面特征

5.9.1　带曲面的作用

使用带曲面在两个曲面特征之间可以施加相切约束。使用带曲面定义一个曲面,以使相邻曲面彼此相切,而无须将其中一个曲面用作相切参考来创建另一个。

在不使用带曲面的情况下,若要创建彼此相邻的边界混合曲面特征,为了保证最终创建的曲面的光顺性,在 5.8.3 节的例 5.11 中设置了后创建的混合特征的边界条件为与先前创建的曲面相切。例 5.11 创建的曲面如图 5.9.2(a)所示,在平行于 FRONT 面的方向上对其剖切,其曲率分析如图 5.9.2(b)所示,分析结果显示剖面最小曲率为 0.0002,最大曲率为 0.0514。

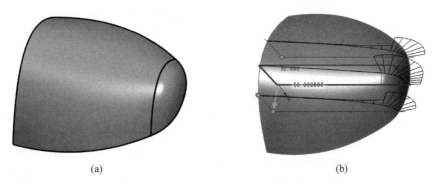

(a)　　　　　　　　　　　　　　　　　　(b)

图 5.9.2　相切曲面的曲率分析

若采用先创建带曲面,然后使两个边界混合特征分别切于带曲面的方法创建曲面,其模型与剖面曲率分析分别如图 5.9.3(a)、(b)所示,结果显示其剖面最小曲率为 0.0027,最大曲率为 0.0248。

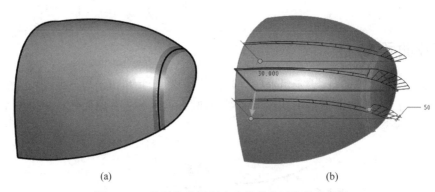

(a)　　　　　　　　　　　　　　(b)

图 5.9.3　使用带曲面创建连接的曲面的曲率分析

从模型和分析结果可以看出,使用带曲面作为辅助平面创建的曲面曲率变化较平稳,其光顺性要优于曲面直接相切创建的曲面。这是因为曲面间直接相切创建曲面时,仅改变后创建的曲面形状来适应已有曲面,会使后创建的曲面曲率变化过大,同时导致两曲面相切处曲率差别过大。

提示: 关于曲率的分析方法,参见第 7 章中的讲述。

5.9.2　带曲面的创建

单击【模型】选项卡【基准】组中的组溢出按钮,在弹出的菜单中单击【带】命令,弹出【基

图 5.9.4　带基准特征对话框

准:带】对话框如图 5.9.4 所示。创建带曲面需要设置三项内容。

（1）基础曲线:带曲面的轨迹线,是其主参照,决定了带曲面的主要形状和走向。

（2）参考曲线:与带曲面相切的曲线。参考曲线必须与基础曲线相交。

（3）宽度:带曲面的宽度。

以上三个参数的具体含义参见图 5.9.1 和图 5.9.4。

例 5.13　根据给定的配套文件 ch5\ch5_9_example1.prt(图 5.9.5(a)),创建如图 5.9.5(b)所示的曲面,使曲面有尽量好的光顺性。

分析:图中曲面可分解为左右两个曲面,分别采用边界混合的方法创建。按照先大后小的原则,先创建左侧较大的曲面。在创建右侧小曲面时,若采用切于左侧曲面的方法,则因右侧曲面为双向边界混合,要使其过横向曲线,又要使其在此方向上切于左侧曲面,可能会出现特征生成失败的情况。本例采用两侧边界混合曲面均切于带曲面的方法,大大增加了模型生成成功的概率。

模型创建过程:①以中间纵向曲线作

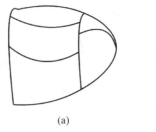
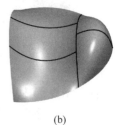

(a)　　　　　　　　　　(b)

图 5.9.5　例 5.13 图

为基础曲线创建带曲面；②创建左侧边界混合曲面与带曲面相切；③创建右侧边界混合曲面与带曲面相切。

步骤1：以中间纵向曲线作为基础曲线创建带曲面。

（1）激活带曲面命令。单击【模型】选项卡【基准】组中的组溢出按钮，在弹出的菜单中单击【带】命令，弹出【基准：带】对话框，同时弹出菜单管理器如图5.9.6所示。

（2）选择基础曲线。选择模型中间的纵向曲线，并单击【带项】中的【确认曲线】项。

（3）选择参考曲线。基础曲线选择完成后，弹出与图5.9.6类似的菜单管理器，按住Ctrl键选择如图5.9.7所示各加粗曲线作为参考曲线。并单击【带项】中的【确认曲线】项。

图5.9.6 菜单管理器

图5.9.7 选择参考特征

（4）定义带曲面的宽度。默认情况下带曲面宽度较小，为便于选择与观察，可将其增大。单击【基准：带】对话框中的【宽度】项并单击【定义】按钮，在屏幕顶端消息区输入宽度20。

（5）单击【基准：带】对话框中的【确定】按钮，完成带曲面的创建，如图5.9.8所示。

图5.9.8 创建的带特征

步骤2：创建左侧边界混合曲面与带曲面相切。

（1）激活命令。单击【模型】选项卡【曲面】组中的边界混合曲面命令按钮，激活边界混合曲面命令。

（2）选择曲线。按住Ctrl键选择左侧两条纵向曲线作为第一方向曲线；激活第二方向曲线拾取框，按住Ctrl键选择左侧四条横向曲线作为第二方向曲线。

（3）设置边界条件。单击操控面板中的【约束】标签，在弹出的滑动面板中选择方向1中右侧的链，将边界条件改为"相切"，单击激活下部的"曲面"拾取框，选择步骤1中创建的带曲面。滑动面板如图5.9.9所示，生成的模型预览如图5.9.10所示。

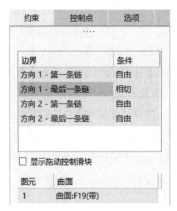
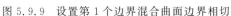

图 5.9.9　设置第 1 个边界混合曲面边界相切

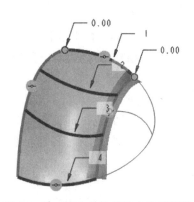

图 5.9.10　第 1 个边界混合曲面预览

步骤 3：创建右侧边界混合曲面与带曲面相切。

（1）激活命令。单击【模型】选项卡【曲面】组中的边界混合曲面命令按钮，激活边界混合曲面命令。

（2）选择曲线。按住 Ctrl 键选择右侧两条纵向曲线作为第一方向曲线；激活第二方向曲线拾取框，选择右侧的横向曲线作为第二方向曲线。

（3）设置边界条件。单击操控面板中的【约束】标签，在弹出的滑动面板中选择方向 1 中左侧的链，将边界条件改为"相切"，单击激活下部的"曲面"拾取框，选择步骤 1 中创建的带曲面。滑动面板如图 5.9.11 所示，生成的模型预览如图 5.9.12 所示。

图 5.9.11　设置第 2 个边界混合曲面边界相切

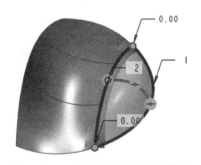

图 5.9.12　创建右侧边界扫描特征

至此模型创建完成，参见配套文件 ch5\ch5_9_example1_f. prt。

习题

1. 已有曲面模型（参见配套文件 ch5\ch5_exercise1. prt）如题图 1(a)所示，创建侧面和底部拔模偏移特征如题图 1(b)所示，完成后模型的四分之一剖视如题图 1(c)所示。底部偏移草图直径 50mm，两侧面偏移草图如题图 1(d)所示，偏移距离为 2mm，偏移的拔模角度为 40°。

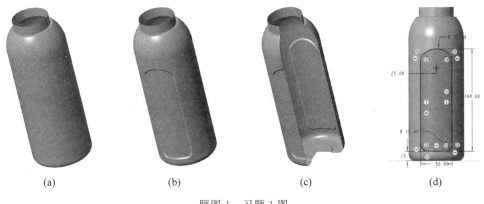

题图 1　习题 1 图

2. 已有曲面模型(参见配套文件 ch5\ch5_exercise2.prt)如题图 2(a)所示,补全模型,
如题图 2(b)所示。

题图 2　习题 2 图

3. 已有曲面模型(参见配套文件 ch5\ch5_exercise3.prt)如题图 3(a)所示,由两个边界
混合曲面组成。试创建带曲面如题图 3(b)所示,并使两个边界混合曲面相切于带曲面,保
证面的光顺性。

题图 3　习题 3 图

第6章

曲线特征及其分析工具

曲线是组成曲面的基础,是创建扫描曲面、混合曲面、自由曲面等的重要元素。本章介绍基准曲线、复制曲线、平移/旋转曲线、镜像曲线、偏移曲线、相交曲线、投影曲线、包络曲线等各种曲线的创建方法及其修剪方法,最后介绍常用的曲线分析工具。

6.1 基准曲线与草绘基准曲线

基准曲线是最常用的曲线建模方法,Creo 中可创建草绘基准曲线和基准曲线。

(1) 创建草绘基准曲线。单击【模型】选项卡【基准】组中的草绘命令按钮 ～,激活草绘基准曲线命令,选择草绘平面,使用草绘的方法生成曲线。

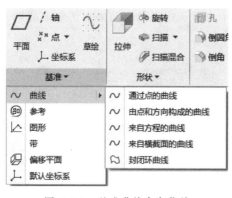

图 6.1.1　基准曲线命令菜单

(2) 创建基准曲线。单击【模型】选项卡【基准】组中的组溢出按钮,在弹出的菜单中单击【曲线】命令,弹出子菜单如图 6.1.1 所示,包含五种创建曲线的方式。

① 通过点的曲线:通过数个选定的点创建样条曲线或圆弧。

② 由点和方向构成的曲线:通过定义一个起点和一个方向创建一条位于曲面上的空间曲线。

③ 来自方程的曲线:使用方程式控制基准曲线上点的坐标的变化生成曲线。

④ 来自横截面的曲线:使用横截面的边界(即平面横截面与零件轮廓的交线)创建曲线。

提示:"通过点的曲线"、"来自方程的曲线"和"草绘基准曲线"已经在《Creo 10.0 基础设计》一书中讲述过,本书仅以实例介绍其应用。

6.1.1 由点和方向构成的曲线

由点和方向构成的曲线是通过定义一个起点和一个方向创建的一条位于曲面上的空间

曲线。如图 6.1.2 所示,曲线位于圆锥曲面上,起于 PNT0 点,且沿着 TOP 面法向倾斜 45°。

单击【模型】选项卡【基准】组中的组溢出按钮,在弹出的菜单中单击【曲线】→【由点和方向构成的曲线】命令,弹出操控面板如图 6.1.3 所示。其要素如下。

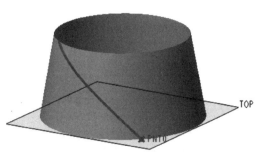

图 6.1.2 由点 PNT0 和 TOP 面方向构成的曲线

(1) 参考:用于设置曲线所在的面、曲线起点、方向以及曲线与方向间的倾斜角度。单击【参考】标签,弹出滑动面板如图 6.1.4 所示,需要设置的内容与操控面板中相同。

图 6.1.3 由点和方向构成的曲线操控面板

(2) 范围:用于设置生成的曲线的生成模式及参考或参数。单击操控面板中"侧 1"后的图标弹出下拉列表如图 6.1.5 所示,选择不同的列表项可以使用不同的曲线生成模式。选择【按长度】,将曲线延伸至指定长度;选择【按参考】,将曲线延伸至选定参考;选择【按域】,沿选定曲面延伸曲线直到曲线到达域边界。若选择【按长度】,输入数值用以确定曲线长度,创建的长度为 60 的曲线如图 6.1.6 所示;选择【按参考】,选择一条曲线以定义曲线延伸的边界,以锥面上边界线为参考创建的曲线如图 6.1.7 所示,本例采用"按参考"模式生成曲线。单击【范围】标签,弹出滑动面板如图 6.1.8 所示,其功能与上述内容相似。

图 6.1.4 【参考】滑动面板

图 6.1.5 曲线生成模式及参考或参数

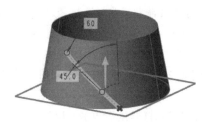

图 6.1.6 长度为 60 的曲线

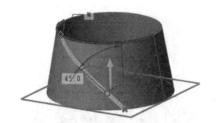

图 6.1.7　以锥面上边界线为参考的曲线

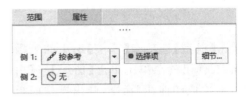

图 6.1.8　【范围】滑动面板

例 6.1　创建图 6.1.2 中所示曲线,原始文件参见 ch6\ch6_1_example1. prt。

(1) 激活命令。单击【模型】选项卡【基准】组中的组溢出按钮,在弹出的菜单中单击【曲线】→【由点和方向构成的曲线】命令。

(2) 选择起点。单击激活【起点】后的拾取框,选择模型中的 PNT0 点。

(3) 选择曲面。单击激活【曲面】后的拾取框,按住 Ctrl 键,选择锥形曲面的两个半曲面。

(4) 选择方向。单击激活【方向】后的拾取框,选择 TOP 面作为曲线生成的方向。

(5) 输入倾斜角度。在【角度】后的文本框中输入"45",表示曲线位于锥面上,从 PNT0 点开始,沿 TOP 面法线方向倾斜 45°角生成。

生成的模型参见配套文件 ch6\ch6_1_example1_f. prt。

6.1.2　来自横截面的曲线

来自横截面的曲线是根据选定横截面的边界生成的一种曲线特征。例如,过 FRONT 的横截面如图 6.1.9 中剖面所示,选择此横截面生成基准曲线如图 6.1.10 所示。

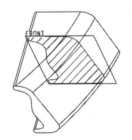

图 6.1.9　模型中的横截面

图 6.1.10　生成的基准曲线

提示:"来自横截面的曲线"命令激活的前提是模型中存在至少一个横截面,若不满足条件,消息区将提示"未找到任何横截面名"。

关于横截面的详细内容参见《Creo 10.0 基础设计》的 9.3 节。

下面以实例介绍使用横截面创建基准曲线的步骤。

例 6.2　创建如图 6.1.7 所示基准曲线,本例所用模型参见配套文件 ch6\ch6_1_example2. prt。

步骤 1:打开配套文件 ch6\ch6_1_example2. prt。

步骤 2:创建横截面。

(1) 激活命令。单击【视图】选项卡【模型显示】组中的视图管理器命令按钮 ,在弹出的【视图管理器】对话框中切换到【截面】属性页,单击【新建】按钮弹出下拉列表如图6.1.11所示。

（2）选择横截面类型。单击【平面】命令,创建平面横截面。在图6.1.12所示文本框内输入截面名称或接受默认名称,单击鼠标中键或按Enter键进入横截面建模界面,如图6.1.13所示。

图6.1.11　【视图管理器】对话框

图6.1.12　输入截面名称

图6.1.13　横截面操控面板

（3）选择平面并生成截面。选择FRONT面作为截面参考,系统显示截面如图6.1.14所示。单击【显示剖面线图案】按钮可显示截面的剖面线。

（4）完成横截面。单击横截面操控面板中的 按钮完成横截面的创建,模型导航区显示创建的横截面,且处于激活状态,此时模型处于被横截面截断状态。双击图6.1.12所示【视图管理器】对话框中的"无横截面"项,可返回模型完整显示状态,此时横截面不显示。

图6.1.14　创建的横截面

步骤3：创建基准曲线。

（1）激活命令。单击【模型】选项卡【基准】组中的组溢出按钮,在弹出的菜单中单击【曲线】→【来自横截面的曲线】命令,弹出操控面板如图6.1.15所示。

（2）选择截面。选择步骤2中创建的横截面,或直接在模型树中单击截面名,模型中显示横截面曲线预览。

图 6.1.15　来自横截面的曲线操控面板

至此来自横截面的基准曲线建模完成,如图 6.1.10 所示。本例参见配套文件 ch6\ch6_ 1_example2_f.prt。

6.1.3　来自方程的曲线

关于来自方程的曲线详见《Creo 10.0 基础设计》的 4.5 节,本节仅以实例说明其应用。

例 6.3　创建如图 6.1.16 所示环形弹簧模型,弹簧参数为:环形半径为 100,弹簧半径为 20,弹簧圈数为 44,弹簧丝半径为 5.8。

分析:本例可采用可变剖面扫描的方法创建,其轨迹为如图 6.1.17 所示的环形曲线,截面为半径为 5.8 的圆。

图 6.1.16　例 6.3 图

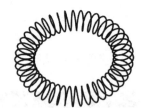

图 6.1.17　弹簧的轨迹曲线

模型创建过程:①创建如图 6.1.17 所示的环形曲线;②创建可变剖面扫描特征。

步骤 1:创建环形曲线。

(1)激活命令。单击【模型】选项卡【基准】组中的组溢出按钮,在弹出的菜单中单击【曲线】→【来自方程的曲线】命令,弹出操控面板如图 6.1.18 所示。

图 6.1.18　来自方程的曲线操控面板

图 6.1.19　确定坐标系类型

(2)选择坐标系。选择系统中的 PRT_CSYS_DEF 作为方程的原点。

(3)设置坐标类型。单击【坐标系】选项框弹出下拉列表,如图 6.1.19 所示,选择【柱坐标】。

(4)定义方程。单击【方程】区域的定义按钮 ✏️编辑,在弹出的【方程】窗口中输入方程如图 6.1.20 所示。其中参数

quanshu 代表弹簧的圈数,huanxingbanjing 代表整个弹簧的环形半径,tanhuangbanjing 代表弹簧本身的半径。后面的 r、theta、z 为圆柱坐标系中的三个参数。

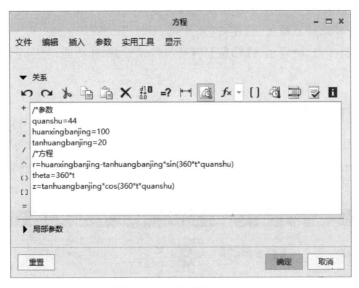

图 6.1.20 方程输入窗口

步骤 2:创建可变截面扫描特征。

(1)激活命令。单击【模型】选项卡【形状】组中的扫描命令按钮 扫描 ,弹出【可变截面扫描】操控面板。

(2)选择轨迹线。选择步骤 1 中创建的环形曲线作为轨迹线。

(3)绘制截面。单击操控面板中【截面】区域的绘制按钮 草绘 ,进入草绘界面,以图中的参考中心为圆心绘制半径为 5.8 的圆,如图 6.1.21 所示。

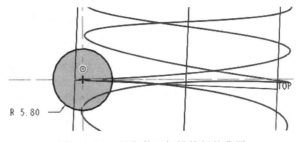

图 6.1.21 可变截面扫描特征的草图

单击可变截面扫描特征操控面板中的 按钮,完成的模型如图 6.1.16 所示。模型参见配套文件 ch6\ch6_1_example3.prt。

6.2 复制、平移/旋转曲线

5.4 节中介绍了复制与粘贴曲面图元的方法,使用复制、粘贴命令还可以对曲线、边等其他非特征元素进行相应操作,方法与曲面的复制粘贴类似。

注意：本节讲述的是对曲线、边等非特征元素的操作，在选择对象时要注意不能选择整个特征。Creo 10.0过滤器默认选择"几何"，若需选择曲线、边等图元，可直接选择；若使用Creo软件的其他版本，默认状态下过滤器选择的是"智能"，选择时第一次单击选择整个特征，再次单击可选择此特征的点、线或面。

与曲面的复制类似，曲线也有【粘贴】与【选择性粘贴】两种功能，分别可以实现曲线复制与曲线的平移或旋转。

6.2.1 曲线复制

选择一条曲线或特征的边，单击【模型】选项卡【操作】组中的复制命令按钮 复制 ，或直接按快捷键 Ctrl＋C，然后单击粘贴命令按钮 粘贴 ，或按快捷键 Ctrl＋V，弹出粘贴操控面板如图6.2.1所示，可实现曲线复制功能。

图 6.2.1　复制曲线操控面板

图 6.2.2　操控面板与【参考】滑动面板

（1）参考：单击【参考】标签弹出滑动面板如图6.2.2所示，单击【细节】按钮弹出【链】对话框，可以按住 Ctrl 键选择其他多条曲线或边。

（2）曲线类型：分为精确和逼近两类（图6.2.2）。精确表示将原有的曲线完全复制下来；而逼近表示以一条曲率连续的曲线来逼近数条连接在一起且相切的曲线线段。

如图6.2.3(a)所示，选中实体的一条边，按快捷键 Ctrl＋C、Ctrl＋V，弹出粘贴操控面板，同时模型上选中的边变为如图6.2.3(b)所示。单击操控面板中的 确定 按钮，得到模型如图6.2.3(c)所示，粘贴的边与被复制的边重合。

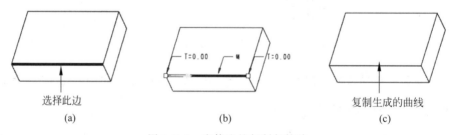

选择此边　　　　　　　　　　　　　　　　　　复制生成的曲线
(a)　　　　　　　　　　(b)　　　　　　　　　　(c)

图 6.2.3　实体边的复制与粘贴

6.2.2 曲线的平移/旋转

选择曲线，单击【模型】选项卡【操作】组中的复制命令按钮 复制 ，或直接按快捷键

Ctrl＋C,然后单击【粘贴】命令溢出按钮,在弹出的菜单中单击选择性粘贴命令按钮 ,直接按快捷键 Ctrl＋Shift＋V,弹出【移动(复制)】操控面板如图 6.2.4 所示,可实现对现有曲线的"平移"或"旋转"操作。

图 6.2.4　【移动(复制)】操控面板

注意:要激活曲线的"选择性粘贴"功能,选择的参考必须是曲线,而不能是模型中特征的边线,或曲线特征。要选择曲线几何,应在过滤器中选择"曲线",然后选择模型中已有的曲线。

(1)参考:单击操控面板中的【参考】标签,弹出滑动面板如图 6.2.5 所示,可选择其他曲线或按住 Ctrl 键添加曲线。

(2)变换:单击操控面板中的【变换】标签,弹出滑动面板如图 6.2.6(a)所示,可设置平移或旋转、变换的方向参考、平移的距离或旋转的角度等。也可对曲线设置多次变换,如图 6.2.6(b)所示设置了曲线的两次变换。

(3)选项:单击操控面板中的【选项】标签,弹出滑动面板如图 6.2.7 所示。选中【隐藏原始几何】复选框可隐藏原始曲线。

图 6.2.5　【参考】滑动面板

(a)

(b)

图 6.2.6　【变换】滑动面板

图 6.2.7　【选项】滑动面板

例 6.4　对图 6.2.3(c)中复制的曲线进行移动或旋转变换,模型参见配套文件 ch6\ch6_2_example1.prt。

步骤 1:打开配套文件 ch6\ch6_2_example1.prt,并选择要复制的曲线。

打开文件,选择过滤器为"曲线",在模型曲线处单击要复制的曲线。

步骤 2:对曲线进行平移和旋转变换。

（1）复制曲线。单击【模型】选项卡【操作】组中的复制命令按钮 📋复制 ，或直接按快捷键 Ctrl＋C。

（2）激活平移/旋转命令。单击【模型】选项卡【操作】组中的【粘贴】命令溢出按钮，在弹出的菜单中单击选择性粘贴命令按钮 📋 选择性粘贴 ，直接按快捷键 Ctrl＋Shift＋V，弹出【移动（复制）】操控面板。

（3）对曲线进行平移变换。在【变换】滑动面板中选择"移动"项，选择方向参考为模型上一条纵向的边，输入移动距离为 100，如图 6.2.8 所示。

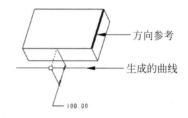

图 6.2.8　移动变换

（4）对曲线进行旋转变换。在【变换】滑动面板中修改变换类型为"旋转"，选择方向参考为模型右下角的边，设置旋转角度为 90°，如图 6.2.9 所示。

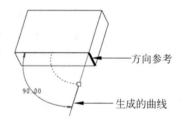

图 6.2.9　旋转变换

提示：若生成的变换曲线方向与预想的相反，如图 6.2.10 所示的情况，在偏移距离或旋转角度前面加一负号"－"，其方向便可反转过来。

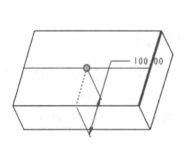
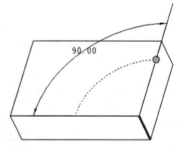

图 6.2.10　改变变换的方向

6.3 镜像曲线

利用"镜像"命令,可用一个平面作为镜像平面,将一选中曲线元素镜像至另一侧,生成镜像曲线。如图 6.3.1(a)所示,选中图中左侧曲线元素,并单击【模型】选项卡【编辑】组中的镜像命令按钮 ⑪镜像,选择 RIGHT 面作为镜像平面,生成镜像特征如图 6.3.1(b)所示。

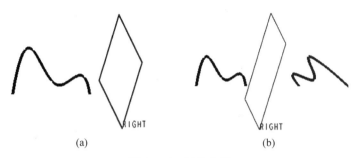

(a)   (b)

图 6.3.1 镜像曲线

【镜像】操控面板如图 6.3.2 所示,单击【参考】标签,弹出滑动面板如图 6.3.3 所示,其中的"镜像项"收集器可添加其他要镜像的项目,"镜像平面"收集器中指定了镜像平面。单击【选项】标签,弹出滑动面板如图 6.3.4 所示,选中【隐藏原始几何】复选框可以隐藏原始曲线。

图 6.3.2 【镜像】操控面板

图 6.3.3 【参考】滑动面板   图 6.3.4 【选项】滑动面板

提示:若选择曲线特征,使用上面的过程将生成镜像特征,请读者自行体会镜像图元和镜像特征之间的区别。

6.4 偏移曲线

在 Creo 中可偏移曲面的边或独立曲线,生成偏移曲线。根据选择的对象是曲面上的边或是独立的曲线,其操作界面和操作方法不同,得到的结果也不相同。图 6.4.1 所示为对曲面的边界进行偏移,图 6.4.2 所示为对独立曲线进行偏移。

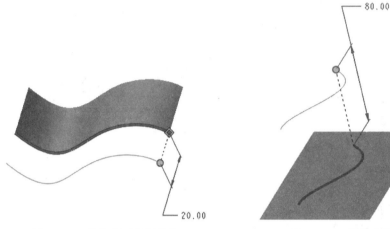

图 6.4.1　偏移曲面特征的边　　　　　　图 6.4.2　偏移曲线

注意:"偏移"命令的操作对象仅可为独立曲线或曲面上的边,不可以为实体上的边。在偏移独立曲线时,选择的参考对象可以是曲线特征,也可以是曲线几何,两者的操作界面稍有不同,本节后续的讲述均针对曲线几何。

6.4.1　对曲面上边的偏移

可以对曲面上的边界链进行偏移,生成新的曲线特征。选择曲面的边界链,单击【模型】选项卡【编辑】组中的偏移命令按钮 ，弹出【偏移】操控面板如图 6.4.3 所示。其要素主要包括以下几项。

图 6.4.3　曲面上边的偏移操控面板

(1) 类型:因为选择的参考为曲面的边界链,因此本偏移类型默认为面组边界链 。

(2) 参考:选择或替换欲偏移的边界线。单击【参考】标签,弹出滑动面板如图 6.4.4 所示,单击【细节】按钮弹出【链】对话框,可以按住 Ctrl 键选择其他多条曲线或边。

(3) 测量:设置一个或多个偏移距离。单击【测量】标签,弹出滑动面板如图 6.4.5 所示,可在不同点设置多个偏移距离。

图 6.4.4 【参考】滑动面板　　　　图 6.4.5 【测量】滑动面板

例 6.5　偏移图 6.4.6 中曲面的边,形成偏移距离变化的曲线。本例模型参见配套文件 ch6\ch6_4_example1.prt。

步骤 1:打开配套文件 ch6 \ ch6 _ 4 _ example1.prt。

步骤 2:选择曲线。

单击曲面前侧的边,曲线高亮显示,表示被选中。

步骤 3:对曲线进行偏移变换。

(1) 激活命令。单击【模型】选项卡【编辑】组中的偏移命令按钮  ,弹出【偏移】操控面板。

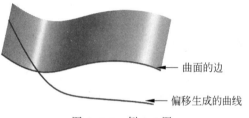

图 6.4.6　例 6.5 图

(2) 设置距离。单击操控面板上的【测量】标签,在弹出的滑动面板中设置"点 1"的距离为"20"。

(3) 设置另一端点距离。在【测量】滑动面板中右击,选择快捷菜单中的【添加】命令,并修改其"位置"为"1",距离为"−20",系统自动将位置修改为"终点 2"。

(4) 设置中间点距离。按照(3)中的方法添加一个点,并修改其位置为"0.5",距离为"20"。滑动面板如图 6.4.7 所示,模型预览如图 6.4.8 所示。

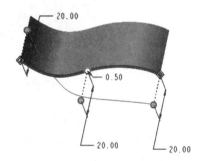

图 6.4.7 【测量】滑动面板　　　图 6.4.8　偏移生成的曲线预览

单击操控面板中的 按钮完成偏移。模型参见配套文件 ch6\ch6_4_example1_f.prt。

6.4.2 对曲线的偏移

默认状态下,Creo过滤器处于"几何"状态,单击曲线特征,曲线几何被选中,然后单击【模型】选项卡【编辑】组中的偏移命令按钮 🔲 ,弹出【偏移】操控面板如图6.4.9所示。使用此方法可沿参考曲面方向或垂直于参考曲面方向偏移曲线,以创建新的曲线。其要素主要包括以下几项。

图6.4.9 偏移曲线几何操控面板

图6.4.10 偏移曲线的偏移方式

（1）类型:因为选择的参考为曲线,因此本偏移类型默认为曲线 ～曲线 。

（2）偏移方式:单击操控面板中的 🔲 按钮,弹出曲线偏移方式下拉列表,如图6.4.10所示,其含义如下:

① 沿曲面偏移 🔲 :在选择的曲面内偏移生产新的曲线,如图6.4.11所示。

② 垂直于曲面 🔲 :垂直于选择的曲面,位于参考曲面之外生成新的偏移曲线,如图6.4.12所示。

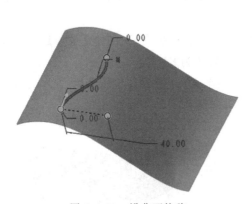

图6.4.11 沿曲面偏移

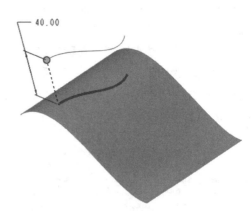

图6.4.12 垂直于曲面偏移

③ 创建扇形散开曲线偏移 🔲 :在参考曲面上两条参考曲线间均匀地偏移设定数量的曲线。散开曲线偏移需要设置选项,将在6.4.3节中讲述。

（3）参考:选择或替换偏移曲线、参考曲面。单击【参考】标签,弹出滑动面板如图6.4.13所示,单击"细节"按钮弹出【链】对话框,可以按住Ctrl选择其他多条曲线或边。单击【参照曲面】后的拾取框可选择曲线偏移的参考面。

（4）测量:设置一个或多个曲线的偏移距离。单击【测量】标签,弹出滑动面板,可以在不同点设置多个偏移距离。此选项卡仅在沿曲面偏移曲线时可用。

（5）选项：单击【选项】标签，弹出滑动面板如图6.4.14所示，可设置偏移值。此属性页仅在垂直于参考曲面偏移曲线时可用。

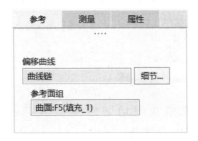

图 6.4.13　【参考】滑动面板

图 6.4.14　【选项】滑动面板

例 6.6　偏移图 4.6.15 中的曲线，得到垂直于源曲线所在平面的偏移曲线。本例模型参见配套文件 ch6\ch6_4_example2.prt。

步骤 1：打开配套文件 ch6\ch6_4_example2.prt。

步骤 2：选择曲线。在过滤器处于"几何"状态下，选择位于平面上的曲线几何。

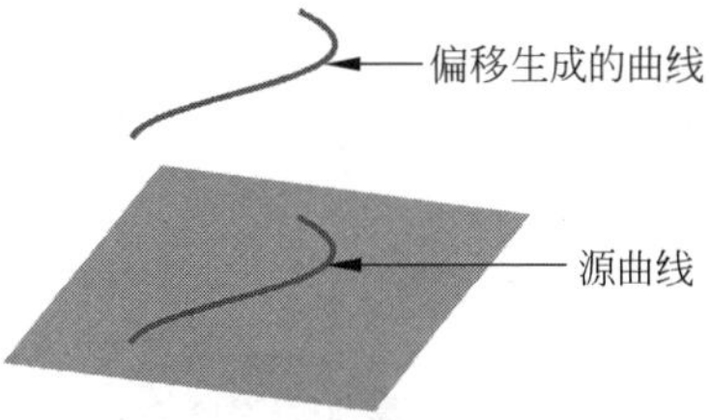

步骤 3：偏移曲线。

（1）激活命令。单击【模型】选项卡【编辑】组中的偏移命令按钮 ，弹出曲线偏移操控面板。

图 6.4.15　例 6.6 图

（2）设置参考。单击操控面板上的【参考】标签，弹出滑动面板如图 6.4.16 所示，单击激活【参考面组】拾取框，选择模型中的曲面作为参考曲面。

（3）设置偏移距离。在操控面板中输入偏移值 60。

偏移曲线预览如图 6.4.17 所示，单击操控面板中的 按钮完成偏移。生成的模型参见配套文件 ch6\ch6_4_example2_f.prt。

图 6.4.16　【参考】滑动面板

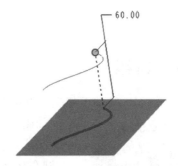

图 6.4.17　生成的曲线预览

6.4.3　散开曲线偏移

单击【文件】→【选项】命令，打开【Creo Parametric 选项】对话框，单击【配置编辑器】打开选项窗口，单击【查找】按钮打开【查找选项】对话框，将配置选项 enable_offset_fan_curve

的值设置为 yes。激活偏移曲线命令,可见在偏移方式中添加了扇形曲线偏移,如图 6.4.10 所示。选择该偏移方式后,偏移操控面板如图 6.4.18 所示。

图 6.4.18　扇形曲线偏移操控面板

扇形曲线偏移是在参考曲面上两条参考曲线间均匀地偏移给定数量的曲线。 图 6.4.19 所示为在两条参考曲线间均匀创建了 10 条曲线。

单击操控面板上的【参考】标签,弹出滑动面板如图 6.4.20 所示。选择要被偏移的源曲线同时作为"第一参考曲线",另一条参考曲线作为"第二参考曲线",偏移曲线所在的曲面作为"参考面组",最后选择垂直于曲面的 FRONT 面作为测量平面,散开曲线的数目由操控面板上的"曲线数目"文本框控制。

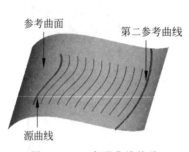

图 6.4.19　扇形曲线偏移

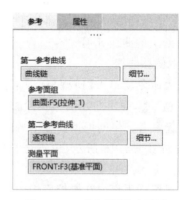

图 6.4.20　【参考】滑动面板

图中例子原始文件参见配套文件 ch6\ch6_4_example3.prt,生成散开曲线偏移的模型参见配套文件 ch6\ch6_4_example3_f.prt,请读者自行练习。

6.5　相交曲线

如图 6.5.1 所示,两曲面相交可以得到一条交线,此曲线可以使用"相交"命令得到。

图 6.5.1　曲面相交曲线

如图 6.5.2(a)所示,在 RIGHT 面和 TOP 面中分别草绘一条曲线,若这两条曲线沿各自的草绘平面投影,直到它们相交,则在交截处创建的基准曲线如图 6.5.2(b)所示。这条曲线称为二次投影曲线,也可以使用"相交"命令得到。

二次投影曲线可以认为是两条草绘曲线分别在各自的草绘平面上创建拉伸曲面得到的交线,示意图如图 6.5.2(c)所示。

上述两种情况得到的曲线都称为相交曲线,它可用作扫描特征的轨迹,也可用于检验两

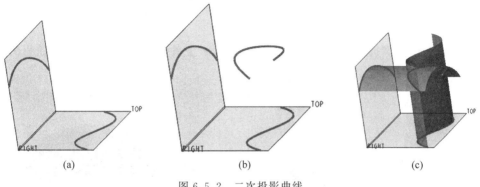

图 6.5.2 二次投影曲线

曲面是否相交,或两曲面相交过程中是否存在间隙等。

6.5.1 曲面相交曲线

选中一曲面或实体的表面,单击【模型】选项卡【编辑】组中的相交命令按钮 ⬚相交 ,弹出创建相交曲线操控面板如图 6.5.3 所示。也可在选择了两个相交曲面的情况下激活命令。

单击操控面板中的【参考】标签,弹出滑动面板如图 6.5.4 所示,其中收集了相交的两曲面。若激活命令前仅选择了一个曲面,按住 Ctrl 键可选择与其相交的曲面。

图 6.5.3 曲面相交操控面板

图 6.5.4 【参考】滑动面板

例 6.7 创建如图 6.5.5 所示壳体上的筋特征,得到模型如图 6.5.6 所示。本例原始模型参见配套文件 ch6\ch6_5_example1.prt。

图 6.5.5 例 6.7 原模型

图 6.5.6 例 6.7 生成的模型

分析:创建筋特征时,靠近圆弧面的一侧无法捕捉到边界,需要首先在圆弧面内侧创建基准曲线。本例使用曲面相交的方法创建基准曲线,作为筋特征草图约束的参考。

步骤 1:打开配套文件 ch6\ch6_5_example1.prt。

步骤 2:创建位于内侧圆弧面上的基准曲线。

（1）激活命令。选择 FRONT 面，并单击【模型】选项卡【编辑】组中的相交命令按钮 相交，激活创建相交曲线命令。

（2）按住 Ctrl 键选择圆弧面内侧，单击操控面板中的 ✔ 确定 按钮，完成基准曲线的创建，如图 6.5.7 所示。

（3）同理，选择 RIGHT 面与圆弧面内侧创建另外一条基准曲线，如图 6.5.8 所示。

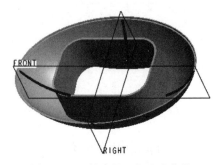

图 6.5.7 创建的基准曲线　　　　　　图 6.5.8 创建另一条基准曲线

步骤 3：创建右侧筋特征。

（1）激活筋命令。单击【模型】选项卡【工程】组中的筋特征命令按钮 筋，弹出创建筋特征操控面板。

（2）选择草绘平面。单击【参考】标签，在弹出的滑动面板中单击【定义】按钮，选择 FRONT 面作为草绘平面，TOP 面作为参考平面，方向向上，进入草绘器。

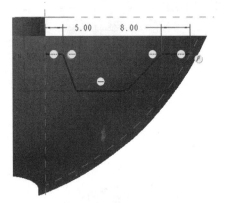

（3）绘制草图。绘制如图 6.5.9 所示的草图。注意：草图的两端要分别约束到两侧参考上。

（4）设置筋特征厚度为 2，完成筋特征。

步骤 4：创建其他筋特征。

（1）镜像筋特征。以 RIGHT 面作为镜像平面镜像步骤 3 中创建的筋，得到左侧筋。

（2）使用与步骤 3 相似的方法，选择 RIGNT 面作为草绘平面，创建与左侧筋类似的筋特征。

（3）镜像筋特征。以 FRONT 面作为镜像平面镜像（2）中创建的筋特征。

图 6.5.9 筋特征草图

完成的模型参见配套文件 ch6\ch6_5_example1_f.prt。

6.5.2　二次投影曲线

二次投影曲线的创建方法与曲面相交曲线相似，不同之处在于预先选中的元素必须是草绘基准曲线。其操控面板如图 6.5.10 所示。

单击操控面板中的【参考】标签，弹出滑动面板如图 6.5.11 所示，"第一草绘"和"第二草绘"收集器中分别收集了将要投影相交的两条草绘曲线。

图 6.5.10 二次投影曲线创建操控面板　　　　　图 6.5.11 【参考】滑动面板

选中两草绘曲线(其草绘平面不能平行),单击【模型】选项卡【编辑】组中的相交命令按钮 相交 ,即可生成如图 6.5.2(b)所示的二次投影曲线。本例参见配套文件 ch6\ch6_5_example2. prt,生成的二次投影曲线参见 ch6\ch6_5_example2_f. prt,请读者对照练习。

6.6　投影曲线

位于模型表面的曲线属于空间曲线,采用常规的曲线建模方法通常不易完成。例如,创建图 6.6.1(a)所示椭圆及 M 形修饰特征,需要首先在实体表面绘制图 6.6.1(b)所示曲线,然后以此曲线作为轨迹创建扫描特征,常规的直接建模方法难以完成图 6.6.1(b)所示曲线。上述模型参见配套文件 ch6\ch6_6_example1. prt 和 ch6\ch6_6_example1_f. prt。

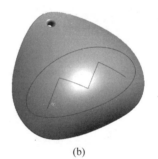

(a)　　　　　　　　　　　　　　　　(b)

图 6.6.1　模型表面曲线及其应用

上述曲线可以使用投影曲线的方法来创建。将已有曲线沿特定方向投影到某曲面而生成的曲线称为投影曲线。如图 6.6.2 所示,将 U 形草图向底部曲面投影,得到位于曲面上的曲线,这条曲线即为投影曲线。

单击【模型】选项卡【编辑】组中的投影命令按钮 投影 ,激活【投影曲线】操控面板如图 6.6.3 所示,在此面板中需要设置投影方式、要投影的草图或链、投影目标、投影方向等要素。

图 6.6.2　投影曲线

(1) 投影方式:分为【链】、【草绘】和【修饰草绘】三种。

① 链投影的投影对象为三维曲线或模型的边界线。如图 6.6.4 所示,对一条三维曲线和两条模型边界沿六面体上表面的法线方向向曲面投影得到投影曲线(模型参见配套文件 ch6\ch6_6_example2. prt)。

② 草绘投影可以创建草图或使用现有草绘进行投影,如图 6.6.2 所示即为选择草图进

图 6.6.3 【投影曲线】操控面板

行的投影。

③ 修饰草绘投影是创建修饰草绘或直接对现有修饰草绘进行投影。

本书主要讲述链投影和草绘投影。

(2) 投影方向：单击面板中【投影方向】选项框，弹出下拉列表如图 6.6.5 所示。可设置曲线投影方向为"沿方向"或"垂直于曲面"。前者是指投影时沿某一固定方向投影得到投影曲线，如图 6.6.6 所示，投影方向为草图所在草绘平面的法线方向；后者是指投影方向为垂直于要投影到的曲面，如图 6.6.7 所示，即曲线上每个点均沿各自的方向垂直投向曲面。

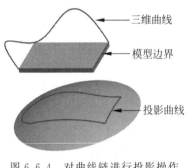

图 6.6.4 对曲线链进行投影操作

图 6.6.5 【投影方向】下拉列表

图 6.6.6 沿方向投影

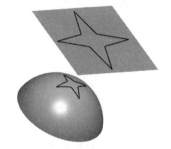

图 6.6.7 垂直于曲面投影

(3) 参考：单击【参考】标签，弹出【参考】滑动面板。根据投影方式的不同，此面板也有所不同。创建图 6.6.4 所示投影曲线时，链投影的面板如图 6.6.8 所示；创建图 6.6.2 所示投影曲线时，草绘投影的面板如图 6.6.9 所示。前者图中【链】拾取器中收集选择的实体的边链或已有曲线链等要素；后者图中【草绘】拾取器中收集选择的草绘，或单击【定义】按钮创建新的草绘。面板中的【曲面】拾取器收集投影目标曲面，即要在其上投影的面组，此收集器与操控面板中的【投影目标】拾取器功能相同。面板中的【方向参考】拾取器用于收集投影的方向，仅当曲线投影方向为"沿方向"时有效。

图 6.6.8　参考为曲线链时的滑动面板　　　图 6.6.9　参考为草绘时的滑动面板

创建投影曲线特征的步骤如下。

① 激活命令。单击【模型】选项卡【编辑】组中的投影命令按钮 ✕ 投影，激活投影命令。

② 绘制或选择要投影的对象。若投影对象为二维草图，在【参考】滑动面板中选择"投影草绘"，可选择已有草绘特征或单击【定义】按钮绘制二维草图；若投影对象为三维草图或模型边界，选择"投影链"并拾取对象。

③ 选择投影到的曲面。

④ 设置投影方向。若投影方向选择为"沿方向"，需要设置投影方向；若选择为"垂直于曲面"，则系统根据投影曲面自动设置方向。

⑤ 预览并完成。

例 6.8　创建如图 6.6.10 所示曲别针模型。

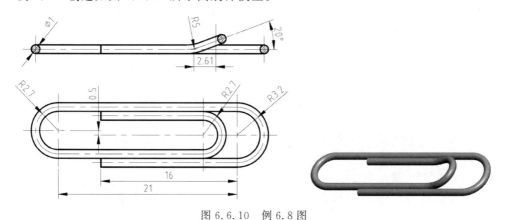

图 6.6.10　例 6.8 图

分析：本例模型为恒截面实体，使用扫描特征创建。其扫描轨迹中，弯曲部分可使用投影曲线创建，其他部分为平面曲线，可以使用草绘特征创建。

模型创建过程：①创建投影曲线；②创建扫描轨迹的其他部分；③创建扫描特征。

步骤 1：创建曲线投影到的曲面。

（1）激活拉伸曲面命令。单击【模型】选项卡【形状】组中的拉伸按钮 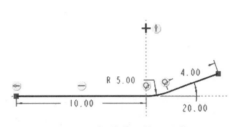（此处为小图标），激活拉伸命令，单击曲面模式按钮 （此处为小图标）创建拉伸曲面特征。

（2）创建草图。选择 FRONT 面作为草绘平面，RIGHT 面作为参考，方向向右，创建如图 6.6.11 所示草图。

（3）设置拉伸深度：单击 ☐ 按钮，选择向两侧拉伸，并输入深度 6。

步骤 2：创建投影曲线使用的二维草图。

（1）创建基准面作为草图的草绘平面。单击【模型】选项卡【基准】组中的基准平面命令按钮 （此处为小图标），选择 TOP 面作为参考，向上偏移距离 5 生成基准平面 DTM1，如图 6.6.12 所示。

图 6.6.11　拉伸曲面特征的草图

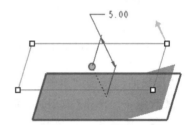

图 6.6.12　创建基准面 DTM1

（2）创建二维草图。单击【模型】选项卡【基准】组中的草绘命令按钮 （此处为小图标），以（1）中生成的 DTM1 面作为草绘平面，RIGHT 面作为参考，方向向右，创建草图如图 6.6.13 所示。

步骤 3：创建投影曲线。

（1）激活命令。单击【模型】选项卡【编辑】组中的投影命令按钮 （此处为小图标），激活投影命令。

（2）选择要投影的对象。在【参考】滑动面板中选择"投影草绘"并选择步骤 2 中创建的草图作为要投影的曲线。

（3）选择投影到的曲面。选择步骤 1 中创建的曲面作为投影到的面。

（4）选择投影方向。选择"沿方向"方式投影，并设置 TOP 面作为参考。

（5）预览并完成曲线，如图 6.6.14 所示。

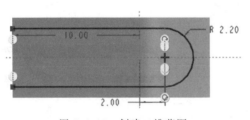

图 6.6.13　创建二维草图

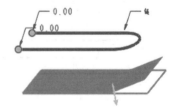

图 6.6.14　投影曲线预览

步骤 4：补齐扫描轨迹。

以 TOP 面作为草绘平面，结合步骤 3 中创建的投影曲线，绘制草绘基准曲线特征，以创建完整的扫描轨迹，如图 6.6.15 所示。注意草图与投影曲线的结合点要创建"相同点"约束。

步骤5：创建扫描特征。

（1）激活命令。单击【模型】选项卡【形状】组中的扫描命令按钮 🗇扫描，激活扫描命令。

（2）选择轨迹。单击【参考】标签，在弹出的【参考】滑动面板中单击"轨迹"收集器下部的【细节】按钮，弹出【链】对话框，按住 Ctrl 键依次选择步骤 3 中创建的投影曲线和步骤 4 中创建的草绘基准曲线。

（3）创建截面。在草绘平面中心处创建直径为 1 的圆，如图 6.6.16 所示。

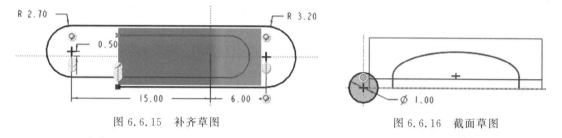

图 6.6.15 补齐草图

图 6.6.16 截面草图

至此模型创建完成，参见配套文件 ch6\ch6_6_example3.prt。

例 6.9 如图 6.6.17 所示，在挂件表面创建 S 形凸起，S 形中心线在模型中心平面上的投影是两个直径为 50 的四分之三圆，并且两圆弧在中间相切。S 形凸起的直径为 16，倒圆角半径为 10。本例原始模型参见配套文件 ch6\ch6_6_example4.prt。

分析：本例中要创建的部分位于曲面表面，可以首先使用投影曲线创建位于曲面上的曲线；S 形中间部分为等截面实体，两头为半圆形，可以使用扫描混合来创建。

模型创建过程：①创建投影曲线；②创建扫描混合实体；③创建倒圆角。

步骤1：打开配套文件 ch6\ch6_6_example4.prt。

步骤2：创建投影曲线使用的二维草图。

单击【模型】选项卡【基准】组中的草绘命令按钮 ～，以 RIGHT 面作为草绘平面，TOP 面作为参考，方向向上，创建草图 6.6.18 所示。

图 6.6.17 例 6.9 图

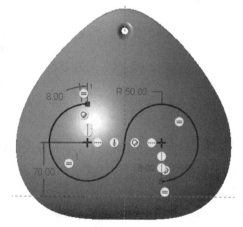

图 6.6.18 草图

提示：图中每个圆弧的末端,使用分割工具  将每段圆弧分割出了弧长为8的一小段。这样做的目的是使投影曲线增加两个端点,以备作为扫描混合的截面位置。

步骤3:创建投影曲线。

(1) 激活命令。单击【模型】选项卡【编辑】组中的投影命令按钮 投影 ,激活投影命令。

(2) 选择要投影的对象。在【参考】滑动面板中选择"投影草绘"并选择步骤2中创建的草图作为要投影的曲线。

(3) 选择投影到的曲面。选择已有模型的右侧曲面作为投影到的面。

(4) 选择投影方向。选择"沿方向"方式投影,并选择RIGHT面作为参考。

(5) 预览并完成曲线,如图6.6.19所示。

步骤4:创建扫描混合特征。

(1) 激活命令。单击【模型】选项卡【形状】组中的扫描混合命令按钮 扫描混合 ,弹出扫描混合命令操控面板。

(2) 选择扫描轨迹。选择步骤3中创建的投影曲线作为扫描轨迹。

图6.6.19 创建的投影曲线

(3) 在轨迹的起点创建截面1。单击【截面】标签,弹出滑动面板如图6.6.20所示,单击轨迹的起始点作为截面位置。单击面板中的【草绘】按钮进入草绘界面,在草图中心处绘制一个点作为截面1,如图6.6.21所示。

图6.6.20 【截面】滑动面板

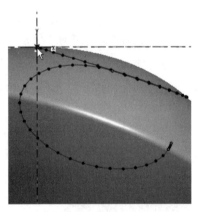

图6.6.21 绘制截面1

(4) 创建截面2。单击【剖面】滑动面板上的【插入】按钮,单击靠近起点处投影曲线上圆弧的端点,作为截面2的位置,如图6.6.22(a)所示。单击【草绘】按钮进入草绘界面,在截面2的中心处绘制直径为16的圆,如图6.6.22(b)所示。

提示：在寻找截面2的位置时,从起始点开始沿轨迹慢慢移动鼠标,当光标接近或位于端点时此点将高亮显示,如图6.6.22(a)所示。

进入截面2的草绘界面后,可以看到截面1和截面2的坐标系,要注意区分。

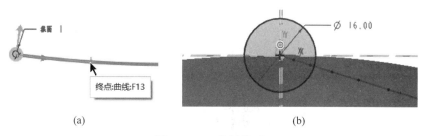

图 6.6.22 绘制截面 2

（5）创建截面 3。使用与（4）类似的方法，在靠近结束点的位置找到小圆弧的端点作为截面 3 的位置，并绘制直径为 8 的圆作为截面。

（6）创建截面 4。使用与（3）类似的方法，选择轨迹的结束点作为截面 4 的位置，并绘制一个点作为截面。

（7）修改边界条件。单击操控面板上的【相切】标签，在弹出的滑动面板中将开始截面和终止截面的条件均改为"平滑"，如图 6.6.23 所示。

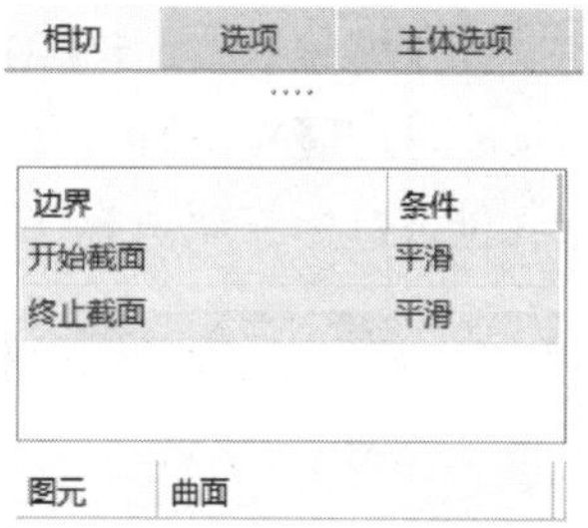

（8）预览并完成模型，如图 6.6.24 所示。

步骤 5：创建倒圆角。

单击【模型】选项卡【工程】组中的倒圆角命令按钮 倒圆角，选择扫描混合特征与原特征的交线作为放置参考，

相切	选项	主体选项
.....		

边界	条件
开始截面	平滑
终止截面	平滑

图元	曲面

图 6.6.23 特征边界条件

修改倒圆角半径为 10，生成预览如图 6.6.25 所示。单击 ✔ 按钮完成倒圆角。

图 6.6.24 模型预览   图 6.6.25 倒圆角预览

完成后的模型参见配套文件 ch6\ch6_6_example4_f.prt。

6.7 包络曲线

包络是将一条草绘曲线包络在目标面上得到基准曲线，这条曲线称为包络曲线。如图 6.7.1 所示，将右侧的直线向圆柱体表面包络，得到位于曲面上的包络曲线。

与投影曲线不同的是，包络是将原始曲线在曲面上缠绕得到的特征，而投影曲线是根据特定方向投影得到的。包络后形成的曲线其长度与原草绘曲线将尽量保持一致，而向不与

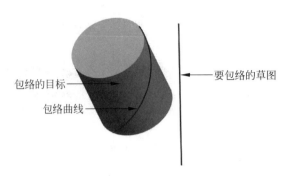

图 6.7.1 包络曲线

草绘平面平行的曲面上投影,得到的投影曲线长度均会变化。

单击【模型】选项卡【编辑】组中的组溢出按钮,在弹出的菜单中单击包络命令按钮 🗄 包络,打开【包络】操控面板如图 6.7.2 所示。其主要建模要素包括要包络的草图、包络原点、包络目标三项内容。

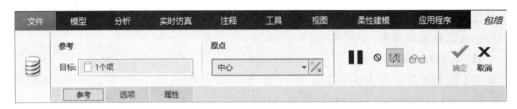

图 6.7.2 【包络】操控面板

(1)要包络的草图:又称为包络基准曲线。可以直接选择已有的草绘曲线,也可以临时设置草绘基准曲线作为包络基准曲线。图 6.7.1 中右侧直线即为包络基准曲线。

单击【包络】操控面板中的【参考】标签,弹出滑动面板如图 6.7.3 所示,激活【草绘】拾取器选择已有草绘曲线,也可以单击【定义】按钮定义草绘基准曲线。

(2)包络原点:是包络基准曲线的参考点。从此点开始向外延伸,其周围的草绘曲线将被包络到目标曲面。因此,包络原点必须能够被投影到目标曲面上,否则包络特征将失败。默认情况下,包络原点为草绘曲线的几何中点。例如,当图 6.7.4 所示直线向圆柱面包络时,显然其中点将不能被投影到目标曲线上,包络曲线无法生成。

图 6.7.3 【参考】滑动面板

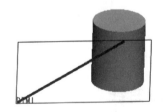

图 6.7.4 草绘曲线几何中点不能投影到投影目标的例子

除了草绘曲线的几何中心外,还可以以要包络的草图中的基准坐标系作为包络原点。对图 6.7.5 所示草绘基准曲线进行包络时,其操控面板如图 6.7.6 所示,可选择几何中心或三个草绘坐标系中的一个作为原点。显然,本例中只有最上部的草绘坐标系可以作为包络原点。

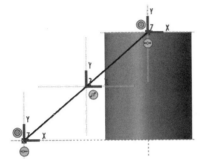

图 6.7.5 包络基准曲线

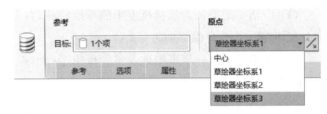

图 6.7.6 包络原点选项

(3) 包络目标:包络曲线的目标必须是可展开的,即直纹曲面的某些类型,如拉伸等特征。因图 6.7.7 所示模型的回转面不是直纹面,所以不能作为包络目标。设置包络基准曲线后,系统会自动选择第一个可用的包络目标,设计者也可重新选择另一目标。

除了以上三项必须指定的项目外,还可单击操控面板上的【选项】标签,弹出滑动面板如图 6.7.8 所示,设置"忽略相交曲面"和"在边界修剪"两项内容。

(1) 忽略相交曲面:设置包络曲线是否应忽略任何相交曲面。若未选中此复选框,单独的曲线将被包络到相交曲面上,此时草绘曲线将会尽量展开分布在曲面上。

(2) 在边界修剪:选中此复选框,系统将自动修剪曲线中无法进行包络的部分。如图 6.7.9 所示,图中的草绘直线上端明显位于包络目标之外,若不选中"在边界修剪"复选框,包络特征将生成失败。

图 6.7.7 非直纹面模型

图 6.7.8 【选项】滑动面板

图 6.7.9 在边界修剪包络曲线

例 6.10 打开配套文件 ch6\ch6_7_example1.prt,将其中的直线包络到模型实体上,如图 6.7.10 所示。

包络

图 6.7.10 例 6.10 图

分析：本例使用曲线包络即可完成，但要注意本例包络原点不能使用草绘的几何中心，应首先创建一个合适的草绘坐标系用作原点。

模型创建过程分为两步：①在草绘特征中增加草绘坐标系；②创建曲线包络特征。

步骤1：打开配套文件 ch6\ch6_7_example1.prt。

步骤2：在草绘特征中增加坐标系。

（1）激活草绘特征。选择模型中的草绘特征，右击，在弹出的快捷菜单中单击编辑定义命令按钮 ，进入草绘界面。

（2）添加坐标系。单击坐标系命令按钮 坐标系，在直线的起点处创建一个草绘坐标系，如图 6.7.11 所示。单击 按钮完成草图。

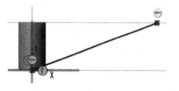

图 6.7.11 在草图中添加坐标系

步骤3：创建包络曲线。

（1）激活命令。单击【模型】选项卡【编辑】组中的组溢出按钮，在弹出的菜单中单击包络命令按钮 包络，打开包络操控面板。

（2）选择要包络的草图。单击操控面板中的【参考】标签，激活草绘收集器，选择步骤2中修改过的草图作为要包络的草图。

（3）选择包络目标。系统已经自动选择模型中的实体作为包络目标。也可激活目标收集器，然后选择目标实体。

（4）选择包络原点。单击包络原点列表，选择其中的"草绘器坐标系"作为包络原点。

单击操控面板中的 按钮完成包络，模型参见配套文件 ch6\ch6_7_example1_f.prt。

6.8　曲线的修剪

曲线修剪是通过修剪已有曲线得到新的修剪特征。修剪曲线的工具可以是面、线或点。例如，图 6.8.1(a)中的曲线被 RIGHT 面修剪，保留右侧部分得到如图 6.8.1(b)所示模型。其中的曲线称为修剪的曲线，而 RIGHT 面称为修剪对象。

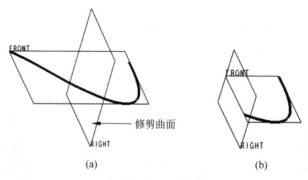

(a)　　　　　　　　　　　　　(b)

图 6.8.1　曲线修剪

单击【模型】选项卡【编辑】组中的修剪命令按钮 修剪，打开曲线修剪操控面板，如图 6.8.2 所示。

图 6.8.2 曲线修剪操控面板

（1）单击操控面板中的【参考】标签，弹出滑动面板如图 6.8.3 所示。激活"修剪的曲线"拾取框可以重新选择其他曲线作为被修剪的对象；激活"修剪对象"拾取框选择点、线或面作为剪刀。

（2）单击操控面板中的 ✂ 按钮，可改变要保留曲线的侧，也可单击模型中修剪处的箭头使其反向来改变要保留曲线的侧，如图 6.8.4 所示。

图 6.8.3 【参考】滑动面板

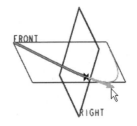

图 6.8.4 设置要保留曲线的侧

例 6.11 打开配套文件 ch6\ch6_8_example1.prt，可见有一曲线如图 6.8.5 所示，从左侧开始将其长度修剪为 1000。

分析：沿曲线偏移一实数值可创建基准点。利用基准点的这种特性，本例首先在距曲线左端点 1000 处创建基准点，然后使用此基准点修剪曲线。

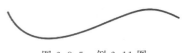

图 6.8.5 例 6.11 图

模型创建过程分为两步：①创建基准点；②使用基准点修剪曲线。

步骤 1：打开配套文件 ch6\ch6_8_example1.prt。

步骤 2：创建基准点。

（1）激活命令。单击【模型】选项卡【基准】组中的基准点命令按钮 ✕✕点，激活基准点命令。

（2）选择参考。单击选择模型中的曲线作为参考，设置其偏移方式为"实际值"，偏移量为 1000，其对话框如图 6.8.6 所示。注意：偏移参考为曲线左端点，若不是，单击对话框中的【下一终点】按钮切换。单击【确定】按钮完成基准点创建。

步骤 3：修剪曲线。

（1）激活命令。单击选中模型中的曲线，并单击【模型】选项卡【编辑】组中的修剪命令按钮 修剪，激活修剪命令。

（2）选择修剪对象。激活【修剪对象】拾取框，选择步骤 2 中创建的基准点作为修剪对象。

（3）选择曲线保留的侧。单击模型上的切换箭头，确保保留曲线的左侧。

（4）预览并完成曲线。

完成的模型参见配套文件 ch6\ch6_8_example1_f. prt。可以使用曲线分析工具检验模型创建是否正确，单击【分析】选项卡【测量】组中的测量命令溢出按钮，在弹出的菜单中单击【长度】命令，并选择修剪完成后的曲线，结果如图 6.8.7 所示。

图 6.8.6　【基准点】对话框

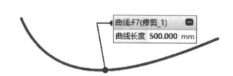

图 6.8.7　测量曲线长度

6.9　Creo 曲线分析工具

Creo 的分析命令位于【分析】选项卡【检查几何】组中，如图 6.9.1 所示。其中，单击【几何报告】弹出命令溢出菜单如图 6.9.2 所示。曲线分析可检查曲线的质量或曲线间的连续性，应用曲线分析可以确保生成曲线的质量，可用于曲线分析的命令包括【点】、【半径】、【曲率】、【偏移分析】和【偏差】。

图 6.9.1　【检查几何】命令组

图 6.9.2　【几何报告】菜单

6.9.1 显示点的信息

曲线点的分析用于计算曲线或模型边上指定点处的坐标和法向向量、切向向量、曲率向量及其大小、半径,并在图形上显示切向和法向向量。单击【分析】选项卡【检查几何】组中的【几何报告】命令溢出按钮,在弹出的菜单中单击 ～ 点 按钮,弹出【点分析】对话框。

单击模型中已有草绘基准曲线任意一点,可分析此点信息,如图 6.9.3 所示。此时【点分析】对话框显示此点信息,如图 6.9.4 所示。

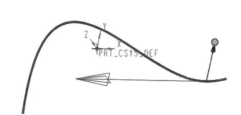

图 6.9.3 曲线上点的法向和切向向量 　　图 6.9.4 【点分析】对话框

【点分析】对话框中显示了点的信息,包括点的坐标、法向向量、切线向量、曲率向量及其值、半径。同时,在曲线所选点上显示两个箭头,其中垂直于曲线的为点的法向向量,切于曲线的为此点的切向向量。拖动法向向量端点处的拖动框可以改变向量显示的比例,与在【点分析】对话框中直接改变【比例】文本框中的数值具有同样的效果。

单击【点分析】对话框底部的选项框显示下拉列表如图 6.9.5 所示,列表中示出了三种对分析结果的处理方式,分述如下。

（1）快速:下拉列表的默认值,在选择点后实时显示点的信息,关闭对话框后显示结果随之消失。

图 6.9.5 对分析结果的
处理方式

（2）已保存:将分析结果与模型一起保存,当改变几何时,保存的分析结果可以动态更新。当使用此选项分析点的信息后,单击【分析】选项卡【管理】组中的【已保存分析】按钮,打开【已保存分析】对话框如图 6.9.6 所示,图中列表显示了保存的分析结果,选择其中的一个,并单击对话框中的 ✎ 按钮,可以重新打开【点分析】对话框,并可对其进行编辑;选中分析结果并单击对话框中的 ━ 按钮可删除保存的分析结果。

（3）特征:从所选点、半径、曲率、二面角、偏移、偏差或其已修改测量的当前分析中创建新特征。新特征名显示在模型树中,可为分析特征创建参数和基准。此分析特征可以在其他应用程序中使用。如图6.9.7所示,在模型树中添加了一个分析特征。单击此特征并单击浮动菜单中的编辑定义命令按钮 ✍ 同样可以打开【点分析】对话框,并可对其进行重新编辑。

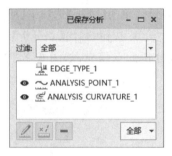

图6.9.6 【已保存分析】对话框   图6.9.7 模型树

6.9.2 显示所在点的半径

曲线的"半径"分析工具用于计算并显示曲线或边在所选点处的半径,其值等于曲率的倒数。单击【分析】选项卡【检查几何】组中的组溢出按钮,在弹出的菜单中单击半径分析命令按钮 ◭ 半径 ,弹出【半径分析】对话框如图6.9.8所示,从中可以分析选定曲线的半径,并显示其最小半径。

激活命令后,选择上例中使用的曲线,此时的【半径分析】对话框如图6.9.9所示,曲线如图6.9.10所示。在对话框的结果区域和图6.9.10中可以同时看出,曲线上的最小半径为41.0084,最小半径点可以由图6.9.10得到。

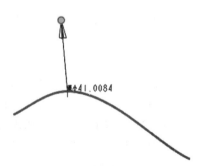

图6.9.8 【半径分析】   图6.9.9 选择曲线后的【半径   图6.9.10 最小半径位置及其大小
　　　 对话框　　　　　　　　　分析】对话框

6.9.3 显示曲线曲率

曲线的曲率分析工具用于计算并显示曲线或模型边的曲率。从数学的角度来讲，曲率等于半径的倒数。单击【分析】选项卡【检查几何】组中的曲率分析命令按钮 曲率，弹出【曲率分析】对话框如图 6.9.11 所示，可以用来分析选定曲线的曲率。

激活命令后，选择上例中使用的曲线，此时的【曲率分析】对话框如图 6.9.12 所示，在其结果区域显示了该曲线的最大及最小曲率。同时，整条曲线的曲率以曲率图的形式显示在曲线上，如图 6.9.13 所示。

图 6.9.11 【曲率分析】对话框

图 6.9.12 选择曲线后的【曲率分析】对话框

单击【曲率分析】对话框中的 ⬚ 按钮，打开【图表工具】对话框，以单独的窗口显示曲率分析结果，如图 6.9.14 所示，在此图上可以清晰地看到曲线上每一点的曲率值。

曲线的曲率图用于检查所绘制曲线的质量，如是否有曲率反向变化、快速变化以及曲线是否有尖点等情况，也可以容易地从中看出曲线是否连续或可导等。例如，图 6.9.15 显示了曲线中间的点曲率变化过快的情况。

在图 6.9.15 所示曲线中，虽然存在曲率快速变化和反向变化等情况，但该曲线是光滑的，即连续且一阶可导。

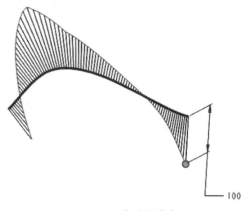

图 6.9.13 曲线的曲率图

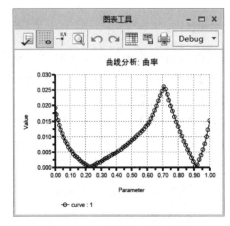

图 6.9.14　【图表工具】对话框

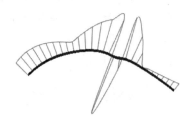

图 6.9.15　曲率变化过快的曲线

图 6.9.16 所示两条曲线的曲率图中,图 6.9.16(a)的曲率图中间有一断点,表示此点是曲线的拐点,即曲线在此处虽然连续,但不可导;图 6.9.16(b)中左右两段曲线的曲率图方向不同,表示这两段曲线弯曲的方向不同,中间连接点也是其拐点,连续但不可导。

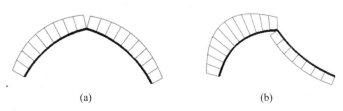

(a)　　　　　　　　　　　　(b)

图 6.9.16　连续但不可导的曲线

6.9.4　显示边的偏移

曲线的"偏移"分析工具用于计算并显示一组所选曲线或边的偏移,操作过程中需要选择参考平面来显示偏移。

单击【分析】选项卡【检查几何】组中的组溢出按钮,在弹出的菜单中单击偏移分析命令按钮 ≈ | **偏移分析**,弹出【偏移分析】对话框如图 6.9.17 所示,可以显示曲线或边的偏移。

选择上例中使用的曲线后,【偏移分析】对话框变为如图 6.9.18 所示,生成的偏距曲线如图 6.9.19 所示。

边的偏移分析可显示曲线在进行特定距离偏移后的图形形状,并为以后对曲线进一步的处理是否成功作出判断。将图 6.9.18 所示【偏移分析】对话框中的偏移值改为 35,图 6.9.19 所示的偏距线变为如图 6.9.20 所示,从图中可以看出,偏距线出现自交。所以,若由此曲线构建曲面,然后加厚 35 生成壳体的话,因为材料自交的原因,加厚操作将失败。

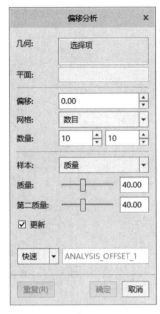

图 6.9.17　【偏移分析】对话框

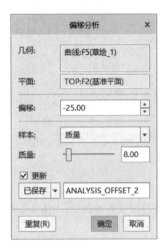

图 6.9.18　选择曲线后的【偏移分析】对话框

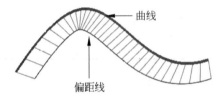

图 6.9.19　曲线的偏移分析

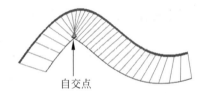

图 6.9.20　曲线的偏移分析

6.9.5　偏差分析

曲线的"偏差"分析工具用于计算并显示曲线或边到基准点、曲线或基准点阵列的偏差。单击【分析】选项卡【检查几何】组中的组溢出按钮,在弹出的菜单中单击偏差分析命令按钮 ⚡偏差 ,弹出【偏差分析】对话框如图 6.9.21 所示,可计算并显示曲线或边到基准点的偏差。

选择起始曲线和一个基准点后,【偏差分析】对话框变为如图 6.9.22 所示,同时图形中显示曲线与基准点的偏差,如图 6.9.23 所示。

图 6.9.21　【偏差分析】对话框

图 6.9.22　选择曲线和基准点后的【偏差分析】对话框

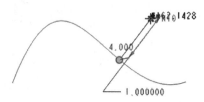

图 6.9.23　曲线到点的偏差分析

习题

1. 创建题表 1 中函数的曲线模型。

题表 1　习题 1 表

序号	函数名	表　达　式	图　　形
1	正弦函数	$x = t$ $y = \sin(360 \times t)$ $z = 0$ $(0 \leqslant t \leqslant 2)$	
2	余弦函数	$x = t$ $y = \cos(360 \times t)$ $z = 0$ $(0 \leqslant t \leqslant 2)$	
3	正切函数	$x = \theta - 89$ $y = \tan(x)$ $(0° \leqslant \theta \leqslant 178°)$	
4	渐开线	$s = pi \times t$ $x = s \times \cos(\theta) + s \times \sin(\theta)$ $y = s \times \sin(\theta) - s \times \cos(\theta)$ $z = 0$ $(0° \leqslant \theta \leqslant 360°, 0 \leqslant t \leqslant 1)$	

续表

序号	函数名	表 达 式	图 形
5	螺旋线	$x = 100 \times \cos(t \times \theta)$ $y = 100 \times \sin(t \times \theta)$ $z = 100 \times \theta$ $(0° \leqslant \theta \leqslant 4 \times 360°, 0 \leqslant t \leqslant 1)$	
		$r = 100$ $\theta = t \times 360$ $z = t \times 60$ $(0 \leqslant t \leqslant 2)$	
6	抛物线	$x = t$ $y = x^2$ $z = 0$ $(-1 \leqslant t \leqslant 1)$	（提示：本曲线由两个方程创建）
7	椭圆	$x = 100 \times \cos(\theta)$ $y = 200 \times \sin(\theta)$ $z = 0$ $(0° \leqslant \theta \leqslant 360°)$	
8	星形线	$x = \cos^3(\theta)$ $y = \sin^3(\theta)$ $z = 0$ $(0° \leqslant \theta \leqslant 360°)$	

2. 题图 2 所示为刀柄模型，为增大摩擦，绘制修饰性凸起如题图 3 所示，凸起半径为 1，圆角半径为 4。本例原始模型参见配套文件 ch6\ch6_exercise2. prt。

题图 2　刀柄模型

题图 3　绘制修饰性凸起的模型

3. 绘制如题图 4 所示圆柱凸轮模型,要求：保证凸轮槽最上端和最下端的位置,其余部分光滑连接。

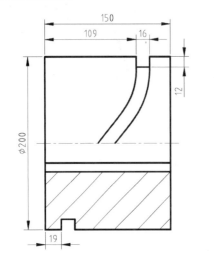
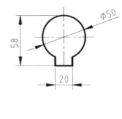

题图 4　习题 3 图

第7章

曲 面 编 辑

本章介绍曲面编辑的方法。常规的曲面编辑方法主要有曲面修剪、曲面合并、曲面实体化以及曲面加厚。曲面编辑的高级应用包括曲面折弯、曲面扭曲等操作。

7.1 曲面修剪

与 6.8 节中介绍的曲线修剪类似,利用曲面、基准平面或位于曲面上的曲线可以修剪另一个曲面。常用的曲面修剪方法有三种:①创建特征时选择"移除材料"选项修剪曲面;②用曲面或基准平面修剪曲面;③用曲面上的曲线修剪曲面。

7.1.1 创建特征时选择"移除材料"选项修剪曲面

在【拉伸】、【旋转】、【可变截面扫描】、【螺旋扫描】、【混合】、【扫描混合】等特征操控面板中接连单击 🔲 和 🔲 移除材料 按钮,均可产生一个用于修剪其他曲面的曲面特征。

如图 7.1.1 所示操控面板,在创建拉伸特征时,接连单击【曲面】和【移除材料】按钮,并选择一个已有面组作为要被移除材料的面,生成的特征将完成对已有面组的修剪。

图 7.1.1 修剪曲面的拉伸特征操控面板

如图 7.1.2(a)所示为创建拉伸椭圆曲面;若单击【移除材料】按钮并选择模型中已有曲面,则预览变为图 7.1.2(b)所示;去除椭圆曲面外侧的曲面特征,得到修剪特征如图 7.1.2(c)所示。

注意:使用这种方法创建的修剪曲面特征在模型中并没有进行图形显示,这些特征的存在仅用于修剪,要想选中这些特征,可以从模型树中单击选择。

仅当模型中存在曲面或面组时,创建曲面特征时【移除材料】按钮 🔲 移除材料 才可用。

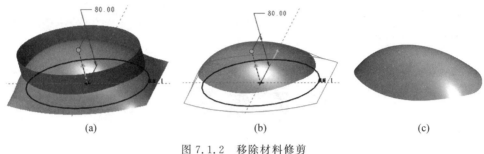

图 7.1.2 移除材料修剪

7.1.2 用曲面或基准平面修剪曲面

也可以使用一个已存在的面组或基准平面,通过"修剪"命令来修剪曲面。例如,要想得到图 7.1.3(a)所示面组前端的弧形,可以创建一个如图 7.1.3(b)所示的平面并对原面组进行修剪。

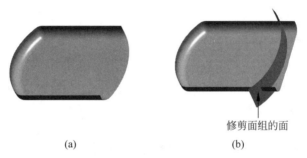

修剪面组的面

(a)   (b)

图 7.1.3 修剪曲面

选中要被修剪的面,单击【模型】选项卡【编辑】组中的修剪命令按钮 修剪,弹出曲面修剪操控面板如图 7.1.4 所示。其主要要素包括以下几种。

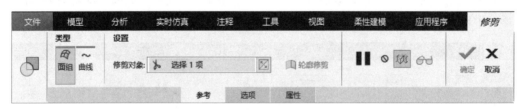

图 7.1.4 曲面修剪操控面板

(1) 参考:单击操控面板中的【参考】标签,弹出滑动面板如图 7.1.5 所示。其中包含"修剪的面组"和"修剪对象"两个拾取框,将其激活可拾取或重新选择对象。其中,"修剪的面组"是指将要被修剪的曲面,"修剪对象"是指修剪用的剪刀曲面。

(2) 选项:单击操控面板中的【选项】标签,弹出滑动面板如图 7.1.6 所示。选中"保留修剪曲面"复选框可以保留修剪时使用的曲面;若不选中此复选框,修剪完成后,用作剪刀的面将消失。"加厚修剪"是指用加厚的修剪曲面去修剪曲面,其后的数字为修剪曲面加厚的厚度。如图 7.1.7(a)所示,将修剪对象加厚 100 剪切回转面,得到如图 7.1.7(b)所示修剪特征。

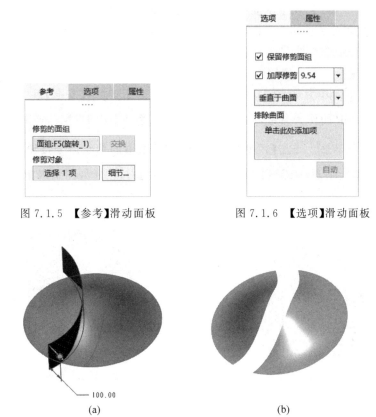

图 7.1.5 【参考】滑动面板   图 7.1.6 【选项】滑动面板

(a)   (b)

图 7.1.7 加厚修剪

7.1.3 用曲线修剪曲面

用位于曲面上的曲线也可以修剪曲面,如图 7.1.8(a)所示曲面上有一条投影曲线,使用此曲线可以修剪该曲面,结果如图 7.1.8(b)所示。

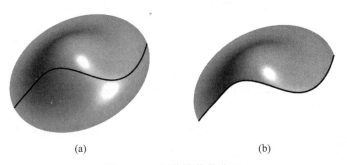

(a)   (b)

图 7.1.8 用曲线修剪曲面

用曲线修剪曲面的方法与用曲面修剪曲面的方法过程相同,不同之处在于选择的修剪对象是曲线而不是曲面。

例 7.1 创建如图 7.1.8 所示的曲面模型,本例中的原始曲面模型参见配套文件 ch7\ch7_1_example1.prt。

分析：要得到位于曲面上的曲线，可使用投影曲线。然后使用该投影曲线修剪曲面。

模型创建过程分为两步：①创建投影曲线；②使用投影曲线修剪该曲面。

步骤1：打开配套文件 ch7\ch7_1_example1.prt。

步骤2：创建投影曲线使用的二维草图。

(1) 创建基准面作为草图的草绘平面。单击【模型】选项卡【基准】组中的基准平面命令按钮 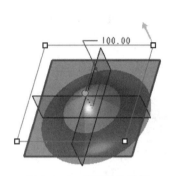 ，选择 TOP 面作为参考，向上偏移 100 生成基准平面 DTM1，如图 7.1.9 所示。

(2) 创建二维草图。单击【模型】选项卡【基准】组中的草绘命令按钮 ，以(1)中生成的 DTM1 作为草绘平面，RIGHT 面作为参考，方向向右，创建如图 7.1.10 所示草图。

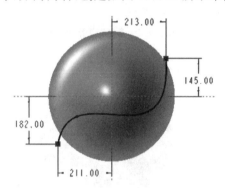

图 7.1.9 创建基准平面 　　　　图 7.1.10 创建草绘基准曲线

步骤3：创建投影曲线。

(1) 激活命令。单击【模型】选项卡【编辑】组中的投影命令按钮 投影 ，激活投影命令。

(2) 选择要投影的对象。在【参考】滑动面板中选择要投影的对象为"投影草绘"，并选择步骤2中创建的草图。

(3) 选择投影到的曲面。选择模型中原有的曲面，作为要投影到的面。

(4) 选择投影方向。在【投影方向】下拉列表中选择"沿方向"选项，并设置 TOP 面作为参考。

(5) 预览并完成曲线，如图 7.1.8(a)所示。

步骤4：使用投影曲线修剪曲面。

(1) 激活命令。选择要被修剪的曲面，单击【模型】选项卡【编辑】组中的修剪命令按钮 修剪 ，激活修剪命令。

(2) 选择修剪曲线。激活"修剪对象"收集器，选择步骤3中创建的投影曲线。

(3) 切换修剪的侧。单击 按钮，直到屏幕显示保留内侧面为止，预览如图 7.1.11 所示。

(4) 预览并完成模型。

完成的模型参见配套文件 ch7\ch7_1_example1_f.prt。

图 7.1.11 曲面修剪

7.2 曲面合并

曲面合并是 Creo 曲面建模过程中最常用的曲面编辑方法,通过让两个面组相交或相连接,将两个面组合并为一个特征;或是让两个以上面组相连接来合并多个面组。

图 7.2.1(a)中显示了两个面组,将它们相交,并在相交处相互修剪,得到图 7.2.1(b)所示的一个整体。

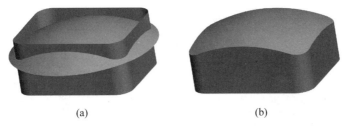

(a)   (b)

图 7.2.1 曲面合并

工程中使用的形状复杂的壳体类零件,其主曲面可由多个曲面依次合并而生成。对于上述合并特征,再次合并曲面的方法如图 7.2.2 所示。在已有曲面基础上再添加一个曲面如图 7.2.2(a)所示,将此曲面合并到主曲面上,如图 7.2.2(b)所示,然后将各边倒圆角,得到模型如图 7.2.2(c)所示。

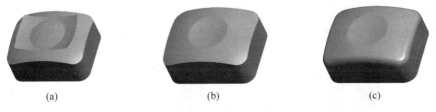

(a)   (b)   (c)

图 7.2.2 曲面特征的创建过程

选择两个相交或相邻的曲面,单击【模型】选项卡【编辑】组中的合并命令按钮  合并,弹出曲面合并操控面板如图 7.2.3 所示。其主要建模要素包括以下几种。

图 7.2.3 曲面合并操控面板

(1)参考:单击操控面板上的【参考】标签,弹出滑动面板如图 7.2.4 所示。在其"面组"收集器中收集了预先选中的两个面组。其中,上面的面组称为主面组,选中它并单击右下部的 ⬇ 按钮可将其移动到面组列表的后面。此时,位于上面的面组变为主面组。

(2)选项:单击操控面板上的【选项】标签,弹出滑动面板如图 7.2.5 所示。可以选择合并的方式为"相交"或"联接"。

图7.2.4 【参考】滑动面板   图7.2.5 【选项】滑动面板

① 相交：指所创建的面组由两个相交面组的修剪部分组成。图 7.2.1 和图 7.2.2 均为曲面相交合并的例子。

② 联接：若一个面组的边位于另一个面组的曲面上，或面组的边均彼此邻接且不重叠，将这两个面组合为一个整体特征的方法称为联接合并。如图 7.2.6(a)所示的模型由四个曲面组成，若要对其作进一步的处理需首先将这四个面合并为一个特征。选中其中的任意相邻两个曲面，激活"合并"命令，可以选择"联接"的方式将其合并，如图 7.2.6(b)所示。

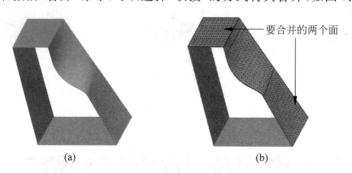

图 7.2.6 曲面的联接合并

采用联接合并，可一次合并多个曲面，这些面组的单侧边应彼此邻接而不能相交。可一次选中图 7.2.6 所示四个面组，激活合并命令后将其合并。本例的原始模型参见配套文件 ch7\ch7_2_example1.prt，合并后的模型参见 ch7\ch7_2_example1_f.prt。

注意：联接合并多个面时，各个面要彼此相邻。面组收集器中的面组会按选择的先后顺序排列，并且系统也按这个次序合并。

如果一个面组无法与前一个面组合并，则它在面组收集器中会被标示一个红点，如图 7.2.7 所示。这种情况下后续面组也将不会被合并。在合并失败的面组上右击，单击快捷菜单中的【错误内容】命令，弹出【故障排除器】对话框如图 7.2.8 所示，其中显示出该面组无法合并的原因。这时,可以从面组收集器中移除合并失败的面组,也可以在面组收集器中重新排序面组,然后继续合并。

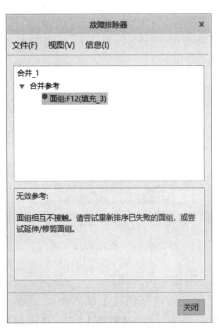

图 7.2.8 【故障排除器】对话框

图 7.2.7 未能合并的面组

(3)设置:在相交合并状态下,每个曲面被分割为两部分,单击【设置】区域中的改变保留的侧按钮 ▨ 可切换要保留的部分。如图 7.2.9 所示,切换圆形曲面的外侧为要保留的部分,得到合并特征如图 7.2.10 所示。

图 7.2.9 切换保留的侧

图 7.2.10 合并特征

例 7.2 创建如图 7.2.11 所示按键的曲面模型。

分析:本曲面由三个曲面合并,再对合并曲面的边倒圆角而成。

模型创建过程:①创建下部竖直面;②创建上部大曲面;③合并下部竖直曲面与上部大曲面;④创建顶部小曲面;⑤将顶部小曲面合并到已有曲面上;⑥创建倒圆角。

步骤 1:创建下部竖直面。

(1)激活命令。单击【模型】选项卡【形状】组中的拉伸命

图 7.2.11 例 7.2 图

令按钮 激活拉伸命令,单击操控面板上的 按钮,创建曲面特征。

(2) 创建草绘。选择 TOP 面作为草绘平面,RIGHT 面作为参考,方向向右。创建草图如图 7.2.12 所示。

(3) 设置拉伸方向与深度。设置模型生成于 TOP 面的上部,深度为 18。生成的模型如图 7.2.13 所示。

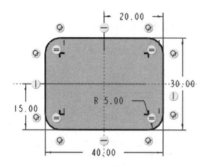

图 7.2.12 拉伸特征草图

图 7.2.13 拉伸曲面特征

步骤 2:创建上部大曲面。

本例使用旋转特征创建上部大曲面,得到的模型如图 7.2.14 所示。

(1) 激活命令。单击【模型】选项卡【形状】组中的旋转特征命令按钮 旋转 激活旋转命令,单击操控面板上的 按钮,创建曲面特征。

(2) 创建草绘。选择 FRONT 面作为草绘平面,RIGHT 面作为参考,方向向右。创建草图如图 7.2.15 所示。

图 7.2.14 上部曲面特征

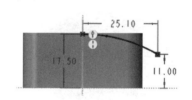

图 7.2.15 旋转特征草图

(3) 设置旋转角度为默认的 360°,生成模型如图 7.2.14 所示。

步骤 3:合并两曲面。

(1) 激活合并命令。选中步骤 1 和步骤 2 中创建的曲面,单击【模型】选项卡【编辑】组中的合并命令按钮 合并,激活合并命令。

(2) 调整各曲面保留的侧。单击操控面板上的 按钮,使得竖直曲面保留下部,回转曲面保留中间部分,如图 7.2.16(a)所示。

(3) 预览并完成,得到模型如图 7.2.16(b)所示。

步骤 4:创建顶部小曲面。

本例使用边界混合命令创建顶部小曲面,完成后的效果如图 7.2.17 所示。

(1) 创建中间基准曲线。单击【模型】选项卡【基准】组中的草绘命令按钮 ,激活草绘

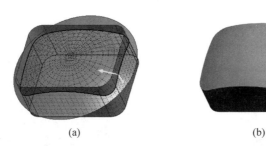

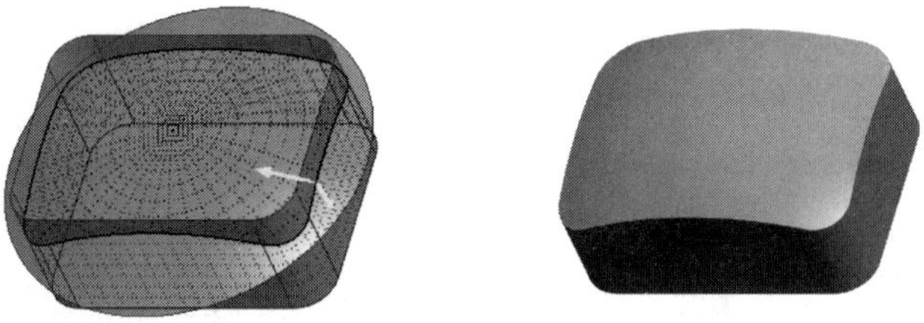

(a)　　　　　　　　　　　　　　　(b)

图 7.2.16　合并曲面特征

基准曲线命令。选择 FRONT 面作为草绘平面,RIGHT 面作为参考平面,方向向右,创建曲线如图 7.2.18 所示。

图 7.2.17　创建顶部小曲面

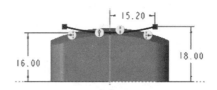

图 7.2.18　曲线草图

(2) 创建基准平面。单击【模型】选项卡【基准】组中的基准平面命令按钮 □,激活基准平面工具,选择 FRONT 面作为参考,向其正方向偏移 10 创建基准面 DTM1,如图 7.2.19 所示。

(3) 创建前基准曲线。单击【模型】选项卡【基准】组中的草绘命令按钮 ~,激活草绘基准曲线命令。选择(2)中创建的 DTM1 面作为草绘平面,RIGHT 面作为参考平面,方向向右,创建曲线如图 7.2.20 所示。

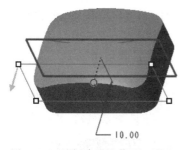

图 7.2.19　创建基准曲面 DTM1

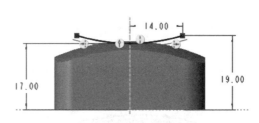

图 7.2.20　创建前基准曲线

(4) 镜像前基准曲线。选择(3)中创建的草绘基准曲线,单击【模型】选项卡【编辑】组中的镜像命令按钮 镜像,选择 FRONT 面作为镜像平面,得到第 3 条基准曲线,如图 7.2.21 所示。

(5) 创建边界混合曲面。单击【模型】选项卡【曲面】组中的边界混合命令按钮 边界混合,激活边界混合曲面命令,依次选择(3)、(1)、(4)中创建的曲线,生成曲面预览如图 7.2.22 所示。

图 7.2.21　镜像前基准曲线

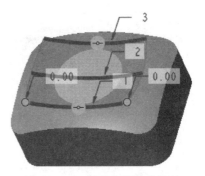

图 7.2.22　创建边界混合曲面

步骤 5：将步骤 4 中创建的小曲面合并到步骤 3 中生成的合并曲面上。

（1）激活合并命令。选择步骤 3 中生成的合并曲面和步骤 4 中创建的曲面，单击【模型】选项卡【编辑】组中的合并命令按钮 ⬭合并 ，激活合并命令。

（2）调整各曲面保留的侧。单击操控面板上的 ⬓ 按钮，使得原合并曲面保留下部，小曲面保留中间部分，如图 7.2.23 所示。

（3）预览并完成，如图 7.2.24 所示。

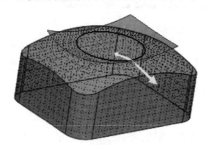

图 7.2.23　选择保留曲线的侧

图 7.2.24　模型预览

步骤 6：各边倒圆角。

（1）激活圆角命令。单击【模型】选项卡【工程】组中的倒圆角命令按钮 ⬭倒圆角 ，激活圆角命令。

（2）创建第 1 个圆角组。选择曲面外部边线作为参考，设置圆角半径为 3，如图 7.2.25 所示。

（3）创建第 2 个圆角组。选择曲面中间边线作为参考，设置圆角半径为 5，如图 7.2.26 所示。

图 7.2.25　添加外部轮廓圆角

图 7.2.26　添加顶部圆角

至此模型创建完成,参见网络配套文件 ch7\ch7_2_example2.prt。

例 7.3 某型号电源适配器如图 7.2.27 所示,创建其外形曲面,如图 7.2.28 所示。

图 7.2.27 电源适配器

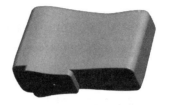

图 7.2.28 电源适配器外形曲面

分析:本曲面的创建以曲面合并为主,模型的创建过程如图 7.2.29 所示。

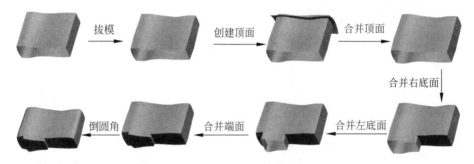

图 7.2.29 电源适配器外形曲面建模过程

步骤 1:创建拉伸曲面。

(1)激活命令。单击【模型】选项卡【形状】组中的拉伸命令按钮 ,激活拉伸命令,单击操控面板上的  按钮,创建曲面特征。

(2)创建草绘。选择 FRONT 面作为草绘平面,RIGHT 面作为参考,方向向右。创建草图如图 7.2.30 所示。

(3)设置拉伸方向与深度。设置两侧拉伸,在 FRONT 面的正方向上深度为 40,FRONT 面的负方向上深度为 10,如图 7.2.31 所示。

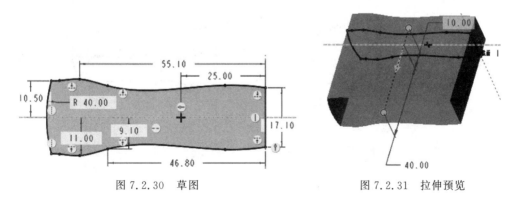

图 7.2.30 草图

图 7.2.31 拉伸预览

步骤 2:创建投影曲线。

本步骤在模型表面创建一条投影曲线,作为模型拔模的分割曲线和拔模枢轴。

（1）创建草绘基准曲线。单击【模型】选项卡【基准】组中的草绘命令按钮 ⟳，激活草绘基准曲线命令。选择 TOP 面作为草绘平面，RIGHT 面作为参考平面，方向向右，创建曲线如图 7.2.32 所示。

（2）创建投影曲线。单击【模型】选项卡【编辑】组中的投影命令按钮 ⟳ 投影，激活投影命令。选择（1）中绘制的草图作为被投影的参考；依次选择步骤 1 中创建的曲面作为投影到的面；选择 TOP 面作为投影方向，生成的投影曲线如图 7.2.33 所示。

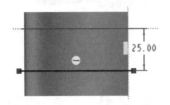

图 7.2.32　投影曲线草图

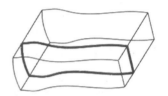

图 7.2.33　投影曲线

步骤 3：创建拔模特征。

（1）激活命令。单击【模型】选项卡【编辑】组中的拔模命令按钮 ⟳ 拔模，激活拔模特征命令。

图 7.2.34　【分割】滑动面板

（2）指定参考。选择步骤 1 中创建的曲面作为拔模曲面；步骤 2 中创建的投影曲线作为拔模枢轴；FRONT 面作为拖动方向。

（3）分割拔模曲面。单击操控面板上的【分割】标签，弹出滑动面板，选择分割选项为"根据拔模枢轴分割"（如图 7.2.34 所示），将拔模曲面根据拔模枢轴分割为两部分。

（4）设置拔模角度。设置分割后两侧拔模曲面的拔模角度均为 2°，如图 7.2.35 所示，并根据实际情况单击其后的 ⟳ 按钮，使两侧的拔模面均生成于原曲面的内侧，如图 7.2.36 所示。

图 7.2.35　设置拔模角度

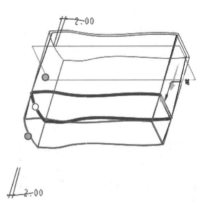

图 7.2.36　拔模预览

（5）单击 ✓ 按钮完成拔模。

步骤 4：创建顶部曲面。

本例中顶部曲面采用边界混合的方式创建，首先创建中间的基准曲线，然后通过移动这条曲线创建一边的曲线,通过镜像得到第 3 条曲线。

(1) 创建第 1 条基准曲线。单击【模型】选项卡【基准】组中的草绘命令按钮 ，激活草绘基准曲线命令。选择 TOP 面作为草绘平面,RIGHT 面作为参考平面,方向向右,创建曲线如图 7.2.37 所示。

(2) 创建第 2 条基准曲线。选择(1)中创建的基准曲线,并依次单击【模型】选项卡【操作】组中的复制命令按钮 复制 、选择性粘贴命令按钮 选择性粘贴 ,在如图 7.2.38 所示的【选择性粘贴】对话框中选中【从属副本】和【对副本应用移动/旋转变换】复选框,弹出【移动】操控面板。

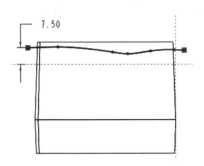

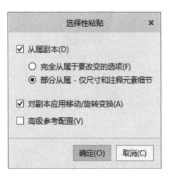

图 7.2.37 创建第 1 条基准曲线　　　　图 7.2.38 【选择性粘贴】对话框

单击操控面板中的【变换】标签,弹出滑动面板,设置基准曲线的两次平移。第 1 次沿 TOP 面平移 15,如图 7.2.39(a)所示;第 2 次沿 FRONT 面平移 4,如图 7.2.39(b)所示。得到的曲线如图 7.2.40 所示。

(a)

(b)

图 7.2.39 平移变换

(3) 创建第 3 条基准曲线。选择步骤(2)中创建的基准曲线,单击【模型】选项卡【编辑】组中的镜像命令按钮 镜像 ,选择 TOP 面作为镜像平面,得到第 3 条基准曲线如图 7.2.41 所示。

(4) 创建边界混合曲面。单击【模型】选项卡【曲面】组中的边界混合命令按钮 ，激活边界混合曲面命令,依次选择(2)、(1)、(3)中创建的曲线,生成曲面预览如图 7.2.42 所示。

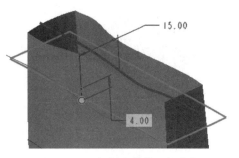

图 7.2.40 复制生成第 2 条曲线

图 7.2.41　创建第 3 条基准曲线

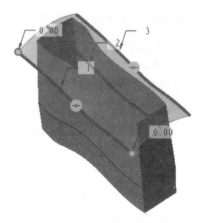

图 7.2.42　边界混合曲面预览

步骤 5：将步骤 4 中生成的曲面与拔模后的曲面合并。

（1）激活合并命令。选中两曲面，单击【模型】选项卡【编辑】组中的合并命令按钮 合并，激活合并命令。

（2）调整各曲面保留的侧。单击操控面板上的 按钮，使得原合并曲面保留下部，小曲面保留中间部分，如图 7.2.43 所示。

（3）预览并完成，如图 7.2.44 所示。

步骤 6：创建右侧底面。

本步骤使用合并的方法创建如图 7.2.45 所示的右侧底面。

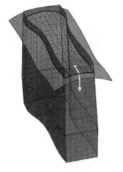

图 7.2.43　曲面合并

图 7.2.44　曲面预览

图 7.2.45　创建右侧底面

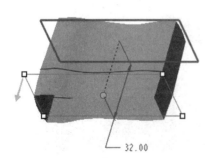

图 7.2.46　创建基准平面 DTM1

（1）创建基准平面：单击【模型】选项卡【基准】组中的基准平面命令按钮 平面，激活基准平面工具，选择 FRONT 面作为参考，向其正方向偏移 32 创建基准面 DTM1，如图 7.2.46 所示。

（2）创建拉伸曲面。单击【模型】选项卡【形状】组中的拉伸命令按钮 拉伸 激活拉伸命令，单击操控面板上的 曲面 按钮，创建曲面特征；以（1）中创建的 DTM1 面作为草绘平面,RIGHT 面作为参考,方向向右,创建草图如图 7.2.47 所示;设置拉伸高度为 8,如图 7.2.48 所示。

图 7.2.47 拉伸曲面的草图

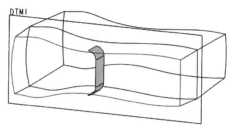

图 7.2.48 拉伸曲面

(3) 创建填充特征。单击【模型】选项卡【曲面】组中的填充命令按钮 ▨ 填充,选择 DTM1 面作为草绘平面,使用投影命令 ⬚ 投影 创建如图 7.2.49 所示的边界,完成后的填充特征如图 7.2.50 所示。

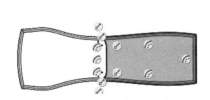

图 7.2.49 填充特征草图

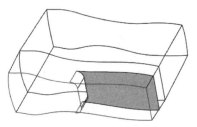

图 7.2.50 填充特征

(4) 合并(2)和(3)中创建的曲面。选中两曲面,单击【模型】选项卡【编辑】组中的合并命令按钮 ⬭ 合并,将两曲面连接成为一个整体,如图 7.2.51 所示。

(5) 将(4)中得到的曲面与已有原曲面合并。选中(4)中创建的合并曲面以及前面已有的拔模曲面,单击【模型】选项卡【编辑】组中的合并命令按钮 ⬭ 合并;单击操控面板上的 ⬚ 按钮,使得保留的侧如图 7.2.52 所示。完成后得到的模型如图 7.2.45 所示。

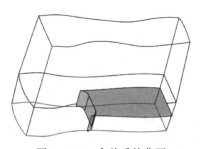

图 7.2.51 合并后的曲面

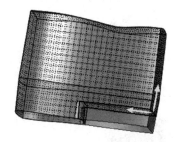

图 7.2.52 合并曲面

步骤 7:使用与步骤 6 类似的方法,创建如图 7.2.53 所示的左侧面。

(1) 创建拉伸曲面。单击【模型】选项卡【形状】组中的拉伸命令按钮 ⬚ 激活拉伸命令,单击操控面板上的 ⬚ 按钮,创建曲面特征。以 DTM1 面作为草绘平面,RIGHT 面作为参考,方向向右,创建草图如图 7.2.54 所示;设置向外拉伸高度为 8,得到模型如图 7.2.55 所示。

图 7.2.53　左侧曲面特征

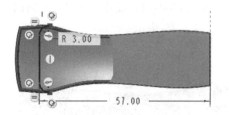

图 7.2.54　左侧拉伸平面草图

（2）创建填充特征。单击【模型】选项卡【曲面】组中的填充命令按钮 ▤ 填充 ，选择 DTM1 面作为草绘平面，使用投影命令 □ 投影 创建如图 7.2.56 所示边界，完成后的填充特征如图 7.2.57 所示。

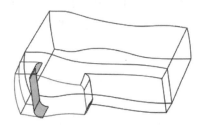

图 7.2.55　创建左侧拉伸平面

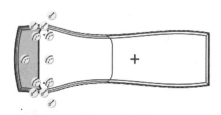

图 7.2.56　创建左侧填充平面草图

（3）合并（1）和（2）中创建的曲面。选中两曲面，单击【模型】选项卡【编辑】组中的合并命令按钮 ☐ 合并 ，将两曲面连接成为一个整体，如图 7.2.58 所示。

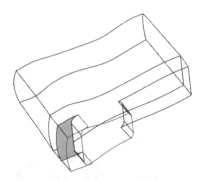

图 7.2.57　创建左侧填充平面

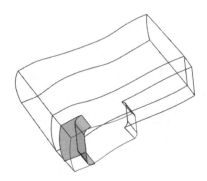

图 7.2.58　合并左侧平面

（4）将（3）中得到的曲面与已有原曲面合并。选中（3）中创建的合并曲面以及前面已有的拔模曲面，单击【模型】选项卡【编辑】组中的合并命令按钮 ☐ 合并 ，单击操控面板上的 ✗ 按钮，使得保留的侧如图 7.2.59 所示。完成后得到的模型如图 7.2.53 所示。

步骤 8：使用合并的方法创建最底部的平面，如图 7.2.60 所示。

（1）创建基准平面。单击【模型】选项卡【基准】组中的基准平面命令按钮 ▱ ，激活基准平面工具，

图 7.2.59　左侧平面与原有平面合并

选择 FRONT 面作为参考,向其正方向偏移 35 创建基准面 DTM2,如图 7.2.61 所示。

图 7.2.60 模型底部平面

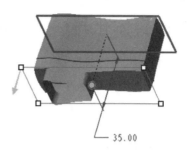

图 7.2.61 创建底部平面基准平面

(2) 创建填充特征。单击【编辑】→【填充】命令,选择 DTM2 面作为草绘平面,创建如图 7.2.62 所示草图,完成后的填充特征如图 7.2.63 所示。

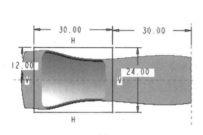

图 7.2.62 底部平面草图

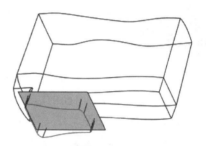

图 7.2.63 使用填充特征创建底部平面

(3) 将(2)中创建的曲面与原曲面合并。选中两曲面,单击【模型】选项卡【编辑】组中的合并命令按钮 🔘合并,再单击操控面板上的 ✕ 按钮,使得保留的侧如图 7.2.64 所示。完成后得到的模型如图 7.2.60 所示。

步骤 9:各边倒圆角。

(1) 激活圆角命令。单击【模型】选项卡【工程】组中的倒圆角命令按钮 🔵倒圆角,激活圆角命令。

(2) 创建第 1 个圆角组。选择如图 7.2.65 所示边线作为参考,设置圆角半径为 4,创建圆角组。

(3) 创建第 2 个圆角组。选择如图 7.2.66 所示边线作为参考,设置圆角半径为 0.5,创建圆角组。

图 7.2.64 合并底部端面

图 7.2.65 创建上部圆角

图 7.2.66 创建底部圆角

至此模型完成,本例参见配套文件 ch7\ch7_2_example3.prt。

7.3 曲面实体化与曲面加厚

以上创建和编辑的曲面特征只是没有厚度的特征，要想使曲面在工程实际中应用，必须生成有厚度、有体积的实体或壳体。使用曲面实体化或加厚工具可将封闭或开放的曲面变为实体或壳体。

7.3.1 曲面实体化

对于如图 7.2.28 所示封闭曲面模型，可以使用实体化工具使其内部填充，其剖切效果如图 7.3.1 所示。

图 7.3.1 实体化后的模型

除了添加实体外，还可以将曲面作为边界来移除原有实体中的部分材料。采用如图 7.3.2(a)所示曲面移除六面体中材料，如图 7.3.2(b)所示。

也可以用一个曲面替换实体中原来的边界，从而形成一个新的实体边界。曲面如图 7.3.3(a)所示，一部分位于实体外部，一部分位于内部，且曲面的边界完全位于实体表面上。使用此曲面替换实体化六面体后，得到新的实体边界如图 7.3.3(b)所示。

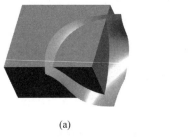

(a)　　　　　　　　　　(b)

图 7.3.2 移除材料实体化

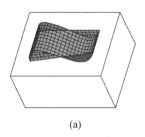
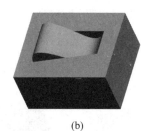

(a)　　　　　　　　　　(b)

图 7.3.3 替换曲面实体化

选中一个曲面或面组，单击【模型】选项卡【编辑】组中的实体化命令按钮 ⛵ 实体化 ，弹出操控面板如图 7.3.4 所示。主要的要素包括以下几种。

(1)类型：分为填充实体、移除材料、替换曲面三种类型。

① 填充实体：使用选择的曲面或面组创建实体体积块，图 7.3.1 所示即为填充实体方式的实体化。

图 7.3.4 【实体化】操控面板

② 移除材料：使用选择的曲面或面组去除原有实体的材料，图 7.3.2 示出的即为这种情况。

③ 替换曲面：使用选择的曲面或面组替换指定的曲面部分，使原有实体形成新的实体边界，图 7.3.3 所示即为替换曲面实体化。

(2) 参考：单击【参考】标签，弹出滑动面板如图 7.3.5 所示。激活命令前选择的曲面或面组已经被自动放置到滑动面板的【面组】收集器中。当该收集器处于活动状态时，可选择新的参考。参考收集器一次只添加一个有效的曲面特征或面组。

图 7.3.5 【参考】滑动面板

(3) 设置材料的侧：单击【设置】区域中的 ✗ 材料侧 按钮，改变生成或移除材料的方向。

注意：当进行"替换实体化"操作时，要求所选择曲面的所有边界均位于实体曲面上。

例 7.4 一导入实体特征外部创建了一个相切拔模曲面，如图 7.3.6 所示，对模型中的曲面实体化，将其变为一个带拔模的实体模型。

(a)　　　　　　　　　　　(b)

图 7.3.6 例 7.4 图

(a) 正面；(b) 反面

分析：从图中可以看出，模型中间是实体，周边是相切拔模曲面。可以首先在底部创建曲面，然后和拔模曲面合并，形成一个封闭空间；再使用替换实体化的方法用合并曲面来替换原实体，即可形成完整实体模型。

模型创建过程：①创建底面的填充曲面；②合并填充曲面和相切拔模曲面；③曲面替换实体化。

步骤 1：打开配套文件 ch7\ch7_3_example1.prt。

步骤 2：创建底面的填充曲面。

单击【编辑】→【填充】命令，选择模型底部椭圆底面作为草绘平面，DTM2 面作为参考平面，方向向右。使用"通过边创建图元"的方法创建如图 7.3.7 所示草图，完成后的填充特征如图 7.3.8 所示。

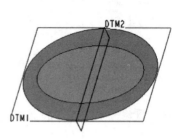

图 7.3.7　草图　　　　　　　　　　　图 7.3.8　填充曲面特征

步骤 3：合并填充曲面和相切拔模曲面。

选中两曲面,单击【模型】选项卡【编辑】组中的合并命令按钮 合并,将其合并为一个曲面。

步骤 4：曲面替换实体化。

选择步骤 3 中创建的合并特征,单击【模型】选项卡【编辑】组中的实体化命令按钮 实体化,在操控面板中设置其类型为替换曲面 替换曲面,生成实体。

完后的模型参见配套文件 ch7\ch7_3_example1_f.prt。

7.3.2　曲面加厚

对于开放或闭合曲面,均可以使用曲面加厚的方法生成壳体。7.2 节例 7.3 中创建了如图 7.3.9(a)所示的封闭曲面模型,对其加厚并剖切后如图 7.3.9(b)所示。

(a)　　　　　　　　　　　　(b)

图 7.3.9　曲面加厚

选择曲面,单击【模型】选项卡【编辑】组中的曲面加厚命令按钮 加厚,弹出操控面板如图 7.3.10 所示。其主要的要素包括以下几种。

图 7.3.10　【加厚】操控面板

(1) 类型：曲面加厚可选择填充实体和移除材料两种类型。

① 填充实体：使用选择的曲面或面组创建实体体积块,如图 7.3.9(b)中的壳体所示。

② 移除材料：使用选择的曲面或面组加厚去除其他实体的材料。如图 7.3.11(a)所示的曲面,在加厚时若选择【填充实体】类型,则生成模型如图 7.3.11(b)所示;若选择【移除材料】类型,则生成移除材料特征如图 7.3.11(c)所示。

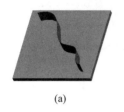 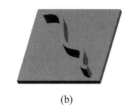 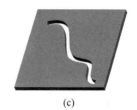

(a)   (b)   (c)

图 7.3.11 曲面加厚的不同类型

(2) 参考：单击【参考】标签,弹出滑动面板如图 7.3.12 所示。激活命令前选择的曲面或面组已经被自动放置在【面组】收集器中。当该收集器处于活动状态时,可选择新的参考。参考收集器一次只添加一个有效的曲面特征或面组。

(3) 厚度与方向：设置加厚的厚度值,以及更改材料生成的方向。在【厚度】区域的文本框中输入厚度值,单击文本框后的 按钮可在一侧、另一侧、两侧循环切换材料侧。

(4) 选项：设置加厚特征的生成方式及排除曲面。单击操控面板上的【选项】标签,弹出滑动面板如图 7.3.13 所示。单击上部的选项框弹出下拉列表如图 7.3.14 所示,表中列出了"垂直于曲面"、"自动拟合"及"控制拟合"三种生成材料的方式。激活排除曲面收集器并选择曲面,可以排除选择的曲面,使其不加厚。

图 7.3.12 【参考】滑动面板   图 7.3.13 【选项】滑动面板   图 7.3.14 材料生成方式列表

例 7.5 根据图中的主要尺寸,创建如图 7.3.15 所示的手机电池盖。

分析：本例中主壳体曲面使用曲面合并的方法完成,随后加厚,再完成扣合结构、散热孔及材料标识等其他部分。

模型创建过程：①创建各曲面并合并;②对合并曲面倒圆角;③加厚曲面;④修剪壳体;⑤创建主扣合结构;⑥创建侧面和端面的扣合结构;⑦创建端面散热孔;⑧创建材料标识。

注意：本例中的壳体也可以使用先创建实体再抽壳的方法完成,为了练习曲面合并与加厚操作,本例使用曲面建模方法完成。

步骤 1：创建各曲面并合并。

(1) 创建第 1 个拉伸曲面。单击【模型】选项卡【形状】组中的拉伸命令按钮 激活拉伸

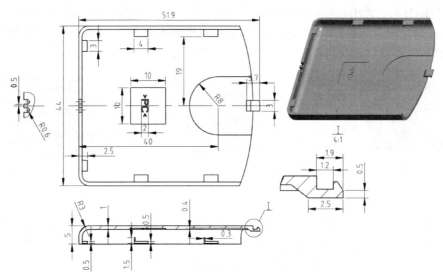

图 7.3.15 例 7.5 图

命令，单击操控面板中的曲面选项按钮 曲面，再单击操控面板上的【放置】标签，在弹出的滑动面板中单击【定义】按钮，选择 RIGHT 面作为草绘平面，TOP 面作为参考，方向向上，创建草图如图 7.3.16 所示。设置向 RIGHT 面正方向拉伸，长度为 55。生成的模型如图 7.3.17 所示。

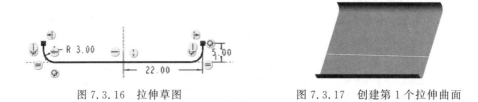

图 7.3.16 拉伸草图   图 7.3.17 创建第 1 个拉伸曲面

（2）创建第 2 个拉伸曲面。同（1），激活拉伸曲面命令，选择 TOP 面作为草绘平面，RIGHT 面作为参考，方向向右。创建草图如图 7.3.18 所示。设置向 TOP 面的正方向拉伸，长度为 5。生成的模型如图 7.3.19 所示。

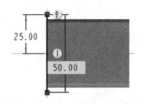

图 7.3.18 拉伸草图   图 7.3.19 创建第 2 个拉伸曲面

（3）合并两拉伸曲面。选中（1）和（2）中创建的曲面，单击【模型】选项卡【编辑】组中的合并命令按钮 合并，激活合并命令。合并曲面如图 7.3.20 所示，模型如图 7.3.21 所示。

步骤 2：对合并曲面倒圆角。

单击【模型】选项卡【工程】组中的倒圆角命令按钮 倒圆角，激活圆角命令。选择合并形成的边作为参考，设置圆角半径为 3，创建圆角特征如图 7.3.22 所示。

图 7.3.20 合并曲面

图 7.3.21 合并后的曲面模型

图 7.3.22 添加圆角

步骤 3：加厚曲面。

选择前面创建的曲面特征，单击【模型】选项卡【编辑】组中的曲面加厚命令按钮 ，设置向曲面内侧生成材料，壳体厚度为 1，创建壳体如图 7.3.23 所示。

步骤 4：修剪壳体。

（1）激活去除实体材料的拉伸命令。单击【模型】选项卡【形状】组中的拉伸命令按钮 激活拉伸命令，在操控面板中选择移除材料模式 移除材料，创建移除材料的拉伸特征。

（2）创建草图。单击操控面板上的【放置】标签，在弹出的滑动面板中单击【定义】按钮，选择 TOP 面作为草绘平面，RIGHT 面作为参考，方向向右，创建草图如图 7.3.24 所示。

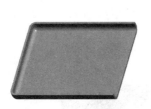
图 7.3.23 曲面加厚

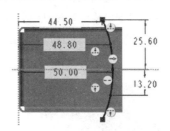
图 7.3.24 移除材料草图

（3）设置拉伸高度和移除材料的侧。设置向 TOP 面的正方向拉伸，长度为 10；选择切除草图右侧的材料，如图 7.3.25 所示。

生成的模型如图 7.3.26 所示。

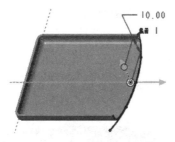
图 7.3.25 移除材料预览

图 7.3.26 修剪模型右侧

步骤 5：创建主扣合结构。

在创建主扣合之前，首先创建一个扣合处的凹陷，便于在按压下打开主扣合，然后再使用拉伸特征创建主扣合。

（1）使用移除材料的拉伸特征创建扣合处的凹陷。单击【模型】选项卡【形状】组中的拉伸命令按钮 激活拉伸命令，在操控面板中选择移除材料模式 移除材料。单击操控面板上的【放置】标签,在弹出的滑动面板中单击【定义】按钮,选择壳体的内表面作为草绘平面,RIGHT 面作为参考,方向向右,创建草图如图 7.3.27 所示;设置向壳体内拉伸,深为 0.4;设置切除草图内侧材料,如图 7.3.28 所示。生成的模型如图 7.3.29 所示。

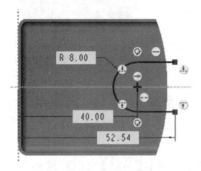

图 7.3.27　移除材料草图

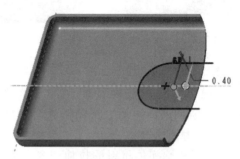

图 7.3.28　移除材料预览

（2）使用拉伸命令创建扣合特征。单击【模型】选项卡【形状】组中的拉伸命令按钮 拉伸，激活拉伸命令,创建实体特征;单击操控面板上的【放置】标签,在弹出的滑动面板中单击【定义】按钮,选择 FRONT 面作为草绘平面,RIGHT 面作为参考,方向向右,创建草图如图 7.3.30 所示。设置为向两侧拉伸,长度为 4。生成的模型如图 7.3.31 所示。

图 7.3.29　使用移除材料特征创建扣合处凹陷

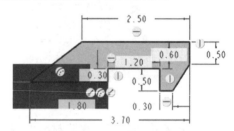

图 7.3.30　扣合特征草图

步骤 6:创建侧面和端面的扣合结构。

模型中两侧各有两个扣合,端面也有两个。使用拉伸的方法分别创建一个侧扣和一个底扣,然后再通过移动、镜像的方法生成其余特征。

（1）创建辅助基准平面。单击【模型】选项卡【基准】组中的基准平面命令按钮 平面,激活基准平面工具,选择 FRONT 面作为参考,向其负方向偏移 19 创建基准面 DTM1,如图 7.3.32 所示。

图 7.3.31　创建扣合特征

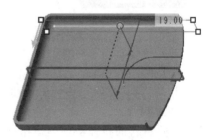

图 7.3.32　基准平面预览

（2）使用拉伸的方法创建第1个侧扣。单击【模型】选项卡【形状】组中的拉伸命令按钮  激活拉伸命令，创建实体特征。单击操控面板上的【放置】标签，在弹出的滑动面板中单击【定义】按钮，选择（1）中创建的 DTM1 面作为草绘平面，RIGHT 面作为参考，方向向右，创建草图如图 7.3.33 所示。设置深度模式为"到选定的面" **止** 并设置壳体的内后侧面作为参考，生成的模型如图 7.3.34 所示。

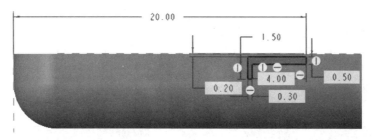

图 7.3.33 侧扣草图

（3）复制（2）中创建的特征。选中特征，依次单击【模型】选项卡【操作】组中的复制命令按钮 、选择性粘贴命令按钮 选择性粘贴，在弹出的【选择性粘贴】对话框中选中【从属副本】和【对副本应用移动/旋转变换】复选框，如图 7.3.35 所示，单击【确定】按钮，弹出【移动（复制）】操控面板。

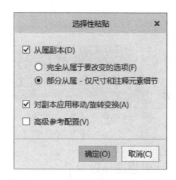

图 7.3.34 侧扣特征

图 7.3.35 【选择性粘贴】对话框

在操控面板中选择"平移"，并设置 RIGHT 面作为方向参考，平移距离为20，其【变换】滑动面板如图 7.3.36 所示，生成的特征预览如图 7.3.37 所示，单击 按钮完成复制。

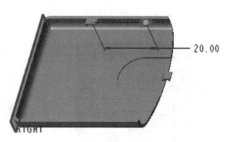

图 7.3.36 【变换】滑动面板

图 7.3.37 复制特征预览

(4) 创建辅助基准平面。单击【模型】选项卡【基准】组中的基准平面命令按钮 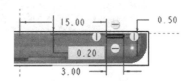 ，激活基准平面工具，选择 RIGHT 面作为参考，向其正方向偏移 2.5 创建基准面 DTM2，如图 7.3.38 所示。

(5) 使用拉伸特征创建端面扣合结构。单击【模型】选项卡【形状】组中的拉伸命令按钮 激活拉伸命令，创建实体特征。选择(4)中创建的 DTM2 面作为草绘平面，TOP 面作为参考，方向向上，创建草图如图 7.3.39 所示。设置深度模式为"到选定的面" ⊥ 并选择壳体的内左侧面作为参考，生成的模型如图 7.3.40 所示。

图 7.3.38　创建基准平面 DTM2

图 7.3.39　端面扣合草图

(6) 镜像(2)、(3)、(5)中创建的 3 个特征。选中 3 个特征，单击【模型】选项卡【编辑】组中的镜像命令按钮 ⬙⬙ 镜像 ，选择 FRONT 面作为镜像平面，生成全部 6 个扣合，如图 7.3.41 所示。

图 7.3.40　端面扣合模型

图 7.3.41　镜像特征

步骤 7：创建端面散热孔。

(1) 创建移除材料的拉伸特征。单击【模型】选项卡【形状】组中的拉伸命令按钮 激活拉伸命令，选择移除材料模式 移除材料 。选择 RIGHT 面作为草绘平面，TOP 面作为参考，方向向上，创建草图如图 7.3.42 所示。设置深度模式为"到选定的面" ⊥ 并选择壳体的内左侧面作为参考，如图 7.3.43 所示。生成的模型如图 7.3.44 所示。

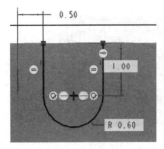

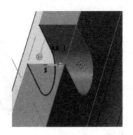

图 7.3.42　散热孔草图

图 7.3.43　散热孔预览

图 7.3.44　生成散热孔

（2）镜像步骤（1）中的特征。选择步骤（1）中创建的特征,单击【模型】选项卡【编辑】组中的镜像命令按钮 ㄨ 镜像 ,选择 FRONT 面作为镜像平面,生成第 2 个孔,如图 7.3.45 所示。

步骤 8：创建材料标识。

本步骤首先在壳体内部生成一个凹陷,再使用展开偏移的方法生成凸起的文字。

（1）使用移除材料的拉伸特征创建凹陷。单击【模型】选项卡【形状】组中的拉伸命令按钮 拉伸 激活拉伸命令,选择移除材料模式 ㄨ 移除材料 。选择壳体的内表面作为草绘平面,RIGHT 面作为参考,方向向右,创建草图如图 7.3.46 所示;设置向壳体内拉伸,深 0.4;选择切除草图内侧的材料,如图 7.3.47 所示。生成的模型如图 7.3.48 所示。

图 7.3.45　镜像散热孔

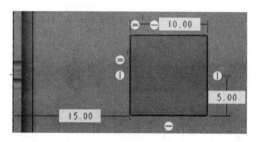

图 7.3.46　材料标识草图

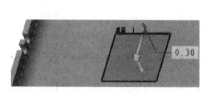

图 7.3.47　切除草图内侧材料预览

图 7.3.48　材料标识凹陷

（2）创建草绘特征。单击【模型】选项卡【基准】组中的草绘命令按钮 草绘 ,激活草绘基准曲线命令。选择（1）中创建的凹陷的底面作为草绘平面,RIGHT 面作为参考平面,方向向上,创建文字"＞PC＜",如图 7.3.49 所示,图中文字使用 font3d 字体。

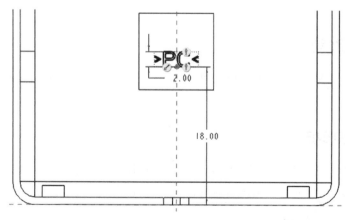

图 7.3.49　标识草图

（3）创建展开偏移特征。选择（1）中创建的凹陷的底面，单击【模型】选项卡【编辑】组中的偏移命令按钮 ⌐┐偏移 ，选择偏移方式为展开偏移，设置拉伸高度为 0.3mm。单击操控面板中的【选项】标签，选择"展开区域"为"草绘区域"，如图 7.3.50 所示。

图 7.3.50　展开偏移操控面板

单击【选项】滑动面板中的【定义】按钮，以（1）中创建的凹陷的底面作为草绘平面，RIGHT 面作为参考平面，方向向上，进入草绘界面绘制要展开的区域。以（2）中的草图作为边界，使用投影方法创建如图 7.3.51 所示的草图。

图 7.3.51　偏移的草图

最终生成的模型如图 7.3.15 所示。本例参见配套文件 ch7\ch7_3_example2.prt。

7.4　曲面折弯

在 Creo 中有环形折弯和骨架折弯两种折弯工具，均可以实现对实体或曲面的弯曲操作。

7.4.1　环形折弯

环形折弯可将实体、曲面或基准曲线折弯成环形（即：环状弯曲）。例如，可将图 7.4.1（a）所示的长方形曲面折弯成有一定折弯轮廓的环状弯曲，如图 7.4.1（c）所示。从图中可以看出，环形折弯特征同时创建了两个折弯。

（1）第 1 个折弯：创建折弯轮廓，即环形的截面形状，如图 7.4.1（b）所示。本例中创建了一条草绘曲线链,使曲面的界面沿草绘曲线链变形。

(2) 第 2 个折弯:创建环状弯曲。如图 7.4.1(c)所示,将曲面弯曲成 270°的环状。

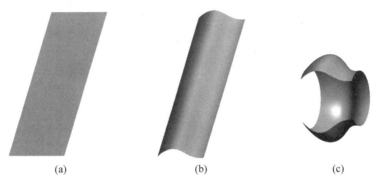

(a)   (b)   (c)

图 7.4.1   环形折弯的两个折弯

第 1 个折弯是由草绘曲线控制的。如图 7.4.2 所示,对长方形实体进行折弯操作,图 7.4.2(a)所示实体经过 270°折弯,得到图 7.4.2(b)所示模型。折弯过程中,绘制一条草绘曲线作为折弯轮廓。并且折弯轮廓中要包含一个坐标系,如图 7.4.2(b)所示,其 X 轴所在的平面称为中性平面,是沿折弯材料的截面厚度为零变形(不被延长或压缩)的理论平面。这样,会导致位于该中性平面外部的材料被延长以补偿折弯变形,而内部的材料将被压缩。

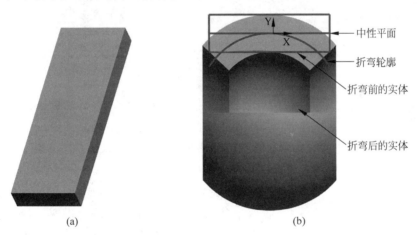

中性平面
折弯轮廓
折弯前的实体
折弯后的实体

(a)   (b)

图 7.4.2   环形折弯的第 1 个折弯

第 2 个折弯为环形的折弯,有 3 种设置方式。

(1) 折弯半径。通过设置折弯半径设置折弯形状。在这种折弯中,输入的半径值是指截面几何坐标系原点与折弯轴之间的距离。

(2) 折弯轴。通过选择折弯轴确定折弯中心。

(3) 360°折弯。选择两个相互平行的平面,用于设置折弯几何图形的两个端点。"360°折弯"的含义是折弯后以上两个指定的平面之间的夹角为 360°,即折弯后选择的平面将首位重合,形成一个完整的圆形。例如,图 7.4.3(a)中 FRONT 面和 DTM1 面分别过曲面的两端线,DTM2 面与 FRNOT 面间距离是 DTM1 面与 FRONT 面间距离的 2 倍,选择 FRONT 面和 DTM1 面作为 360°折弯的参考平面得到图 7.4.3(b)所示完整环形曲面,选择

FRONT 面和 DTM2 面作为参考平面得到图 7.4.3(c)所示半圆形曲面。

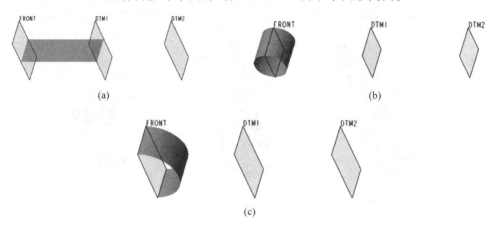

图 7.4.3　360°环形折弯的参考平面选择

单击【模型】选项卡【工程】组中的组溢出按钮,在弹出的菜单中单击环状折弯命令按钮
环形折弯,弹出操控面板如图 7.4.4 所示。其主要要素包括以下几种。

图 7.4.4　【环形折弯】操控面板

(1) 参考:轮廓截面收集器,用于收集定义轮廓截面的内部或外部草绘,即用于指定定义环形折弯第 1 个折弯的横截面。第 1 个折弯的横截面可以是内部草图,也可以是外部参考草绘,此处操控面板中的收集器仅可拾取外部参考草绘。若需要内部草绘,单击【参考】标签定义。

图 7.4.5　【参考】滑动面板

(2) 设置:指定第 2 个折弯的定义方式,包括指定折弯半径、指定折弯轴以及 360°折弯。设置折弯的定义方式后,在其后指定折弯半径、折弯轴或两个参考平面。

(3)【参考】滑动面板:指定将要折弯的曲面、实体或曲线,以及用于定义第 1 个折弯的内部草绘或外部草绘,如图 7.4.5 所示。其中,【面组和/或实体主体】收集器用于收集一个主体、任意数量的面组或一个主体与多个面组的组合以进行折弯;【曲线】收集器收集所有属于折弯几何特征的曲线;【轮廓截面】收集器收集轮廓截面的内部或外部草绘。

(4) 选项:该滑动面板用于设置折弯曲线的算法,如图 7.4.6 所示。其中,【标准】是根据环形折弯的标准算法对链进行折弯;【保留在角度方向的长度】是指在对曲线链进行折弯时,使得曲线上的点到轮廓截面平面的距离沿角度方向保留不变;【保持平整并收缩】是使曲线链保持平整并位于中性平面内,曲线上的点到轮廓截面平面的距离缩短;【保持平整并展开】是使曲线链保持平整并位于中性平面内,曲线上的点到轮廓截面平面的距离增加。

图 7.4.6 【选项】滑动面板

创建环形折弯的步骤如下:

① 激活命令。单击【模型】选项卡【工程】组中的组溢出按钮,在弹出的菜单中单击环状折弯命令按钮 环形折弯 。

② 确定折弯的定义方式。指定折弯半径、折弯轴或 360° 折弯。

③ 选择要折弯的曲面或实体。

④ 定义折弯轮廓。选择草绘平面并定位,绘制草图以定义草绘轮廓,在草绘过程中添加坐标系以确定中性平面。

⑤ 确定第 2 个折弯的参数。确定折弯半径、指定折弯轴或 360°折弯所需的两个参考平面。

⑥ 设置折弯曲线的算法。单击【选项】选项卡,确定折弯算法,默认为【标准】。

⑦ 预览并完成特征。

例 7.6 将如图 7.4.7 所示的长方形曲面环形折弯,得到如图 7.4.8 所示的鼓状曲面。环形折弯前长方形曲面的长度为 600,其余尺寸见图 7.4.8。

图 7.4.7 例 7.6 图(一)

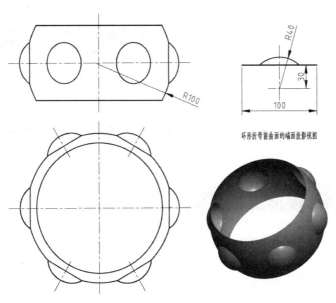

图 7.4.8 例 7.6 图(二)

分析：本例中要创建1个环形折弯特征,折弯前的曲面由1个长方形曲面和6个圆弧面合并而成。

建模过程分析：①创建长方形曲面；②创建第1个圆弧面；③阵列圆弧面；④合并长方形与圆弧面；⑤将合并后的曲面折弯。

步骤1：创建长方形曲面。

单击【模型】选项卡【形状】组中的拉伸命令按钮 激活拉伸命令,单击操控面板中的曲面选项按钮 ,创建曲面特征。选择 RIGHT 面作为草绘平面,TOP 面作为参考,方向向上,创建草图如图7.4.9所示。指定向 RIGHT 面的正方向拉伸,长度为600。生成的模型如图7.4.10所示。

图 7.4.9　拉伸草图　　　　　　　　图 7.4.10　拉伸创建长方形曲面

步骤2：创建第1个圆弧面。

单击【模型】选项卡【形状】组中的旋转命令按钮 旋转 激活旋转命令,单击操控面板中的曲面选项按钮 ,创建曲面特征。选择 TOP 面作为草绘平面,RIGHT 面作为参考,方向向右,绘制草图如图7.4.11所示。设置旋转角度为360°,生成的模型如图7.4.12所示。

图 7.4.11　旋转特征草图　　　　　　图 7.4.12　旋转特征模型

步骤3：阵列圆弧面。

（1）激活命令。选择步骤2中创建的圆弧面,单击【模型】选项卡【编辑】组中的阵列按钮 激活阵列命令。

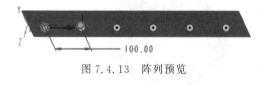

图 7.4.13　阵列预览

（2）设置阵列形式及参数。在阵列操控面板中设置阵列形式为【方向】,并单击长方形曲面的边作为阵列方向,设置阵列间距为100,阵列数为6。阵列预览如图7.4.13所示。

步骤4：合并长方形与圆弧面。

（1）合并第1个圆弧面与长方形曲面。按住 Ctrl 键选择步骤1和步骤2中生成的两个曲面,单击【模型】选项卡【编辑】组中的合并命令按钮 合并 激活合并命令,合并后的模型如图 7.4.14 所示。

（2）将阵列生成的圆弧面依次与已合并曲面合并，生成模型如图 7.4.15 所示。

图 7.4.14　将第 1 个圆弧面与长方形曲面合并

图 7.4.15　合并其他圆弧面

步骤 5：将合并后的曲面折弯。

（1）创建基准平面以备选作折弯的角度参考。单击【模型】选项卡【基准】组中的基准平面命令按钮 ⬚ 激活基准平面工具，选择 RIGHT 面作为参考，向其正方向偏移 600 创建基准面 DTM1，如图 7.4.16 所示。

（2）激活命令。单击【模型】选项卡【工程】组中的组溢出按钮，在弹出的菜单中单击环状折弯命令按钮 ◯ 环形折弯 ，激活环状折弯命令。

（3）选择折弯曲面。单击【参考】选项卡，在【面组和/或实体主体】拾取框激活状态下选择步骤 4 中合并生成的面组。

（4）定义轮廓截面。单击【轮廓截面】拾取框后的【定义】按钮，选择 RIGHT 面作为草绘平面，FRONT 面作为定位平面，方向向下，绘制草图如图 7.4.17 所示。注意绘制图中的坐标系。

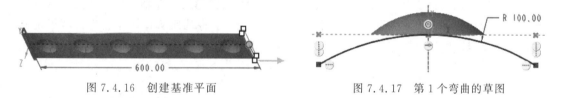

图 7.4.16　创建基准平面　　　　　　图 7.4.17　第 1 个弯曲的草图

（5）设置第 2 个折弯的定义方式及其参考：选择 360°折弯，并依次选择 RIGHT 面和 DTM1 面作为折弯参考。

（6）设置折弯曲线的算法。单击【选项】选项卡，设置折弯算法为【标准】。

至此模型创建完成，如图 7.4.8 所示。本例参见配套文件 ch7\ch7_4_example1.prt。

7.4.2　骨架折弯

骨架折弯是根据已有或草绘的折弯曲线来确定对象的折弯形状，将面组或实体沿折弯曲线重新放置，折弯后所选择参考中与轴垂直的截面将与折弯曲线垂直，折弯过程中的压缩或延伸变形均沿轨迹纵向进行。例如，图 7.4.18(a)中直的圆柱面以图中的曲线作为骨架，折弯后如图 7.4.18(b)所示。

注意：骨架折弯的对象可以是实体，也可以是曲面。实体折弯后原对象将被隐藏，而曲面折弯后原始对象将会被保留，如图 7.4.18(b)所示。

单击【模型】选项卡【工程】组中的组溢出按钮，在弹出的菜单中单击骨架折弯命令按钮 ⬚ 骨架折弯 ，弹出操控面板如图 7.4.19 所示。其主要要素包括以下几种。

（1）折弯几何：即将被折弯的曲面组或实体。

(a)   (b)

图 7.4.18　骨架折弯

图 7.4.19　【骨架折弯】操控面板

（2）【参考】滑动面板：单击【参考】标签，弹出滑动面板如图 7.4.20 所示，单击【骨架】拾取框，选择已有草绘作为骨架线，骨架线必须为相切连续曲线。

（3）设置：单击【设置】区域中的保留原始长度按钮 ，使得折弯区域在折弯后保持其原始长度。其折弯模式如图 7.4.21 所示，【折弯全部】是指在轴方向上将几何从骨架起点折弯至要折弯的几何最远点；【按值】是指在轴方向上将几何从骨架起点折弯至指定深度；【到参考】是将几何折弯至选定参考，参考可以是垂直于轴的平面，或者点、顶点。

图 7.4.20　【参考】滑动面板

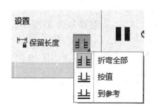

图 7.4.21　骨架折弯模式

创建骨架折弯的步骤如下：

（1）激活命令。单击【模型】选项卡【工程】组中的组溢出按钮，在弹出的菜单中单击骨架折弯命令按钮 。

（2）确定折弯几何。选择被折弯的曲面组或实体。

（3）选择折弯骨架。单击【骨架】拾取框，选择已有草绘作为骨架线。

（4）预览并完成特征。

例 7.7　使用骨架折弯的方法创建如图 7.4.22 所示的曲面。

分析：若使用骨架折弯的方法创建本模型，则图中的中心线即可作为骨架线。

模型创建过程：①创建原始回转曲面；②创建骨架线；③将回转面沿骨架线折弯。

步骤 1：创建原始回转曲面。

单击【模型】选项卡【形状】组中的旋转命令按钮 旋转 激活旋转命令，单击操控面板中

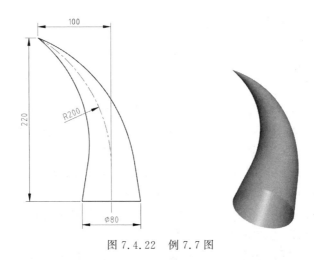

图 7.4.22 例 7.7 图

的曲面选项按钮 ，创建曲面特征，选择 TOP 面作为草绘平面，RIGHT 面作为参考，方向向右，绘制草图如图 7.4.23 所示，回转 360°生成模型如图 7.4.24 所示。

步骤 2：创建骨架线。

单击【模型】选项卡【基准】组中的草绘基准曲线命令按钮 ，激活草绘命令。选择 TOP 面作为草绘平面，RIGHT 面作为参考平面，方向向右，绘制如图 7.4.25 所示的曲线。

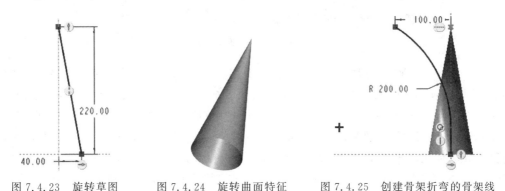

图 7.4.23 旋转草图 　　　图 7.4.24 旋转曲面特征 　　　图 7.4.25 创建骨架折弯的骨架线

步骤 3：将回转面沿骨架线折弯。

（1）激活命令。单击【模型】选项卡【工程】组中的组溢出按钮，在弹出的菜单中单击骨架折弯命令按钮 骨架折弯 。

（2）确定折弯几何。选择步骤 1 中创建的回转面作为要折弯的对象。

（3）选择折弯骨架。选择步骤 2 中创建的曲线作为骨架线。

（4）预览并完成特征，如图 7.4.26 所示。

步骤 4：隐藏原回转曲面。

单击步骤 1 中创建的回转曲面，在弹出的浮动菜单中单击隐藏命令按钮 ，将回转曲面隐藏。本例模型参见

图 7.4.26 曲面的骨架折弯

配套文件 ch7\ch7_4_example2.prt。

7.5 曲面扭曲

扭曲是一种改变对象形状的特征,它可操作的对象包括主体、实体、曲面、小平面和曲线。生成的扭曲特征是一种参数化特征,它记录了应用于模型的扭曲操作的过程。

扭曲的应用场合主要有两方面:

(1)概念性设计过程中,通过拖拽等操作,对没有精确尺寸和形状要求的原始模型进行较随意修改,以得到满足设计者基本意图的产品外观。

(2)从其他应用程序中导入的数据模型,因不能对其按特征进行进一步编辑,可使用扭曲的方法改变其外形,以适合特定工程需要。

单击【模型】选项卡【编辑】组中的组溢出按钮,在弹出的菜单中单击扭曲命令按钮  扭曲,弹出【扭曲】操控面板如图 7.5.1 所示。操控面板中的按钮显示了扭曲特征的转换、扭曲、折弯、扭转、骨架变形或雕刻等各种操作方式,其主要要素如下。

图 7.5.1 【扭曲】操控面板

(1)参考:单击【几何】拾取框,选择要设置扭曲的主体、面组、小平面或曲线;单击【方向】拾取框,收集基准平面或坐标系以设置扭曲方向。单击【参考】标签,弹出滑动面板如图 7.5.2 所示,从中也可选择几何和方向参考。选中【隐藏原件】复选框可隐藏扭曲操作的原始对象。选中【复制原件】复选框可保留原始对象,此选项对实体不可用。选中【小平面预览】复选框,使用小平面来简单表示扭曲几何,可以提高预览模型的显示速度;拖动其后的滑块可提高或降低小平面预览质量,也可以直接在其后的文本框中输入 0～100 之间的数

图 7.5.2 【参考】滑动面板

字。例如,图 7.5.3(a)所示为原始模型,图 7.5.3(b)所示为扭转 20°后的模型预览。为了提高显示速度,可以使用小平面来简单表示预览模型,如图 7.5.3(c)所示。

(2)工具:指定扭曲操作的类型,主要包括变换、扭曲、骨架、拉伸、折弯、扭转和雕刻。

① 变换操作 变换 :实现对选定对象的平移、旋转或缩放操作。

② 扭曲操作 扭曲 :使用选择框的边和拐角来改变选定曲面的形状,可使用多种约束和控制方式在大范围内改变对象的形状。

③ 骨架操作 骨架 :通过处理定义的曲线点改造选定曲面,变形可为线性或径向。

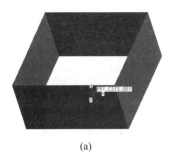 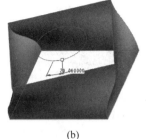 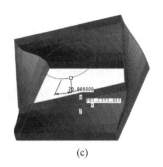

(a)   (b)   (c)

图 7.5.3　模型的小平面预览

④ 拉伸操作 □ 拉伸 ：沿选定轴线拉伸对象。

⑤ 折弯操作 □ 折弯 ：沿选定轴线折弯对象，可以控制折弯角度、折弯范围、轴心点和折弯半径。

⑥ 扭转操作 □ 扭转 ：绕选定轴线扭转对象，可以控制扭转角度和扭转操作影响的范围。

⑦ 雕刻操作 □ 雕刻 ：将网格点附着到对象上，通过对网格的拖拽，精确改变其形状。

（3）列表：单击操控面板中的【列表】标签，弹出【列表】滑动面板如图 7.5.4 所示，模型执行的所有扭曲操作将以其执行顺序显示在列表框中，单击其中的一项，图形窗口中的模型将显示进行该操作时模型的状态。列表框下部的工具条提供了对列表项的操作方法。单击 ⟨⟨ 或 ⟩⟩ 按钮可选择列表中的第一个或最后一个操作；单击 ◀ 或 ▶ 按钮选择前一个或下一个操作；单击 ✕ 按钮可删除当前选中的操作。

（4）选项：对于不同类型的扭曲操作，单击【选项】标签，分别弹出对应的滑动面板，用于设置各扭曲的专用参数。

图 7.5.4　【列表】滑动面板

7.5.1　变换操作

单击图 7.5.1 所示操控面板上的变换操作按钮 □ 变换 ，可实现对选定对象的平移、旋转或缩放。此时操控面板变为如图 7.5.5 所示。

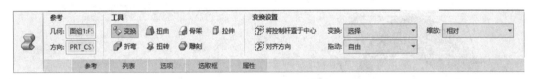

图 7.5.5　变换操作操控面板

操控面板中添加了【变换设置】栏目，用于完成模型变换操作，单击【拖动】后面的三角形符号，弹出下拉列表如图 7.5.6 所示，可以设置移动对象的方式为"自由"、H/V 方向或是"法向"；单击【缩放】后面的三角形符号，弹出下拉列表如图 7.5.7 所示，可设置为"相对"或"中心"缩放。

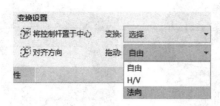

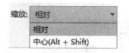

图 7.5.6 【拖动】下拉列表　　　　　　图 7.5.7 【缩放】下拉列表

对于如图 7.5.8 所示曲面,选择整个面组作为要变换的对象,选择默认坐标系作为方向参考,其【参考】滑动面板如图 7.5.9 所示,此时的对象如图 7.5.10 所示,此时在选定对象周围出现一长方体线框,并在选定对象的中心出现一旋转控制杆。长方体线框称为罩框,用于实现对象的缩放;旋转控制杆用于实现对象的旋转;而直接拖动对象可平移对象。结合各控制方式,可以实现多种形式的缩放、旋转与平移操作。

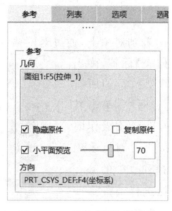

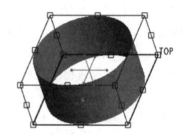

图 7.5.8　曲面　　　　　图 7.5.9 【参考】滑动面板　　　　　图 7.5.10　模型预览

1. 缩放

以不同的控制方式拖动不同的罩框点时,将以不同的方式缩放对象。

(1)三维缩放:拖动罩框上的拐角点,可以三维缩放对象。如图 7.5.11 所示,拖动拐角点时,被拖动的拐角点上将出现一个指向对角的箭头,对象沿此箭头方向缩放,此时单击操控面板中的【选项】标签,弹出滑动面板如图 7.5.12 所示,其中显示了拐角间的缩放以及其比例,此时可以直接在文本框中输入缩放比例得到一个精确缩放。

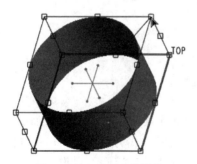

图 7.5.11　相对三维缩放　　　　　图 7.5.12　相对三维缩放【选项】滑动面板

同时【选项】滑动面板中显示缩放是朝向"相对"的,此时缩放是以对角作为缩放中心的。同时按住 Alt 和 Shift 键,或在操控面板中的"缩放"下拉列表中选择"居中",其缩放中心将改为模型中心,如图 7.5.13 所示,此时面板变为如图 7.5.14 所示。

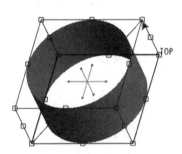

图 7.5.13　居中三维缩放　　　　　　图 7.5.14　居中三维缩放【选项】滑动面板

（2）二维缩放:拖动罩框上线的中点,可以二维缩放对象。如图 7.5.15 所示,拖动中点时,被拖动的中点上将出现一个指向对边的箭头,对象沿此箭头方向缩放,此时的【选项】滑动面板如图 7.5.16 所示,指示了缩放是指向对边的,直接输入缩放比例可实现精确缩放。与三维缩放类似,选择缩放中心为"居中",或同时按住 Alt 和 Shift 键,可沿模型中心缩放对象。

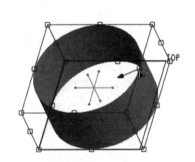

图 7.5.15　二维缩放　　　　　　　图 7.5.16　二维缩放【选项】滑动面板

（3）一维缩放:将光标放在罩框上线的中点上,将显示分别指向两个方向的箭头,如图 7.5.17 所示,将光标指向其中任一箭头并拖动鼠标,可实现在此方向上的一维缩放。其【选项】滑动面板如图 7.5.18 所示,其精确缩放比例和缩放中心的设置方法同前。

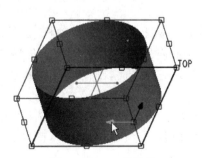

图 7.5.17　一维缩放　　　　　　　图 7.5.18　一维缩放【选项】滑动面板

2. 旋转

使用罩框中心的旋转控制杆可实现旋转操作。控制杆端点处为旋转操作柄,单击旋转操作柄将其激活,绕控制柄出现旋转轨迹,如图 7.5.19 所示,沿旋转轨迹拖动操作柄可实现沿此轨迹的旋转。此时的【选项】面板如图 7.5.20 所示,输入角度可实现精确旋转。

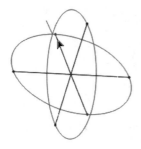

图 7.5.19　旋转操作柄　　　　　　图 7.5.20　旋转操作的【选项】滑动面板

旋转控制杆中心即为模型旋转中心,默认情况下控制杆中心为模型中心,右击控制杆任意位置,弹出快捷菜单如图 7.5.21 所示,选择【变换控制杆】单选按钮可移动控制杆或旋转控制杆以及罩框。

3. 平移

直接拖动对象或罩框可平移对象。此时的【选项】面板如图 7.5.22 所示,直接输入 X、Y、Z 坐标值可设置一个精确的平移量。

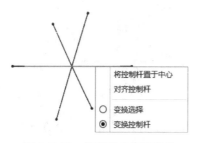

图 7.5.21　控制杆的快捷菜单　　　　图 7.5.22　平移对象时的【选项】滑动面板

默认状态下,可实现模型在 X、Y、Z 任意方向上的平移。也可以通过平移方式的控制,实现模型在平面内或法向平移。

(1) 平面内平移:按住 Ctrl+Alt 键,或单击操控面板上的【拖动】选项框,在弹出的下拉列表中选择 H/V 选项(图 7.5.6),可实现模型在平面内移动。若选择的【方向】参考为坐标系,则模型可在 X 或 Y 方向移动;若【方向】参考为基准平面,则模型可在基准平面内移动。

(2) 法向平移:按住 Alt 键,或单击【拖动】选项框,在弹出的下拉列表中选择"法向"选项(图 7.5.6),可实现模型的法向移动。若选择的【方向】参考为坐标系,则模型将沿 Z 轴移动;若【方向】参考为基准平面,则模型将垂直于基准平面移动。

7.5.2　扭曲操作

单击操控面板上的扭曲操作按钮 扭曲 ，操控面板变为如图 7.5.23 所示,通过选择框的边和拐角来改变几何的形状,可使用多种约束和控制方式在大范围内改变对象的形状。可完成的操作包括:

(1) 使选中对象的顶部或底部成为锥形。

(2) 将选中对象的拐角向中心拖动或背向中心拖动。

(3) 将选中对象的边向中心拖动或背向中心拖动。

(4) 将选中对象的重心向底部或顶部移动。

图 7.5.23　扭曲操作操控面板

将光标放置在罩框的任一拐角上,该拐角上会显示六个箭头,如图 7.5.24(a)所示;将光标放置在任一罩框线的中点上,该中点上将显示四个箭头,如图 7.5.24(b)所示。采用不同的方法拖动不同的箭头会得到不同的结果。

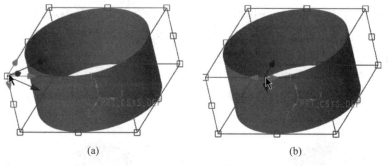

图 7.5.24　扭曲操作

1. 使选中对象的顶部或底部成为锥形

(1)相对拐角扭曲:将光标放置在罩框的任一拐角上,该拐角上会显示六个箭头,其中有三个位于面上,拖动其中的任意一个,将其所在的拐角在平面内向相对拐角移动。与此同时,两个相邻拐角将以对称方式进行相同变换,以保持原始的拐角角度,如图 7.5.25 所示。也可通过操控面板中的【选项】滑动面板设置确切的扭曲值。

(2) 向中心的相对拐角扭曲:单击操控面板中的【扭曲】按钮,在弹出的操控面板中的【扭曲设置】下拉列表中选择扭曲的方式为"中心",如图 7.5.26 所示,再次拖动位于罩框拐角上的箭头,拐角所在面上的所有四个拐角均以对称方式向中心移动,如图 7.5.27 所示;在拖动箭头时按住 Shift 和 Alt 键,也可以起到选择"中心"选项的作用。

(3) 自由拐角扭曲:在拖动位于面上的箭头的同时,按住 Alt 键,可独立于该平面的其他拐角沿该平面仅拖动选择的一个拐角,如图 7.5.28 所示。

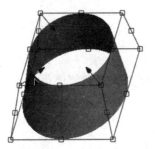

图 7.5.25　相对拐角扭曲

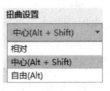

图 7.5.26　【扭曲设置】下拉列表

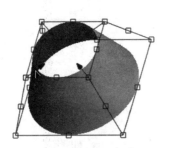

图 7.5.27　中心扭曲

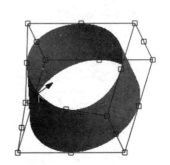

图 7.5.28　自由扭曲

2. 将选中对象的拐角向中心拖动或背向中心拖动

（1）沿边的相对拐角扭曲：在拐角处的六个箭头中，有三个是沿着罩框的边的，拖动其中的任意一个，可将其所在的角沿着边向相对的拐角移动，如图 7.5.29 所示。也可通过操控面板中的【选项】滑动面板设置确切的移动量。

（2）向中心的沿边相对拐角扭曲：在操控面板上选择扭曲方式为"中心"，或按住 Shift 和 Alt 键，再次拖动沿边箭头，相对的拐角以对称方式随此拐角进行相同变换，如图 7.5.30 所示。

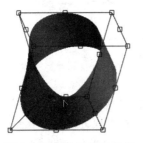

图 7.5.29　沿边拖动拐角

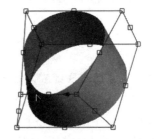

图 7.5.30　向中心沿边拖动拐角

3. 将选中对象的边向中心拖动或背向中心拖动

（1）拖动边：将光标移动到罩框线的中点上，会显示四个箭头，如图 7.5.31 所示。其中有两个是指向罩框的另一条边的（即图中水平箭头和指向屏幕内侧的箭头），拖动其中一个可以拖动该点所在的边，如图 7.5.32 所示。也可通过操控面板中的【选项】滑动面板设置确切的拖动量。

（2）向中心拖动边：按住 Shift 和 Alt 键，或在操控面板中选择"中心"选项，拖动指向罩框另一条边的箭头时，两条相对的边将向中心移动，如图 7.5.33 所示。

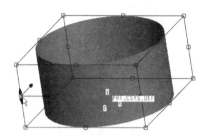

图 7.5.31　位于罩框线中点的
拖动箭头

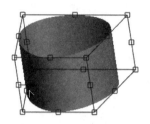

图 7.5.32　拖动边扭曲
曲面模型

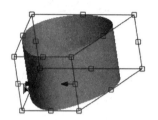

图 7.5.33　向中心拖动边

4. 将选中对象的重心向底部或顶部移动

将光标移动到罩框线的中点上，显示的四个箭头中有两个是沿着边的，如图 7.5.31 所示。拖动其中任意一个可移动对象的重心。将如图 7.5.34 所示的圆球面向下拖动，如图 7.5.35 所示，将得到一个上部稍尖、底部平整、重心降低的模型。也可通过操控面板中的【选项】滑动面板设置确切的移动量。

图 7.5.34　圆球模型

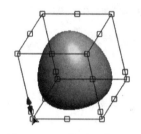

图 7.5.35　拖动对象重心

7.5.3　骨架操作

骨架操作是指通过操纵曲线上的点来改变几何造型。选择要扭曲的对象并指定参考，单击扭曲操控面板上的骨架操作按钮 骨架，操控面板变为如图 7.5.36 所示。

图 7.5.36　骨架操作操控面板

操控面板中的【变形设置】区域设定了三种骨架操作的形式，其含义如下。

（1）矩形变形 矩形：使用矩形罩框，使选中曲面产生自由变形。

（2）径向变形 径向：使用圆柱罩框，使选中曲面产生径向变形。

（3）轴向变形 ：使用圆柱罩框，使选中曲面产生轴向对称变形。

与其他扭曲变形不同的是，骨架操作需要设置骨架线，其【参考】滑动面板如图 7.5.37 所示，激活【骨架】拾取框选择一条或多条曲线或边作为扭曲的参考。

以图 7.5.38 所示曲面模型的变形为例说明骨架变形的应用。选择位于图中模型右上角的直线作为骨架，并单击 按钮，使用圆柱罩框，使模型沿轴向变形。在骨架线中点附近右击，选择快捷菜单中的【添加中点】命令，如图 7.5.39 所示，在骨架线上添加一个点。拖动此点，模型沿拖动点以模型轴线为中心变形，如图 7.5.40 所示。

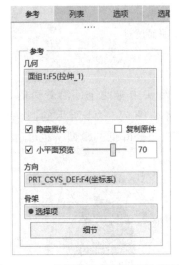

图 7.5.37　骨架操作的【参考】滑动面板

图 7.5.38　骨架变形实例

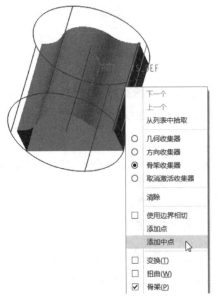

图 7.5.39　添加骨架线上的控制点

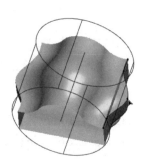

图 7.5.40　骨架变形

7.5.4　拉伸操作

拉伸操作可沿选定轴线拉伸选中对象。选择要扭曲的对象并设置参考，单击扭曲操控面板中的拉伸操作按钮 拉伸，操控面板变为如图7.5.41所示。

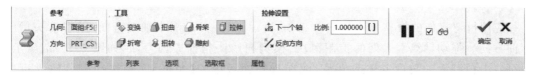

图7.5.41　拉伸操作操控面板

应用拉伸变换的模型预览如图7.5.42所示，拖动拉伸控制滑块可以在图中方向上缩放模型。也可在操控面板的【比例】文本框中输入缩放的倍数。单击操控面板上的 反向方向 按钮可反转拉伸轴的方向，如图7.5.43所示，此时拖动拉伸控制滑块，模型将在另一段缩放。

图7.5.42　拉伸模型预览

图7.5.43　反向拉伸

单击操控面板上的 下一个轴 按钮，可以切换拉伸的轴，如图7.5.44所示。

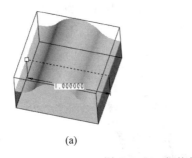

(a)

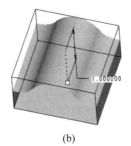

(b)

图7.5.44　切换拉伸轴

(a) 横向拉伸轴；(b) 竖向拉伸轴

7.5.5　折弯操作

折弯操作可沿选定轴线折弯对象，并且可以控制折弯角度、折弯范围、轴心点和折弯半径。选择要扭曲的对象并设置参考，单击扭曲操控面板中的折弯操作按钮 折弯，操控面板变为如图7.5.45所示。

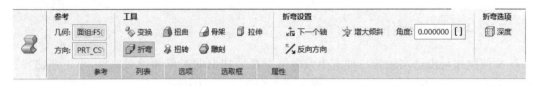

图 7.5.45　折弯操作操控面板

应用折弯操作的模型预览如图 7.5.46 所示,模型可沿图中轴线弯曲,图中箭头指向弯曲方向。拖动轴线端点处的控制滑块,模型向箭头指向方向弯曲,如图 7.5.47 所示。也可双击模型上的角度并输入新值,或在操控面板中的【角度】文本框内直接输入折弯角度。

图 7.5.46　应用折弯操作的模型预览　　　　图 7.5.47　折弯预览

与拉伸操作类似,单击操控面板中的 下一轴 按钮,切换到下一个旋转轴,切换后的预览如图 7.5.48、图 7.5.49 所示。

单击操控面板中的 增大倾斜 按钮,将折弯轴倾斜方向移动 90°。对如图 7.5.46 所示模型单击 增大倾斜 按钮,图中向右侧的折弯方向箭头改变为向下,模型变为如图 7.5.50 所示,此时折弯 90°后的模型如图 7.5.51 所示。

图 7.5.48　切换折弯轴(一)　　　图 7.5.49　切换折弯轴(二)　　　图 7.5.50　模型预览

单击操控面板中的 反向方向 按钮,反转轴的方向。对如图 7.5.46 所示模型单击 反向方向 按钮,模型变为如图 7.5.52 所示。

图 7.5.51 增大倾斜后的模型预览　　　图 7.5.52 反转折弯方向

7.5.6 扭转操作

扭转操作可以绕选定轴线扭转对象,可控制扭转角度和扭转影响的范围。选择要扭曲的对象并指定参考,单击扭曲操控面板中的扭转操作按钮 ⚙扭转 ,操控面板变为如图 7.5.53 所示。

图 7.5.53 扭转操作操控面板

应用扭转操作的模型如图 7.5.54 所示,拖动控制滑块得到扭转后的模型如图 7.5.55 所示,或双击扭转角度并输入新值,或在操控面板中的【角度】文本框内直接输入新值。

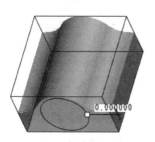

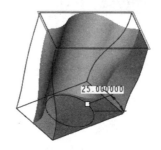

图 7.5.54 模型　　　　　　　　图 7.5.55 扭转后的模型预览

单击操控面板中的 🔧下一个轴 按钮,切换到下一个旋转轴。图 7.5.56 和图 7.5.57 所示为变换旋转轴后的模型,拖动控制滑块,可使模型绕横向或竖直轴扭转。

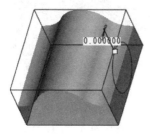

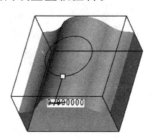

图 7.5.56 变换旋转轴后的模型预览(一)　　图 7.5.57 变换旋转轴后的模型预览(二)

7.5.7 雕刻操作

利用雕刻操作,可以通过对网格点的拖拽来精确控制选定对象。选择要扭曲的对象并设置参考,单击扭曲操控面板中的雕刻操作按钮  ,操控面板变为如图 7.5.58 所示。

图 7.5.58　雕刻操作操控面板

如图 7.5.59 所示,在模型的前端面上有一个 3 行 4 列的网格点,网格点的行列数由图 7.5.58 所示操控面板中的行列文本框决定。拖动面上的网格点可拖动网格所在的点;拖动面上的线可拖动网格线所在的模型部分。图 7.5.60 所示为拖动网格点后的效果;图 7.5.61 所示为拖动网格线后的效果。

图 7.5.59　模型表面网格

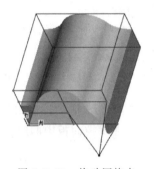
图 7.5.60　拖动网格点

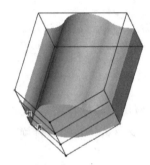
图 7.5.61　拖动网格线

以上对模型的雕刻均为对选定项目的一侧实施的,此时雕刻的深度模式为单侧 ；若选用深度模式为双侧 ,则在雕刻选定面的同时,也以相同的运动方式雕刻对面的侧,如图 7.5.62 所示,雕刻模型左侧面的同时,也以相同的运动规律改变右侧面的形状;若选用深度模式为对称 ,则在雕刻选定面的同时,以相反的方式雕刻对面的侧,如图 7.5.63 所示。

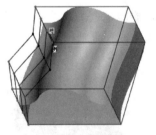
图 7.5.62　双侧变形

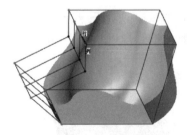
图 7.5.63　对称变形

单击操控面板中的 下一个轴 按钮,可以将雕刻面切换到罩框的下一个面。连续单击此按钮,雕刻面将在罩框的六个面之间循环切换。

在雕刻状态下,单击操控面板中的【选项】标签,弹出滑动面板如图 7.5.64 所示。单击【对称】选项框,弹出下拉列表如图 7.5.65 所示,用于设置雕刻时所选点的移动方式。

图 7.5.64　【选项】滑动面板　　　图 7.5.65　雕刻的【对称】下拉列表

（1）无:无对称,默认设置。

（2）水平:所选择的点相对面的水平中心线对称移动。如图 7.5.66 所示,平行于雕刻面上"行"的方向,且过雕刻面中心的线即为水平中心线,拖动一侧的一点,另一侧的点也会对称移动。图中 R 方向即为"行"的方向,R 代表 Row。

（3）竖直:所选择的点相对面的竖直中心线对称移动。如图 7.5.67 所示,平行于雕刻面上"列"的方向,且过雕刻面中心的线即为竖直中心线,拖动一侧的一点,另一侧的点也会对称移动。图中垂直于 R 的方向即为 C 方向,为"列"的方向,C 代表 Column。

单击【拖动】选项框,弹出下拉列表如图 7.5.68 所示,用于设置雕刻时对所选点移动的约束。

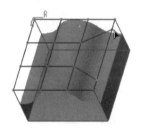
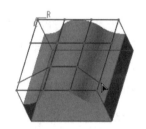

图 7.5.66　水平方向对称雕刻　　图 7.5.67　竖直方向对称雕刻　　图 7.5.68　【拖动】下拉列表

（1）法向:所选点沿选定的雕刻面的法向移动,如图 7.5.69 所示,此为默认设置。

（2）自由:点可以在三维空间内自由移动。

（3）沿行/列:点只能沿着行或列的方向移动,如图 7.5.70 所示。

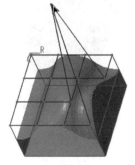
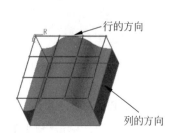

图 7.5.69　沿雕刻面的法向拖动　　　图 7.5.70　沿行或列的方向拖动

7.5.8 扭曲实例

在产品的概念设计阶段,可以使用曲面扭曲的方法生成产品的初步造型。由于没有对形状和尺寸的精确要求,可以使设计者随心所欲地对模型进行修改,以实现设计者的设计意图。本节通过一个简单的造型实例说明扭曲的用法。

例 7.8 使用扭曲的方法实现图 7.5.71 中的变形,图中圆柱高度为 100,直径为 100。

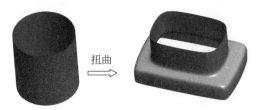

图 7.5.71 例 7.8 图

分析:使用扭曲的方法完成上述变换的过程如图 7.5.72 所示。

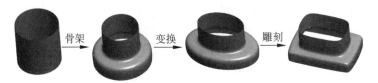

图 7.5.72 曲面扭曲变换过程

模型创建过程:①创建圆柱面;②对圆柱面进行骨架操作;③对模型进行变换操作,将其长度方向上拉长至原来的 1.5 倍;④雕刻模型,使其由椭圆形变为近似长方形。

步骤 1:使用拉伸的方法创建圆柱面模型。

单击【模型】选项卡【形状】组中的拉伸命令按钮 ![拉伸] 激活拉伸命令,单击操控面板中的曲面选项按钮 ![曲面],创建曲面特征。选择 TOP 面作为草绘平面,RIGHT 面作为参考,方向向右,绘制草图如图 7.5.73 所示。设置向 TOP 面的正方向拉伸,长度为 100。生成的模型如图 7.5.74 所示。

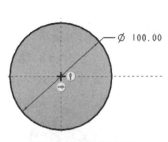

图 7.5.73 拉伸草图

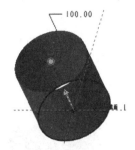

图 7.5.74 拉伸预览

步骤 2:对圆柱面添加骨架操作。

(1) 创建基准曲线。单击【模型】选项卡【基准】组中的草绘基准曲线命令按钮 ![草绘],激活草绘基准曲线命令。选择 FRONT 面作为草绘平面,RIGHT 面作为参考平面,方向向右,沿圆柱母线创建线段如图7.5.75所示。

（2）添加骨架操作。单击【模型】选项卡【编辑】组中的组溢出按钮，在弹出的菜单中单击扭曲命令按钮 ![] 扭曲，激活扭曲命令。选择圆柱面作为要扭曲的对象，以默认坐标系作为参考，单击扭曲操控面板上的骨架操作按钮 ![]骨架，并选择（1）中创建的曲线作为骨架。在操控面板中单击 ![]轴向 按钮使模型沿轴扭曲。在骨架线上添加点，并拖动点的位置使模型变为如图7.5.76所示。单击 ![] 按钮完成骨架扭曲。

步骤3：对模型进行变换操作。

单击【模型】选项卡【编辑】组中的组溢出按钮，在弹出的菜单中单击扭曲命令按钮 ![] 扭曲，激活扭曲命令。选择步骤2中创建的模型作为要扭曲的对象，以默认坐标系作为参考。单击变换操作按钮 ![]变换，选择从中心缩放选项。拖动X方向上的点，将模型一维放大1.5倍，如图7.5.77所示。单击鼠标中键完成变换操作。

图7.5.75 创建骨架扭曲基准曲线　　图7.5.76 骨架扭曲　　图7.5.77 变换操作

步骤4：雕刻模型，使模型变为近似长方形。

（1）激活雕刻命令。单击操控面板中的雕刻操作按钮 ![] 雕刻，设置网格为4行4列，并连续单击 ![] 下一个轴 按钮，使雕刻面转移到模型上表面，如图7.5.78所示。

（2）第一次雕刻。选择对称度为"水平"，拖动方式为"沿行/列"，选择深度模式为 ![]双侧，拖动位于后面网格线上的两个点，得到如图7.5.79所示结果。单击鼠标中键完成本次雕刻操作。

（3）第二次雕刻。选择对称度为"竖直"，拖动方式为"沿行/列"，选择深度模式为 ![]双侧，拖动位于右侧网格线上的两个点，得到如图7.5.80所示结果。单击鼠标中键完成本次雕刻操作。

图7.5.78 需要雕刻的面　　图7.5.79 水平雕刻　　图7.5.80 竖直雕刻

（4）重复（2）、（3）的操作，使模型四角变成接近长方形。单击 ![] 按钮完成雕刻，得到的模型如图7.5.71所示。本例参见配套文件ch7\ch7_5_example1.prt。

7.6　Creo曲面分析

曲面分析用于检查曲面建模的质量。曲面分析不但可以分析单个曲面质量，还可检验相邻曲面间的连接质量。具体功能如下。

（1）点：计算在曲面上的基准点或指定点处的法向曲率向量；分析并报告在曲线或边上的所选点处的曲率、法线、切线和半径。

（2）半径：显示曲面的最小半径。

（3）曲率：计算并显示曲面的曲率。

（4）偏移：显示所选曲面组的偏移。

（5）偏差：显示从曲面或基准平面到要测量偏差的基准点、曲线或基准点阵列的偏差。

（6）二面角：显示共用一条边的两个曲面的法线之间的夹角，用于相邻曲面间连续性的检查。

（7）剖面：计算曲面的连续性，尤其是共享边界上的曲面连续性。

（8）着色曲率：计算并显示曲面上每点处的最小和最大法向曲率。

（9）拔模：分析零件设计以确定对于要在模具中使用的零件是否需要拔模。

（10）斜度：彩色显示相对于零件上的参考平面、坐标系、曲线、边或基准轴的曲面的斜率。

（11）反射：显示从指定的方向上查看时描述曲面上因线性光源反射的曲线。

（12）阴影：显示由曲面或模型参考基准平面、坐标系、曲线、边或轴，投影在另一曲面上的阴影区域的彩色图。

7.6.1 显示曲面上点的信息

单击【分析】选项卡【检查几何】组中的【几何报告】命令按钮，在弹出的菜单中单击点分析命令按钮 ～ 点 ，弹出【点分析】对话框，可分析曲线上的点、曲面上点的曲率、法向以及半径等信息。单击曲面上的任意点，【点分析】对话框变为如图 7.6.1 所示，在对话框的结果区域中列出了所选点的坐标、法线向量、最小曲率和最大曲率。曲面上所选点的位置显示三个相互垂直的箭头，如图 7.6.2 所示，分别为选定点处的切向量、法向量及半径。

图 7.6.1 【点分析】对话框

图 7.6.2 点的信息显示

7.6.2 显示曲面的最小半径

单击【分析】选项卡【检查几何】组中的组溢出按钮,在弹出的菜单中单击半径分析命令按钮 ⚓ 半径,弹出【半径分析】对话框,可以分析曲面上的最小半径。单击曲面,对话框变为如图 7.6.3 所示,其结果区域中列出了内侧和外侧的最小半径。同时,曲面上也显示了半径最小点的半径向量,如图 7.6.4 所示。

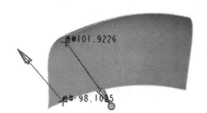

图 7.6.3 【半径分析】对话框   图 7.6.4 曲面的半径分析

7.6.3 分析及改进曲面曲率

单击【分析】选项卡【检查几何】组中的曲率分析命令按钮 ⚓ 曲率,弹出【曲率分析】对话框。单击曲面,对话框变为如图 7.6.5 所示,其结果区域中列出了曲面的最大和最小曲率。同时,曲面变为如图 7.6.6 所示,上面分布着 5 横 5 纵共 10 条曲率线,分别代表了所在位置的曲率。曲面上曲率线的数量由对话框中的【数量】文本框中的数值决定。

理想状态下,曲面的曲率线应该连续且变化平稳;若曲率线连续但变化剧烈,说明此处曲率变化大,但此时曲面还是光滑的;若曲率图在某线上断开,说明曲面在此线上不可导,是不光滑的,应作相应处理。

当曲面之间不连续时,可以使用捕捉的方法使构成曲面的曲线首尾相接或重合,这样形成的曲面便具有连续性。若多个曲面的连接处不可导,可修改曲面定义,使后生成的曲面切于已有曲面。还可以使用基准特征“带”曲面来创建光顺性较高的曲面。

下面以例题说明曲面在连接时,连接线上曲率状态的分析方法,及提高曲面连接光顺性的方法。

例 7.9 图 7.6.7 所示曲面由两边界混合曲面组成,且两曲面共用中间一条边界。使用曲面分析工具检验此曲面是否光滑。若不光滑,怎样改进曲面?本例参见配套文件 ch7\ch7_6_example1.prt。

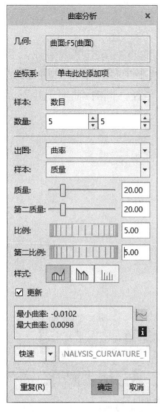

图 7.6.5 【曲率分析】对话框

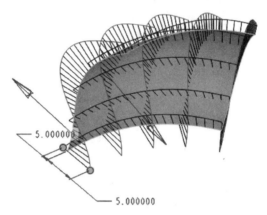

图 7.6.6 曲面的曲率分析

分析：从图 7.6.7 中可以看出，两曲面中间有一条明显的棱线，此处两曲面连续但不可导，可以利用曲率分析工具验证。

提高曲面间连接光滑程度的方法：①对于边界混合曲面，可以重定义曲面，使后创建的曲面与已有曲面相切；②使用"带"曲面特征连接两相邻曲面。

步骤 1：使用曲率分析工具检验曲面是否光滑。

单击【分析】选项卡【检查几何】组中的曲率分析命令按钮 曲率，激活【曲率分析】对话框。按住 Ctrl 键选择两边界混合曲面，并将对话框中曲率线的数量均改为 1，显示曲面上的曲率线，如图 7.6.8 所示。可以看到，在两曲面连接线处曲率线有一明显断点，此两曲面间的连接不光滑。

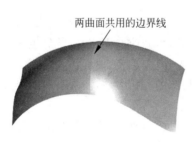

图 7.6.7 例 7.9 图

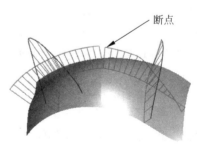

图 7.6.8 曲面的曲率线

步骤 2：使用重定义边界混合曲面的方法改进曲面。

（1）重定义第 2 个边界混合曲面。单击右侧边界混合曲面，在弹出的浮动菜单中单击编辑定义命令按钮 ，激活边界曲面命令。单击操控面板中的【约束】标签，在弹出的滑动面板中选择与左侧曲面相邻的"方向 1-第一条链"，修改其约束条件为"相切"，并修改其相切参考为左侧的边界混合曲面，如图 7.6.9 所示。

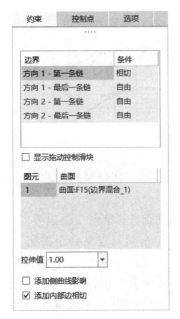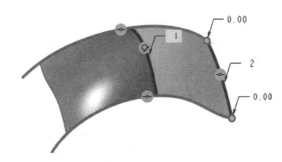

图 7.6.9　设置曲面相切

（2）分析曲面曲率。激活曲率分析工具并选择两曲面，得到曲率图如图 7.6.10 所示。可以看到，两曲面的曲率线连接到了一起，此曲面光滑。本步骤结果参见配套文件 ch7\ch7_6_example1_f.prt。

虽然图 7.6.10 所示曲面曲率图没有断点了，但在连接处曲率值仍然有较大变动，说明此点处曲率变动较大。使用"带"曲面特征可显著改善连接线处的曲率。

步骤 3：使用"带"曲面特征连接两相邻曲面。

（1）激活"插入模式"。在模型树中拖动特征插入标志 ⊢━━━━━━━━━━━━━━⊣ 至两个边界混合曲面前，如图 7.6.11 所示。

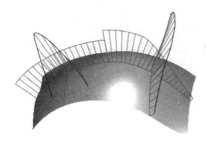

图 7.6.10　曲面改进后的曲率图　　　　　　图 7.6.11　插入模式

（2）创建"带"曲面特征。单击【模型】选项卡【基准】组中的组溢出按钮，在弹出的菜单中单击"带"曲面命令按钮，弹出【基准：带】对话框如图 7.6.12 所示。分别选择基础曲线和参考曲线如图 7.6.13 所示，更改带曲面宽度为 20，得到"带"曲面如图 7.6.14 所示。

图 7.6.12 【基准：带】对话框

图 7.6.13 选择基础曲线和参考曲线

图 7.6.14 带曲面

（3）取消"插入模式"。在模型树中拖动特征插入标志 ◄━━━━━━━━━► 至最后。

（4）重定义边界曲面 1。单击左侧边界混合曲面，在弹出的浮动菜单中单击编辑定义命令按钮 ✎，激活边界曲面命令。单击操控面板中的【约束】标签，在弹出的滑动面板中选择与左侧曲面相邻的"方向 1-最后一条链"，修改其约束条件为"相切"，并修改其相切参考为步骤 2 中创建的带曲面，如图 7.6.15 所示。

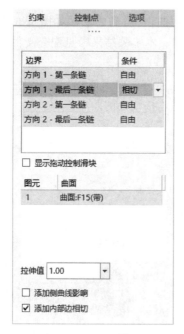

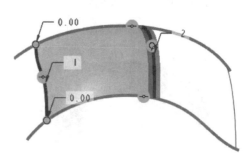

图 7.6.15 重定义左侧曲面的边界条件

（5）重定义边界曲面2。单击右侧边界混合曲面，在弹出的浮动菜单中单击编辑定义命令按钮 ✍ ，激活边界曲面命令。单击操控面板中的【约束】标签，在弹出的滑动面板中选择与左侧曲面相邻的"方向1-第一条链"，修改其约束条件为"相切"，并修改其相切参考为步骤2中创建的带曲面，如图7.6.16所示。

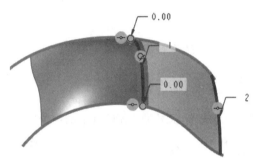

图7.6.16 重定义右侧曲面的边界条件

（6）分析曲面曲率。激活曲率分析工具并选择两曲面，可得曲率图如图7.6.17所示。可以看到，两曲面的曲率线连接到了一起，曲面光滑。并且在连接处曲率几乎没有变化，说明曲率变化平稳，曲面连接质量较高。

本步骤结果参见配套文件 ch7\ch7_6_example1_f2.prt。

图7.6.17 曲面质量分析

7.6.4 显示曲面偏移

单击【分析】选项卡【检查几何】组中的组溢出按钮，在弹出的菜单中单击偏移分析命令按钮 ≈ ┃ 偏移分析 ，弹出【偏移分析】对话框，用于显示曲面或曲面组的偏移。选择曲面后，对话框如图7.6.18所示，在模型上偏移于选择的曲面生成一个网格面，即曲面的偏移面，如图7.6.19所示。

曲面偏移分析用于检查曲面按指定厚度偏移后的曲面形状。将上述曲面向内侧偏移120后得到如图7.6.20所示曲面形状，由于要保持与源曲面的垂直关系，偏移曲面中部分区域发生了重叠。

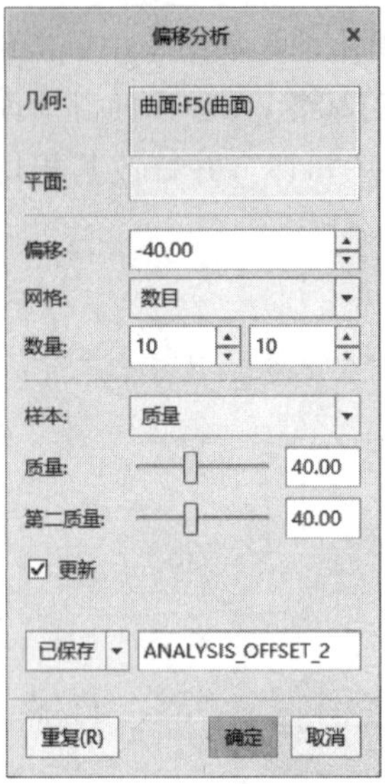

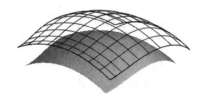

图 7.6.19　曲面偏移面

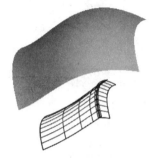

图 7.6.18　【偏移分析】对话框

图 7.6.20　曲面偏移面

7.6.5　曲面偏差分析

单击【分析】选项卡【检查几何】组中的组溢出按钮,在弹出的菜单中单击偏差分析命令

图 7.6.21　曲线和曲面

按钮 偏差 ,弹出【偏差分析】对话框,用于计算并分析曲线或边到曲面的偏差。依次选择如图 7.6.21 所示曲面和曲线后,对话框如图 7.6.22 所示,分析结果如图 7.6.23 所示。

　　图 7.6.23 中显示了曲线上距曲面最近和最远点的位置及距离,从图 7.6.22 所示对话框中的结果区域也能看出最大与最小偏差的数值。

图 7.6.22　【偏差分析】对话框

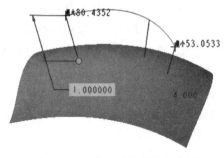

图 7.6.23　曲面到线的偏差分析

7.6.6 二面角分析

单击【分析】选项卡【检查几何】组中的二面角分析命令按钮  二面角 ，弹出【二面角分析】对话框如图 7.6.24 所示。二面角分析用于显示共用一条边的两个曲面的法线之间的夹角，可检查相邻曲面间曲率的连续性。

对于图 7.6.25 所示两平面，选择其交线作为分析二面角的对象，其二面角曲线如图中所示。此时【二面角分析】对话框如图 7.6.26 所示。从图和对话框中均可看出：在交线处两平面的法线之间所形成的锐角为固定的 20°。

图 7.6.24 【二面角分析】
对话框

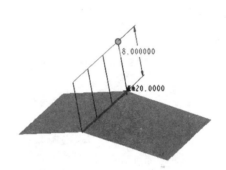

图 7.6.25 曲面交线的二面角

下面对 7.6.3 节中例 7.9 中的两个图形进行二面角分析。首先，对于原始文件中给出的模型（参见配套文件 ch7\ch7_6_example1.prt、图 7.6.7），选择中间公共曲线分析其二面角结果如图 7.6.27 所示。可以看出，两曲面之间的二面角在两端点处为 0，说明此两点处曲率是相同的，但其他区域的二面角均不为 0，说明这些区域是不光滑的。

单击【二面角分析】对话框中的  按钮，打开【图表工具】对话框，二面角的变化曲线如图 7.6.28 所示。

再对使用带曲面作为中间过渡而创建的曲面（参见配套文件 ch7\ch7_6_example1_f2.prt）进行二面角分析，结果如图 7.6.29 所示。可以看出，曲线上二面角的范围为 0°～0.0063°，模型上的数字 10000 是二面角曲线放大的倍数。

单击"二面角"对话框中的  按钮，打开【图表工具】对

图 7.6.26 【二面角分析】
对话框

话框,二面角的变化曲线如图 7.6.30 所示。可以看出:沿曲线的大部分区域二面角为 0,只有少数区域二面角有很小的变动,说明此模型在此曲线上曲率变化非常小,曲面过渡质量较高。

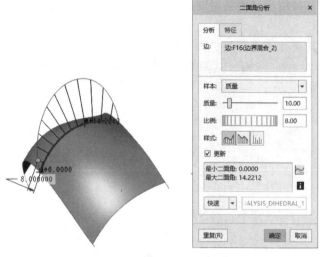

图 7.6.27　原始文件二面角分析

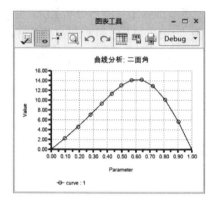

图 7.6.28　二面角分析的图形显示

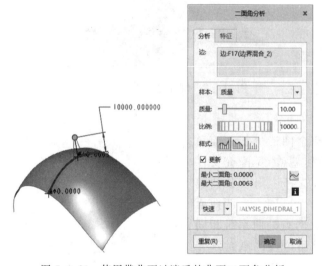

图 7.6.29　使用带曲面过渡后的曲面二面角分析

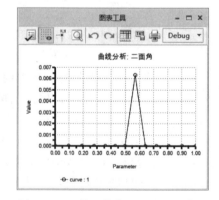

图 7.6.30　使用带曲面过渡后的曲面二面角分析图表显示

7.6.7　截面分析

单击【分析】选项卡【检查几何】组中的【几何报告】命令溢出按钮,在弹出的菜单中单击截面分析命令按钮 📐 | 截面 ,弹出【截面分析】对话框,用于显示曲面模型在特定剖面上的曲率、半径或切线图。

选择要分析的曲面,或按住 Ctrl 键选择多个曲面,然后选择剖切的方向,并设置剖面参数,即可显示剖面上的曲率、半径或切线图。如图 7.6.31 所示,选择左右两个曲面,并选择 FRONT 面作为剖切方向,设定剖面数目为 3、剖面间距为 40、第一个剖面距离 FRONT 面为 −40,显示剖面曲率图如图中所示,【截面分析】对话框如图 7.6.32 所示。

图 7.6.31　曲面组的截面分析　　　　图 7.6.32　【截面分析】对话框

在【截面分析】对话框中单击【出图】选项框,弹出下拉列表如图 7.6.33 所示,选择不同的选项可显示曲率、半径、切线或位置等不同内容。图 7.6.34 所示为剖面的半径图。

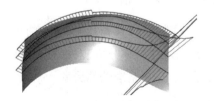

图 7.6.33　【出图】下拉列表　　　　　图 7.6.34　剖面半径图

7.6.8　着色曲率分析

着色曲率分析又称高斯分析,其作用是以颜色显示选定曲面的曲率。单击【分析】选项卡【检查几何】组中的【曲率】命令溢出按钮,在弹出的菜单中单击着色曲率分析命令按

钮 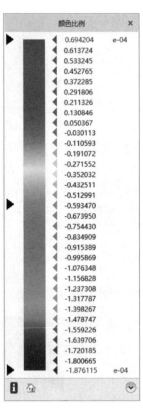 着色曲率，弹出【着色曲率分析】对话框，选择曲面后可以以颜色显示选定曲面上的曲率。

选择要分析的曲面，对话框如图 7.6.35 所示，选定曲面上根据曲率的不同分布了不同的颜色，如图 7.6.36 所示。不同的颜色代表不同的曲率，可以使用同时弹出的【颜色比例】对话框对照，如图 7.6.37 所示。

图 7.6.35 【着色曲率分析】对话框

图 7.6.36 着色后的曲面

图 7.6.37 【颜色比例】对话框

7.6.9 斜率分析

单击【分析】选项卡【检查几何】组中的组溢出按钮，在弹出的菜单中单击斜率分析命令按钮 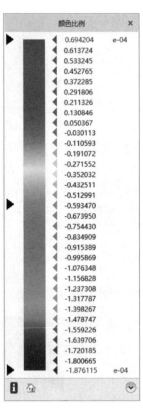 斜率，弹出【斜率分析】对话框，用于以颜色显示选定曲面相对于零件上的参考平面、坐标系、曲线、边或基准轴的斜率。

选择要分析的曲面，并选择方向参考后，曲面上将以颜色显示其斜率。按住 Ctrl 键选择图 7.6.38 所示两曲面，并选择 TOP 面作为方向参考，对话框如图 7.6.39 所示。

7.6.10 反射分析

反射分析是将曲面上的反射显示为黑白条纹，用于模拟一组平行的光源照射到检测表面观察到的反光效果，又称为斑马线检测或高光测试。

图 7.6.38　曲面斜率分析　　　　　　　　图 7.6.39　【斜率分析】对话框

单击【分析】选项卡【检查几何】组中的组溢出按钮,在弹出的菜单中单击反射分析命令按钮  反射 ,弹出【反射分析】对话框,用于以黑白条纹显示选定曲面的反光效果。

选择要分析的曲面,或按住 Ctrl 键选择多个曲面,设置光源数量、间距、宽度和角度,曲面将以黑白条纹的斑马线显示。如图 7.6.40 所示曲面,反射分析结果如图 7.6.41 所示,其对话框如图 7.6.42 所示。其中,光源数量是指曲面中白色条纹的数量,模拟的是条状光源;间距是指白色条纹的间隔距离;宽度是指白色条纹的宽度;角度是指白色条纹的角度。

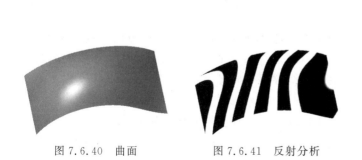

图 7.6.40　曲面　　　　　图 7.6.41　反射分析　　　　图 7.6.42　【反射分析】对话框

7.7 曲面连续性及其分析

7.7.1 曲面连续性分级

曲面连续性是指相连接的两个曲面间过渡的光滑程度,分 G0 到 G4 五个级别,光滑程度逐渐增高。G0 连续是位置连续,指的是两个曲面在连线处相互连接,无破孔或缝隙;G1 连续是切线连续,是指两个曲面在连接线处相切;G2 连续是曲率连续,是指两曲面在连线处曲率相同;G3 连续是曲率的变化率连续;G4 连续是曲率变化率的变化率连续。

G0 连续是指位置连续,两面在边界处重合,连接处两面的法线方向和大小不同。G0 连续可保证曲面完全接触、没有缝隙,但模型上曲面连接处有尖锐的棱线。如图 7.7.1 所示两个模型,曲面以棱线相连,在曲面连线处两个面的法线方向不同,表示两个曲面间的过渡不光滑。本例模型参见 ch7\ch7_1_example1.prt 和 ch7\ch7_1_example2.prt。

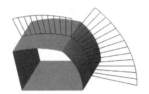

图 7.7.1　G0 连续的曲面

G1 连续是指切线连续或切向连续,即两个面在连线处相切。G1 连续的两个曲面在连线处其曲率线方向相同但大小不连续。G1 连续的曲面建模容易,简单实用,是最常用的曲面连接方式。如图 7.7.2 所示曲面,在图 7.7.1 的基础上在曲面相交的棱线处添加倒圆角。倒圆角与相邻的两个面均相切,此时在交线处两个面上的法线方向相同,但大小不同。本例模型参见 ch7\ch7_7_example3.prt 和 ch7\ch7_7_example4.prt。

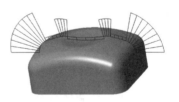

图 7.7.2　G1 连续的曲面

G2 连续是指两曲面在交线处曲率连续,曲线两侧曲面的曲率线方向一致且大小相等。G2 连续曲面视觉效果好,但制作相对困难,是 A 级光滑曲面的最低要求。如图 7.7.3 所示曲面组,在中间连接线处两曲面上的曲率线方向相同且大小基本相等。本例模型参见配套文件 ch7\ch7_7_example5.prt。

G3 连续是指曲率变化率连续,G4 连续是指曲面连接线处曲率变化率的变化率连续,一般用于制作完美的反光效果,其表面变化率平滑,视觉效果与 G2 类似,但制作困难、资源消耗大,主要用于汽车车体等曲面。如图 7.7.4 所示曲面组,在中间连接线处两曲面上的曲率线方向相同且大小基本相等,曲率变化不明显,其曲率变化率连续。本例模型参见配套文件

ch7\ch7_7_example6.prt。

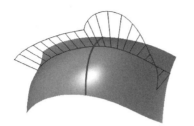

图 7.7.3　G2 连续的曲面　　　　图 7.7.4　G3 及以上级别曲面

7.7.2　各级曲面的辨别与分析

对多个曲面连接而成的面组,从外观上来讲,G0 级曲面因为在连接处有较明显的棱线,可以直接分辨,如图 7.7.5 所示。G1 级以上曲面无法从外观上直接分辨,需要使用 7.6 节中介绍的方法来分析。

曲率图是常用的曲面质量分析工具,利用曲率图可以比较直观地观察任意位置和任意角度的曲率变化情况。图 7.7.6 所示为使用截面分析工具检查曲面连续性,从截面曲率图可以分辨 G0 到 G2 级曲面。图 7.7.7～图 7.7.9分别为使用二面角、着色曲率和反射检测对 G0 到 G2 级曲面的分析结果。本节中使用的 G0～G2 级曲面分别参见配套文件 ch7\ch7_7_example7_G0.prt、ch7\ch7_7_example7_G1.prt 和 ch7\ch7_7_example7_G2.prt。

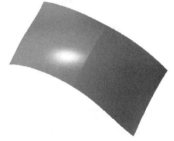

图 7.7.5　G0 级曲面

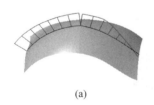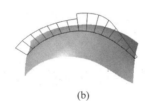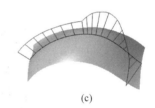

(a)　　　　　　　　　　(b)　　　　　　　　　　(c)

图 7.7.6　各级曲面的截面分析

(a) G0 级曲面;(b) G1 级曲面;(c) G2 级曲面

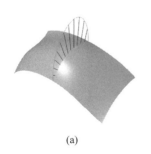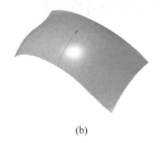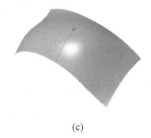

(a)　　　　　　　　　　(b)　　　　　　　　　　(c)

图 7.7.7　各级曲面的二面角分析

(a) G0 级曲面;(b) G1 级曲面;(c) G2 级曲面

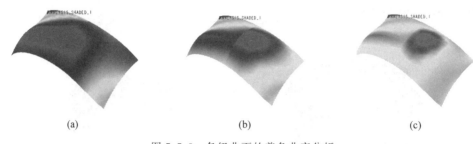

(a)　　　　　　　　　　　　(b)　　　　　　　　　　　　(c)

图 7.7.8　各级曲面的着色曲率分析

（a）G0 级曲面；（b）G1 级曲面；（c）G2 级曲面

(a)　　　　　　　　　　　　(b)　　　　　　　　　　　　(c)

图 7.7.9　各级曲面的反射分析

（a）G0 级曲面；（b）G1 级曲面；（c）G2 级曲面

以上曲面质量检验方法，多数需要使用软件计算才可得到结果。但反射分析是模拟平行光源照射到检测表面观察到的反光效果，实践中可以采用平行光源直接照射模型表面来观察模型表面质量。图 7.7.10 所示为汽车生产过程中的电泳检查线，用于检查电泳层瑕疵。其原理即是采用平行光源照射到车体表面，通过反射来观察表面缺陷。

图 7.7.10　汽车车体电泳检查线

7.8　曲面综合实例

至本节为止，本书已经介绍了基本曲面及专业曲面的创建方法、曲线的创建及编辑方法、曲面的编辑方法。在掌握这些内容的基础上，读者已经能够创建日常所见的大多数模型。本节以电话听筒为例，介绍含有曲面的壳体类零件的创建方法。

图7.8.1所示为一款电话听筒模型。本节仅创建其下盖的塑料件模型,为了便于说明及易于观察,建模过程中对部分结构进行了简化。

(a)　　　　　　　　　(b)

图7.8.1　电话听筒模型

例7.10　图7.8.2(a)、(b)所示为电话听筒下盖实体模型,试根据图7.8.2(c)中给出的主要参数绘制模型。

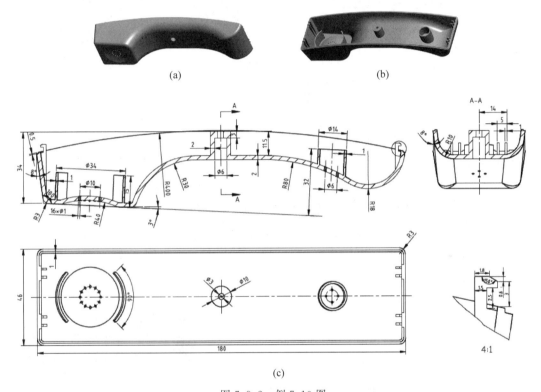

(a)　　　　　　　　　　　　　　　(b)

(c)

图7.8.2　例7.10图

分析:本例中模型为典型的壳体类塑料件,其建模过程可分为两大步。

(1) 创建多个曲面并合并,得到模型的主要曲面,经过简单编辑后将曲面加厚得到主要的壳体。如图7.8.3(a)中的三个曲面两两合并后得到图7.8.3(b)所示曲面,对曲面倒角如图7.8.3(c)所示,将倒角后的曲面加厚2mm得到壳体,如图7.8.3(d)所示。

(2) 对主壳体进行修补,创建其他结构。将图7.8.3(d)中的壳体切除上部多余部分,得到图7.8.3(e)所示的模型,添加固定板、扣合等结构得到最终模型,如图7.8.3(f)所示。

模型创建过程:①创建合并曲面;②对合并曲面倒角;③加厚倒角后的合并曲面;④切除壳体多余部分;⑤创建唇特征;⑥创建喇叭固定支撑;⑦创建传声器固定支撑;⑧创建声音传递孔;⑨创建螺栓固定凸台;⑩创建扣合结构。

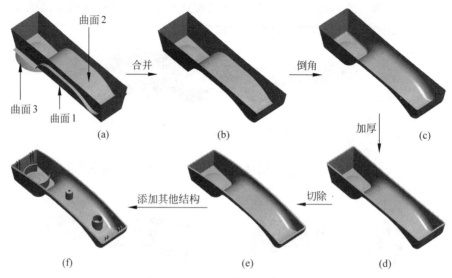

图 7.8.3　电话听筒下盖建模过程

步骤 1：创建合并曲面。

本步骤中将创建三个曲面并将其合并为一个整体。第一个曲面中带有一个 8°的拔模斜度，拔模枢轴为听筒下盖与上盖的结合面所在的曲面。为了得到此曲线，创建了一条投影曲线。

（1）创建第 1 个拉伸曲面。单击【模型】选项卡【形状】组中的拉伸命令按钮 激活拉伸命令，单击操控面板中的曲面选项按钮 创建曲面特征。选择 FRONT 面作为草绘平面，TOP 面作为参考，方向向上，绘制草图如图 7.8.4 所示。设置向 FRONT 面的正方向拉伸，长度为 40。生成的模型如图 7.8.5 所示。

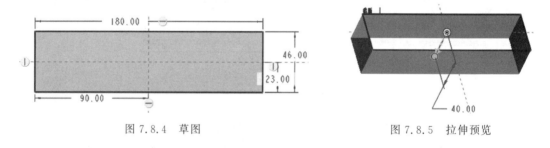

图 7.8.4　草图　　　　　　　　　　　　　　　　　　图 7.8.5　拉伸预览

（2）创建草绘基准曲线特征。单击【模型】选项卡【基准】组中的草绘基准曲线命令按钮 ，激活草绘基准曲线命令。选择 TOP 面作为草绘平面，RIGHT 面作为参考平面，方向向右，创建如图 7.8.6 所示圆弧。

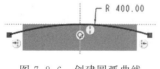

图 7.8.6　创建圆弧曲线

（3）创建投影曲线。单击【模型】选项卡【编辑】组中的投影命令按钮 投影 ，选择（2）中创建的曲线作为要投影的对象，（1）中创建的拉伸曲面作为投影到的曲面，TOP 面作为投影方向，完成投影如图 7.8.7 所示。

(4)创建拔模特征。单击【模型】选项卡【工程】组中的拔模命令按钮 ⬛ **拔模** ，激活拔模命令。选择(1)中创建的拉伸曲面作为拔模曲面，(3)中创建的投影曲线作为拔模枢轴，FRONT 面作为拖动方向，创建一个 8°的拔模特征，如图 7.8.8 所示。

图 7.8.7　投影曲线

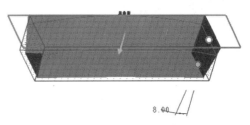

图 7.8.8　拔模预览

(5)创建第 2 个拉伸曲面。单击【模型】选项卡【形状】组中的拉伸命令按钮 ⬛ 激活拉伸命令，单击操控面板中的曲面选项按钮 ⬛ **曲面** 。选择 TOP 面作为草绘平面，RIGHT 面作为参考，方向向右，创建草图如图 7.8.9 所示。两侧拉伸，长度 50，生成模型如图 7.8.10 所示。

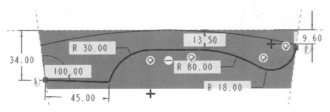

图 7.8.9　拉伸草图

(6)合并两个曲面。选择(4)中创建的拔模曲面和(5)中创建的拉伸曲面，单击【模型】选项卡【编辑】组中的合并命令按钮 ⬛ **合并** ，激活合并命令，合并预览如图 7.8.11 所示，完成合并的图形如图 7.8.12 所示。

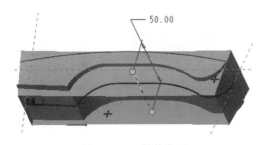

图 7.8.10　拉伸曲面

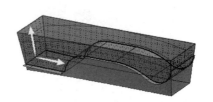

图 7.8.11　合并预览

(7)创建底部旋转曲面。单击【模型】选项卡【形状】组中的旋转命令按钮 ⬛ **旋转** 激活旋转命令，单击操控面板中的曲面选项按钮 ⬛ **曲面** 创建曲面特征。选择TOP 面作为草绘平面，RIGHT 面作为参考，方向向右，创建草图如图 7.8.13 所示。(注意：草图中的轴线要与模型底面垂直，圆弧要与轴线垂直。)将草图旋转 360°，生成模型如图 7.8.14 所示。

图 7.8.12　合并曲面

图 7.8.13　旋转草图　　　　　　　　　　图 7.8.14　旋转曲面

（8）合并曲面。选择(6)中完成合并后的曲面和(7)中创建的旋转曲面,单击【模型】选项卡【编辑】组中的合并命令按钮 合并,激活合并命令,预览如图 7.8.15 所示,完成合并如图 7.8.16 所示。

图 7.8.15　合并预览　　　　　　　　　　图 7.8.16　合并后的模型

步骤 2：对合并曲面倒角。

本步骤中创建两组半径不同的倒圆角。

（1）创建半径为 10 的倒圆角。单击【模型】选项卡【工程】组中的倒圆角命令按钮 倒圆角,激活圆角命令,选择如图 7.8.17 所示的两条边作为参考,设置半径为 10,创建倒圆角如图 7.8.18 所示。

图 7.8.17　倒圆角预览　　　　　　　　　图 7.8.18　模型倒圆角

注意：在选择倒圆角的参考时,因为圆角所在的边是一条连续曲线,默认情况下单击其中任意一段线段,整条线段都会被倒圆角,如图 7.8.19 所示。本例采用"链"的方式选择。单击倒圆角命令操控面板中的【集】标签,弹出滑动面板,单击要倒圆角的任意一线段,与其相连接的整条线段被选中,如图 7.8.19 所示;单击滑动面板中的【细节】按钮,弹出【链】对话框,按住 Ctrl 键选择其他需要倒圆角的线段,如图 7.8.20 所示,即可完成所需边的选取。

图 7.8.19　整条线段被倒圆角

（2）创建半径为 3 的倒圆角。单击【模型】选项卡【工程】组中的倒圆角命令按钮 倒圆角,激活圆角命令,选择如图 7.8.21 所示的两条边作为参考,设置半径为 3，创建倒圆角如图 7.8.22 所示。

步骤 3：加厚倒角后的合并曲面。

选择完成倒角后的曲面，单击【模型】选项卡【编辑】组中的曲面加厚命令按钮 ，设置向曲面内侧生成材料，壳体厚度为 2，创建壳体如图 7.8.23 所示。

图 7.8.20　【链】对话框

图 7.8.21　倒圆角预览

图 7.8.22　倒圆角后的模型

图 7.8.23　加厚曲面

步骤 4：切除壳体多余部分。

单击【模型】选项卡【形状】组中的拉伸命令按钮 激活拉伸命令，选择移除材料模式 移除材料 创建移除材料的拉伸特征。选择步骤 1 中第（2）项创建的圆弧作为草图。设置拉伸为双向拉伸，长度大于 46，指定切除草图上侧材料，如图 7.8.24 所示。

步骤 5：创建唇特征。

本步骤将在模型顶面内侧创建一个伸出的唇特征，以匹配电话听筒上盖内侧凹进的唇特征，使装配有更好的封闭性。

（1）设置配置文件。单击【文件】→【选项】命令，弹出【Creo Parametric 选项】对话框，单击左侧【配置编辑器】项，单击选项的【添加】按钮，添加选项 allow_anatomic_features，将其值设置为 yes，如图 7.8.25 所示。

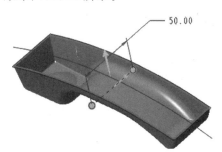

图 7.8.24　切除特征预览

图 7.8.25　设置配置文件

（2）添加命令。单击【Creo Parametric 选项】对话框【自定义】区域的【功能区】，设置命令【类别】为"所有命令"，在【过滤命令】文本框中输入"唇"，将"唇"命令显示在【工程】组溢出菜单中，如图 7.8.26 所示。

图 7.8.26　添加唇特征命令

（3）激活唇命令。单击【模型】选项卡【工程】组中的组溢出按钮，单击激活（2）中添加的唇命令按钮，弹出【边选择】菜单如图7.8.27所示。

（4）选择形成唇的边界。使用"单一"的边选择方法，按住Ctrl键选择上顶面的内边界作为唇的边界，如图7.8.28所示。

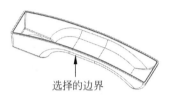

选择的边界

图7.8.27 选择唇特征所在边的浮动菜单　　　图7.8.28 选择唇特征所在的边

（5）选择参考面。选择模型顶面作为参考面，如图7.8.29所示，这个面将是生成的唇特征所在的面。

（6）输入偏距值。输入0.5作为伸出的唇特征的高度。

（7）输入从边到拔模曲面的距离。输入1作为伸出的唇特征的宽度。

（8）选择拔模参考曲面。选择FRONT面作为参考面。

（9）输入拔模角度。输入0创建无拔模斜度的伸出项。

创建的唇特征如图7.8.30所示。

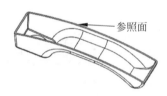

参照面

图7.8.29 唇特征的参考面　　　　　图7.8.30 生成唇特征

步骤6：创建喇叭固定支撑。

本步骤中创建的喇叭固定支撑以及步骤7中创建的传声器固定支撑的草绘平面均与模型的底面平行。在创建这两个结构时，均首先平行于模型底面创建基准平面作为其草绘平面。

（1）创建基准平面：单击【模型】选项卡【基准】组中的基准平面命令按钮，激活基准平面工具，选择听筒下盖底面作为参考，偏移15创建基准面DTM1，如图7.8.31所示。

（2）创建拉伸特征。单击【模型】选项卡【形状】组中的拉伸命令按钮，激活拉伸命令，单击操控面板上的加厚草绘按钮加厚草绘，并输入壳体的厚度为1，创建拉伸壳体特征。选择（1）中创建的DTM1面作为草绘平面，TOP面作为参考，方向向下，创建草图如图7.8.32所示，拉伸到壳体的顶面。拉伸时向圆弧的外侧生成壳体，如图7.8.33所示。

图7.8.31 创建基准平面

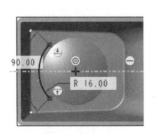

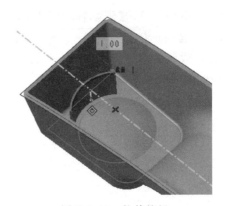

图 7.8.32　拉伸特征草图　　　　　　图 7.8.33　拉伸特征

（3）使用"选择性粘贴"生成另一侧支撑。

选择（2）中创建的拉伸特征，并依次单击【模型】选项卡【操作】组中的复制命令按钮 复制、选择性粘贴命令按钮 选择性粘贴，在【选择性粘贴】对话框中选中【从属副本】和【对副本应用移动/旋转变换】复选框（图 7.8.34），单击【确定】按钮，创建模型的移动变换副本。

对模型应用"旋转"变换，选择步骤 1（7）中创建旋转特征时生成的轴线作为旋转轴，旋转 180°，如图 7.8.35 所示。生成的模型如图 7.8.36 所示。

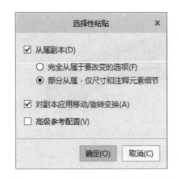

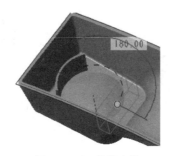

图 7.8.34　【选择性粘贴】对话框　　　图 7.8.35　旋转变换　　　图 7.8.36　粘贴特征

步骤 7：创建传声器固定支撑。

（1）创建基准平面。单击【模型】选项卡【基准】组中的基准平面命令按钮 ，激活基准平面工具，选择步骤 6（1）中创建的 DTM1 面作为参考，偏移 17 创建基准面 DTM2，如图 7.8.37 所示。

图 7.8.37　创建基准面 DTM2

（2）创建拉伸特征。单击【模型】选项卡【形状】组中的拉伸命令按钮 激活拉伸命令，单击操控面板上的加厚草绘按钮 加厚草绘，并输入壳体的厚度为 1，创建拉伸壳体特征。选择（1）中创建的 DTM2 面作为草绘平面，TOP 面作为参考，方向向下，创建草图如图 7.8.38 所示，拉伸到壳体的顶面。向圆的外侧拉伸生成壳体，如图 7.8.39 所示。

图 7.8.38　传声器支撑草图

图 7.8.39　传声器支撑预览

步骤 8：创建声音传递孔。

(1) 创建第 1 个喇叭孔。单击【模型】选项卡【形状】组中的拉伸命令按钮 激活拉伸命令，单击操控面板上的移除材料按钮 ，选择 DTM1 面作为草绘平面，TOP 面作为参考，方向向上，在与旋转特征回转中心距离为 5 处绘制直径为 1 的圆作为草图，如图 7.8.40 所示。选择深度模式为"穿透" 。生成模型如图 7.8.41 所示。

(2) 阵列(1)中的孔。选择(1)中创建的孔特征，单击【模型】选项卡【编辑】组中的阵列按钮 激活阵列命令。选择阵列方式为"轴"阵列，并选择回转特征的轴线 A_1 作为阵列轴，阵列数为 12，得到模型如图 7.8.42 所示。

图 7.8.40　喇叭孔草图

图 7.8.41　喇叭孔预览

图 7.8.42　阵列喇叭孔

(3) 创建第 1 个传声器孔。单击【模型】选项卡【形状】组中的拉伸命令按钮 激活拉伸命令，单击操控面板上的移除材料按钮 ，选择 DTM1 面作为草绘平面，TOP 面作为参考，方向向上，在与离传声器中心距离为 3 处绘制直径为 1 的圆作为草图，如图 7.8.43 所示。选择深度模式为"穿透" 。生成模型如图 7.8.44 所示。

(4) 阵列(3)中的孔。选择(3)中创建的孔特征，单击【模型】选项卡【编辑】组中的阵列按钮 激活阵列命令。选择阵列方式为"轴"阵列，并选择传声器中心轴线 A_4 作为阵列轴,阵列数为 4,生成模型如图 7.8.45 所示。

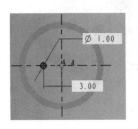

图 7.8.43 传声器孔草图

图 7.8.44 传声器孔预览

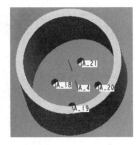

图 7.8.45 传声器孔阵列

步骤 9：创建螺栓固定凸台。

（1）创建拉伸凸台。单击【模型】选项卡【形状】组中的拉伸命令按钮 激活拉伸命令，选择 FRONT 面作为草绘平面，TOP 面作为参考，方向向上，绘制直径为 10 的圆作为草图，如图 7.8.46 所示。选择深度模式为"到选定的面" ，选择模型内表面作为参考，生成模型如图 7.8.47 所示。

图 7.8.46 螺栓固定凸台草图

图 7.8.47 创建螺栓固定凸台

（2）创建回转孔。单击【模型】选项卡【形状】组中的旋转命令按钮 激活旋转命令，单击操控面板上的移除材料按钮 ，选择 TOP 面作为草绘平面，RIGHT 面作为参考，方向向右，创建草图如图 7.8.48 所示。旋转 360°生成回转孔，如图 7.8.49 所示。

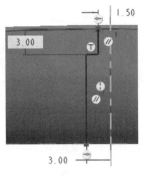

图 7.8.48 回转孔草图

图 7.8.49 创建回转孔

步骤 10：创建扣合结构。

（1）创建基准平面。单击【模型】选项卡【基准】组中的基准平面命令按钮 ，激活基准平面工具，选择 TOP 面作为参考，偏移 9 创建基准面 DTM3，如图 7.8.50 所示。

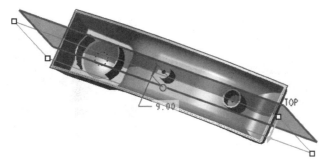

图 7.8.50 创建基准面 DTM3

（2）创建拉伸特征。单击【模型】选项卡【形状】组中的拉伸命令按钮 激活拉伸命令，选择（1）中创建的 DTM3 面作为草绘平面，RIGHT 面作为参考，方向向右，绘制草图如图 7.8.51 所示。设置拉伸厚度为 1，生成模型如图 7.8.52 所示。

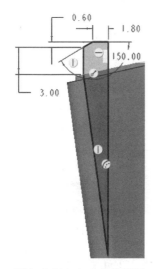

图 7.8.51 扣合机构草图

图 7.8.52 扣合机构预览

（3）使用"选择性粘贴"生成第 2 个特征。选择（2）中创建的拉伸特征，并依次单击【模型】选项卡【操作】组中的复制命令按钮 复制 、选择性粘贴命令按钮 选择性粘贴 ，在【选择性粘贴】对话框中选中【从属副本】和【对副本应用移动/旋转变换】复选框，单击【确定】按钮，创建模型的移动变换副本。对模型应用"移动"变换，选择拉伸特征的边作为参考平移 4，结果如图 7.8.53 所示。

（4）创建移除材料特征。单击【模型】选项卡【形状】组中的拉伸命令按钮 激活拉伸命令，单击操控面板上的移除材料按钮 移除材料 ，选择（1）中创建的 DTM3 面作为草绘平面，RIGHT面作为参考，方向向右，绘制草图如图 7.8.54 所示。向两侧拉伸，一侧长度为 1，另一侧长度为 6，结果如图 7.8.55 所示。

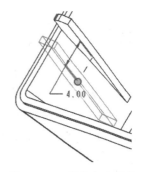

图 7.8.53 粘贴扣合机构

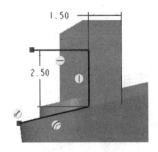

图 7.8.54　移除材料特征草图

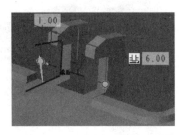

图 7.8.55　移除材料特征预览

（5）使用与（2）、（3）、（4）相同的方法，创建另一端的两个扣合结构，其实体拉伸特征和移除材料拉伸特征的草图如图 7.8.56、图 7.8.57 所示。

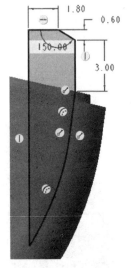

图 7.8.56　扣合结构草图

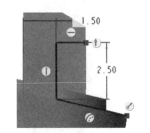

图 7.8.57　移除材料特征草图

（6）镜像上述 4 个扣合结构。按住 Ctrl 键选择上述 4 个扣合结构，单击【模型】选项卡【编辑】组中的镜像命令按钮 ⓘⓘ 镜像 ，选择 TOP 面作为镜像平面，生成其余 4 个扣合结构，如图 7.8.2 所示。

本例模型参见配套文件 ch7\ch7_8_example1.prt。

习题

1. 结合 7.8 节中电话听筒下盖模型的创建过程，创建电话听筒上盖模型。题图 1(a)、(b)所示为电话听筒上盖实体模型，题图 1(c)所示为模型主要参数。

分析：本例模型也是壳体类零件，创建方法与上例类似，先创建多个曲面并合并，然后加厚为壳体，最后在上面添加其他结构。

模型创建过程如题图 1(d)所示，主要步骤包括：①创建合并曲面；②对合并曲面倒角；③加厚倒角后的合并曲面；④切除壳体多余部分；⑤创建唇特征；⑥创建扣合结构；⑦创建螺钉孔。

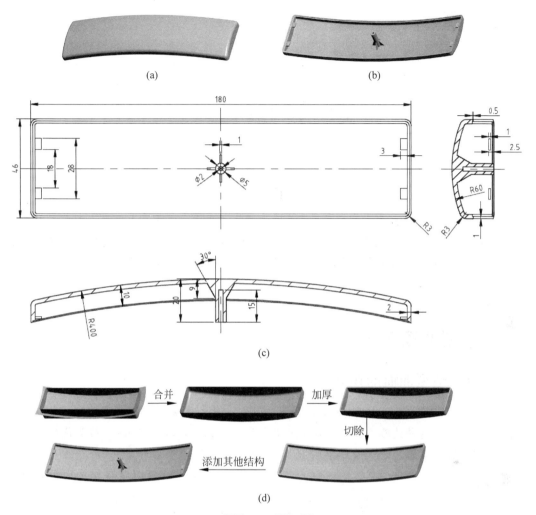

题图1 习题1图

2. 创建电话听筒装配模型。将例7.10和习题1中完成的模型装配为组件,如题图2所示。

题图2 习题2图

分析:本例使用螺栓孔中心线重合以及两元件的配合面匹配两个约束装配模型。

第8章

造 型 曲 面

本章在介绍造型曲面基本概念的基础上，系统讲解造型曲线和造型曲面的创建及编辑方法，最后结合两个实例介绍造型曲面的应用，重点讲述造型曲面与其他常规曲面、实体之间的综合应用方法。

8.1 造型曲面基础

8.1.1 造型曲面的由来

在以前章节中所进行的实体或曲面设计，使用了尺寸、关系式及方程等以确定的尺寸和约束来构建模型，这种建模方式为"参数化建模"（parametric modeling）。参数化建模方法是 Creo 软件的基本思想，是 PTC 公司创建的基础。

但在工业设计等以美观作为设计依据的场合，参数化建模很难构造出自由多变、满足设计师和消费者审美要求的外观造型。如图 8.1.1 所示模型，很难使用前面所述的常规参数化建模方法来创建。

图 8.1.1　模型外观造型

工业设计的依据是曲面设计巧妙、外表平滑光顺且符合消费者的审美观点。这就需要建模软件抛开传统思想，引入一种自由的建模思想。为适应这种要求，"自由曲面建模"（freeform surface modeling）诞生了，体现在 Creo 软件中即是造型（style）曲面，又称为样式曲面、自由曲面或交互曲面设计扩展（interactive surface design extension，ISDX）曲面。

1995 年，为加强工业设计能力，进一步开拓汽车市场，PTC 收购了 Evans & Sutherland 的 CDRS 软件，并将其主要功能融入 Creo Parametric 的前身 Pro/Engineer 中，由此产生了功能强大的造型曲面模块。用该模块创建的曲面称为造型曲面，它以特征的形式存在，与其他特征无缝集成，可使用前面讲述的"延伸"、"修剪"、"合并"、"实体化"、"加厚"等功能对造型曲面进行进一步编辑。

8.1.2 造型曲面界面简介

造型曲面模块与 Creo 零件建模模块是无缝集成的。在零件建模状态下,单击【模型】选项卡【曲面】组中的造型曲面特征命令按钮 样式,激活造型曲面操控面板,其界面如图 8.1.2 所示。在零件建模界面基础上,造型曲面界面添加了样式树,操控面板添加了设置平面、创建/编辑曲线/曲面操作、曲面分析等各种工具,功能区下部的图形工具栏也添加了样式显示过滤器、显示所有视图、显示活动平面方向、显示下一视图、可视镜像等多个工具栏。

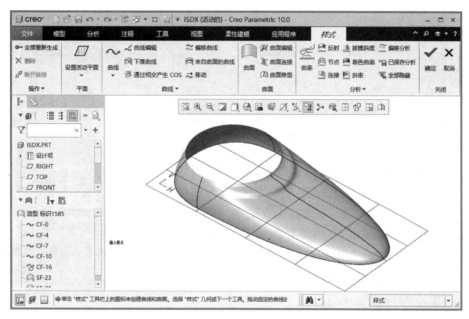

图 8.1.2 造型曲面界面

单击图形工具栏中的显示所有视图命令按钮 ⊞,系统将屏幕分割为俯视、主视、右视和标准的等轴四个视图,用于从不同方位和角度显示模型,如图 8.1.3 所示。此时可在一个视图中编辑几何,同时在其他视图中查看该几何。每个视图的显示是相对独立的,单击可以激活视图。可以像对单视图一样操作,其他视图不受影响。再次单击 ⊞ 按钮,模型恢复一个视图显示。

单击图形工具栏中的显示活动平面方向命令按钮 ⊡,系统将显示活动平面方向。活动平面类似于造型特征中的草绘平面,将在下节中讲述。单击显示下一视图命令按钮 ⊞,图形窗口中的模型将在俯视、主视、右视、等轴等各视图间顺序切换,方便设计者从不同方位观察模型。单击可视镜像命令按钮 ⊡,并选择一平面作为镜像平面,可以镜像现有特征。单击造型曲面显示过滤器按钮 ⊛,弹出子菜单如图 8.1.4 所示,取消选中【曲面显示】或【显示曲线】复选框,可以隐藏造型特征中的曲面或曲线。

位于模型树下部的样式树中列出了当前造型曲面特征中的曲线、曲面等所有图元,方便设计者选择、重命名或隐藏图元。样式树为设计者提供了一种查询造型特征以及与其交互

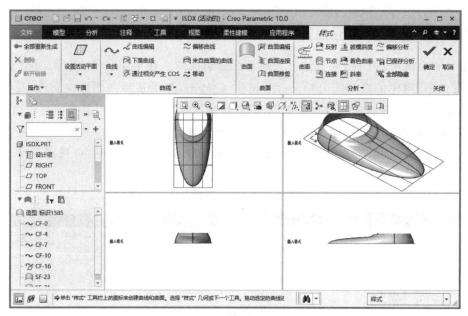

图 8.1.3　显示所有视图

的方法,可以像在模型树中一样,单击样式树中的图元弹出浮动菜单,可对其进行重定义等操作,右击样式树中的图元弹出快捷菜单,如图 8.1.5 所示。可单击导航栏中的样式树按钮 隐藏样式树,再次执行同样的操作显示样式树,如图 8.1.6 所示。

图 8.1.4　造型曲面显示过滤器

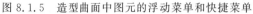

图 8.1.5　造型曲面中图元的浮动菜单和快捷菜单

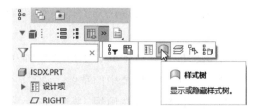

图 8.1.6　隐藏或显示样式树

8.1.3　造型曲面建模的基本思想

造型曲面特征被称为超级特征,可以包含多个曲线和曲面,并将其组合。所有的造型曲面都是由曲线直接定义的,而曲线又是通过两个或多个点定义的一个路径,通过修改点的位置、点构成曲线的形式以及曲线连接成为曲面的形式,可以自由改变曲面的形态,从理论上讲可以得到任意形状的曲面。

如图 8.1.7 所示曲面,经过三条曲线生成的一造型曲面,而每条曲线又由 4 个点组成,拖动曲线上点的位置即可改变曲线的形状,从而也就会影响到曲面形状。

从理论上说,构成曲面的曲线以及构成曲线的点越多,得到的造型曲面就越复杂,表达的形状也就越细致。但曲线以及点的增多,会极大地增加曲面形状调整的工作量,而且使曲面形状不容易控制。因此,在满足形状要求的基础上,构成曲面的曲线以及点的数量应尽量少。

图 8.1.7 造型曲面构成原理

本章将分别讲述曲线、曲面的创建和编辑方法。首先讲述造型曲线的创建方法。

8.2 造型曲面中曲线的创建

造型曲面特征中,因为曲面都是由曲线直接定义的,所以创建好的曲线是创建高质量曲面特征的关键。本节将在介绍活动平面的基础上,介绍创建各类曲线的方法。

8.2.1 设置活动平面与创建内部基准平面

活动平面是造型曲面中一个非常重要的概念,类似于草绘特征中选择的草绘平面。点和自由曲线的创建都要考虑到当前活动平面的设置,而且创建的很多曲线均位于活动平面上。

活动平面是在设计过程中选择的一个平面,可以在设计过程中自由改变。默认状态下,活动平面上布满网格,如图 8.2.1(a)所示模型上的 TOP 面。

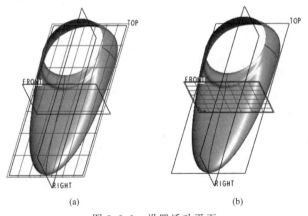

(a)　　　　　　　　　(b)

图 8.2.1 设置活动平面

可以通过设置活动平面的方法改变活动平面。单击【样式】操控面板【平面】组中的设置活动平面命令按钮 ▨ ,再选择任一平面,即可将其设置为当前活动平面。如图 8.2.1(b)所示,将 FRONT 面设置为活动平面。

在活动平面上,系统规定了三个方向。

(1) 水平方向:如图 8.2.2 所示,在活动平面的左上角系统规定了 H 方向和 V 方向,其中,H(horizontal)代表水平方向。

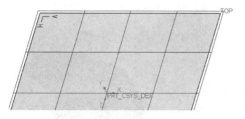

图 8.2.2　活动平面上的 H 方向和
V 方向

（2）竖直方向：活动平面中的 V（vertical）代表竖直方向。

（3）法向：垂直于活动平面的方向,即活动平面的法线方向。

单击【样式】操控面板【操作】组中的组溢出按钮,在弹出的菜单中单击【首选项】命令,弹出【造型首选项】对话框如图 8.2.3 所示,取消选中【显示栅格】复选框可使活动平面上不显示网格,修改【间距】后面文本框中的数字可设置栅格数量。

除了直接选择已有基准平面作为活动平面外,也可在造型曲面建模界面下创建基准平面作为活动平面,这种在造型曲面建模状态下创建的基准平面称为"内部基准平面"。内部基准平面位于样式树中,仅在当前造型曲面特征中可用,当返回到零件建模状态时内部基准平面不可见。相对于零件建模状态下的基准平面,内部基准平面的优势在于：它可以使用当前造型曲面特征中的图元作为参考。

单击【样式】操控面板【平面】组中的设置活动平面命令溢出按钮,在弹出的菜单中单击创建内部基准平面命令按钮 　内部平面 ,弹出【基准平面】对话框如图 8.2.4 所示。使用与创建基准平面相同的方法可创建内部基准平面。创建完成的内部基准平面同时被默认设置为活动平面。

图 8.2.3　【造型首选项】对话框

图 8.2.4　【基准平面】对话框

8.2.2 造型曲线概述

造型曲线是通过两个或两个以上的定义点绘制出的光滑样条曲线,可以将曲线上的点分为内部点和端点两类,如图 8.2.5(a)所示。曲线上的每一点都有确定的位置、切线和曲率。

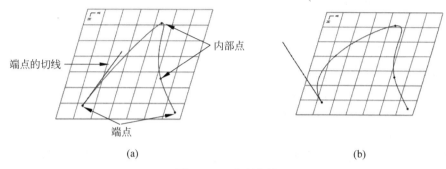

(a)   (b)

图 8.2.5 造型曲线

曲线上点的切线确定曲线穿过该点的方向。例如,将图 8.2.5(a)中的切线方向更改为如图 8.2.5(b)所示,曲线穿过端点的方向发生了变动,曲线也随之发生变动。改变端点切线长度值可影响曲线穿过点前的路径,例如,图 8.2.6(a)中端点切线长度值较小,则曲线穿过此端点前弯曲幅度较小,图 8.2.6(b)中端点切线长度值较大,则曲线在穿过端点前弯曲幅度较大。而曲线内部点的切线由系统确定,不能人为改动。

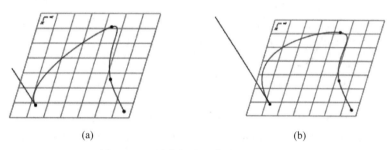

(a)   (b)

图 8.2.6 端点切线对曲线形状的影响

曲线上每一点上的曲率是曲线方向改变速度大小的度量。直线在每一点上的曲率都是零,圆在每一点上都有恒定的曲率,为半径的倒数。而一般来说,曲线在每一点上都有不同的曲率。图 8.2.7 显示了圆和一般曲线的曲率图,图中垂直于曲线的线条代表此点处的曲

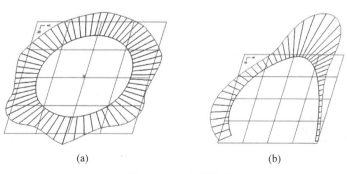

(a)   (b)

图 8.2.7 曲率图

率大小。通过曲率图，设计者可以观察当前曲线或曲面的光顺程度，以提供修改的依据。

在 Creo 造型模块中，有 3 种不同类型的曲线：自由曲线、平面曲线和 COS 曲线。其创建方法各不相同，将在本节后面部分详细讲述。

8.2.3　造型曲线上的点

造型曲面由曲线构成，而曲线又由若干个点光滑连接而成。所以，点是构成造型曲面的基础。根据点所受约束的不同，可将其分为自由点和受约束点。受约束点是以某种方式被约束的点，又可分为软点和固定点两类。

（1）自由点：指未受到任何约束的点，不能坐落在模型其他点、线、面等图元上。在编辑状态下，可以被自由拖动。自由点在建模过程中以实心圆点（•）表示，如图 8.2.8 所示曲线上的四个点均为自由点。

（2）软点：坐落在模型中任意曲线、边、面组、实体曲面、扫描曲线、小平面或基准轴上的点，相应的，这些图元也就成为软点的父对象。软点仅受到部分约束，也就是说，软点可以在其父对象上滑动。根据父对象的不同，软点又可分为两类。

① 位于曲线或边上的软点：以空心圆点（○）表示。如图 8.2.9 所示，为了使三条曲线连接起来以便生成造型曲面，中间曲线的端点必须位于另外两条曲线上，其两端点为位于曲线上的软点。

图 8.2.8　自由点

图 8.2.9　位于曲线上的软点

② 位于面上的软点：以空心方框（□）表示。为构建如图 8.2.10（a）所示位于实体表面上的造型曲面，创建两曲线如图 8.2.10（b）所示，两条曲线的端点均为位于模型表面上的软点。

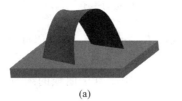

（a）

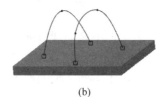

（b）

图 8.2.10　位于面上的软点

（3）固定点：受到完全约束的软点，以叉号（×）表示。将曲线点捕捉到基准点或顶点上可以创建固定点；或者位于平面中曲线上的端点被捕捉到其他图元上时，点也被固定。如图 8.2.11 所示，曲线的两端点分别固定于六面体的两个顶点上，以×表示，为固定点。

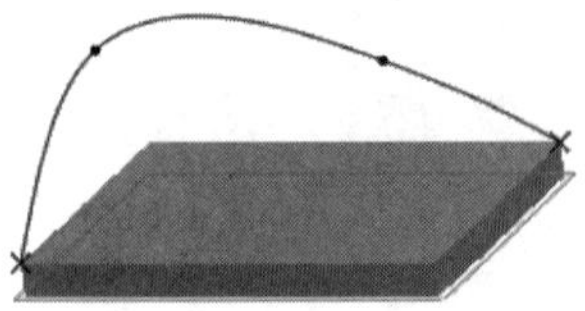

图 8.2.11　固定点

自由点可以位于任意位置，而其他点则受到位置的约束，如何能得到所需的约束？这就要使用捕捉了，关于捕捉设置将在 8.2.7 节中详细介绍。

8.2.4 自由曲线的创建

自由曲线是可以位于三维空间中的任何地方的曲线,其端点和内部点可以是自由点,也可以是软点或固定点。

单击【样式】操控面板【曲线】组中的创建曲线命令按钮 ~,弹出操控面板如图 8.2.12 所示。默认情况下,类型中的 ~ 命令按钮被选中,创建的曲线类型即为自由曲线。在绘图区域单击产生一系列点,即可产生由这些点光滑连接而成的自由曲线。

图 8.2.12 自由曲线操控面板

例 8.1 如图 8.2.13 所示,创建位于 RIGHT 面中的自由曲线。

步骤 1:新建文件并进入造型曲面模块。

(1) 新建文件。单击【文件】→【新建】命令或工具栏中的新建按钮 □,输入文件名并使用模板 mmns_part_solid_abs 创建零件文件。

(2) 进入造型曲面模块。单击【模型】选项卡【曲面】组中的造型曲面特征命令按钮 样式,进入造型曲面建模界面。

步骤 2:创建图 8.2.13 中的自由曲线。

(1) 激活曲线命令。单击【样式】操控面板【曲线】组中的创建曲线命令按钮 ~,确保其类型 自由曲线 被选中。

(2) 设置活动平面。单击【样式】操控面板【平面】组中的设置活动平面命令按钮 ,选择 RIGHT 面作为活动平面。

(3) 绘制曲线。单击屏幕上的点,形成光滑曲线,如图 8.2.14 所示。

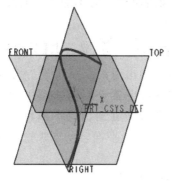

图 8.2.13 例 8.1 图

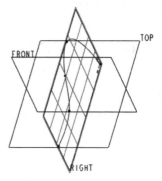

图 8.2.14 绘制自由曲线

（4）完成。单击操控面板中的 ✔ 按钮完成曲线，单击工具栏中的 ✔ 按钮完成造型
曲面特征创建。本例模型参见配套文件 ch8\ch8_2_example1.prt。

在上例模型中，在模型树中单击生成的造型曲面特征"样式 1"，在弹出的浮动菜单中单
击编辑定义命令按钮 🖋 ，再次进入造型曲面建模界面。单击图形工具栏中的显示所有视
图命令按钮 ⊞ ，显示四个视图，如图 8.2.15 所示。

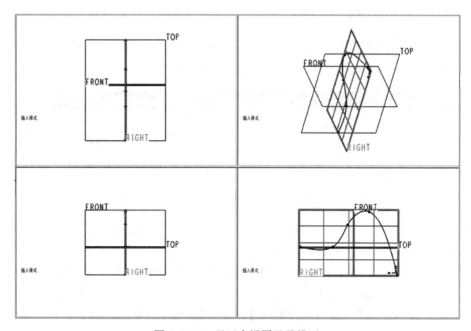

图 8.2.15　以四个视图显示模型

从图中可以看出，从 TOP 面和 FRONT 面方向看，图形显示为直线，说明曲线仅位于
RIGHT 面中。也就是说，RIGHT 面视图是曲线的正视图，能够反映曲线的实际形状。
从曲线的创建过程也可以看出，在标准方向下，不论单击何处，所生成的点均位于活动平
面上。

8.2.5　平面曲线的创建

平面曲线是指位于指定平面上的曲线，在创建及编辑曲线时不能将平面曲线上的点移
出指定平面。

单击【样式】操控面板【曲线】组中的创建曲线命令按钮 ∿ ，选择其【类型】为 ⌒ 平面曲线 创
建平面曲线。在弹出的操控面板中单击【参考】标签，弹出滑动面板如图 8.2.16 所示。其
中的【参考】收集器中指定的面即为曲线所在的平面，也就是当前活动平面。若设置了
【偏移】距离，参考平面将以指定的距离进行偏移，曲线所在的活动平面将位于偏移后的
平面。如图 8.2.17 所示，将 TOP 面偏移 100 作为活动平面，生成的平面曲线偏移于
TOP 面 100 处。

平面曲线的创建过程与自由曲线类似，读者可对照练习。

图 8.2.16　【参考】滑动面板

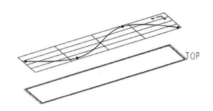

图 8.2.17　TOP 面偏移 100 作为活动平面

8.2.6　圆和圆弧的创建

除了样条曲线外,使用造型曲线命令还可以创建圆和圆弧。进入造型界面后,单击【样式】操控面板【曲线】组中的创建曲线命令按钮的组溢出按钮,在弹出的菜单中单击创建圆命令按钮 ○ 圆 可创建圆,单击创建圆弧命令按钮 ⌒ 弧 可创建圆弧。创建圆操控面板如图 8.2.18 所示。在【类型】区域中单击 自由曲线 按钮创建自由曲线,单击 平面曲线 按钮创建平面曲线。

在活动平面上单击指定圆心,绘图窗口产生初始圆,如图 8.2.19 所示。拖动图中心处的空心圆圈可移动圆的位置,拖动圆上空心方框可改变圆的直径,也可以直接在操控面板的【半径】文本框中输入半径值,最后单击 确定 按钮完成圆。

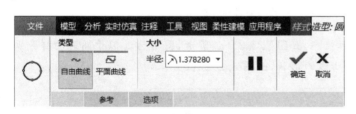

图 8.2.18　创建圆操控面板

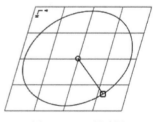

图 8.2.19　创建圆

创建圆弧操控面板如图 8.2.20 所示。在【类型】区域中选择 自由曲线 创建自由曲线,选择 平面曲线 创建平面曲线。

图 8.2.20　创建圆弧操控面板

在活动平面上单击,系统以鼠标点为圆心,在活动平面上绘制圆弧,如图 8.2.21 所示。拖动图中心处的空心圆圈可移动圆的位置,拖动位于圆弧两端的空心方框可改变弧的直径和起点、终点角度,也可直接在操控面板的文本框中输入半径、起点或终点,最后单击 ✓ 确定按钮完成圆弧。

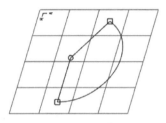

图 8.2.21　创建圆弧

提示:实际上,在造型曲面模块中的所有线段均为由若干点构成的样条曲线,根本不存在"圆"或"圆弧"这样的图元,上面创建的圆和圆弧仅是一种近似的图形。

双击上面创建的圆,使其处于编辑状态。如图 8.2.22(a)所示,此时的圆是由若干个点构成的一条类似圆的样条曲线。拖动上面的点可以改变其形状,如图 8.2.22(b)所示。其曲率分析图如图 8.2.22(c)所示,从不相同的曲率上也可以看出此图形不是圆。

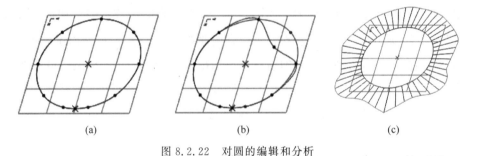

(a)　　　　　　　　(b)　　　　　　　　(c)

图 8.2.22　对圆的编辑和分析

同理,双击圆弧,使其处于编辑状态,如图 8.2.23(a)所示,图形为近似于圆弧的样条曲线,拖动曲线上的点可以改变样条曲线的形状,如图 8.2.23(b)所示。

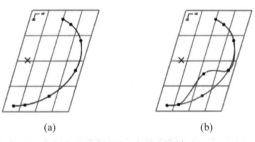

(a)　　　　　　　　(b)

图 8.2.23　对圆弧的编辑和分析

8.2.7　COS 的创建与点的捕捉

COS(curve on surface)是指位于曲面上的曲线,其存在形态类似于 6.6 节介绍的投影曲线,均位于面上。COS 有三种创建方法:通过点直接创建、使用下落曲线命令创建和通过相交创建,下面分别介绍。

1. 通过点直接创建 COS

在造型曲面特征中,单击【样式】操控面板【曲线】组中的创建曲线命令按钮 ,在弹出的操控面板中选择类型为 ,如图 8.2.24 所示,创建 COS 曲线。

图 8.2.24 COS 曲线操控面板

COS 是位于曲面上的曲线,其所在的曲面是其主要参考。单击操控面板上的【参考】标签,弹出滑动面板如图 8.2.25 所示。单击激活【曲面】收集器,选择曲面作为其参考。

例 8.2 如图 8.2.26 所示,创建位于曲面上的 COS 曲线。原始文件参见配套文件 ch8\ch8_2_example2.prt。

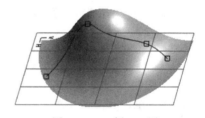

图 8.2.25 【参考】滑动面板　　　　图 8.2.26 例 8.2 图

步骤 1:打开原始文件 ch8\ch8_2_example2.prt。

步骤 2:进入造型曲面模块。单击【模型】选项卡【曲面】组中的造型曲面特征命令按钮 样式,进入造型曲面建模界面。

步骤 3:创建 COS 曲线。

(1) 激活曲线命令。单击【样式】操控面板【曲线】组中的创建曲线命令按钮 ,选择 COS 选项 。

(2) 选择参考。单击操控面板上的【参考】标签,在弹出的滑动面板中激活参考曲面收集器并选择模型中的曲面作为参考。

（3）绘制曲线。依次单击曲面上的若干点，单击 ✓ 按钮完成 COS。

步骤 4：单击工具栏中的 ✓ 按钮退出造型模块。

生成的文件参见配套文件 ch8\ch8_2_example2_f.prt。旋转模型到各角度观察，可以看出模型是位于曲面上的，在创建 COS 曲线过程中，活动平面没有意义。

因为整条曲线位于曲面上，曲线上的点自然也是落在曲面上的。上例中曲线上的两个端点和两个内部点均显示为空心方框（□），说明这些点都是位于面上的软点。双击曲线使其处于编辑状态，可以在曲面上随意拖动这些点。

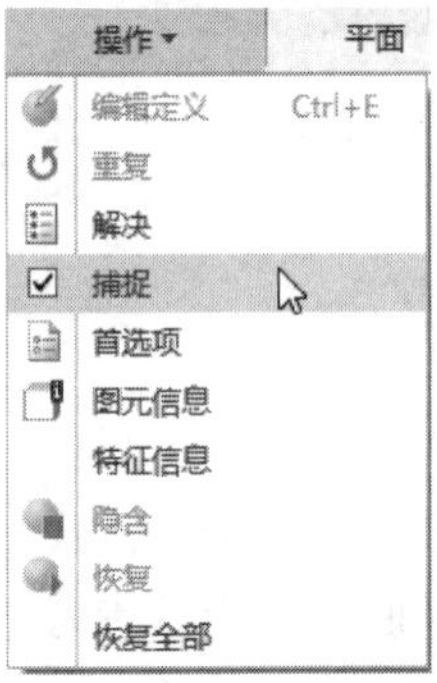

图 8.2.27 【操作】组溢出菜单

那么，如何使这些点落在曲线或边上变为位于曲线上的软点（○），或约束到基准点或顶点上成为固定点？使用捕捉可解决这个问题。

若在创建点或修改点时，使系统处于捕捉状态，可得到位于曲线上的软点或固定点。启动捕捉的方法有两种：

① 按住 Shift 键；

② 在【样式】操控面板中，单击【操作】组溢出按钮，在弹出的菜单中选中【捕捉】复选框，如图 8.2.27 所示。

例 8.3 创建位于曲面上的 COS 曲线，如图 8.2.28 所示。原始文件参见配套文件 ch8\ch8_2_example2.prt。

分析：本例中 COS 曲线上的点中有一个位于模型的边上，一个位于顶点上，这两个点使用捕捉完成。

步骤 1：同例 8.2，打开原始文件并进入造型曲面特征界面。

步骤 2：创建 COS 曲线。

（1）激活曲线命令。单击【样式】操控面板【曲线】组中的创建曲线命令按钮 🔗，选择 COS 选项 曲面上的 曲线 。

图 8.2.28 例 8.3 图

（2）选择参考。单击操控面板上的【参考】标签，在弹出的滑动面板中激活参考曲面收集器并选择模型中的曲面作为参考。

（3）绘制曲线。单击曲面产生第 1 个点；按住 Shift 键，在曲面的边界处单击，产生位于边上的点；松开 Shift 键，单击产生第 3 个点；再次按住 Shift 键，在曲面右上角处的顶点处单击，产生位于顶点上的固定点，单击 ✓ 按钮完成 COS。

单击工具栏中的 ✓ 按钮退出造型模块。生成的文件参见配套文件 ch8\ch8_2_example2_f2.prt。

2. 使用下落曲线命令创建 COS

下落曲线（drop curve）又称为放置曲线，是通过将曲线投影到曲面上产生 COS，与投影曲线产生的原理相同。如图 8.2.29 所示，半圆形曲线沿着 FRONT 面向曲面投影，产生位于曲面上的 COS。

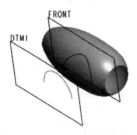

图 8.2.29 下落曲线

单击【样式】操控面板【曲线】组的下落曲线命令 ，弹出操控面板如图 8.2.30 所示。在此面板上设置源曲线、投影到的曲面以及作为投影方向的平面。

图 8.2.30 下落曲线操控面板

单击操控面板上的【参考】标签,弹出滑动面板如图 8.2.31 所示,其中的 3 个收集器分别存放源曲线、投影到的曲面以及作为投影方向的平面,与操控面板中 3 个收集器功能相同。

单击操控面板上的【选项】标签,弹出【选项】滑动面板如图 8.2.32 所示。选中【起始】或【终止】复选框,可以延伸下落曲线的起点或终点到曲面的边缘。

图 8.2.31 【参考】滑动面板　　　图 8.2.32 【选项】滑动面板

例如,未选中延伸选项时,由源曲线下落到曲面上产生的曲线如图 8.2.23(a)所示;选中【终止】复选框后,下落曲线的终点延伸至曲面的边缘,如图 8.2.33(b)所示;若【起始】和【终止】复选框都选中,则下落曲线贯穿整个曲面,如图 8.2.33(c)所示。本例模型参见配套文件 ch8\ch8_2_example3.prt,读者可对照练习。

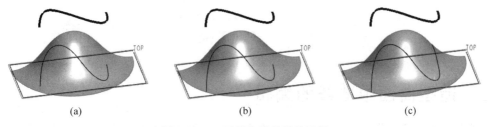

(a)　　　　　　　　　　(b)　　　　　　　　　　(c)

图 8.2.33 下落曲线的延伸示例

3. 通过相交创建 COS

通过相交创建 COS 是指两组曲面相交,其交线便是所要生成的 COS,其产生原理类似于 6.5 节中讲述的相交曲线。如图 8.2.34(a)所示,盘形曲面与圆柱曲面相交,其交线如图 8.2.34(b)所示,此曲线既是属于盘形曲面的 COS,又落在圆柱曲面上。

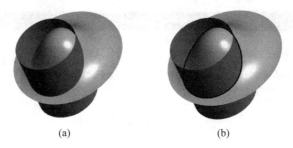

图 8.2.34　相交曲线

单击【样式】操控面板【曲线】组的通过相交产生 COS 命令按钮 🌀 **通过相交产生 COS**,弹出操控面板如图 8.2.35 所示,选择相交的两组曲面参考并生成曲线。

图 8.2.35　通过相交产生 COS 操控面板

单击操控面板中的【参考】标签,弹出滑动面板如图 8.2.36 所示,其中的两个收集器用于收集相交的两个面组,在每个收集器处于激活状态下,按住 Ctrl 键可选择多个曲面。

图 8.2.36　【参考】滑动面板

8.3　造型曲面中曲线的编辑

创建曲线仅仅是设计的第一步,高质量、符合设计要求的曲线一般需要经过反复修改才能完成。除了曲线上点位置的变动外,曲线端点约束条件的设置、曲线与其他图元的连接、曲线延伸、曲线组合、曲线分割、曲线转换等也是曲线编辑的重要内容。

8.3.1 曲线的曲率图

光滑的曲线其曲率必然是连续的,曲率图是一种检验图形是否连续、光滑的工具。曲率图以图形表示,在沿曲线的一系列点上用与曲线垂直的线段来表达当前点的曲率大小。线段越长,此点的曲率值就越大。如图 8.3.1 所示,垂直于曲线均匀分布的便是曲率图,每一条垂直于曲线的线段代表了此处的曲率。从图中可以看出,曲线两端的曲率较小,越靠近中间则曲率越大。

理想情况下,曲率图应该是平滑的。如果曲率图中存在陡变,如图 8.3.2 中的下凹和上凸,表明曲线形状发生了快速变化,但这不表示曲线中的弯折,仅仅表示曲率的急剧变化,曲线的曲率仍然是连续的。

单击【样式】操控面板【分析】组中的曲率分析命令按钮 ,弹出【曲率分析】对话框。选中要分析的曲线,即可显示曲率图,同时还在对话框中显示了曲线上的最大曲率与最小曲率,如图 8.3.3 所示。在对话框中拖动【质量】滑块,可使曲率图变密或稀疏;拖动【比例】播盘可改变曲率图的相对尺寸。

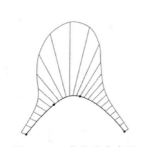

图 8.3.1 曲线的曲率图

图 8.3.3 【曲率分析】对话框

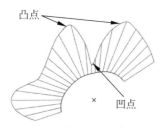

图 8.3.2 形状发生快速变化的曲线

曲率图是交互式的,能够随着曲线的修改而更新,设计者可以根据曲率图的形状得到所需要的曲线。若在【曲率分析】对话框中选择生成的曲率图是"已保存"的,则后期单击"已保存分析"命令按钮 已保存分析 打开已保存的分析列表将其重新调出,单击隐藏曲率分析按钮 全部隐藏 可将其隐藏。

8.3.2 曲线上点的编辑

调整曲线上点的位置和数量是曲线编辑过程中最经常使用的功能,也是得到符合设计要求的曲线和曲面过程中不可缺少的步骤。

双击 8.2 节中创建的曲线,可编辑曲线。若双击的曲线是自由曲线、平面曲线或通过点直接创建的 COS,将打开曲线编辑操控面板,如图 8.3.4 所示即为双击 COS 打开的编辑面板;双击下落曲线或通过相交创建的 COS,将打开曲线创建时的面板。

图 8.3.4　曲线编辑操控面板

对于下落曲线与通过相交创建的 COS,其编辑与创建时的内容一致,可参考创建过程重新选择参考完成修改。本节重点讲述自由曲线、平面曲线以及通过点直接创建的 COS 的编辑方法。

单击【样式】操控面板【曲线】组中的曲线编辑命令按钮　　　　　　,也可打开曲线编辑对话框,选择相应的曲线可对其进行编辑。在曲线编辑状态下,可进行以下几种点的编辑:

(1) 直接拖动曲线上的自由点或软点:可改变曲线上点的位置。

(2) 按住 Shift 键拖动曲线上的点:可在自由点、软点以及固定点之间切换。

(3) 添加点:在曲线上右击,弹出快捷菜单如图 8.3.5 所示,单击【添加点】命令可在光标位置添加内部点,单击【添加中点】命令可在邻近的两个点的中点上添加一个内部点。

(4) 删除点:在点上右击,弹出快捷菜单如图 8.3.6 所示,单击【删除】命令删除此点。

在操控面板【设置】区域中单击 🎗️显示原始 按钮,可在曲线修改过程中显示原曲线形状,如图 8.3.7 所示,在拖动曲线上点改变曲线形状后,图形上依然保留了原曲线的形状,便于设计者做出比较。

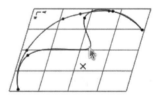

图 8.3.5　曲线编辑的　　　图 8.3.6　删除点的　　　图 8.3.7　编辑过程中显示曲线的
　　　　　快捷菜单　　　　　　　　快捷菜单　　　　　　　　　原始形状

选中【选项】选项卡中的【按比例更新】复选框,拖动软点时,曲线上的自由点比照软点移动,在曲线编辑过程中,曲线按比例保持其形状。图 8.3.8(a) 所示为修改前的曲线,在按比例更新状态下拖动曲线上左侧的软点,曲线整体将以两个软点为参考按比例缩放,保持原来的形状不变,如图 8.3.8(b) 所示;若未选中【按比例更新】复选框,再次移动左侧软点,曲线只在软点处改变形状,如图 8.3.8(c) 所示。

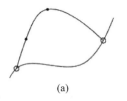
(a)

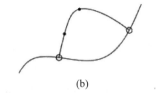
(b)

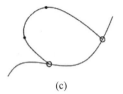
(c)

图 8.3.8　曲线的按比例更新

默认情况下,在创建和编辑曲线过程中显示在曲线上的内部点称为插值点,单击操控面板上的使用控制点编辑曲线按钮　██ 控制点　,曲线将进入控制点编辑模式,如图 8.3.9 所示,曲线的形状由连接控制点的多边形控制。通过拖动控制点也可以编辑曲线。注意:只有曲线上的第一个和最后一个控制点才可以成为软点。

在拖动点时还可以控制点的移动方式。单击操控面板上的【点】标签,弹出滑动面板,选择曲线上的点,面板如图 8.3.10 所示。单击【点移动】区域【拖动】右侧的三角形符号,弹出下拉列表如图 8.3.11 所示,表中列出了拖动点的三种方式:自由、水平/竖直和法向。默认情况下,拖动时点自由移动;当选择"水平/竖直"选项时,点的移动就

图 8.3.9　使用控制点编辑曲线

被限制在了活动平面的 H 方向或 V 方向上;选择"法向"时,点的移动被限定在活动平面的法线上。

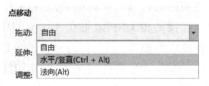

图 8.3.10　【点】滑动面板

图 8.3.11　点的拖动方式

也可以不通过滑动面板而直接使用快捷键操纵点的移动方式:直接拖动为自由运动;拖动点的同时按住 Ctrl 和 Alt 键,点只能在 H 或 V 方向上移动;按住 Alt 键,可沿活动平面的法线方向拖动点的位置。

8.3.3 改变曲线类型

在图 8.3.4 所示的曲线编辑操控面板中,单击【类型】区域中的不同类型,可以改变曲线的类型。其改变规则如下:

(1)自由曲线和平面曲线之间可以自由转换,在自由曲线转换为平面曲线时,需要指定一个平面作为平面曲线所在的参考。

(2)通过点创建的 COS 曲线可以转换为自由曲线或平面曲线,当向平面曲线转换时,也需要指定曲线所在的参考。注意:此转换是不可逆的。

(3)无法将自由曲线和平面曲线更改为 COS 曲线。

例 8.4 打开配套文件 ch8\ch8_3_example1.prt,将图中的 COS 曲线转换为 RIGHT 面上的平面曲线,如图 8.3.12 所示。

图 8.3.12 例 8.4 图

步骤 1:打开原始文件 ch8\ch8_3_example1.prt。

步骤 2:进入曲线所在的造型特征。

在绘图区域单击曲线特征,或在模型树上选择特征,并在弹出的浮动菜单中单击编辑定义命令按钮 ,进入造型曲面模块。

步骤 3:**修改曲线类型**。

(1)**激活命令**。双击 COS 曲线;或单击【样式】操控面板【曲线】组中的曲线编辑命令按钮 **曲线编辑** ,并选择 COS 曲线作为要编辑的曲线。

(2)**修改曲线类型**。单击操控面板【类型】区域中的 **平面曲线** 按钮,并选择 RIGHT 面作为平面曲线所在的平面。

(3)**完成**。单击操控面板中的 按钮完成曲线,单击工具栏中的 按钮完成造型特征修改。本例模型参见配套文件 ch8\ch8_3_example1_f.prt。

8.3.4 曲线上点的相切设置

除了更改曲线上点的位置外,修改曲线端点的切线方向及长度也可以改变曲线形状。另外,正确设置端点的切线方向还是设置与其他曲线或曲面正确连接的必需条件。本小节仅讲述如何通过改变曲线的切线方向来改变曲线形状。关于使用曲线相切创建与其他曲线或曲面连接的相关内容,将在 8.3.5 节中讲述。

在曲线编辑状态下,有两种方法可以改变曲线的切线方向:

(1)单击曲线端点,直接拖动其切线。如图 8.3.13 所示,拖动左下端点的切线,可以改变此点的切向及其大小。

(2)使用曲线编辑面板中的【相切】滑动面板,为端点处的切线指定具体的形式。

在造型曲面中双击曲线进入曲线编辑,选择要设置的端点并单击面板上的【相切】标签,弹出滑动面板如图 8.3.14 所示。

图 8.3.13 拖动曲线端点切线

单击【约束】区域中【第一】右侧的三角形符号,弹出下拉列表,其中包含"自然"、"自由"、"固定角度"、"水平"、"竖直"、"法向"、"对齐"、"对称"、"G1-相切"、"G2-曲率"、"G3-加速度"、"G1-曲面相切"、"G2-曲面曲率"、"G3-曲面加速度"、"拔模相切"共15种约束方式,将其分为三类。

① 可在曲线上单独设置的约束方式:"自然"、"自由"、"固定角度"、"水平"、"竖直"、"法向"、"对齐"七种切线方式可在单独的曲线上设置。

② 曲线间连接时端点可设置的切线方式:可采用"对称"、"G1-相切"、"G2-曲率"、"G3-加速度"四种连接方式。

③ 曲线与相邻曲面间连接时,曲线端点切线可采用的约束方式:"G1-曲面相切"、"G2-曲面曲率"、"G3-曲面加速度"、"拔模相切"四种连接方式。

图 8.3.14　【相切】滑动面板

本节仅讲述第一类切线约束方式的含义,其他两类将在后面介绍。

(1) 自然:使用该点定义时系统自动设置的切线方向和大小。对于新创建的曲线,该项为默认值。当设计者修改端点的定义时,此选项即变为其他类型。

(2) 自由:使用用户自由定义的切线方向和大小。当用于自由拖动切线向量时,上述的"自然"切线便变为"自由"切线。

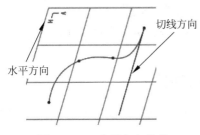

图 8.3.15　水平方向约束

(3) 固定角度:保持当前的切线角度,设计者可通过拖动改变切线向量的长度。

(4) 水平:使切线的方向与活动平面中的水平方向(H 方向)保持一致,设计者可以改变其长度,如图 8.3.15 所示。

(5) 竖直:使切线的方向与活动平面中的竖直方向(V 方向)保持一致,设计者可以改变其长度,如图 8.3.16 所示。

(6) 法向:设置当前端点的切线方向垂直于选择的平面。当选择约束方式为"法向"后,系统提示选择一个平面,如图 8.3.17 所示,选择 TOP 面,则当前端点的法线方向垂直于 TOP 面。

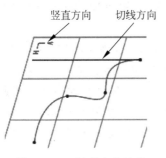

图 8.3.16　竖直方向约束

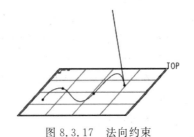

图 8.3.17　法向约束

（7）对齐：设置当前端点的切线方向与选择的另一曲线的切线方向保持一致。当选择约束为"对齐"后，系统提示选择一条曲线，选择曲线后，端点切线方向将与选择的曲线上单击处的曲率保持一致。如图8.3.18(a)中选择参考曲线时单击了①点，端点切线与①点的切线方向保持一致；同理，图8.3.18(b)中单击了②点，切线与②点切线方向一致。

提示：也可以使用快捷菜单设置曲线上点的相切条件：首先单击端点，显示此点的切线，然后在切线上右击弹出快捷菜单，如图8.3.19所示，菜单中【自然】选项被选中，单击其他项可选择其他约束方式。

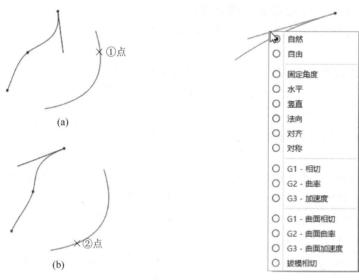

图 8.3.18 对齐约束　　图 8.3.19 自由曲线端点切线的快捷菜单

8.3.5 使用相切约束创建曲线连接和曲面连接

当要修改的造型曲线的端点位于其他曲线或曲面上时，可以设置此造型曲线与其相连接曲线或曲面的相切形式。

曲线间可使用对称、相切或曲率三种连接形式，而曲线和相邻曲面间可设置曲面相切、曲率相切或拔模相切三种连接形式。曲线连接形式介绍如下。

（1）相切：在此端点处，被修改的造型曲线将切于相连接的曲线。被修改的曲线称为"从曲线"，而被连接的曲线称为"主曲线"。设置两曲线"相切"连接后，主曲线保持原状，而从曲线则改变形状以适应主曲线。

如图8.3.20(a)所示为两条线段连接前的位置关系，右侧线段的左端点以软点的形式位于左侧的线段上；双击右侧线段激活曲线修改命令，单击软点显示切线，此时的设置为默认的"自然"状态，如图8.3.20(b)所示；右击切线，在弹出的快捷菜单中选择【G1-相切】命令，约束形式变为在此点处从曲线相切于主曲线，切线符号也变为了单线箭头，如图8.3.20(c)所示。本例模型参见配套文件 ch8\ch8_3_example2.prt，完成后的模型参见 ch8\ch8_3_example2_f.prt，读者可对照练习。

（2）曲率：类似于"相切"，在保留"相切"约束的同时，从曲线在此端点处保持了主曲线

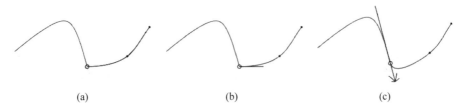

图 8.3.20　更改曲线相切关系

的曲率值。将图 8.3.20 所示软点的切线设置为【G2-曲率】,得到曲线连接如图 8.3.21 所示,其切线符号变为多线箭头。与图 8.3.20(c)所示的曲线相切连接相比,两曲线不但保持了相切的约束形式,从曲线上与主曲线连接的软点还保持了主曲线的曲率值。

（3）对称：将两邻接曲线的斜率设置为端点的平均值,且两曲线保持相切连接关系。如图 8.3.22 所示,主从曲线的斜率均有变化,并且两曲线仍然保持相切关系。此时观察操控面板,可以看出,应用【对称】约束后,系统将其约束自动改为了"G1-相切"。

图 8.3.21　曲率约束　　　　　　　图 8.3.22　对称约束

曲线和相邻曲面间的连接形式可以为以下几种

（1）曲面相切：使被修改曲线端点的切线相切于曲面。如图 8.3.23 所示,左右两侧曲线均有一个端点为落于模型顶点上的固定点,图 8.3.23(a)显示了此端点切线为"自然"状态的曲线形状,切线方向自然地指向曲线下一点。右击切线,在弹出的快捷菜单中选择【G1-曲面相切】命令后曲线变为如图 8.3.23(b)所示,曲线切于曲面。本例模型参见配套文件 ch8\ch8_3_example3.prt,完成后的模型参见 ch8\ch8_3_example3_f.prt,读者可对照练习。

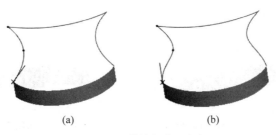

图 8.3.23　曲线与曲面相切

（2）曲面曲率：被修改曲线端点的切线相切于曲面,并且曲线在此端点处和曲面具有相同的曲率。图 8.3.24(a)中曲线端点保持了"自然"状态;图 8.3.24(b)中曲线端点与相邻曲线相切;图 8.3.24(c)中将端点约束条件改为【G2-曲面曲率】,原来表示端点切线的单线变为了多线,曲线在端点处保持了曲面的曲率。

注意：在设置端点为"曲面相切"或"曲面曲率"约束条件时,曲线的端点必须位于曲面

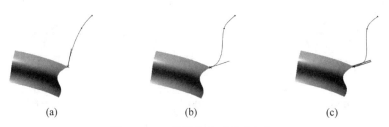

图 8.3.24　曲线与曲面曲率相切

上,所以要求曲线端点必须为曲面上的软点或固定点,即:曲线端点可以为曲面上的软点、曲面边界上的软点或 COS 曲线上的软点,也可以为曲面端点处的固定点。

(3) 相切拔模:将曲线设置为与选定面的法线在成某一角度的情况下相切。如图 8.3.25(a)中显示了曲线端点位于曲面的边界上,同时端点的切线处于"自然"状态。右击切线并选择快捷菜单中的【相切拔模】命令,消息区显示"选择相切拔模的平面或曲面参考",提示选择参考平面。选择图中曲线所在的曲面,得到图 8.3.25(b)所示模型。图中的角度代表曲线与选定平面在曲线端点处法线的夹角,默认为 10°。将此角度值更改为 0°,如图 8.3.26 所示,切线将垂直于选定平面;将其改为 90°,如图 8.3.27 所示,切线则平行于选定平面。本例模型参见配套文件 ch8\ch8_3_example4.prt,完成后的模型参见 ch8\ch8_3_example4_f.prt,读者可对照练习。

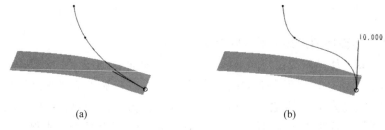

图 8.3.25　曲线的拔模相切

(a) 自然状态下的曲线;(b) 10°拔模状态下的曲线

图 8.3.26　切线垂直于选定平面　　　　图 8.3.27　曲线切于选定平面

在相切拔模的约束下,拖动切线可使其移动或改变其长度,但必须保持相切拔模的约束。

8.3.6　组合曲线

若两条曲线端点重合,则可以在此端点处将两条曲线合并为一条,原来的端点变为合并后造型曲线上的一个内部点,并且原来的两曲线均改变形状,在此点处光滑连接。其改变过程如图 8.3.28 所示,图 8.3.28(a)中的两条曲线在①点处端点重合,将其合并后变为如图 8.3.28(b)所示,两曲线光滑连接。

图 8.3.28　组合曲线

双击要组合的一条曲线,弹出编辑曲线操控面板,右击与其他曲线重合的曲线端点,弹出快捷菜单如图 8.3.29 所示,选择【组合】命令,曲线变为如图 8.3.28 (b)所示,完成曲线组合。本例模型参见配套文件 ch8\ch8_3_example5.prt,完成后的模型参见 ch8\ch8_3_example5_f.prt,读者可对照练习。

曲线组合是将两条造型曲线合并为一条,从屏幕左下角的样式树中也可以看出,合并前的两条造型曲线被一条新的造型曲线取代。

如果在曲线端点有一条以上的相邻曲线,如图 8.3.30 所示,在组合曲线时系统将提示选择哪条曲线与所选曲线组合。本例模型参见配套文件 ch8\ch8_3_example6.prt,请读者自行练习。

图 8.3.29　端点的快捷菜单

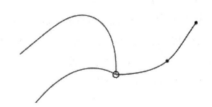

图 8.3.30　多曲线组合

8.3.7　分割曲线

可以在造型曲线的内部点处将该曲线分割为两条曲线,其中一条曲线的端点以位于另一曲线上的软点的形式存在,两曲线依靠此软点连接在一起。如图 8.3.31(a)所示为一条造型曲线,在中间的内部点处将其分割为两条,变为如图 8.3.31(b)所示,左侧曲线的右端点以软点形式位于右侧曲线上。

图 8.3.31　分割曲线

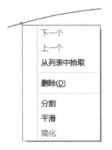

图 8.3.32 曲线内部点的快捷菜单

单击【样式】操控面板【曲线】组中的曲线编辑命令按钮 ✎ 曲线编辑 ,打开曲线编辑操控面板,选择要分割的曲线;或直接双击造型曲线打开曲线编辑操控面板,并且将曲线选作要被修改的对象。右击要分割的内部点,弹出快捷菜单如图 8.3.32 所示。选择【分割】命令,曲线将在选定点处被分割为两部分。

注意:在分割造型曲线时,因为两条曲线都将重新拟合,因此生成的曲线形状可能会发生变化。

8.3.8 延伸曲线

在造型曲线的编辑状态下,有三种方式可以延伸曲线:

(1)拖动曲线端点延伸曲线;

(2)通过添加新点延伸曲线。

(3)沿曲线的切线或曲率延伸新点延伸曲线。

单击【样式】操控面板【曲线】组中的曲线编辑命令按钮 ✎ 曲线编辑 ,打开曲线编辑操控面板,选择要延伸的曲线;或直接双击造型曲线打开曲线编辑操控面板,并且将曲线选作要被修改的对象。

(1)拖动曲线端点延伸曲线。直接拖动曲线的端点,可在保持曲线上点数不变的情况下延伸曲线。

(2)通过添加新点延伸曲线。按住 Shift 和 Alt 键,单击曲线的端点,然后在曲线外单击,原曲线被延伸,单击点成为曲线新的端点。

(3)沿曲线的切线或曲率延伸新点延伸曲线。单击操控面板上的【点】标签,弹出滑动面板如图 8.3.33 所示,单击【延伸】选项框,弹出下拉列表如图 8.3.34 所示。选择"相切"或"曲率"选项,然后再按(2)中的方式延伸曲线,曲线的新端点将沿切线或曲率延伸至指定位置。

图 8.3.33 【点】滑动面板

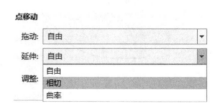

图 8.3.34 【延伸】下拉列表

例如,源曲线如图8.3.35(a)所示,沿曲线的切线延伸曲线,得到曲线如图8.3.35(b)所示;沿斜率延伸曲线,得到曲线如图8.3.35(c)所示。

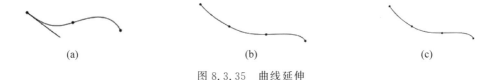

(a)   (b)   (c)

图8.3.35 曲线延伸

8.3.9 偏移曲线

偏移曲线是通过偏移源曲线的方法生成新的曲线,本质上也是生成曲线的一种方法。自由曲线、平面曲线、通过点创建的COS、下落曲线以及通过相交创建的COS曲线均可以偏移生成新曲线,但其操作方法有所不同。

1. 自由曲线和平面曲线的偏移

自由曲线偏移时,需要指定一个平面来确定偏移的方向;而平面曲线偏移时,曲线所在的平面即是偏移的方向参考,不能也不需要指定偏移的参考平面。

如图8.3.36(a)所示,图中源曲线为自由曲线,须指定参考平面才能偏移曲线,图中指定了TOP面作为参考平面,在TOP面内偏移100生成新的曲线;也可垂直于参考平面生成偏移曲线,如图8.3.36(b)所示。

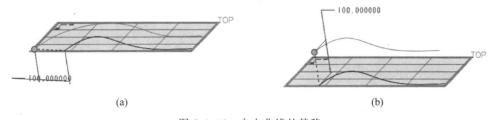

(a)   (b)

图8.3.36 自由曲线的偏移

单击【样式】操控面板【曲线】组中的偏移曲线命令按钮 ～ 偏移曲线,打开操控面板如图8.3.37所示。默认状态下,曲线收集器处于激活状态。若选择平面曲线作为要偏移的曲线,则操控面板变为如图8.3.38所示,不需要指定偏移参考,仅需设置偏移距离即可。

图8.3.37 偏移曲线操控面板

若选择图8.3.36中的自由曲线,操控面板变为如图8.3.39所示,需要设计者指定参考平面,选择TOP面作为参考平面并设置偏移距离100后,得到图8.3.36(a)所示偏移曲线;若单击操控面板中的【垂直】按钮,将会生成如图8.3.36(b)所示垂直于参考平面的偏移曲线。

图 8.3.38　偏移平面曲线操控面板

图 8.3.39　偏移自由曲线操控面板

注意：为了保持偏移曲线与源曲线的位置关系，在某些情况下，偏移曲线上可能会出现尖点或自相交曲线。如图 8.3.40 所示，在偏移曲线上出现了自相交和尖点现象，此时曲线实际已经分割为了多条曲线以保留尖点。若使用"转换曲线"工具（将在 8.3.12 节中讲述）将其转换为独立曲线，则可以看出此时的偏移曲线由三条独立自由曲线组成。本例原始模型参见配套文件 ch8\ch8_3_example7.prt，曲线偏移后的模型参见 ch8\ch8_3_example7_f.prt，读者可对照练习。

图 8.3.40　偏移曲线的自交现象

2. 通过点创建的 COS 及下落曲线的偏移

通过点创建的 COS 和使用下落曲线生成的 COS，其偏移方法相同。设置要偏移的 COS 及偏移距离即可生成偏移曲线的预览，系统自动以 COS 所在的曲面作为偏移参考。单击【样式】操控面板【曲线】组中的偏移曲线命令按钮 ～～ **偏移曲线**，选择符合要求的 COS 作为源曲面，其操控面板如图 8.3.41 所示。

图 8.3.41　偏移 COS 曲线操控面板

默认情况下在偏移参考曲面内生成偏移曲线，如图 8.3.42(a)所示，偏移于源 COS 生成偏移曲线；若单击操控面板中的【垂直】按钮，则偏移曲线将垂直于参考曲面，如图 8.3.42(b)所示。

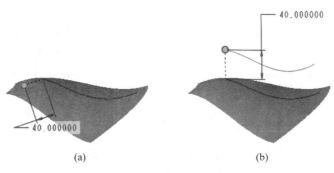

图 8.3.42　偏移 COS 曲线

　　当在偏移参考曲面内生成偏移曲线时,单击操控面板上的【选项】标签,弹出滑动面板如图 8.3.43(a)所示,若选中【起始】或【终止】复选框,可将偏移曲线的起点或终点延伸至参考曲面的边界,如图 8.3.43(b)所示。

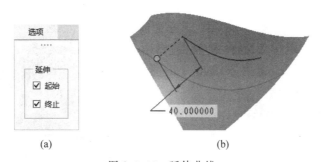

图 8.3.43　延伸曲线

3. 通过相交创建的 COS 偏移

　　可以偏移通过相交创建的 COS 得到新的偏移曲线。单击【样式】操控面板【曲线】组中的偏移曲线命令按钮 〰 偏移曲线 ,选择通过相交创建的 COS 作为源曲线,其操控面板如图 8.3.44 所示。

图 8.3.44　偏移通过相交创建的 COS 操控面板

　　系统选择 COS 所在的曲面作为偏移方向的参考。默认情况下,通过相交产生 COS 时的第一个曲面被选作偏移方向参考。如图 8.3.45 所示,圆柱曲面与另一个曲面相交产生 COS,在圆柱曲面上偏移此 COS 距离“−40”生成新的曲线。本例所用模型参见配套文件 ch8\ch8_3_example8.prt,读者可自行练习以下操作。

　　单击操控面板中的【曲面】选项框,从弹出的下拉列表中选择“第二个”选项,系统将选择产生 COS 时的第二个曲面作为偏移方向参考。如图 8.3.46 所示,将在另一个曲面上生成偏移曲线。

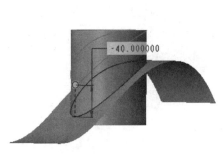

图 8.3.45　偏移通过相交创建的 COS

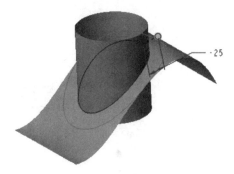

图 8.3.46　改变参考曲面

同样,也可以单击操控面板中的【垂直】按钮,使偏移曲线垂直于参考曲面。如图 8.3.47(a)中源 COS 垂直于第一曲面(圆柱面)产生偏移曲线;图 8.3.47(b)中源 COS 垂直于第二曲面产生偏移曲线。

(a)　　　　　　　　　　　　　　　　(b)

图 8.3.47　垂直偏移曲线

　　注意:选中偏移曲线,然后单击【样式】操控面板【曲线】组中的曲线编辑命令按钮
⚡曲线编辑　,或直接双击该偏移曲线,均可激活偏移曲线定义面板,从而可以重定义该曲线。但是不能脱离其源曲线直接修改偏移曲线的形状,若要直接修改其形状,则需要首先使用"转换曲线"工具(将在 8.3.12 节中讲述)将其转换为独立曲线才可以。

8.3.10　删除曲线

　　选中要删除的曲线,单击【样式】操控面板【操作】组中的删除命令按钮 ✕ 删除 ,或直接按键盘上的 Delete 键,弹出【确认】对话框如图 8.3.48 所示,单击【是】按钮或直接按 Enter 键完成删除。

图 8.3.48　【确认】对话框

　　若所选曲线含有子项,如图 8.3.49 所示,位于 DTM1 面上的自由曲线向下部的曲面投影得到下落曲线,则上部的自由曲线为下落曲线的父项。若要删除 DTM1 面中的自由曲线,则系统出现提示如图 8.3.50 所示。单击【删除】按钮,所选项目及其父项将一起被删除;单击【断开链接】按钮,则断开父项与子项之间的联系;单击【暂时保留】按钮,将忽略子项;单击【取消】按钮将取消本次删除操作。若单击【断开链接】或【暂时

保留】按钮,均有可能引起再生操作的失败。

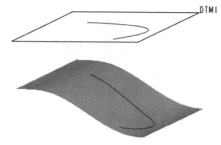

图 8.3.49 含有子项的特征

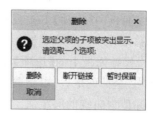

图 8.3.50 【删除】确认框

8.3.11 复制曲线

对于造型曲面特征中的自由曲线、平面曲线、圆以及弧,可以复制并进行旋转、移动、缩放操作。

注意:本章中讲述的复制功能仅应用于造型曲面特征中的自由曲线、平面曲线、圆和弧,不适用于 COS,更不能复制与移动曲面。

单击【样式】操控面板【曲线】组中的组溢出按钮,在弹出的菜单中单击复制命令按钮 ，弹出操控面板如图 8.3.51 所示,用于复制选择的曲线,同时也可平移、旋转和缩放复制生成的新曲线。下面分别讲述复制过程中对曲线的平移、旋转和缩放功能。

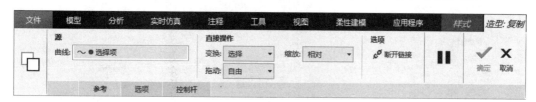

图 8.3.51 曲线复制操控面板

1. 平移操作

激活复制命令后,默认状态下曲线收集器处于活动状态,选择一条或多条曲线作为要操作的对象。此时被选择的曲线四周会附以罩框,同时内部显示移动/旋转控制杆,如图 8.3.52 所示。

采用以下两种方法可以实现复制生成的新曲线的移动。

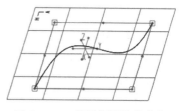

图 8.3.52 以罩框覆盖的曲线

(1)拖动罩框内任意位置,平移复制生成的新的曲线,此时罩框会随复制生成的曲线移动,但中间的移动/旋转控制杆不动。

(2)拖动位于模型中心的移动/旋转控制杆的中间位置,罩框和移动/旋转控制杆随着复制生成的新曲线一起移动。

使用以下方法定向控制曲线移动。

(1)按住 Alt 键并拖动对象,沿活动基准平面的法线方向移动曲线;可单击操控面板上的【拖动】选项框,弹出下拉列表,如图 8.3.53 所示,选择【法向】方式,也可实现以上定向移动功能。

(2)按住 Ctrl 和 Alt 键并拖动对象,可沿活动平面的水平(H)方向或垂直(V)方向移动曲线;在操控面板的【拖动】下拉列表中选择 H/V 选项,也可实现曲线在活动平面的 H 或 V 方向上的移动。

(3)单击操控面板上的【选项】标签,弹出滑动面板如图 8.3.54 所示。在【移动】区域中输入 X、Y 和 Z 坐标的值,可以将曲线移动到坐标指定的点上;若选中【相对】复选框,则上面输入的坐标值为曲线的偏距值。

注意:在使用拖动的方法移动曲线时,要注意操控面板【变换】下拉列表中所选的选项必须为【选择】,如图 8.3.55 所示。

图 8.3.53 【拖动】下拉列表   图 8.3.54 【选项】滑动面板   图 8.3.55 【变换】下拉列表

2. 旋转操作

在复制曲线的同时,使用移动/旋转控制杆控制复制生成的曲线的旋转。如图 8.3.56 所示,旋转控制杆位于罩框中心,拖动控制杆端点的操作柄可沿控制杆中心旋转曲线。

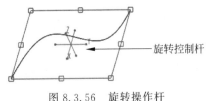

图 8.3.56 旋转操作杆

也可以单击操控面板上的【选项】标签,在弹出的滑动面板中的【旋转】区域输入绕 X、Y 和 Z 轴旋转的角度值,按 Enter 键即可实现指定角度的旋转。

提示:有时【选项】滑动面板中的【旋转】区域的某些文本框不可用,这可能是因为对象是位于 XY 平面中的平面曲线,因其旋转操作必须要保持曲线原有的平面曲线约束,因此只能绕 Z 轴旋转。

由上面的操作可以看出,旋转中心是由控制杆的位置定义的。拖动控制杆上远离端点操作柄的位置,可以改变旋转中心。

单击操控面板中的【控制杆】标签,弹出滑动面板如图8.3.57所示。在面板中可以对控制杆进行以下操作。

(1) 在【位置】区域的 X、Y 和 Z 文本框中输入值可以将控制杆中心移动到坐标指定的点上;若选中【相对】复选框,则上面输入的坐标值为控制杆的偏距值。

(2) 在【旋转】区域的 X、Y 和 Z 文本框中输入值可以按指定角度旋转各轴。

(3) 单击 ⊡ 按钮,可以将控制杆置于罩框中心。

(4) 单击 ⊡ 按钮,可以将控制杆对齐到活动平面上。

图 8.3.57 【控制杆】滑动面板

3. 缩放操作

在复制曲线的同时,使用罩框上的控制滑块来控制复制生成的曲线的缩放。如图8.3.58所示,当激活复制命令后,罩框附着于曲线上。使用不同的操作方式,可实现不同方式的缩放操作。

(1) 拖动罩框的任一拐角可进行三维缩放,如图8.3.59所示。

(2) 直接拖动边控制滑块可进行二维缩放,如图8.3.60所示。

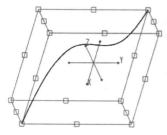

图 8.3.58 复制曲线的罩框

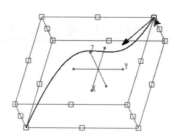

图 8.3.59 三维缩放

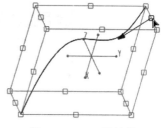

图 8.3.60 二维缩放

(3) 将光标放置于边控制滑块上,可显示两个方向的箭头,如图8.3.61所示。拖动其中的任意一个箭头可实现这个方向上的一维缩放。

若将操控面板上的【缩放】选项的值设置为"中心",如图8.3.62所示,可以实现以模型中心为中心的均匀的缩放。其三维缩放、二维缩放和一维缩放分别如图8.3.63~图8.3.65所示。

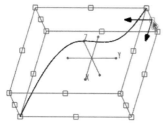

图 8.3.61 一维缩放

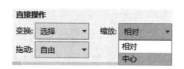

图 8.3.62 以参考中心为缩放中心

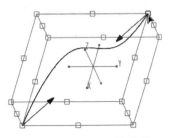
图 8.3.63　中心三维缩放

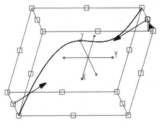
图 8.3.64　中心二维缩放

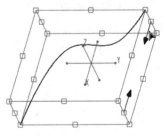
图 8.3.65　中心一维缩放

可直接利用操控面板上的【选项】滑动面板中的"比例"项来控制 X、Y 和 Z 轴方向的比例,如图 8.3.54 所示。在文本框中输入缩放比例并按 Enter 键,对曲线进行精确缩放。若"比例"项处于锁定状态 🔒 ,则三个方向以相同比例缩放;单击该图标使其变为解锁状态 🔓 ,三个方向将以各自的比例分别缩放。

除了"复制"外,Creo 还提供了"按比例复制"功能,将自由曲面、平面曲面、圆或弧在保持原形状不变的情况下放大或缩小。单击【样式】操控面板【曲线】组中的组溢出按钮,在弹出的菜单中单击按比例复制命令按钮 ～ 按比例复制 ,弹出操控面板如图 8.3.66 所示。选择符合要求的曲线后,绘图区将显示复制生成曲线的预览,如图 8.3.67(a)所示;拖动新生成曲线的端点,曲线会在保持原形不变的情况下按比例放大或缩小,图 8.3.67(b)所示为拖动曲线变化后的结果。

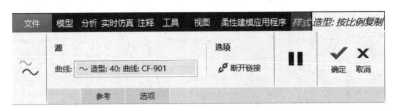
图 8.3.66　按比例复制操控面板

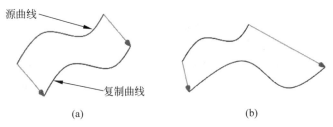
(a)　　　　　　　　　　　　　　(b)
图 8.3.67　按比例复制曲线

提示:若被复制的曲线上含有软点,必须单击操控面板上的 🔗断开链接 按钮,以断开曲线与其他图元的链接,才可以进行按比例复制操作。如图 8.3.68(a)中的曲线端点为软点,若直接对其按比例复制,将无法完成操作。在按比例复制操控面板中单击 🔗断开链接 按钮后生成的复制曲线预览如图 8.3.68(b)所示。

除了使用以上复制与移动的方法外,还可使用下列快捷方式移动或复制曲线,但不能平移、缩放或旋转曲线。

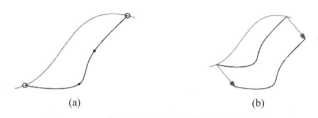

(a)　　　　　　　　　　　(b)

图 8.3.68　断开链接后复制带有软点的曲线

（1）拖动选定曲线，可以对其自由移动。

（2）按住 Alt 键拖动选定曲线，可沿活动基准平面的法向移动对象。

（3）按住 Ctrl 和 Alt 键拖动曲线，沿活动基准平面的水平（H）方向或垂直（V）方向移动对象。

8.3.12　转换曲线

"转换曲线"操作可完成曲线类型的转换，可以实现的转换包括以下几种：

（1）将平面曲线和通过点直接定义的 COS 转换为自由曲线；

（2）将下落曲线和通过相交产生的 COS 转换为通过点直接定义的 COS；

（3）使偏移曲线转换为独立曲线，脱离与源曲面的父子关系。

对于平面曲线、通过点定义的 COS 以及下落曲线，将其选中后右击，并单击快捷菜单中的【转换】命令，弹出【确认】对话框，如图 8.3.69 所示，提示是否要转换选定曲线，单击【是】按钮完成转换，单击【否】按钮取消本次操作。

对于通过相交产生的 COS，因为曲线本身属于相交的两个曲面，在转换为通过点定义的 COS 时，系统会弹出对话框让用户确认 COS 所在的曲面，如图 8.3.70 所示。

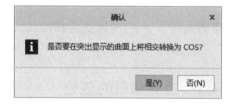

图 8.3.69　确认转换对话框　　　　　图 8.3.70　确认 COS 所在曲面对话框

对于偏移曲线，经过转换后脱离与源曲面的父子关系。若转换前偏移曲线位于曲面上，转换后将变为通过点定义的 COS；若转换前偏移曲线不位于曲面上，将转换为自由曲线。

注意：（1）在进行含有子项的曲线的转换时，要注意曲线与其子项的父子关系。如，通过偏移 COS 曲线 A 得到偏移曲线 B，若将 A 转换为自由曲线，要使此变为自由曲线的 A 继续与 B 保持父子关系，必须按照偏移自由曲线的方式重新定义偏移曲线 B，为偏移指定方向参考，否则将会造成生成失败。

（2）曲线转换是不可逆的，将曲线转换为其他类型曲线后，不能再将其恢复为原曲线类型，但可以按 Ctrl＋Z 组合键或单击工具栏中的 按钮来撤销转换操作。

8.4　造型曲面的创建

单击【样式】操控面板【曲面】组中的从边界创建曲面命令按钮 ![icon]，弹出操控面板如图8.4.1(a)所示，激活创建造型曲面命令。选择合适的曲线可以创建造型曲面，被选择的曲线可以是本章中创建的造型曲线，也可以是基准曲线等其他曲线，或是模型的边。图8.4.1(b)中，使用两条边界线形成边界、两条内部线控制内部轮廓形成图中曲面。

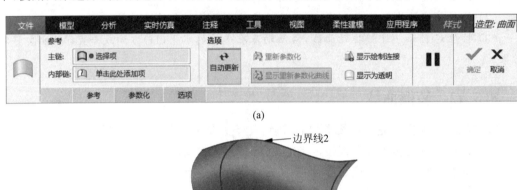

(a)

(b)

图 8.4.1　创建造型曲面

在造型曲线命令中，根据所选择曲线的不同，可以有边界、放样、混合三种创建曲面的方法。

8.4.1　边界曲面的创建

单击操控面板上的【参考】标签，弹出滑动面板如图8.4.2所示。其中，【主要链参考】拾取框用于收集构成曲面边界的曲线，这些曲线即为构成曲面的主曲线；【内部链参考】拾取框用于收集控制曲面内部形状的曲线，称为内部曲线。

单击激活【主要链参考】拾取框，单击曲线即可将其拾取为主曲线。若主曲线有3条或4条，得到的造型曲面称为"边界曲面"，边界曲面可以包含若干条内部曲线，以控制曲面的内部形状。

提示：按住Ctrl键并单击，可独立地选择多条曲线，每条曲线将作为一个曲面的边界。

按住Shift键，单击相邻并且相切的多条曲线，可以选择多条曲线作为一条主曲线。

注意：构成造型曲面的主曲线必须能构成一个环，即：相邻曲线必须相交；或由软点连接在一起，或在端点处共点，但曲线不需要首尾相接。如图8.4.3所示，构成曲面的四条曲线中，2和4相交，3和2在端点处共点，3和4的端点落在1上形成软点。

图 8.4.2　【参考】滑动面板

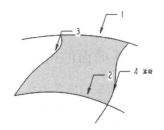

图 8.4.3　构成曲面的主曲线

单击操控面板中的 显示绘制连接 按钮,将显示新曲面与相邻曲面之间的连接图标,如图 8.4.4 所示。单击图标可修改新曲面及其相邻曲面之间的连接关系,也可选择连接图标并右击,从弹出的快捷菜单中选择所需的连接类型,如图 8.4.5 所示。

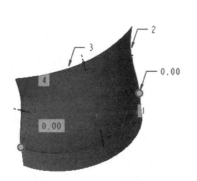

图 8.4.4　显示新建曲面与相邻曲面的连接图标

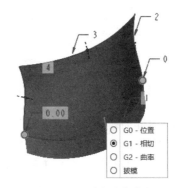

图 8.4.5　更改连接类型

通常情况下,新创建的曲面与相邻曲面间以"位置"或"相切"的形式连接。

(1) 位置:指新曲面和相邻曲面共用一个公共边界,但是没有沿边界共用的切线。曲面之间以虚线"－－－"表示这种"位置"关系。

(2) 相切:两个曲面具有一个公共边界,且两个曲面在沿边界的每个点上彼此相切。曲面之间以箭头"——→"表示"切线"关系。

如图 8.4.6 所示,造型曲面的边界与相邻曲面以"位置"关系邻接,在连接处有明显的连接痕迹;图 8.4.7 中,造型曲面的下部与模型下部的相邻曲面以"相切"关系连接,两曲面光滑连接,在曲面连接处没有明显的连接痕迹。本例的原始模型参见配套文件 ch8\ch8_4_example1.prt,生成造型曲面后的模型参见 ch8\ch8_4_example1_f.prt 和 ch8_4_example1_f2.prt,请读者自行练习。

图 8.4.6　位置连接

图 8.4.7　相切连接

8.4.2　边界曲面的内部曲线

内部曲线控制曲面的内部形状,如图 8.4.1(a)所示。激活【参考】滑动面板的【内部链参考】拾取框,可选择任意数量的内部曲线。内部曲线的选择必须遵循以下规则。

(1) COS 不能作为内部曲线。

(2) 当主曲线数量为 4 条时,内部曲线不能与相邻的边界线相交。如图 8.4.8 所示,内部曲面与相邻两边相交,无法生成曲面。

(3) 若两条内部曲线的端点位于相同的边界上,则它们不能在曲面内相交。如图 8.4.9 所示,两条内部曲线在曲面内相交,无法生成造型曲面。

图 8.4.8　内部曲线不能与相邻的边界线相交

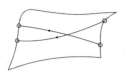
图 8.4.9　内部线不能相交

(4) 内部曲线必须同曲面的两条边界都相交。图 8.4.10(a)中的曲线仅有一端与边界线相交,图 8.4.10(b)中曲线与边界没有交点,这些线均不能作为内部曲线生成造型曲面。

(5) 内部曲线不能在多于两点处同曲面边界相交。如图 8.4.11 所示,中间的曲线与 3 条边界线相交,有 4 个交点,不能用作造型曲面的内部曲线。

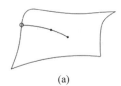
(a)　　　　　　　　　(b)

图 8.4.10　内部线必须与两边界相交

图 8.4.11　内部曲线不能在多于两点处
　　　　　　同曲面边界相交

边界曲面的创建过程如下所述。

(1) 创建曲线或其他可用作边界的特征,以备选作曲面特征的边界或内部曲线。

(2) 单击【模型】选项卡【曲面】组中的造型曲面特征命令按钮 📖样式,进入造型模块。

(3) 单击【样式】操控面板【曲面】组中的从边界创建曲面命令按钮 📖曲面,激活造型曲面命令。

（4）选择主曲线，以形成曲线的边界。

（5）若需要，可选择内部曲线，以控制造型曲面的内部形状。

（6）单击操控面板中的 ✔ 按钮，完成造型曲面。单击工具栏中的 ✔ 按钮，退出造型模块。

下面以例子说明创建边界曲面的步骤。

例 8.5　打开配套文件 ch8\ch8_4_example2.prt，使用图中的 5 条曲线，创建造型曲面，如图 8.4.12 所示。

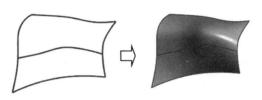

图 8.4.12　例 8.5 图

步骤 1：打开文件 ch8\ch8_4_example2.prt。

步骤 2：激活命令。

（1）进入造型环境。单击模型树上的 🔖样式1 特征，在弹出的浮动菜单中单击编辑定义按钮 🐾，进入造型环境。

（2）激活造型曲面命令。单击【样式】操控面板【曲面】组中的从边界创建曲面命令按钮 🛢，激活造型曲面命令。

步骤 3：选择主曲线。默认状态下主曲线收集器处于活动状态，按住 Ctrl 键选择模型中的 4 条边界线，以形成曲线的边界。

步骤 4：选择内部曲线。单击操控面板中【内部链】后的拾取框，或在【参考】滑动面板中单击激活【内部链参考】拾取框，选择第 5 条曲线。

步骤 5：单击操控面板中的 ✔ 按钮，完成造型曲面。单击工具栏中的 ✔ 按钮，特征创建完成。生成的模型参见配套文件 ch8\ch8_4_example2_f.prt。

8.4.3　三角曲面——特殊的边界曲面

在选择主曲线时，若选择 3 条曲线作为曲面边界，生成的边界曲面又称为三角曲面。在创建三角曲面时选择的第一条主曲线称为"自然边界"，与自然边界相对的顶点可以认为是由一条边界曲线退化而成，称这个顶点为"退化边"。三角曲面如图 8.4.13 所示，其中的曲线 1 为首先选择的，为自然边界。曲线 2 和曲线 3 的交点与自然边界相对，为退化边。

创建三角曲面时，当主曲线选择完成后，其【参考】滑动面板变为如图 8.4.14 所示。默认情况下，选择的第一条边界为自然边界，其后的"自然"复选框处于选中状态。若要改变自然边界，单击曲线后面的"自然"复选框，使其处于选中状态即可将其更改为自然边界。

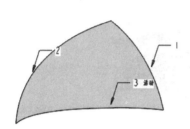

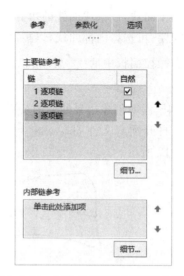

图 8.4.13　三角曲面　　　　　　　图 8.4.14　三角曲面的【参考】滑动面板

三角曲面中可以包含内部曲线,但只有下列两种曲线可被选作内部曲线。

(1) 曲线与自然边界不相交,而与其余两条边界相交。如图 8.4.15(a) 所示,曲线 1 为自然边界,中间的曲线与曲线 2 和曲线 3 相交,可以将其作为内部曲线。

(2) 曲线经过自然边界和退化边。如图 8.4.15(b) 所示,曲线经过自然边界 1 和与其相对的退化边,这条曲线可作为内部曲线。

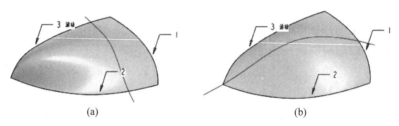

(a)　　　　　　　　　　　　　　(b)

图 8.4.15　三角曲面的内部曲线

图 8.4.15 中两实例的原始模型参见配套文件 ch8\ch8_4_example3.prt 和 ch8\ch8_4_example4.prt,请读者自行练习。

三角曲面含有内部曲线时,要想改变自然边界,需首先移除内部曲线。若试图直接更改包含内部曲线的三角曲面的自然边界,系统将弹出对话框提示更改自然边界会导致内部曲线被删除,单击【是】按钮内部曲线被删除,单击【否】按钮自然边界保持不变。

8.4.4　边界曲面实例

下面以实例说明造型曲线、造型曲面的创建和使用方法。

例 8.6　已有烤箱模型如图 8.4.16 所示,通过添加模型的侧曲面造型,使模型更为美观,如图 8.4.17 所示。本例原始模型参见配套文件 ch8\ch8_4_example5.prt。

分析:图 8.4.16 中的壳体是在实体上抽壳形成的,本例首先在侧面创建自由曲面,然后使用移除材料的方法去除实体部分材料,形成图 8.4.17 所示的烤箱侧面造型。

图 8.4.16　已有模型　　　　　　　　图 8.4.17　改造后的模型

模型创建过程：①激活特征的插入模式,将特征插入点放在实体特征之后；②创建一个造型曲面,与将要完成的侧面造型形状相同；③使用移除材料方法将造型曲面以外的部分材料切除；④退出插入模式,恢复所有特征。

过程②中造型曲面的创建：①创建基准点和基准曲线；②进入造型模块；③创建造型曲线；④创建造型曲面并修改曲面间的连接方式。

步骤1：打开原始文件并进入插入模式。

(1) 打开配套文件 ch8\ch8_4_example5.prt。

(2) 进入插入模式。在模型树中拖动 ————,将其插入拉伸实体之后,如图 8.4.18 所示。

图 8.4.18　进入插入模式

步骤2：创建基准点和基准曲线。

(1) 创建基准点 PNT0。单击【模型】选项卡【基准】组中的基准点命令按钮 点,激活基准点工具。选择实体的弧面作为参考,约束方式为"偏距",距离为20,方向指向实体内部。选择 FRONT 面和 TOP 面作为偏移参考,设置偏距分别为 0 和 80,生成基准点 PNT0,如图 8.4.19 所示。

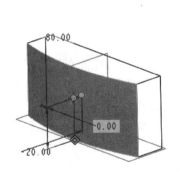

图 8.4.19　创建基准点 PNT0

(2) 创建底部的基准点 PNT1。使用与(1)相同的方法创建 PNT1,实体的弧面作为参考,约束方式为"偏距",距离为20,方向指向实体内部。选择 FRONT 面和 TOP 面作为偏移参考,偏距均为0,生成基准点 PNT1,如图 8.4.20 所示。

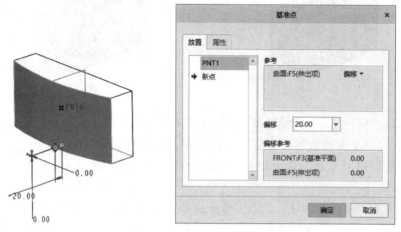

图 8.4.20　创建基准点 PNT1

（3）创建基准平面 DTM1。单击【模型】选项卡【基准】组中的基准平面命令按钮 [□]，激活基准平面工具。选择 RIGHT 面作为参考,偏移 150 创建基准面 DTM1,如图 8.4.21 所示。

图 8.4.21　创建基准平面 DTM1

（4）创建草绘基准曲线。单击【模型】选项卡【基准】组中的草绘基准曲线命令按钮 [~]，激活草绘基准曲线命令。选择(3)中创建的 DTM1 作为草绘平面,TOP 面作为参考平面,方向向上,绘制如图 8.4.22 所示矩形。

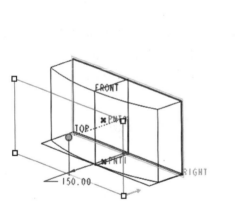

图 8.4.22　创建基准曲线

步骤 3：进入造型曲面模块。单击【模型】选项卡【曲面】组中的造型曲面特征命令按钮 🔲 样式 进入造型曲面模块。

步骤 4：创建造型曲线。

（1）创建下落曲线。单击【样式】操控面板【曲线】组中的下落曲线命令按钮 🔨 下落曲线，激活下落曲线命令。选择步骤2中创建的草绘基准曲线上部和两侧的曲线作为源曲线,实体的圆弧面作为投影到的曲面,RIGHT 面作为投影方向,生成下落曲线如图 8.4.23 所示。

(2) 创建底部平面曲线。单击【样式】操控面板【曲线】组中的创建曲线命令按钮 ~,在曲线操控面板中设置曲线类型为平面曲线,选择 TOP 面作为活动平面。按住 Shift 键依次单击捕捉右侧下落曲线的下端点、基准点 PNT2、右侧下落曲线的下端点,得到位于 TOP 面上的基准曲线,如图 8.4.24 所示。

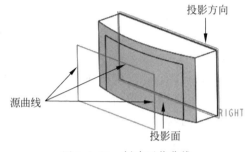

图 8.4.23 创建下落曲线

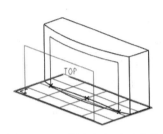

图 8.4.24 创建底部平面曲线

(3) 创建中间的平面曲线。同理激活曲线命令,设置曲线类型为平面曲线,选择 TOP 面作为参考,将参考平面偏移 80 得到活动平面,其【参考】滑动面板如图 8.4.25(a) 所示。按住 Shift 键依次单击捕捉右侧下落曲线、基准点 PNT1、右侧下落曲线,得到基准曲线如图 8.4.25(b) 所示。

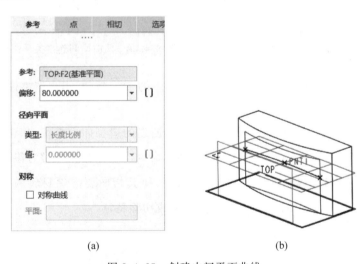

(a)   (b)

图 8.4.25 创建中间平面曲线

步骤5:创建造型曲面并修改曲面间的连接关系。

(1) 创建上部的曲面。单击【样式】操控面板【曲面】组中的从边界创建曲面命令按钮 ,激活造型曲面命令。按住 Ctrl 键选择步骤4中创建的顶部、两侧及中间曲线,如图 8.4.26(a) 所示,生成曲面如图 8.4.26(b) 所示。

(2) 创建下部曲面。使用与(1)相同的方法,激活造型曲面命令。按住 Ctrl 键选择底

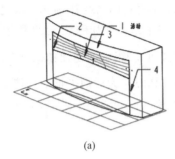
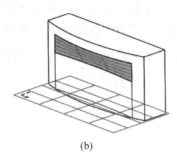

(a)   (b)

图 8.4.26　创建上部曲面

部、两侧及中间曲线,生成造型曲面,如图 8.4.27 所示。

(3) 修改(1)和(2)中创建的曲面之间的连接关系。右击(2)中曲面与(1)中曲面的连接符号 ⁝ ,弹出快捷菜单如图 8.4.28 所示,选择【G1-相切】单选按钮,使(1)和(2)中的曲面保持相切关系。单击操控面板中的 ✔（确定） 按钮,完成造型曲面。

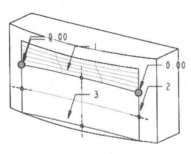
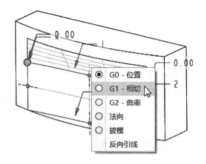

图 8.4.27　创建下部曲面　　　　　图 8.4.28　两曲面间连接关系快捷菜单

最终得到曲面如图 8.4.29 所示,单击工具栏中的 ✔（确定） 按钮,退出造型模块。

步骤 6:创建去除材料特征。

(1) 激活实体化命令。在模型树上选中前面创建的造型曲面特征,单击【模型】选项卡【编辑】组中的实体化命令按钮 ⟋ ,激活实体化命令。选择其【类型】为移除材料。

(2) 设置去除材料的侧。单击模型上的箭头,使其指向要去除材料的侧,模型预览如图 8.4.30 所示。单击操控面板中的 ✔（确定） 按钮完成切除特征。

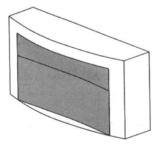
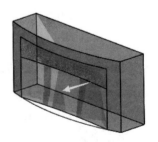

图 8.4.29　完成的侧曲面　　　　　图 8.4.30　移除材料

步骤 7：退出插入模式。

在模型树中拖动 ——————— 至末端，完成模型修改。将模型中的基准点、基准面、基准曲线、造型曲面等辅助特征隐藏，得到重定义后的烤箱模型如图 8.4.17 所示。生成的模型参见配套文件 ch8\ch8_4_example5_f.prt。

8.4.5 放样曲面的创建

在选择主曲线时，若各曲线不相交，则依次连接各曲线可得到一个扫描曲面。如图 8.4.31 所示，三条曲线依次连接，形成造型曲面，这类曲面也称为放样曲面或扫描曲面。

放样曲面也是造型曲面的一种，也是由多条曲线形成的曲面。其创建过程与边界曲面类似，不同之处在于创建放样曲面时不能选择内部曲线，同时选择的主曲线不能相交。

放样曲面的创建过程与边界曲面类似，不同之处在于选择【主要链参考】时需要选择相互不相交的各曲线。图 8.4.31 文件参见配套文件 ch8\ch8_4_example6.prt，选择参考后生成的放样曲面预览如图 8.4.32 所示，生成的模型参见配套文件 ch8\ch8_4_example6_f.prt。

图 8.4.31　放样曲面　　　　　图 8.4.32　放样曲面预览

8.4.6 混合曲面的创建

混合曲面由一条或两条主曲线和至少一条交叉曲线创建而得，如图 8.4.33 所示。交叉曲线是与主曲线相交的曲线，交叉曲线沿主曲线扫掠形成混合曲面。

混合曲面也是造型曲面的一种，其创建过程如下。

单击【样式】操控面板【曲面】组中的从边界创建曲面命令按钮 激活造型曲面命令。首先选择主曲线作为主链参考，单击【内部链】拾取框选择交叉曲线后，其【参考】滑动面板如图 8.4.34 所示，【内部链参考】变为【跨链参考】，收集了交叉曲线。

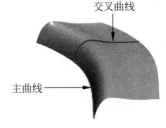

图 8.4.33　混合曲面

单击操控面板上的【选项】标签，弹出滑动面板如图 8.4.35 所示，可选中或不选中【径向】和【统一】两个复选框。

（1）径向：选中该复选框后，将创建带有径向混合的曲面。此时，相交曲线在混合过程中将沿主曲线平滑旋转。对图 8.4.33 所示模型应用【径向】命令后，模型变为如图 8.4.36

所示。图中相交曲线根据主曲线的位置发生旋转,以保证主曲线和相交曲线的位置关系。若取消选中该复选框,则相交曲线将保持其原始方向。图 8.4.33 中交叉曲线始终保持原始方向。

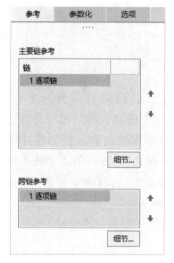

图 8.4.34 【参考】滑动面板   图 8.4.35 【选项】滑动面板

(2)统一:选中该复选框后,将创建统一混合的曲面。如图 8.4.37 所示,中间的交叉曲线在沿两主曲线混合时,将保持其原有形状。若取消选中该复选框,相交曲线在混合过程中将不统一缩放,而是改变其原来的形状,如图 8.4.38 所示。

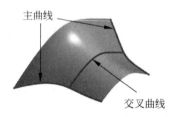

图 8.4.36 带有径向混合   图 8.4.37 统一混合曲面   图 8.4.38 相交曲线不统一
        的曲面   缩放

以上两例参见配套文件 ch8\ch8_4_example7. prt 和 ch8\ch8_4_example8. prt,请读者自行练习。

注意:默认情况下,"径向"和"统一"复选框均被选中。对于"径向"复选框,仅当只有一条主曲线时,此选项才会对模型起作用;而对于"统一"复选框,只有当存在两条主曲线时,才会涉及此选项。

8.5 造型曲面的编辑

造型曲面创建完成后,使用曲面编辑方法可进一步完善曲面。曲面的编辑方法有以下几种。

（1）通过编辑曲线改变曲面形状：使用曲线编辑方法，编辑作为曲面边界或内部曲线的造型曲线。

（2）通过添加或删除边界或内部曲线改变曲面形状：选中要编辑的曲面，单击【样式】操控面板【操作】组中的组溢出按钮，在弹出的菜单中单击编辑曲面命令按钮 ，或直接按快捷键Ctrl＋E，或单击该曲面，在弹出的浮动菜单中单击编辑定义命令按钮 ，或直接双击造型曲面可对其进行编辑定义。

（3）编辑曲面间的连接方式：单击【样式】操控面板【曲面】组中的曲面连接命令按钮 ，选择相邻曲面，可修改两曲面间的邻接关系。

（4）使用曲面修剪工具修剪曲面：单击【样式】操控面板【曲面】组中的曲面修剪命令按钮 ，激活曲面修剪命令，剪除曲面上的部分曲面。

（5）使用曲面编辑工具直接修改曲面形状：单击【样式】操控面板【曲面】组中的曲面编辑命令按钮 ，激活曲面编辑命令，使用网格编辑曲面。

8.5.1　曲面连接

通过修改曲面间的连接方式可以显著地改变曲面的形状，尤其是可以改变与相邻曲面间衔接的光滑程度。修改曲面间连接方式的方法有以下几种。

（1）创建曲面时修改新创建曲面与其相邻曲面间的连接：新建曲面时，生成曲面预览的同时也生成与相邻曲面的连接图标，右击图标显示可用的连接方式，如图8.5.1所示。

（2）重定义造型曲面时修改曲面连接：双击造型曲面将其激活，修改曲面间的连接方式。

（3）使用"曲面连接"工具设置曲面间连接：单击【样式】操控面板【曲面】组中的曲面连接命令按钮 ，激活曲面连接工具设置曲面连接。

使用以上3种方法创建的曲面连接性质相同，需要注意的是，使用曲面连接工具 时，并没有在样式树中添加新的项目，仅对已有曲面的连接关系作出修改。

在Creo造型曲面中，曲面间的连接方式主要有以下5种。

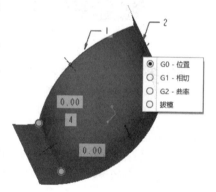

图8.5.1　曲面连接方式

（1）位置：位置连接（G0级连接），相邻曲面共用一个边界，但沿边界两曲面不相切，曲率也不会相同。在图中以曲面间的虚线┊表示，如图8.5.2(a)所示。若创建曲面时有相邻曲面存在，默认情况下，两曲面之间保持"位置"关系。

（2）相切：相切连接（G1级连接），相邻曲面共用一个边界，且两曲面在边界上彼此相切，但在连接处两曲面上的曲率不相同。在图中以穿过两曲面的单线箭头＼表示，如图8.5.2(b)所示。

（3）曲率：曲率连接（G2级连接），相邻曲面公用边界，且在边界上彼此相切，并且在边界上两曲面的曲率相同。在图中以曲面间的多线箭头＼表示，如图8.5.3所示。

（4）法向：曲面垂直于选定平面。如图8.5.4所示，造型曲面垂直于TOP面，在图中

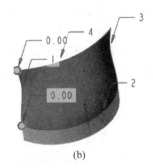

图 8.5.2　位置连接与相切连接

(a) 曲面间位置连接；(b) 曲线间相切连接

以垂直于选定平面的单线箭头↑表示，且此箭头由连接边界指向曲面内部，但不与边界相交。

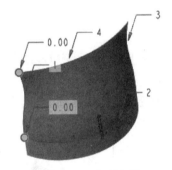

图 8.5.3　曲率连接

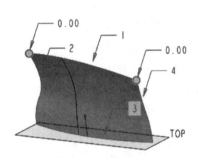

图 8.5.4　法向连接

注意：要想创建法向连接方式，连接的边界曲线必须是平面曲线，而所有与边界相交的曲线的切线都垂直于此边界所在平面。在图 8.5.4 中，边界曲线 2、4 和内部曲线在下端点的切线均垂直于 TOP 面。本例原始模型参见配套文件 ch8\ch8_5_example1.prt，请读者自行练习。

(5) 拔模：曲面拔模相切于选定面。如图 8.5.5 所示，造型曲面拔模相切于 TOP 面，在图中以带箭头的虚线↑表示，且此箭头由连接边界指向曲面内部。

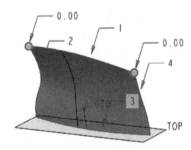

图 8.5.5　拔模相切

注意：在边界曲线上创建拔模连接时，所有与此曲线相交的曲线均处于"相切拔模"状态。图 8.5.5 中边界曲线 2、4 和内部曲线均以 TOP 面为参考相切拔模，且与 TOP 面的法线成 20°拔模角度。本例原始模型参见配套文件 ch8\ch8_5_example2.prt，请读者自行练习。

在改变曲面之间的连接方式时，系统还可自动升级相关的曲线，从而进行智能曲面连接。如图 8.5.6 所示，因为曲线 1 与相邻曲面连接时既不相切，曲率也不相同，从理论上讲，无法在边界曲线 2 和 4 上创建与相邻曲面的光滑连接（相切或曲率）。

分别右击图 8.5.6 中边界 2 和 4 上的虚线连接图标，在弹出的快捷菜单中选择【G1-相

切】命令，弹出【确认】对话框如图 8.5.7(a)所示，单击
【是】按钮，模型变为如图 8.5.7(b)所示，边界 2 和 4
与邻接曲面的连接方式变为了相切连接。为了适应
曲面的相切连接，边界 1 的两端点与邻接曲面的相切
关系进行了升级，从而完成了曲面间的智能连接。

　　本例原始模型参见配套文件 ch8\ch8_5_example3
.prt，请读者自行练习。

　　注意：只有满足下列条件时，系统才会自动升级
曲线连接，改为创建智能曲线连接：

　　(1) 所有相交边界曲线必须是同一造型曲面特征
中的造型曲线；

　　(2) 所有相交边界曲线与相邻曲面毗邻。

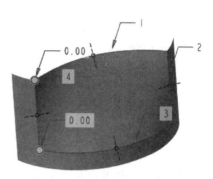

图 8.5.6　曲线 1 与相邻面成
"位置"关系

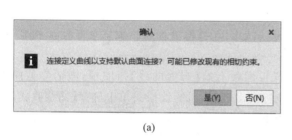

(a)

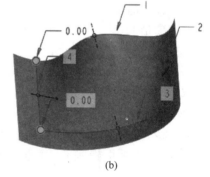

(b)

图 8.5.7　曲线连接的自动升级

8.5.2　曲面修剪

　　在造型曲面中，可使用一组曲线来修剪曲面和面组。单击【样式】操控面板【曲面】组中
的曲面修剪命令按钮 ，弹出曲面修剪操控面板如图 8.5.8 所示，通过选择被修
剪曲面、用于修剪的曲线、将要删除的部分，可在样式树中生成子特征。

图 8.5.8　曲面修剪操控面板

　　对图 8.5.9 所示造型曲面，选择中间内部曲线作为修剪曲线，生成修剪子特征如
图 8.5.10 所示。可以看出，默认情况下当前曲面仅仅被分割为两部分，并不删除任何修剪
部分。单击激活【修剪的部分】拾取框，选择要被删除的面，单击 ✓ 按钮，完成修剪，得到
模型如图 8.5.11 所示。

修剪曲线

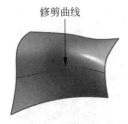

图 8.5.9　选择修剪曲线　　　图 8.5.10　创建的修剪子特征　　　图 8.5.11　修剪部分曲面

注意：（1）使用曲面修剪工具将会在本造型特征内创建一个子特征，如图 8.5.12 所示。

（2）修剪曲面不会改变源曲面的参数，在执行修剪操作后，软点或 COS 均不会发生变化。

（3）选择的修剪曲线必须位于要被修剪的曲面或面组上。

（4）造型曲面允许嵌套修剪操作，即：可以在另一个修剪操作中使用已修剪的曲面。

曲面修剪的步骤如下。

（1）激活修剪命令。单击【样式】操控面板【曲面】组中的曲面修剪命令按钮 📖 **曲面修剪**，激活修剪命令。

（2）选择要修剪的一个或多个面组。默认状态下，被修剪面组拾取框处于活动状态，单击选择要修剪的曲面。

（3）选择用于修剪曲面的曲线：单击操控面板上的【修剪曲线】拾取框，激活修剪曲线收集器，选择修剪曲线。也可在屏幕任意位置右击，在弹出的快捷菜单中选择【曲线收集器】单选按钮，如图 8.5.13 所示，并选择修剪曲线。

图 8.5.12　曲面修剪子特征　　　　　图 8.5.13　快捷菜单

（4）选择要删除的被修剪部分。单击激活【修剪的部分】拾取框，选择要被去除的部分；也可通过右击选择快捷菜单中的【删除收集器】命令，并选择被去除部分。若不选择此项目，则保留所有的被修剪曲面。

（5）完成修剪。单击操控面板中的 ✔ 按钮，完成修剪。

图 8.5.9 所示实例模型参见配套文件 ch8\ch8_5_example4.prt，请读者自行练习。

注意：在选择被删除的修剪曲面时，不能选择所有被修剪部分。

8.5.3 曲面编辑

曲面编辑直接使用控制网格拖动曲面,从而编辑曲面的形状,是一种强大而灵活的方法,可应用于当前造型特征中,也可应用于先前的造型特征。利用曲面编辑功能可编辑造型曲面、导入特征,以及常规曲面,如拉伸曲面、扫描曲面等。例如,对图 8.5.14(a)中的拉伸曲面使用控制网格拖动,变为如图 8.5.14(b)所示。

(a)   (b)

图 8.5.14 曲面编辑

单击【样式】操控面板【曲面】组中的曲面编辑命令按钮 ![曲面编辑] ,激活曲面编辑命令,弹出操控面板如图 8.5.15 所示,默认情况下,曲面拾取框处于活动状态,可单击选择要编辑的曲面。

图 8.5.15 曲面编辑操控面板

选择要编辑的曲面后,曲面上显示四个行和四个列的网格,在网格的一个拐角处有一个标签,指示行和列的方向,如图 8.5.16 所示。行与标签 R 平行,列与标签 C 平行。

在随后的操作中,将直接拖动网格线或网格点来改变曲面形状。在此之前,可能要作以下设定和修改。

(1) 调整控制网格的密度。默认状态下,曲面上只有最少的 4 行 4 列网格,若要增加网格密度,可修改操控面板中【最大行数】和【最大列数】文本框的值;也可在曲面上右击,在弹出的快捷菜单中选择【添加行】或【添加列】命令,如图 8.5.17 所示,以分别将行或列添加至曲面网格,继续添加行和列,直至网格达到所需密度。

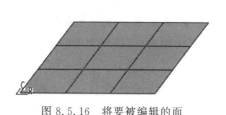

图 8.5.16 将要被编辑的面    图 8.5.17 快捷菜单

（2）设置是否可以编辑曲面边界上的网格点。默认情况下，不能编辑曲面边界上的网格点，这样可以维持当前曲面与其相邻曲面之间的现有连接。右击曲面任意一条边界，弹出快捷菜单如图 8.5.18 所示，可以看到当前状态为【保留位置】，即默认的不能编辑曲面边界。选择【无一保留】单选按钮取消所有边界保护，此时可以移动包括边界在内的所有点和线，也可在图 8.5.17 所示快捷菜单中选择【清除所有边界】命令；选择【保留相切】单选按钮保留相切约束，使靠近边界的 2 行和 2 列边界均不可编辑，以保持此曲面与相邻曲面的相切关系；选择【保留曲率】单选按钮保留曲率约束，使靠近边界的 3 行和 3 列边界均不可编辑，以保持此曲面与相邻曲面的曲率相同约束。

选择一个网格点，或按住 Ctrl 键选择多个点，拖动这些网格点，便可带动网格点所在的曲面，以此编辑曲面形状，如图 8.5.19 所示。也可直接拖动行或列，从而拖动整行或整列上的点。图 8.5.20 所示为清除所有边界约束后拖动整列网格点的结果，图 8.5.21 所示为保留曲线边界位置状态下拖动整列网格点的结果。

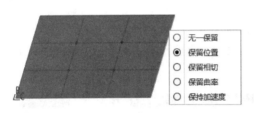

图 8.5.18　曲面边界的快捷菜单

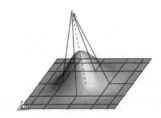

图 8.5.19　拖动网格点

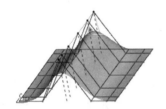

图 8.5.20　清除边界后拖动列

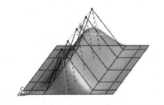

图 8.5.21　保留边界下拖动列

单击操控面板中的【列表】标签，弹出滑动面板如图 8.5.22 所示，面板中的列表框按顺序记录了对选定曲面所执行的编辑操作。可以对操作记录执行以下操作：

（1）从该列表中选择一项操作并对其进行编辑。

（2）在该列表中选择所需操作，然后执行进一步的编辑，并插入到所选操作之后。

（3）单击 ◄ 按钮，选择前一个操作。

（4）单击 ► 按钮，选择下一个操作。

（5）单击 |◄◄ 按钮，选择列表中的第一个操作。

（6）单击 ►►| 按钮，选择列表中的最后一个操作。

（7）在列表中选择某项操作，单击 ✖ 按钮将其删除。

使用操控面板中的【移动】、【过滤】选项以及【调整幅度】选项和箭头按钮，可以更灵活地控制网格点的移动，

图 8.5.22　【列表】滑动面板

从而更准确地进行曲面编辑。

单击【移动】选项框,弹出下拉列表如图8.5.23所示,选择其中一项用于确定控制点的移动方向。

（1）垂直于曲面：网格点沿着其自身的曲面法向方向移动,此为默认设置。

（2）法向常量：网格点沿着公共的曲面法向方向移动。此法向由设计者拖动的点定义。

（3）垂直于平面：网格点垂直于活动基准平面移动。

（4）自由：网格点平行于活动基准平面移动。

（5）沿栏：网格点沿着邻接的行和列网格移动。

（6）视图中：网格点平行于当前视图平面移动。

图8.5.23 【移动】下拉列表

单击【过滤】选项框,弹出下拉列表如图8.5.24所示,选择其中一项用于确定点的移动方式。

（1）常数 ⎯⎯ ：选择的点与拖动的点移动相同的距离,此为默认设置。如图8.5.25所示,选定点与所有拖动点的移动距离相同。

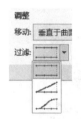

图8.5.24 选定点的移动方式下拉列表

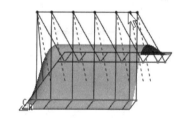

图8.5.25 选定点与所有拖动点的移动距离相同

（2）线性 ╱ ：选定的点相对于拖动点的距离线性减少。如图8.5.26所示,选定点的移动量与其与拖动点的距离成正比。

（3）平滑 ╱ ：选定点的移动量随到拖动点的距离平滑减少,如图8.5.27所示。

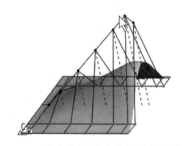

图8.5.26 选定点的移动量与其与拖动点的
距离成正比

图8.5.27 选定点的移动量随到拖动点的
距离平滑减少

【调整幅度】文本框和其后的4个方向按钮共同起作用,可对网格点进行精确移动。首先在文本框中输入数值,单击其后的上下左右箭头,选定点就会按照文本框中指定的增量值向上、下、左或右移动。

注意：（1）"调整幅度"后面的上、下、左、右四个按钮是否可用,具体视指定的移动类型而定。例如,若指定移动方式为"法向",网格点仅可沿自身曲面的法向移动,左右箭头不可用。

(2)单击箭头按钮之一时,活动控制点的周围会显示一个红色圆,此点便为按增量移动的点。要更改活动点,可单击任何其他点。

8.6 造型曲面实例

本节以水杯和吹风机造型为例,讲述含有造型曲面的壳体类零件的创建方法。

8.6.1 水杯模型

例 8.7 创建如图 8.6.1 所示带有杯口的水杯。

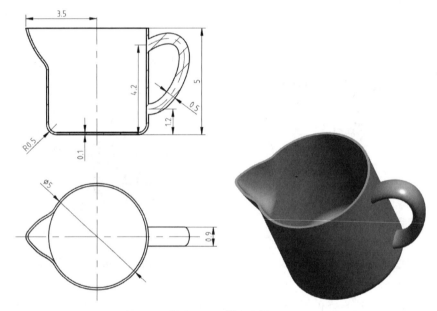

图 8.6.1 例 8.7 图

分析:本模型中的杯口使用造型曲面特征创建,其余部分使用前面章节中讲述的壳体类零件建模方法完成。

模型创建过程:①使用拉伸曲面特征创建杯壁的一半;②使用造型曲面特征创建杯口造型的一半,并与杯壁合并;③将杯壁和杯口镜像并合并;④使用填充特征创建杯底,并将其合并到主体曲面上;⑤倒角,并加厚曲面得到壳体;⑥使用去除材料拉伸特征剪除顶部多余部分实体;⑦创建扫描特征生成杯把。整个过程如图 8.6.2 所示。

步骤 1:使用拉伸曲面特征创建杯壁的一半。

单击【模型】选项卡【形状】组中的拉伸命令按钮 _{拉伸} 激活拉伸命令,在弹出的操控面板中单击曲面选项按钮 _{曲面} 创建曲面特征。选择 TOP 面作为草绘平面,RIGHT 面作为参考,方向向右,创建草图如图 8.6.3 所示。选择向 TOP 面正方向拉伸,长度为 5,生成的模型如图 8.6.4 所示。

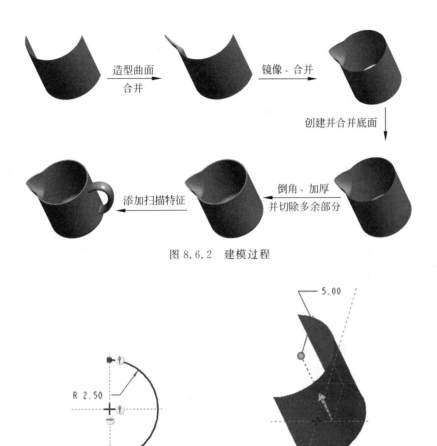

图 8.6.2 建模过程

图 8.6.3 拉伸草图 图 8.6.4 拉伸预览

下面步骤 2 至步骤 6 将使用造型曲面特征创建杯口造型的一半并将杯口和杯壁合并，这个过程包括：创建基准点特征；进入造型曲面模块；创建各造型曲线；创建造型曲面并修改与相邻曲面的相切关系；退出造型模块；将杯口的一半和杯壁的一半合并。

步骤 2：创建草绘基准点 PNT0。

单击【模型】选项卡【基准】组中的草绘基准曲线命令按钮 ，激活草绘基准曲线命令。选择 RIGHT 面作为草绘平面，TOP 面作为参考，方向向上，创建一个几何点如图 8.6.5 所示。

步骤 3：进入造型曲面模块。

单击【模型】选项卡【曲面】组中的造型曲面特征命令按钮 样式，进入造型曲面模块。

步骤 4：创建造型曲线。

(1) 创建 COS。单击【样式】操控面板【曲线】组中的创建曲线命令按钮 ，激活造型曲线命令，单击类型选项 曲面上的曲线。选择步骤 1 中创建的拉伸曲面作为参考，创建曲线如图 8.6.6 所示。注意：曲线的顶点位于曲面边界上。

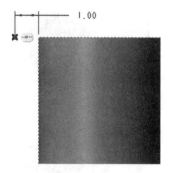

图 8.6.5 创建基准点 PNT0

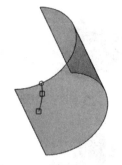

图 8.6.6 创建第 1 条 COS

（2）创建第 2 条 COS。使用与（1）相同的方法激活 COS 曲线命令，选择步骤 1 中创建的拉伸曲面作为参考，创建第 2 条曲线如图 8.6.7 所示。注意：曲线的两顶点分别位于曲面边界和第 1 条 COS 端点上。

（3）创建平面曲线。单击【样式】操控面板【曲线】组中的创建曲线命令按钮 🗸 曲线，弹出操控面板，在操控面板中单击类型选项 🗇 平面曲线，选择 RIGHT 面作为活动平面，绘制第 3 条曲线如图 8.6.8 所示。注意：曲线的两端点分别位于步骤 2 中创建的基准点 PNT0 和步骤 4（2）中创建的 COS 的端点上。

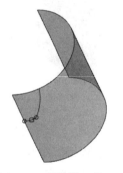

图 8.6.7 创建第 2 条 COS

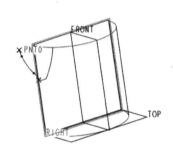

图 8.6.8 创建第 3 条曲线

（4）修改平面曲线的约束。单击（3）中造型曲线的下端点，在显示的端点切线上右击，在弹出的快捷菜单中选择【G1-曲面相切】单选按钮，使曲线在下端点处与拉伸平面相切，如图 8.6.9 所示。

（5）创建顶部的平面曲线。单击【样式】操控面板【曲线】组中的创建曲线命令按钮 🗸 曲线，在弹出的操控面板中单击类型选项 🗇 平面曲线。单击操控面板中的【参考】标签，弹出滑动面板如图 8.6.10 所示，选择 TOP 面作为参考，在【偏移】文本框中输入偏移距离 5，使距离 TOP 面为 5 的模型顶面成为活动平面，绘制第 4 条曲线，如图 8.6.11 所示。注意：其两端点分别位于第 1 条和第 3 条曲线上。

步骤 5：创建造型曲面并退出造型模块。

（1）创建造型曲面并修改曲面间的连接关系。单击【样式】操控面板【曲面】组中的从边界创建曲面命令按钮 🗇 曲面，激活造型曲面命令。按住 Ctrl 键选择步骤 4 中创建的 4 条曲线，

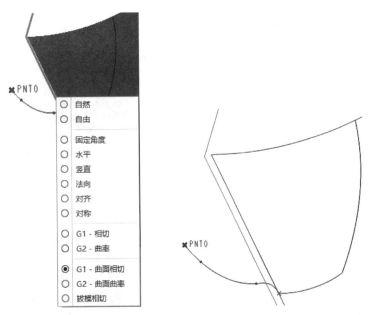

图 8.6.9　曲面相切

并修改曲面与相邻各面之间的连接关系,如图 8.6.12 所示。其中,边界 1 与相邻曲面保持"位置"关系,边界 4 垂直于相邻曲面(RIGHT 面),边界 2 和 3 均切于相邻曲面。单击操控面板中的 ✔ 按钮,完成造型曲面创建。

图 8.6.10　【参考】滑动面板

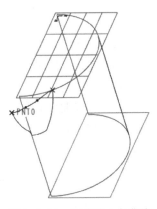

图 8.6.11　创建第 4 条曲线

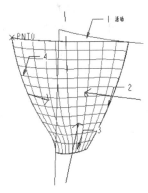

图 8.6.12　造型曲面

(2) 退出造型模块。单击工具栏中的 ✔ 按钮,退出造型模块。

步骤 6:合并杯口的一半和杯壁的一半。

选择拉伸曲面和造型曲面,单击【模型】选项卡【编辑】组中的合并命令按钮 🔾合并,激活合并命令,生成曲面如图 8.6.13 所示。

步骤 7:镜像合并后的曲面。

单击右下角的过滤器,使用"面组"选项,如图 8.6.14 所示。选择合并后的曲线,单击

图 8.6.13　合并后的曲面

【模型】选项卡【编辑】组中的镜像命令按钮 镜像，激活镜像命令。选择 RIGHT 面作为镜像平面，生成镜像曲面特征，如图 8.6.15 所示。

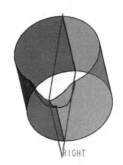

图 8.6.14　面组过滤器　　　　图 8.6.15　镜像面组

　　注意：选择要镜像的项目时不能选择合并特征，合并特征的镜像结果是镜像的重新定义。

　　步骤 8：合并镜像曲面。

　　使用面组过滤器，选择镜像前和镜像后的曲面，单击【模型】选项卡【编辑】组中的合并命令按钮 合并，激活合并命令，将以上两曲面合并为一个。

　　步骤 9：创建杯底，并将其合并到主体曲面上。

　　（1）创建填充特征。单击【模型】选项卡【曲面】组中的填充命令按钮 填充，激活填充命令。选择 TOP 面作为草绘平面，RIGHT 面作为参考，方向向下。以坐标原点为中心绘制直径为 5 的圆，如图 8.6.16 所示。

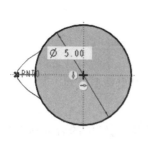
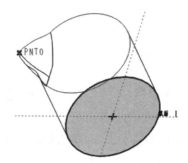

图 8.6.16　底部填充曲面

（2）合并曲面。选择（1）中创建的填充曲面和步骤 8 中创建的合并曲面，单击【模型】选项卡【编辑】组中的合并命令按钮 $\square$ 合并，将以上曲面合并为一个。

步骤 10：对合并曲面倒角，并加厚曲面得到壳体。

（1）对曲面倒圆角。单击【模型】选项卡【工程】组中的倒圆角命令按钮 $\square$ 倒圆角，选择模型底边作为参考，生成半径为 0.5 的圆角，如图 8.6.17 所示。

（2）加厚曲面。选择曲面，单击【模型】选项卡【编辑】组中的曲面加厚命令按钮 $\square$ 加厚，激活加厚命令。设置厚度为 0.1，向曲面内侧生成材料，如图 8.6.18 所示。

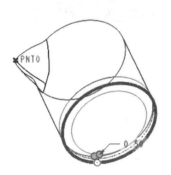

图 8.6.17 创建底部圆角

图 8.6.18 曲面加厚

步骤 11：剪除顶部多余部分实体。

单击【模型】选项卡【形状】组中的拉伸命令按钮 $\square$ 激活拉伸命令，单击弹出的操控面板上的 $\square$ 移除材料 按钮移除材料。选择 RIGHT 面作为草绘平面，TOP 面作为参考，方向向上，使用投影的方法创建顶部曲面，如图 8.6.19 所示。选择两侧拉伸，均为"穿透"，结果如图 8.6.20 所示。

图 8.6.19 移除材料特征草图

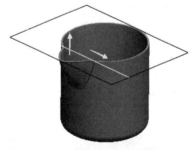

图 8.6.20 移除材料预览

步骤 12：创建扫描特征生成杯把。

（1）绘制扫描轨迹。单击【模型】选项卡【基准】组中的草绘基准曲线命令按钮 $\square$，激活草绘基准曲线命令。选择 RIGHT 面作为草绘平面，TOP 面作为参考平面，方向向上，绘制轨迹如图 8.6.21 所示。单击 $\square$ 确定 按钮完成轨迹绘制。

（2）激活命令。单击【模型】选项卡【形状】组中的扫描命令按钮 $\square$ 扫描，打开扫描特征操控面板。选择（1）中创建的草绘基准曲线作为轨迹。

（3）绘制截面。以轨迹上端点为中心，绘制椭圆作为截面，如图 8.6.22 所示。单击 ✔ 确定 按钮完成截面绘制。

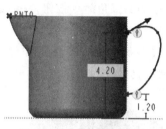

图 8.6.21 绘制扫描轨迹

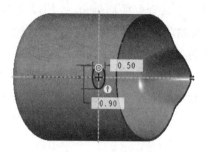

图 8.6.22 扫描截面

（4）定义属性。单击【选项】标签，在弹出的滑动面板中选中【合并端】复选框，创建合并扫描特征。

单击 ✔ 确定 按钮完成扫描。本例参见配套文件 ch8\ch8_6_example1.prt。

8.6.2 吹风机模型

例 8.8 创建如图 8.6.23 所示吹风机造型。壳体厚度为 2mm，其总长为 210mm，上部容纳风扇和电热丝部分最大直径约为 90mm，出风口直径为 40mm，手柄长度约为 105mm。

图 8.6.23 例 8.8 图

分析：本例中壳体厚度均匀，可以首先绘制曲面，合并后使用加厚命令创建。上部主体部分使用旋转曲面创建，手柄部分使用造型曲面创建。因壳体左右对称，可首先创建一半，其余部分利用镜像得到。

模型创建过程：①使用旋转曲面特征创建上部曲面的一半；②使用造型曲面特征创建手柄曲面的一半，并与上部曲面合并；③将以上两曲面镜像并合并；④使用填充特征创建手柄尾部的出线口，并将其合并到主体曲面上；⑤对曲面倒角，并加厚曲面得到壳体；⑥倒角；⑦创建进风口。整个过程如图 8.6.24 所示。

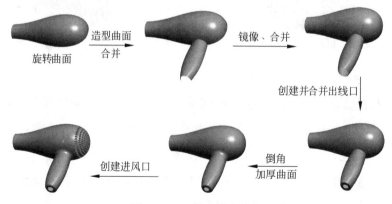

图 8.6.24 模型创建过程

步骤1：使用旋转曲面特征创建上部曲面的一半。

单击【模型】选项卡【形状】组中的旋转命令按钮 旋转 激活旋转命令，单击操控面板中的曲面选项按钮 曲面 创建曲面特征。选择 FRONT 面作为草绘平面，RIGHT 面作为参考，方向向右，绘制草图如图8.6.25所示。设置旋转方式为"对称"，旋转角度为180°，模型预览如图8.6.26所示。

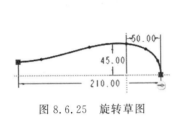

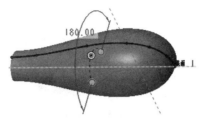

图8.6.25 旋转草图   图8.6.26 旋转特征预览

下面步骤3至步骤6将进入造型模块，创建造型曲线并生成造型曲面。在进入造型曲面特征前，首先创建一个基准平面，以备作为尾部造型曲线的参考平面。

步骤2：创建基准平面 DTM1。

单击【模型】选项卡【基准】组中的基准平面命令按钮 ，激活基准平面命令，选择 FRONT 面作为参考，向 FRONT 面正方向偏移150创建基准面 DTM1，如图8.6.27所示。

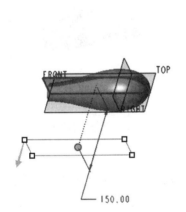

图8.6.27 创建基准平面 DTM1

步骤3：进入造型曲面模块。

单击【模型】选项卡【曲面】组中的造型曲面特征命令按钮 样式 ，进入造型曲面模块。

步骤4：创建造型曲线。

（1）创建位于旋转曲面上的 COS。单击【样式】操控面板【曲线】组中的创建曲线命令按钮 曲线 ，激活造型曲线命令，单击类型选项 曲面上的曲线 。选择步骤1中绘制的旋转曲面作为参考，创建曲线如图8.6.28所示。注意：曲线的顶点位于曲面边界上。

（2）创建第1条平面曲线。单击【样式】操控面板【曲线】组中的创建曲线命令按钮 曲线 ，激活造型曲线命令,单击类型选项  。选择 TOP 面作为活动平面,绘制第 1 条平面曲线,如图 8.6.29 所示。注意:曲线的上端点位于(1)中创建的 COS 左端点上,下端点要超出 DTM1 面。

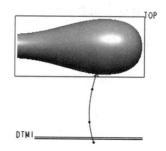

图 8.6.28　创建第 1 条 COS　　　　图 8.6.29　创建第 1 条平面曲线

(3) 创建第 2 条平面曲线。使用与(2)相同的方法,创建第 2 条平面曲线,如图 8.6.30 所示。注意:曲线的上端点位于(1)中创建的 COS 右端点上,下端点要超出 DTM1 面。

(4) 创建尾部平面曲线。使用与(2)相同的方法,单击设置活动平面命令按钮 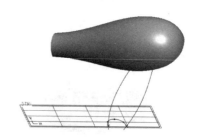,选择 DTM1 作为活动平面,创建尾部平面曲线,如图 8.6.31 所示。注意:曲线的两端点要分别位于(2)、(3)中创建的曲线上。

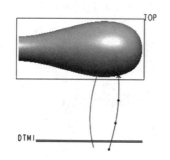

图 8.6.30　创建第 2 条平面曲线　　　　图 8.6.31　创建尾部平面曲线

步骤 5:修改曲线端点的切线状态。

(1) 使 COS 两端点垂直于 TOP 面。单击【样式】操控面板【曲线】组中的曲线编辑命令按钮 ✍ 曲线编辑 并选择 COS,或直接双击 COS 曲线,使其处于编辑状态。单击其端点,右击其切线,在弹出的快捷菜单中选择【法向】单选按钮,如图 8.6.32 所示,并选择 TOP 面作为法向的参考。同理,修改另一端点切线方向。

(2) 同理,修改尾部平面曲线,使其两端点垂直于 TOP 面。

步骤 6:创建造型曲面并修改曲面间的连接关系。

单击【样式】操控面板【曲面】组中的从边界创建曲面命令按钮 ,激活造型曲面命令。按住 Ctrl 键依次选择上述 4 条曲线,并修改曲面与相邻各面之间的连接关系,如图 8.6.33 所示。其中,边界 2 和 4 垂直于 TOP 面,单击【曲面】操控面板中的 ✔ 按钮完成造型曲面。单击【样式】操控面板中的 ✔ 按钮,退出造型模块。

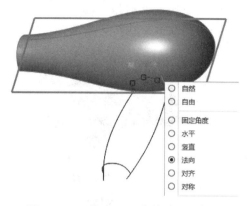

图 8.6.32 修改 COS 曲线的边界条件

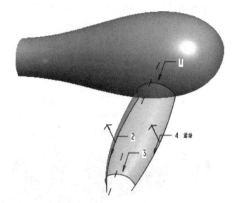

图 8.6.33 创建曲面

步骤 7：合并以上两曲面。

选择旋转曲面和造型曲面，单击【模型】选项卡【编辑】组中的合并命令按钮 合并，激活合并命令，创建图 8.6.34 所示合并模型。

步骤 8：镜像合并后的曲面，并将其合并到以前曲面上。

（1）镜像合并后的曲面。单击右下角的过滤器，选择"面组"选项，从模型中选择合并后的曲面，单击【模型】选项卡【编辑】组中的镜像命令按钮 镜像 激活镜像命令。选择 RIGHT 面作为镜像平面，生成镜像曲面特征如图 8.6.35 所示。

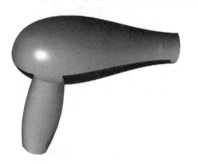

图 8.6.34 曲面合并

图 8.6.35 镜像面组

（2）将镜像得到的曲面合并到以前曲面上。在模型中选择镜像得到的曲面以及镜像的源曲面，单击【模型】选项卡【编辑】组中的合并命令按钮 合并，激活合并命令合并两曲面。

步骤 9：使用填充特征创建出线口，并将其合并到以前曲面上。

（1）创建填充特征。单击【模型】选项卡【曲面】组中的填充命令按钮 填充，选择 DTM1 面作为草绘平面，RIGHT 面作为参考，方向向右，创建草图如图 8.6.36 所示。完成后的填充特征如图 8.6.37 所示。

（2）合并填充曲面到以前曲面上。从模型中选择填充曲面以及步骤 8 中生成的曲面，单击【模型】选项卡【编辑】组中的合并命令按钮 合并，激活合并命令。使用"连接"的方式合并两曲面。

步骤 10：对曲面倒角，并加厚曲面得到壳体。

（1）对合并后的曲面倒角。单击【模型】选项卡【工程】组中的倒圆角命令按钮 倒圆角，激活倒圆角命令,并创建两组圆角。选择如图 8.6.38 所示两曲面的相交边作为参考,创建半径为 10 的圆角。选择如图 8.6.39 所示填充曲面与手柄曲面交线作为参考,创建半径为 5 的圆角。

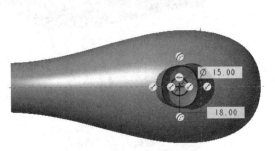

图 8.6.36　填充曲面草图

图 8.6.37　填充曲面

图 8.6.38　创建半径为 10 的圆角

图 8.6.39　创建半径为 5 的圆角

（2）加厚曲面。选择模型中的曲面,单击【模型】选项卡【编辑】组中的曲面加厚命令按钮 ▣加厚,激活加厚命令。设置壳体厚度为 2,并选择向曲面内侧生成材料,得到壳体如图 8.6.40 所示。

步骤 11：创建其他倒角。

单击【模型】选项卡【工程】组中的倒圆角命令按钮 ⟩倒圆角,激活倒圆角命令。选择出风口和进线口外侧线作为参考,创建半径为 1 的圆角,如图 8.6.41 所示。

图 8.6.40　曲面加厚

图 8.6.41　创建半径为 1 的圆角

步骤 12：创建进风口。

（1）创建基准平面 DTM2：单击【模型】选项卡【基准】组中的基准平面命令按钮 ▱平面,

激活基准平面工具,选择 RIGHT 面作为参考,向其正方向偏移 60 创建基准面 DTM2,如图 8.6.42 所示。

图 8.6.42 创建基准平面 DTM2

(2) 使用去除材料的方式创建第 1 个进风口。单击【模型】选项卡【形状】组中的拉伸命令按钮 拉伸 激活拉伸命令,单击去除材料按钮 移除材料 创建去除材料的实体特征。选择(1)中创建的 DTM2 面作为草绘平面,FRONT 面作为参考,方向向下,创建草图如图 8.6.43 所示。设置向实体拉伸,深度模式为"到选定的" ,选择 RIGHT 面作为拉伸深度参考。生成的模型如图 8.6.44 所示。

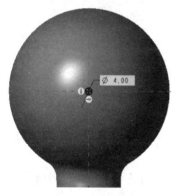

图 8.6.43 创建草图

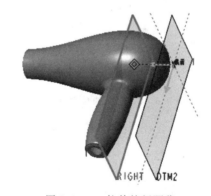

图 8.6.44 拉伸特征预览

(3) 阵列进风口。选择(2)中创建的去除材料拉伸特征,并单击【模型】选项卡【编辑】组中的阵列按钮 阵列 。选择阵列方式为"填充",单击操控面板上的【参考】标签,在弹出的滑动面板中定义填充草图如图 8.6.45 所示。设置阵列副本排列方式为"圆",副本间的"间距"和"半径"两个参数均为 5.5mm,完成阵列。

步骤 13:隐藏模型中的曲线,完成模型。

(1) 显示层树。如图 8.6.46 所示,单击导航区显示/隐藏层树命令按钮 ,将层树显示在导航区中。

图 8.6.45　填充的区域

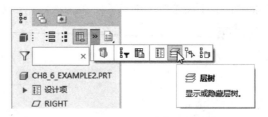

图 8.6.46　导航区显示/隐藏层树命令按钮

（2）创建新图层。在层树中右击，弹出快捷菜单如图 8.6.47 所示。单击【新建层】命令，弹出【层属性】对话框，接受默认的层名 LAY0001。

（3）将造型曲线"包括"到 LAY0001 层中。单击屏幕右下角的过滤器，选择"曲线"选项。按住 Ctrl 键选择模型中的造型曲线，将其"包括"到 LAY0001 层中，如图 8.6.48 所示。

图 8.6.47　层树快捷菜单

图 8.6.48　将曲线"包括"到 LAY0001 中

（4）隐藏 LAY0001 层。右击 LAY0001 层，在弹出的快捷菜单中选择【隐藏】命令，将本层中的项目隐藏。

（5）保存图层状态。再次右击 LAY0001 层，在弹出的快捷菜单中选择【保存状态】命令，将本层的当前状态保存。

提示：在模型存盘时不能保存图层的隐藏状态，要想保存图层的当前状态，要使用其快捷菜单中的【保存状态】命令。

至此模型创建完成。本例参见配套文件 ch8\ch8_6_example2.prt。

习题

1. 修改 8.6.2 节中的吹风机曲面模型，使用边界混合创建两曲面的连接部，其创建过程如题图 1 所示。已有文件参见配套文件 ch8\ch8_exercise1.prt。

分析：

曲面创建主要步骤：①创建上下曲面；②切除中间部分；③创建边界混合曲面连接上下两曲面；④完成曲面。

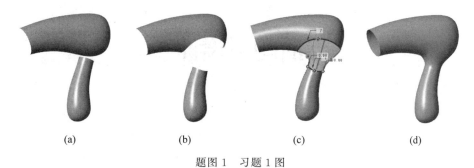

(a)　　　　　　　(b)　　　　　　　(c)　　　　　　　(d)

题图1　习题1图

(a) 创建上下曲面；(b) 切除中间部分；(c) 创建连接部；(d) 完成曲面

2. 题图2(a)中曲面为"G1-相切"，试将其修改为"G2-曲率"曲面，如题图2(b)所示。请参见配套文件 ch8\ch8_exercise2. prt。

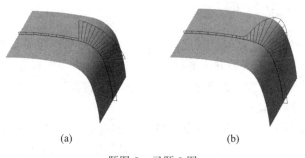

(a)　　　　　　　　　　　(b)

题图2　习题2图

第9章

自顶向下设计

本章在介绍自顶向下设计方法的基础上，系统讲解骨架模型、合并/继承特征、复制几何特征、发布几何特征、记事本等自顶向下设计工具的应用原理与使用方法。

9.1　自顶向下设计概述

在前面章节的讲述中，产品设计均是首先设计零件，然后将零件装配为部件，再通过最终的装配完成产品。在使用这种方法进行产品设计时，必须首先将每个零件设计好并组装，然后检查各零件是否设计正确、是否存在干涉等情况。这种首先设计产品零件再进行装配的过程称为"自底向上"的设计方法。

当设计的产品比较简单，并且组成部件的零件间没有复杂的尺寸关系时，使用"自底向上"的方法可快速完成产品设计。但是，完成产品组装后对零件进行修改时，若变动了装配基准则有可能引起整个组件装配失败。

再如，对于图 9.1.1 所示的灯罩模型而言，其上盖和下盖在装配时对装配面的配合性要求较高，若使用"自底向上"的方法分别设计各个零件，则难免在装配时出现装配面配合不良的现象。"自顶向下"的设计方法可解决以上问题。

图 9.1.1　灯罩模型

自顶向下设计（top down design）是一种设计方法，也是一种对整个产品设计过程的管理工具，其含义包括如下两个方面。

（1）自顶向下是一种设计方法。使用自顶向下的设计方法，首先设计最顶层的产品结构，如产品的整体外形或各零件的组成框架；然后通过一定的方法将这个产品结构传递到每个部件或零件中；最后，在从顶层传递下来的产品结构的基础上，完成零件设计。作为一种设计方法，自顶向下设计最明显的优点是可以方便、快捷、准确地在设计团队之间传递设计信息。当产品总体结构设计师完成产品整体结构设计，把各类信息分别传送到各个零部件后,即可由多个工程师并行地进行多个零部件设计。

在进行自顶向下设计时,底层的零件数据由顶层的结构控制,尤其是需要相互配合的表面,其形状可以得到精确控制。如图 9.1.2 所示,在灯罩的自顶向下设计过程中,首先设计其整体外形、配合面以及螺钉位置;然后将此模型传递到各个零件模型中,并使用配合面切割出各个零件配合面并将其细化,得到最终的零件模型。

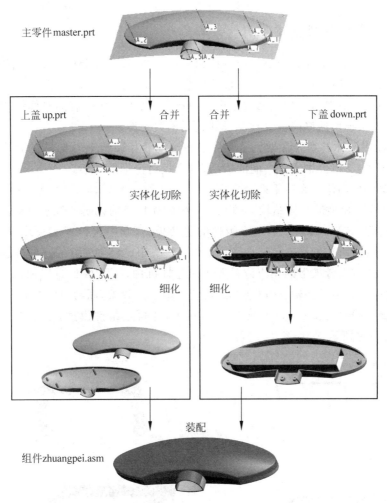

图 9.1.2 灯罩模型自顶向下的设计过程

(2)自顶向下是一种对整个产品设计过程的管理工具。在初始的顶层设计中,构建了产品的整个结构框架以及装配关系。在后面的组件细化过程中,逐渐将产品划分为组件,组件再细分为零件。在这个设计过程中,初期的结构框架不但向下传递零件设计信息,同时还是整个产品所有零部件的目录树,从上面可以清楚地看到各零部件间的组织关系及装配关系。

Creo 中提供了多种方法,用来实现自顶向下的设计,主要有骨架模型、数据共享和记事本。使用骨架模型和记事本,可以控制产品结构和整体布局。使用数据共享的方法可以自顶向下或在零件间传递设计参数。

9.2 骨架模型

骨架模型是自顶向下设计中的一种重要方法,主要用来完成组件整体结构的控制,还可以实现零件间配合形状信息的传递。

9.2.1 骨架模型概述

骨架模型(skeleton model)是指在设计初期创建的、用于控制模型整体结构和形状的结构框架。使用骨架模型,设计者可以将设计信息从一个系统或组件传递至另一个,或传递到其下层零件中。以后在对模型的修改过程中,只要涉及由骨架控制的整体结构或形状等方面的问题,对骨架模型的修改会自动反映到其他相关元件。

Creo 中提供两种类型的骨架:标准骨架和运动骨架。运动骨架是在活动组件中创建的子组件,用于定义组件中实体之间的运动,本章仅讨论标准骨架。

标准骨架的作用体现在以下两个方面。

(1) 控制组件模型的整体结构。图 9.2.1 中的连杆机构说明了骨架模型控制组件整体结构变化的过程。图 9.2.1(a)所示为组件的骨架模型,其中包含了三条线段,并在线段的端点处垂直于线段所在的平面创建四条中心线;将三根已经创建好的连杆分别以与中心线"轴对齐"的方式装入骨架上的相应位置形成四连杆机构,如图 9.2.1(b)所示;在装配过程中,零件的约束为骨架上的轴,所以连杆的位置仅取决于骨架,而与组件中的其他零件无关;改变骨架模型中线段的位置,如图 9.2.1(c)所示,并再生组件模型,零件的位置便随之更改,如图 9.2.1(d)所示。

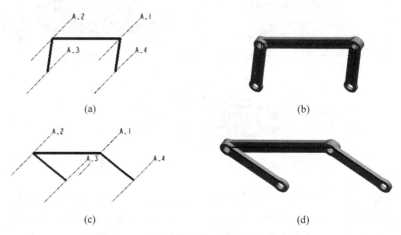

图 9.2.1　使用骨架模型控制的连杆机构

(2) 在组件或零件间传递几何形状信息。如图 9.2.2 所示,由钢结构骨架支撑工程塑料蒙皮,创建了一个通道模型,其装配图如图 9.2.2(a)所示,分解后如图 9.2.2(b)所示。图 9.2.2(c)所示曲线为通道截面形状,也是钢结构骨架的外形和工程塑料蒙皮内表面的形状。使用自顶向下的设计方法中的骨架模型对此通道建模时,首先在组件中创建骨架模型,并在骨架模型中创建曲线,并发布此曲线;在组件中分别创建钢结构骨架支撑与蒙皮元件,并将骨架模型中发布的曲线复制到本元件中;分别打开钢结构骨架支撑与蒙皮元件文件,以文件中包含的复制曲线作为参考,创建实体模型;最后再生组件文件,可以看到如图9.2.2(a)所示的结果。本例使用骨架模型中的曲线完美地控制了组件中零件相配合部分的形状。

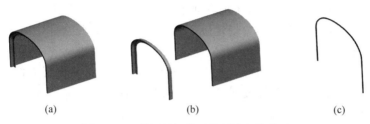

(a)   (b)   (c)

图 9.2.2　使用骨架模型控制的组件模型

当使用骨架模型在零件间传递几何形状信息时,需要使用自顶向下设计的另一种方法:"复制与发布几何"。所以本节仅讲述使用骨架控制模型整体结构的方法,骨架模型的第二种用途将在9.4节中介绍。

使用骨架模型进行自顶向下的设计时,需要在零件和子组件的设计之初就设计整个模型的整体结构。可以在组件模型之外独立开发骨架模型,并且随时可以将骨架无缝地插入组件。同一骨架模型可以在多个组件中使用。

9.2.2　使用骨架模型控制组件整体结构

标准骨架只能在打开的组件中创建,当将组件存盘时,标准骨架将会以零件的形式存储于工作目录下。在组件界面下,单击【模型】选项卡【元件】组中的创建元件命令按钮 📄创建 ,在弹出的【创建元件】对话框中选择【类型】列表中的【骨架模型】单选按钮,并选择【子类型】为【标准】,如图9.2.3所示。输入标准骨架的名称,单击【确定】按钮弹出【创建选项】对话框如图9.2.4所示,其中列出了创建标准骨架的三种方法。

(1) 从现有项复制:单击【复制自】区域中的【浏览】按钮,可以寻找一个已经创建好的Creo零件模型,并复制其所有内容,作为新创建骨架模型中的内容。图9.2.4中显示的

图 9.2.3　【创建元件】对话框

图 9.2.4　【创建选项】对话框

mmns_part_solid_abs. prt 为 Creo 的公制样板,选其作为被复制的对象可以复制公制样板中提供的基准平面、坐标系和单位设置。

（2）空：创建一个空的骨架模型,在这个文件中不包括任何特征（如基准平面、坐标系等）。

（3）创建特征：选择此选项后,系统将创建一个骨架模型文件,并在组件模型中将其激活,设计者可以在激活的骨架模型中创建一个或多个特征。但此文件中同样不包含基准平面和坐标系等任何特征。

骨架模型创建完成后,在组件模型的最顶端添加了一个骨架模型文件,如图 9.2.5 所示,组件中已有的基准平面特征以及元件均位于骨架之后。

提示：若组件模型中没有显示基准平面等特征,通过以下方法可显示组件和元件中的特征：在导航区中单击【树过滤器】按钮（图 9.2.6）,弹出【树过滤器】对话框,如图 9.2.7 所示,选中【特征】复选框,单击【确定】按钮。

图 9.2.5　组件的模型树

图 9.2.7　【树过滤器】对话框

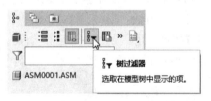

图 9.2.6　【树过滤器】按钮

保存组件,骨架文件便以零件的形式存在于工作目录中,其扩展名为". prt"。双击可打开此骨架文件并对其进行编辑定义操作。

骨架模型的作用是控制模型的结构和形状信息,在创建其内容时,可以使用曲线、曲面和基准特征,一般不包括实体特征,某些情况下也可以创建实体特征。同时,骨架模型中也含有特征、层、关系、视图、主体等内容,与其他实体元件相似。

提示：默认状态下,一个组件只能创建或插入一个运动骨架。单击【文件】→【选项】命令,打开【Creo Parametric 选项】对话框,将 multiple_skeletons_allowed 配置选项设置为 yes 后,可在组件中创建多个标准骨架。

使用骨架模型控制组件结构建模的一般过程如下。

（1）构思,提炼产品的骨架。通过观察产品结构,找出控制产品位置、装配关系的点、线、面等要素。

（2）创建组件模型。

（3）在组件模型中新建产品骨架，并创建骨架中的点、基准曲线和基准曲面等要素。

（4）创建产品零件。

（5）通过骨架中的基准要素，将（4）中创建的零件装配到组件中，完成模型创建。

9.2.3 骨架模型实例

例9.1 使用骨架模型创建如图9.2.1所示的四连杆机构组件模型。

分析：使用自顶向下的建模方法，首先创建组件文件，并创建骨架，然后再创建并装配各零件模型。本例中，在组件中创建骨架时使用"复制现有"的方法，复制公制模板中的基准平面和坐标系，以便作为创建骨架的参考。

模型创建过程：①创建组件；②创建骨架；③编辑骨架文件；④创建连杆文件；⑤完成装配。

步骤1：创建组件。

选择公制模板 mmns_asm_design_abs，新建组件文件 ch9_2_example1.asm。

步骤2：创建骨架。

单击【模型】选项卡【元件】组中的创建元件命令按钮 📐创建 ，选择元件类型为【骨架模型】，子类型为【标准】，文件名为 ch9_2_example1_skel，使用【复制现有】的方法创建骨架。被复制文件选用公制模板文件，其路径为"Creo 安装路径\Common Files\templates\mmns_part_solid_abs.prt"。

单击组件中的【文件】→【保存】命令或快速访问工具栏中的保存按钮 💾 保存组件。

步骤3：编辑骨架文件。

（1）打开骨架文件。在当前工作目录中打开骨架文件 ch9_2_example1_skel.prt（或直接单击组件模型树中的骨架元件，在弹出的浮动菜单中单击打开文件命令按钮 📂 打开骨架文件）。

（2）创建草绘基准曲线。单击【模型】选项卡【基准】组中的草绘基准曲线命令按钮 ，激活草绘基准曲线命令。选择 FRONT 面作为草绘平面，RIGHT 面作为参考，方向向右，进入草绘平面创建三条线段，长度分别为50、100和50，如图9.2.8所示。

（3）创建基准轴线。单击【模型】选项卡【基准】组中的基准轴命令按钮 ⁄ 轴，激活基准轴命令。分别选择线段的4个端点作为参考，约束方式为"穿过"；选择 FRONT 面作为参考，约束方式为"法向"，创建4条基准轴，如图9.2.9所示。

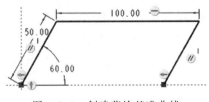

图9.2.8 创建草绘基准曲线

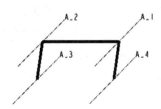

图9.2.9 创建基准轴

步骤 4：创建连杆文件。

（1）创建长度为 50 的连杆。使用公制模板 mmns_part_solid_abs 新创建一个零件文件 ch9_2_example1_bar50.prt。单击【模型】选项卡【形状】组中的拉伸命令按钮 拉伸 激活拉伸命令。选择 FRONT 面作为草绘平面，RIGHT 面作为参考，方向向右，创建草图如图 9.2.10 所示。设置向 FRONT 面的正方向拉伸，长度为 3。生成的模型如图 9.2.11 所示。

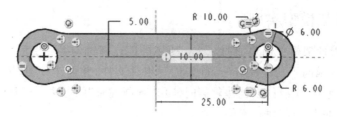

图 9.2.10　长度为 50 的连杆草图

图 9.2.11　连杆模型

（2）创建长度为 100 的连杆。打开 ch9_2_example1_bar50.prt，单击【文件】→【另存为】命令，输入新的文件名称 ch9_2_example1_bar100.prt，创建第二根连杆。打开文件 ch9_2_example1_bar100.prt，单击拉伸特征，在弹出的浮动菜单中单击编辑定义命令按钮 拉伸，将草图中的尺寸 25 修改为 50，如图 9.2.12 所示。

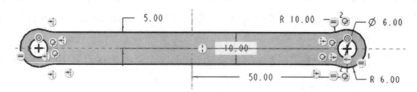

图 9.2.12　长度为 100 的连杆草图

步骤 5：完成装配。

（1）隐藏组件的基准平面。为便于选择骨架上的基准平面，隐藏组件的基准平面。单击模型树上部层树按钮 ⊜，在导航区的下部显示层树，右击 01_ASM_ALL_DTM_PLN 层，在弹出的快捷菜单中选择【隐藏】命令，隐藏组件的基准平面。

（2）装入 ch9_2_example1_bar100.prt。单击【模型】选项卡【元件】组中的组装元件命令按钮 组装，选择零件 ch9_2_example1_bar100.prt。分别设置骨架的 A_2 轴与元件的孔中心线重合、骨架的 A_1 轴与元件的另一孔中心线重合、骨架的 FRONT 面与元件的前表面重合。完成装配后的元件如图 9.2.13 所示。

（3）装入 ch9_2_example1_bar50.prt 使用与（2）相同的方法装入元件 ch9_2_example1_bar50.prt，其约束为：骨架的 A_2 轴与元件的孔中心线重合、骨架的 A_3 轴与元件的另一孔中心线重合、骨架的 FRONT 面与元件的 FRONT 面重合。完成装配后的元件如图 9.2.14 所示。

（4）使用与（3）相同的方法装入第二个 ch9_2_example1_bar50.prt 元件，如图 9.2.15 所示。

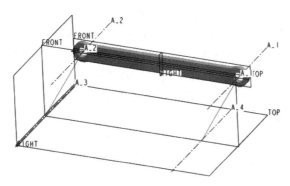

图 9.2.13 装配长度为 100 的杆件

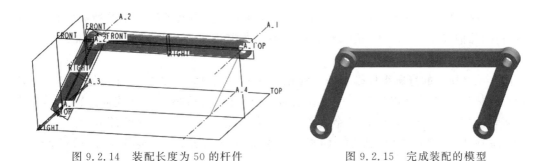

图 9.2.14 装配长度为 50 的杆件　　　　　图 9.2.15 完成装配的模型

至此四连杆机构创建完成，其模型位于配套文件夹 ch9\ch9_2_example1 中，读者请对照练习。在此组件中，元件的约束全部位于骨架上，这样便实现了使用骨架控制模型的结构，其优点如下。

（1）便于对装配结构的修改。如图 9.2.1 所示，若要修改连杆的位置，仅需修改骨架文件，其装配关系即自动更新。

（2）便于组件中元件的添加、删除等操作。使用骨架作为装配的基准，减少了元件间的相互联系，删除其中的元件将不会影响到其他元件。

9.3 数据共享之合并/继承

例 9.1 中，骨架模型仅规定了元件在组件中的装配位置，创建元件时没有直接从骨架中提取信息，而是靠设计者查看骨架中的数据，然后在零件中根据这些装配关系创建模型。使用自顶向下设计方法中的数据共享，可从一个元件或骨架中传递信息到其他元件中。

9.3.1 数据共享概述

数据共享（data sharing）是指从组件向元件或在元件间传递实体、曲面、基准面、曲线等实体或几何信息的一种方法，也是自顶向下设计中重要的一种工具。Creo 中提供的数据共享工具主要有"收缩包络""合并/继承""发布几何""复制几何""注释元素"等方法。

（1）收缩包络。收缩包络特征是曲面及基准的集合，代表了模型的外部形状。可使用零件、骨架或顶层组件作为收缩包络特征的源模型。

（2）合并/继承。使用"合并/继承"特征可将一个零件中的特征添加到另一个零件中，或从另一个零件中减去此零件的材料。默认情况下会将材料从源零件添加到目标零件中。若使用移除材料选项，则会从目标零件中减去源零件材料。

（3）发布几何和复制几何。这两个特征用于互相之间传达设计标准，通过它们在模型之间复制参考几何，从而传播大量信息。

（4）注释元素。模型中的注释元素自动传播到数据共享特征中。

本书仅讲述合并/继承以及发布几何与复制几何特征。

9.3.2 合并/继承概述

合并/继承特征（merge or inheritance feature）用于复制其他零件中的所有特征，包括实体特征、几何特征（如点、线、面）以及基准特征（如基准平面等），被复制的零件称为参考零件。

图9.1.2所示的灯罩组件模型即是使用合并的方法创建完成的。首先创建作为整体外形的壳体以及将其分割为各零件的分割曲线或曲面，然后将此壳体连同分割曲面作为参考零件全部合并（或继承）到各个零件中，根据需要去除非本零件的部分，然后通过添加细节完成零件，最后以"默认"方式（默认坐标系对齐的方式）组装各元件，即可得到组件模型。

图9.3.1 合并特征

合并与继承特征均可复制参考零件的实体和几何特征，其不同之处在于复制参考零件的方式不同。

（1）合并特征将参考零件作为一个不可拆开编辑的整体导入进来，从合并特征中不能看到原来参考零件中的特征，也不能对参考零件中的任何部分作出修改（但可以在参考零件的基础上添加或删除材料）。添加了合并特征的零件模型树如图9.3.1所示，图中 外部合并 标识39 是被复制生成的合并特征，从这里看不出合并前参考零件的特征组成。

（2）继承特征将参考零件的整个模型树全部导入进来，使用继承特征的模型树如图9.3.2所示。图中 ▶ 外部继承 标识39 (CH9_3_EXAMPLE2_MASTER.PRT) 是被复制生成的继承特征，单击继承特征前的三角形符号可以看到参考零件的特征构成。而且，单击继承特征中的特征，单击浮动菜单中的编辑、隐含等命令按钮（图9.3.3），可对继承特征进行单向编辑。

图9.3.2 继承特征

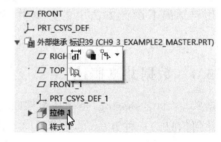

图9.3.3 单向编辑继承特征

9.3.3 合并/继承特征的使用

在早期的 Pro/Engineer 软件(Creo 的前身)中,合并和继承是两个独立的命令,因其功能类似,从 Pro/Engineer Wildfire 3.0 开始,将这两个功能合并为一个命令。组件中不能直接插入合并/继承特征。在组件模式下,合并/继承功能可以在激活元件状态下使用,此时创建的合并/继承特征将位于被激活的元件中;也可以在零件建模状态使用此功能。

在组件中激活元件,单击【模型】选项卡【获取数据】组中的组溢出按钮,在弹出的菜单中单击合并/继承命令按钮 ⬚ 合并/继承 ,弹出【合并/继承】操控面板如图 9.3.4 所示。

图 9.3.4 组件中激活零件状态下插入【合并/继承】操控面板

在零件模式下,单击【模型】选项卡【获取数据】组中的组溢出按钮,在弹出的菜单中单击合并/继承命令按钮 ⬚ 合并/继承 ,弹出【合并/继承】操控面板如图 9.3.5 所示。因零件中合并或继承的参考模型均来自本零件外部,故称为外部合并/继承,其【参考类型】为【外部】;而在组件中激活零件状态下,参考模型可来自组件内或从外部调用,其【参考类型】可以为【在上下文中】或【外部】。

图 9.3.5 零件中插入【合并/继承】操控面板

其他相关要素说明如下。

(1)类型:单击 🔘 按钮在合并特征和继承特征之间切换。

(2)操作类型:合并/继承特征分为"添加主体"、"合并"、"剪切"和"相交"四种类型。"添加主体"是指复制参考零件的主体并添加到目标零件中;"合并"是复制参考零件的几何并与目标零件合并;"剪切"是从目标零件中移除参考零件的集合;"相交"是保留参考零件与目标零件的共有部分。

(3)源模型和位置:记录了参考文件及其在目标文件中的定位。对于图 9.3.4 所示组件中的元件模型,直接选择组件中的其他元件作为参考文件;对于图 9.3.5 所示的零件模型单击打开参考文件按钮 📂 打开 选择参考文件并定位,单击 📝 编辑放置 按钮重定义参考文件位置。

在组件环境下激活元件使用合并/继承命令时,参考零件默认为组件中的元件,单击操控面板【参考类型】中的外部参考类型按钮 🔘 外部 ,系统弹出提示对话框如图 9.3.6 所示。单击对话框中的【是】按钮,选择外部文件作为参考,在指定参考和约束方式后,生成外部合并特征(模型树上标识为 外部合并)或外部继承特征(模型树上标识为 外部继承)。

图 9.3.6　提示对话框

零件模式下使用合并/继承命令时,【参考类型】区域中的外部参考类型按钮 外部 被默认选中而且不能更改,此时只能生成外部合并特征或外部继承特征。

对于合并/继承特征,单击操控面板中的【选项】标签,弹出滑动面板如图 9.3.7 所示。默认状态下【自动更新】单选按钮被选择,此时生成的合并/继承特征将从属于参考模型,当更改参考模型时,此合并/继承特征将随之更改;若选择【非相关性】单选按钮,合并/继承特征将独立于原始参考模型,源模型的更改不会反映到合并/继承特征中。

(a)

(b)

图 9.3.7　【选项】滑动面板

(a) 合并特征的【选项】滑动面板;(b) 继承特征的【选项】滑动面板

对于合并特征,默认状态下不复制参考元件中的基准特征,单击合并特征操控面板中的【参考】标签,弹出滑动面板,选中【复制基准平面】复选框,如图 9.3.8 所示,可以复制参考元件中的基准特征,若参考特征中的基准与已有基准重名,参考特征中的基准将添加后缀"_1"。如图 9.3.9 所示,连杆为合并特征,将其参考复制到模型中后,RIGHT 面、TOP 面以及 FRONT 面分别改变为 RIGHT_1 面、TOP_1 面以及 FRONT_1 面。

对于继承特征,设计时重点考虑其可编辑性,通过编辑继承特征中的可变项目,可以创建参考模型的变体。继承特征中可更改的项目包括尺寸值、公差、边界、参数、参考、特征隐含或恢复的状态、注释等。

单击继承特征操控面板中的【选项】标签,弹出滑动面板如图 9.3.7(b)所示。单击【可变项】按钮,弹出【可变项】对话框

图 9.3.8　【参考】滑动面板

如图9.3.10所示,同时以新窗口的形式打开参考模型,单击对话框中的 ⊞ 按钮可添加变化的项目。

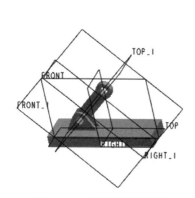

图9.3.9 复制基准特征

图9.3.10 【可变项】对话框

例如,图9.3.9所示的连杆是继承特征,单击操控面板上【选项】滑动面板中的【可变项】按钮,弹出【可变项】对话框(图9.3.10)以及显示连杆零件的独立图形窗口。单击对话框中的 ⊞ 按钮并选择独立图形窗口中生成连杆的拉伸特征,参考零件被选择的特征上显示了所有可编辑的尺寸,如图9.3.11所示。单击其中任意一个尺寸,该尺寸即被收集到【可变项】对话框的【尺寸】列表中,如图9.3.12所示,双击【新值】列可输入该尺寸的新值。

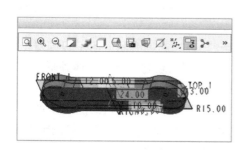

图9.3.11 参考零件的可编辑尺寸

图9.3.12 可变项对话框

本例中使用的文件参见配套文件夹 ch9\ch9_3_example1,读者可对照练习。

注意:合并/继承特征中,若【选项】滑动面板中的【自动更新】单选按钮被选中(图9.3.7),则修改参考模型后,再生合并/继承特征所在的零件时,合并/继承特征也会发生变动,这是Creo使用了单一数据库的结果。

但在继承特征中,当对其可变项目进行编辑后,这些修改却不能反映到参考模型中,这是继承特征编辑的单向性。

9.3.4 合并/继承特征的创建步骤与实例

组件模式下,创建合并/继承特征的过程如下。

(1)将元件装配到组件文件中,并按照合并/继承后的位置要求,装入要合并的元件。

(2)激活要创建合并/继承特征的元件。

(3)激活命令。单击【模型】选项卡【获取数据】组中的组溢出按钮,在弹出的菜单中单击合并/继承命令按钮 🔲 合并/继承,激活合并/继承命令。

(4)选择合并/继承的参考元件,并设置添加或移除特征。

(5)单击类型按钮 🔲 合并/继承 设置创建合并或继承特征。

(6)对于合并特征,指定是否复制参考零件中的参考。

(7)对于继承特征,设置其可变项目,并输入可变项目的新值。

(8)保存,完成元件中的合并/继承特征。

零件模式下,创建合并/继承特征的过程如下。

(1)激活命令。在零件模式下,单击【模型】选项卡【获取数据】组中的组溢出按钮,在弹出的菜单中单击合并/继承命令按钮 🔲 合并/继承,激活合并/继承命令,弹出合并/继承特征操控面板。

(2)单击操控面板上打开参考文件按钮 📂 打开,选择外部参考元件,并定位参考元件。

(3)设置添加或移除特征。

(4)单击类型按钮 🔲 合并/继承 设置创建合并或继承特征。

(5)对于合并特征,指定是否复制参考零件中的参考。

(6)对于继承特征,设置其可变项目,并输入可变项目的新值。

(7)保存,完成元件中的合并/继承特征。

在手机、台灯、剃须刀等日常电子产品的结构设计过程中,为使其外形有一个整体效果,设计过程中一般使用自顶向下的设计模式,合并/继承特征是使用最多的一种方法。其具体设计步骤如下。

(1)产品的工业造型设计。一般选用水平较高、具有一定审美能力的工程师对产品的整体外形建模。首先构造其外形曲面,并将曲面转化为壳体,创建产品的整体外形。然后创建将整体外形拆分为零件的曲面,以便进行后续设计。

(2)产品零件设计。各零件设计工程师创建各零件文件,并使用合并/继承的方法将(1)中创建的整体外形复制过来,根据需要去除非本零件的部分,并添加细节完成零件。

(3)组装。将(2)中创建的各零件组装起来,完成产品结构设计。

例9.2 根据图9.1.2中的设计步骤,使用合并特征创建如图9.1.1所示灯罩模型。

分析:本例中的上下两零件有匹配要求,其配合面完全相同。使用自顶向下设计方法中的合并特征,可以实现这个要求。首先创建一个灯罩的整体外轮廓模型,并在其上创建零件分割面、螺钉孔轴线等特征;然后将这个外轮廓模型合并到各个零件模型中,使用实体化切除的方法去除非本零件的部分;最后将保留的部分细化,添加唇、螺钉支撑等特征完成建模。

模型创建过程：①创建灯罩外轮廓模型及其分割面、螺钉孔轴线；②将外轮廓模型合并到下盖模型中，去除多余材料并添加其他特征；③将外轮廓模型合并到上盖模型中，去除多余材料并添加其他特征；④组装模型。

第一部分：创建灯罩外轮廓模型及其分割面、螺钉孔轴线。

注意：此部分主要讲述灯罩外轮廓复杂曲面的创建过程，涉及造型曲面建模、曲面合并、曲面加厚等内容。关于曲面建模，可参阅本书第5~8章。读者也可根据本部分创建的灯罩外轮廓模型直接进入第二部分，使用合并/继承的方法创建灯罩下盖模型。

步骤1：创建新文件。

选择公制模板 mmns_part_solid_abs，新建零件文件 ch9_3_example2_master.prt。

步骤2：创建拉伸曲面作为灯罩的边缘轮廓。

单击【模型】选项卡【形状】组中的拉伸命令按钮 激活拉伸命令，单击操控面板中的曲面选项按钮 ，创建曲面特征。选择 TOP 面作为草绘平面，RIGHT 面作为参考，方向向右，绘制草图如图 9.3.13 所示。设置为双侧拉伸，深度为 60。生成的模型如图 9.3.14 所示。

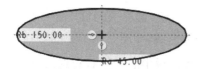

图 9.3.13　灯罩边缘轮廓拉伸特征草图　　　图 9.3.14　灯罩边缘轮廓拉伸特征预览

步骤3：创建造型曲线。

(1) 进入造型曲面界面。单击【模型】选项卡【曲面】组中的造型曲面特征命令按钮 ，进入造型曲面界面。

(2) 创建第1条造型曲线。单击【样式】操控面板【曲线】组中的创建曲线命令按钮 ，激活造型曲线命令，单击操控面板上的 按钮创建平面曲线。单击设置活动平面命令按钮 ，选择 RIGHT 面作为活动平面，绘制平面曲线，然后双击修改曲线，使其右侧端点的法线垂直于 FRONT 面，如图 9.3.15 所示。注意：绘制曲线的右侧端点时按住 Shift 键，使端点捕捉到 FRONT 面上。

(3) 创建第2条造型曲线。使用与(2)相同的方法，创建第2条曲线，如图 9.3.16 所示。

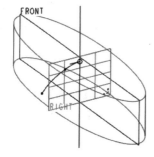

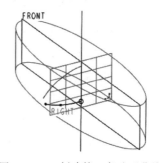

图 9.3.15　创建第1条造型曲线　　　图 9.3.16　创建第2条造型曲线

（4）创建第 3、4 条曲线所在的基准平面。单击【样式】操控面板【平面】组中的设置活动平面命令溢出按钮，在弹出的菜单中单击创建内部基准平面命令按钮 ，激活内部平面命令，选择 RIGHT 面作为参考，偏移 155 创建基准平面 DTM1，如图 9.3.17 所示。

（5）创建第 3、4 条平面曲线。使用与（2）相同的方法，选择 DTM1 面作为活动平面，创建如图 9.3.18 所示的平面曲线。

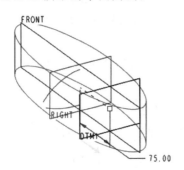 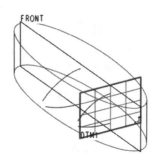

图 9.3.17　创建基准平面 DTM1　　　　图 9.3.18　创建第 3、4 条平面曲线

（6）创建第 5、6 条平面曲线。使用与（4）相同的方法，偏移 RIGHT 面 155 创建基准平面 DTM2。使用与（2）相同的方法创建第 5、6 条平面曲线，如图 9.3.19 所示。

至此第 1 组造型曲线创建完成，单击【样式】操控面板中的 按钮退出造型界面。

步骤 4：镜像造型曲线。

从模型树上选择步骤 3 中创建的造型曲线，单击【模型】选项卡【编辑】组中的镜像命令按钮 激活镜像命令，选择 RIGHT 面作为镜像平面完成镜像，如图 9.3.20 所示。

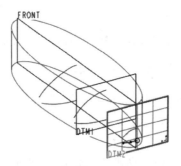 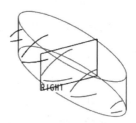

图 9.3.19　创建第 5、6 条平面曲线　　　　图 9.3.20　镜像曲线

提示：为便于操作，以下至步骤 8 隐藏了步骤 2 生成的拉伸曲面，步骤 9 中将其取消隐藏。

步骤 5：创建造型曲面。

（1）创建贯穿上部 5 条曲线的造型曲线。单击【模型】选项卡【曲面】组中的造型曲面特征命令按钮 ，进入造型曲面界面。单击【样式】操控面板【曲线】组中的创建曲线命令按钮 ，激活造型曲线命令，单击操控面板上的 按钮创建平面曲线，单击设置活动平面命令按钮 ，选择 FRONT 面作为活动平面。按住 Shift 键依次选择上部 5 条曲线的右端点,创建平面曲线,如图 9.3.21 所示。

（2）使用与（1）相同的方法,贯穿底部 5 条曲线创建造型曲线,如图 9.3.22 所示。

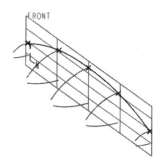

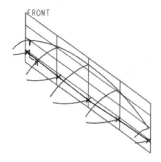

图 9.3.21　创建平面曲线（一）　　　　图 9.3.22　创建平面曲线（二）

（3）创建上部造型曲面。单击【样式】操控面板【曲面】组中的从边界创建曲面命令按钮 🔘,激活造型曲面操控面板。单击（1）中创建的纵向曲线作为主曲线,激活交叉曲线(即内部曲线)收集器并按住 Shift 键依次选择上部 5 条横向曲线,创建上部造型曲面,如图 9.3.23 所示。此时其【参考】滑动面板如图 9.3.24 所示。单击操控面板中的 ✔️ 按钮完成混合造型曲面。

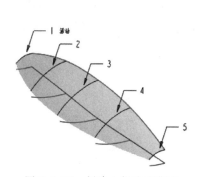

图 9.3.23　创建上部造型曲面

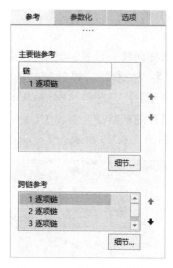

图 9.3.24　【参考】滑动面板

（4）创建下部造型曲面。使用与（3）相同的方法,选择下部纵向曲线作为主曲线,选择下部 5 条横向曲线作为交叉曲线,创建混合造型曲面如图 9.3.25 所示。

至此左侧造型曲面创建完成,如图 9.3.26 所示。单击【样式】操控面板中的 ✔️ 按钮退出造型界面。

步骤 6：镜像造型曲面。

从模型树上选择步骤 5 中创建的造型曲面,单击

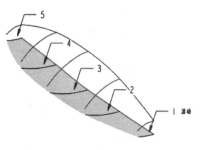

图 9.3.25　创建下部造型曲面

【模型】选项卡【编辑】组中的镜像命令按钮 镜像 ，选择 FRONT 面作为镜像平面完成镜像，如图 9.3.27 所示。

图 9.3.26　创建左侧造型曲面

图 9.3.27　镜像曲面

步骤 7：合并镜像曲面与源曲面。

（1）合并上部两曲面。设置过滤器为"面组"模式，按住 Ctrl 键选择上部两曲面，单击【模型】选项卡【编辑】组中的合并命令按钮 合并 ，将两曲面合并。

（2）使用与（1）相同的方法，将下部两曲面合并。

步骤 8：隐藏造型曲线。

（1）创建新层。单击模型树上部层树按钮 ，在导航区的下部显示层树。右击并选择快捷菜单中的【新建层】命令，打开【层属性】对话框，在【名称】文本框中输入层名"CURVES"。

（2）选择曲线。设置过滤器为"曲线"模式，按住 Ctrl 键选择以上创建的 12 条造型曲线（包括镜像生成的曲线），如图 9.3.28 所示，单击【确定】按钮。

（3）隐藏 CUVES 层。右击 CURVES 层，从弹出的快捷菜单中选择【隐藏】命令。

（4）保存隐藏状态。右击 CURVES 层，从弹出的快捷菜单中选择【保存状态】命令。此时的模型如图 9.3.29 所示。

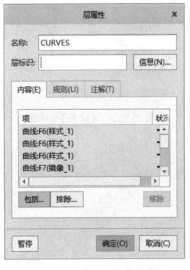

图 9.3.28　【层属性】对话框

图 9.3.29　包含上面曲面的模型

步骤 9：将拉伸曲面与造型曲面合并。

（1）将上部造型曲面与拉伸曲面合并。设置过滤器为"面组"模式，按住 Ctrl 键选择上部造型曲面与拉伸曲面，单击【模型】选项卡【编辑】组中的合并命令按钮 ⊖合并 将两曲面合并，如图 9.3.30 所示。

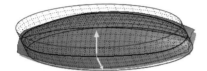

图 9.3.30　合并上部曲面与侧面轮廓

（2）将下部造型曲面与（1）中的合并曲面合并。使用与（1）相同的方法，将下部造型曲面与（1）中形成的合并曲面合并，如图 9.3.31 所示。

图 9.3.31　合并下部曲面与侧面轮廓

步骤 10：创建前侧凹进。

本步骤在已有模型的前侧创建一个弧形凹进，如图 9.3.32 所示。

（1）创建拉伸曲面特征。单击【模型】选项卡【形状】组中的拉伸命令按钮 激活拉伸命令，单击操控面板中的曲面选项按钮 ，创建曲面特征。选择 TOP 面作为草绘平面，RIGHT 面作为参考，方向向右，创建

图 9.3.32　模型前侧凹进

草图如图 9.3.33 所示。设置为双侧拉伸，深度为 60。生成的曲面如图 9.3.34 所示。

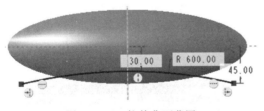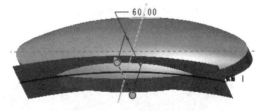

图 9.3.33　拉伸曲面草图　　　　　　　　图 9.3.34　拉伸曲面预览

（2）合并拉伸曲面与已有曲面。选择已有曲面和拉伸曲面，单击【模型】选项卡【编辑】组中的合并命令按钮 ⊖合并 将两曲面合并，如图 9.3.35 所示，生成的模型如图 9.3.32 所示。

步骤 11：创建前侧进线口。

本步骤在前侧凹进处创建一个进线口，如图 9.3.36 所示。

图 9.3.35　合并曲面

图 9.3.36　模型进线口

（1）创建基准平面。单击【模型】选项卡【基准】组中的基准平面命令按钮 ，激活基准平面工具，选择 FRONT 面作为参考，偏移 50 创建基准面 DTM1，如图 9.3.37 所示。

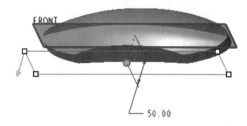

图 9.3.37　创建基准平面 DTM1

（2）创建拉伸曲面特征。单击【模型】选项卡【形状】组中的拉伸命令按钮 激活拉伸命令，单击操控面板中的曲面选项按钮 创建曲面特征。选择（1）中创建的 DTM1 面作为草绘平面，RIGHT 面作为参考，方向向右，创建草图如图 9.3.38 所示。指定拉伸到 FRONT 面。生成的曲面如图 9.3.39 所示。

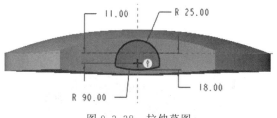

图 9.3.38　拉伸草图

图 9.3.39　拉伸曲面预览

（3）合并拉伸曲面与已有曲面。选择已有曲面和（2）中创建的拉伸曲面，单击【模型】选项卡【编辑】组中的合并命令按钮 将两曲面合并，如图 9.3.40 所示，生成的模型如图 9.3.36 所示。

步骤 12：创建容纳灯管的凹槽。

本步骤在模型内创建灯管所在的凹槽，如图 9.3.41 所示。

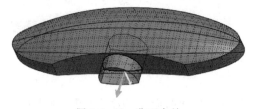

图 9.3.40　曲面合并

图 9.3.41　灯管凹槽

（1）创建拉伸曲面特征。单击【模型】选项卡【形状】组中的拉伸命令按钮 激活拉伸命令，单击操控面板中的曲面选项按钮 创建曲面特征。选择 TOP 面作为草绘平面，RIGHT 面作为参考，方向向右，创建草图如图 9.3.42 所示。设置向 TOP 面负方向拉伸，深度为 30。生成的曲面如图 9.3.43 所示。

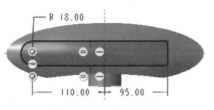

图 9.3.42　拉伸草图

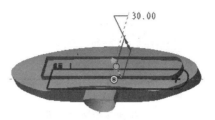

图 9.3.43　拉伸特征预览

（2）合并拉伸曲面与已有曲面。选择已有曲面和拉伸曲面，单击【模型】选项卡【编辑】组中的合并命令按钮 合并 将两曲面合并，生成模型如图 9.3.44 所示。

（3）在拉伸特征的底部创建填充特征。单击【模型】选项卡【曲面】组中的填充命令按钮 填充 ，选择 TOP 面作为草绘平面，RIGHT 面作为参考，方向向右，创建草图如图 9.3.45 所示，生成位于拉伸特征底部的平面。

图 9.3.44　合并曲面

图 9.3.45　底部填充曲面草图

（4）合并（3）中创建的填充平面与已有曲面。选择填充平面和已有曲面，单击【模型】选项卡【编辑】组中的合并命令按钮 合并 将两曲面合并，生成模型如图 9.3.41 所示。

步骤 13：创建倒圆角。

单击【模型】选项卡【工程】组中的倒圆角命令按钮 倒圆角 ，选择如图 9.3.46 所示两圆周作为第一圆角组，半径为 3；选择如图 9.3.47 所示两条竖边作为第二圆角组，半径为 10。

图 9.3.46　第一组倒圆角

图 9.3.47　第二组倒圆角

步骤 14：加厚曲面。

选择以上倒圆角后的曲面，单击【模型】选项卡【编辑】组中的曲面加厚命令按钮 加厚 ，激活曲面加厚命令，指定向曲面外侧生成厚度为 2 的壳体。

步骤 15：切除容纳灯管的凹槽中的多余部分。

单击【模型】选项卡【形状】组中的拉伸命令按钮 拉伸 激活拉伸命令，单击操控面板上的去除材料按钮 移除材料 创建移除材料特征。选择 TOP 面作为草绘平面，翻转草绘平面的方向使 TOP 面的负向指向设计者，RIGHT 面作为参考，方向向左，创建草图如图 9.3.48 所示。设置向 TOP 面负方向拉伸，深度模式为穿透，如图 9.3.49 所示。

步骤 16：创建分割面。

本步骤创建将灯罩整体轮廓分割为上下盖零件的分割面，分两步进行：首先创建拉伸

图 9.3.48　拉伸移除材料草图

图 9.3.49　拉伸移除材料预览

面,然后在此面上去除中间容纳灯管的曲面部分。

(1) 创建拉伸面。单击【模型】选项卡【形状】组中的拉伸命令按钮 拉伸 激活拉伸命令,单击操控面板中的曲面选项按钮 曲面 创建曲面特征。选择 FRONT 面作为草绘平面,RIGHT 面作为参考,方向向右,创建草图如图 9.3.50 所示。向两侧拉伸 105,生成曲面如图 9.3.51 所示。

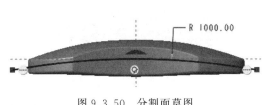

图 9.3.50　分割面草图

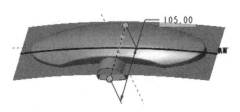

图 9.3.51　分割面预览

(2) 创建去除曲面的拉伸特征。单击【模型】选项卡【形状】组中的拉伸命令按钮 拉伸 激活拉伸命令,单击操控面板中的曲面选项按钮 曲面 和去除材料按钮 移除材料,选择(1)中生成的拉伸曲面作为切除对象,创建切除曲面拉伸特征。选择 TOP 面作为草绘平面,RIGHT 面作为参考,方向向右,创建草图如图 9.3.52 所示。向 TOP 面负方向拉伸 40,(1)中的拉伸曲面变为如图 9.3.53 所示。

图 9.3.52　去除曲面的拉伸特征草图

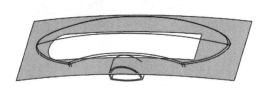

图 9.3.53　去除曲面后的分割面

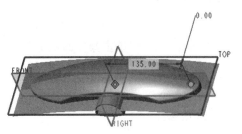

图 9.3.54　创建第一条轴线

步骤 17:创建各螺钉孔中心所在的轴线。

(1) 创建第一条轴线。单击【模型】选项卡【基准】组中的基准轴命令按钮 轴 激活基准轴命令。选择 TOP 面作为主参考,约束方式为法向。选择 RIGHT 面和 FRONT 面作为偏移参考,偏移距离分别为 135、0,创建的轴线如图 9.3.54 所示。

(2) 创建其他轴线。使用与(1)相同的方法,创建如图 9.3.55 所示的其他 6 条轴线。这些轴线均垂直于 TOP 面，以 RIGHT 面和 FRONT 面作为偏移参考，偏移距离分别为：135 和 0、0 和 30、40 和 13、40 和 13、100 和 20、100 和 20。

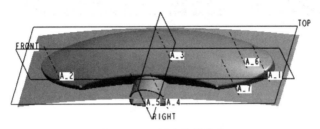

图 9.3.55　创建其他轴线

至此灯罩整体外形、零件配合面及螺钉孔位置轴线创建完成，模型参见配套文件 ch9\ch9_3_example2\ch9_3_example2_master.prt。

第二部分：创建灯罩下盖模型。

步骤 1：创建新文件。

选择公制模板 mmns_part_solid_abs，新建零件文件 ch9_3_example2_down.prt。

步骤 2：创建合并特征，将第一部分中创建的模型 ch9_3_example2_master.prt 复制进来。

（1）激活合并/继承命令。单击【模型】选项卡【获取数据】组中的组溢出按钮，在弹出的菜单中单击合并/继承命令按钮 🔗 |合并/继承，打开合并/继承操控面板。

（2）选择并定位要合并的零件。单击操控面板上【源模型和位置】区域中的打开参考文件按钮 📂 打开，选择前面创建的灯罩整体外形零件 ch9_3_example2_master.prt，系统弹出所选择文件的独立窗口以及【元件放置】对话框，如图 9.3.56 所示，从【约束类型】下拉列表中选择【默认】选项，使所选择模型与本模型的默认坐标系对齐。

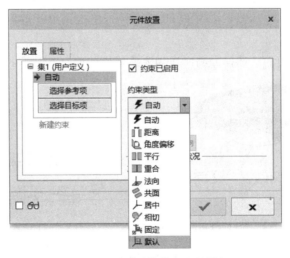

图 9.3.56　【元件放置】对话框

（3）选择操作类型为【合并】，操控面板如图9.3.57所示。单击操控面板中的 ✔ 按
钮，完成合并/继承。

图9.3.57 【合并/继承】操控面板

步骤3：切除合并特征中多余实体。

设置过滤器模式为"面组"，选择合并特征中创建的分割面，单击【模型】选项卡【编辑】组
中的实体化命令按钮 实体化，激活实体化命令。在【实体化】操控面板中选择【类型】为
【移除材料】，如图9.3.58所示。切除分割面上部壳体，如图9.3.59所示。

图9.3.58 【实体化】操控面板

图9.3.59 切除多余壳体

步骤4：创建唇特征。

（1）激活命令。单击【模型】选项卡【工程】组中的
组溢出按钮，在弹出的菜单中单击【唇】命令，激活唇特
征命令，弹出【边选择】对话框。

（2）选择唇特征所在的边。按住Ctrl键，依次选择
模型分割面内侧的边（共7段线），如图9.3.60所示，单击菜单管理器中的【完成】菜单项进
入下一步。

（3）选择生成唇的面。选择分割面作为要生成唇的面，如图9.3.61所示。

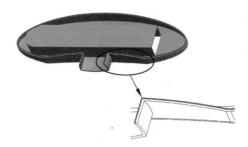

图9.3.60 选择唇特征所在的边

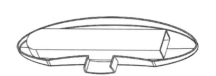

图9.3.61 生成唇特征的面

（4）输入唇的高度。在屏幕上的文本框内输入唇的高度值－1，负号表示向实体内部去
除材料。

（5）输入唇的宽度。在文本框输入唇的宽度1。

（6）选择唇的参考曲面。选择 TOP 面作为唇的参考平面。

（7）输入唇的拔模角度。在文本框中输入 0,创建无拔模斜角的唇特征。

至此唇特征创建完成,如图 9.3.62 所示。

步骤 5：创建螺钉孔凸台。

（1）创建基准平面。单击【模型】选项卡【基准】组中的基准平面命令按钮，激活基准平面工具,选择 TOP 面作为参考,偏移 10 创建基准面 DTM1,如图 9.3.63 所示。

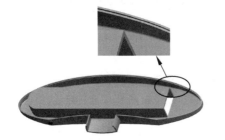

图 9.3.62 唇特征

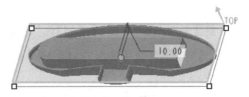

图 9.3.63 创建基准平面 DTM1

（2）创建第一组拉伸特征。单击【模型】选项卡【形状】组中的拉伸命令按钮激活拉伸命令。选择（1）中创建的 DTM1 面作为草绘平面,RIGHT 面作为参考,方向向右。以合并特征中的轴 A_1、A_2、A_3 作为圆心,创建 3 个直径为 10 的圆作为草图,如图 9.3.64 所示。指定拉伸到壳体内表面,如图 9.3.65 所示。

图 9.3.64 第一组拉伸特征草图

图 9.3.65 第一组拉伸特征

（3）创建第二组拉伸特征。使用与（2）相同的方法,以合并特征中的轴 A_4、A_5 作为圆心,创建两个直径为 10 的圆作为草图,如图 9.3.66 所示。指定拉伸到壳体内表面,如图 9.3.67 所示。

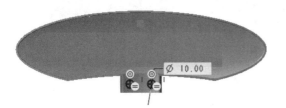

图 9.3.66 第二组拉伸特征草图

图 9.3.67 第二组拉伸特征

步骤 6：创建螺钉孔。

（1）使用拉伸特征创建通孔。单击【模型】选项卡【形状】组中的拉伸命令按钮激活拉伸命令,单击去除材料模式按钮 移除材料 创建去除材料特征。选择步骤 5（1）中创建的

DTM1 面作为草绘平面，RIGHT 面作为参考平面，方向向右。以步骤 5 中创建的 5 个圆形凸台作为参考，创建直径为 3 的同心圆，如图 9.3.68 所示。设置拉伸模式为穿透，形成直径为 3 的通孔，如图 9.3.69 所示。

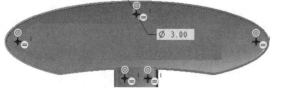 

图 9.3.68　拉伸通孔特征草图　　　　　　图 9.3.69　拉伸通孔特征

（2）创建基准平面。单击【模型】选项卡【基准】组中的基准平面命令按钮 ，激活基准平面工具，选择 TOP 面作为参考，偏移 12 创建基准面 DTM2，如图 9.3.70 所示。

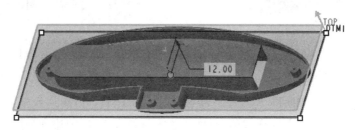

图 9.3.70　创建基准面 DTM2

（3）使用拉伸特征创建沉孔。单击【模型】选项卡【形状】组中的拉伸命令按钮 激活拉伸命令，单击去除材料模式按钮 创建去除材料特征。选择（2）中创建的 DTM2 面作为草绘平面，RIGHT 面作为参考平面，方向向右。以步骤 5 中创建的 5 个圆形凸台作为参考，创建直径为 6 的同心圆，如图 9.3.71 所示。设置拉伸模式为穿透，向 TOP 面负方向拉伸，从 TOP 面负方向观察的局部如图 9.3.72 所示。

图 9.3.71　拉伸特征创建沉孔草图　　　　　图 9.3.72　拉伸特征创建沉孔

至此灯罩下盖零件创建完成，模型参见配套文件 ch9\ch9_3_example2\ch9_3_example2_down. prt。

第三部分：创建灯罩上盖模型。

使用与以上创建灯罩下盖相同的方法，创建灯罩上盖模型，其正反面视图如图 9.3.73、图 9.3.74 所示，模型参见配套文件 ch9\ch9_3_example2\ch9_3_example2_up. prt。

图 9.3.73　灯罩下盖正面视图　　　　　　图 9.3.74　灯罩下盖反面视图

提示：上盖模型中创建唇特征时,高度要设为1,创建添加材料的唇特征,这样可以与下盖中切除材料形成的唇特征形成配合。

另外,上盖中的螺钉孔凸台除了要与合并特征上的基准轴对齐外,其草绘平面也要与下盖模型中螺钉凸台的草绘平面对应起来。

第四部分：组装上下盖模型。

步骤1：创建新文件。

选择公制模板 mmns_asm_design_abs,新建组件文件 ch9_3_example2.asm。

步骤2：装配下盖。

单击【模型】选项卡【元件】组中的组装元件命令按钮  激活装配命令,在弹出的【打开】对话框中选择零件 ch9_3_example2_down.prt,使用"默认"的放置方式,使元件与组件的默认坐标系对齐。将下盖元件装配完成。

步骤3：装配上盖。

使用与步骤2相同的方法,使用"默认"的放置方式装入零件 ch9_3_example2_up.prt。

至此图 9.1.1 所示的灯罩模型创建完成,其文件参见配套文件夹 ch9\ch9_3_example2。

9.4　数据共享之复制几何与发布几何

使用合并/继承的方法可以将参考零件整体复制到新零件模型中,包括实体、曲面、曲线以及基准等所有特征。若仅复制参考零件的曲面、曲线、基准面等几何信息,则可以使用数据共享的另一种工具——发布几何与复制几何。

9.4.1　复制与发布几何概述

发布几何和复制几何是两种特征的合称,是相关联的两种工具。

(1) 发布几何特征(publish geometry feature)：在将参考零件中的几何信息传递到其他模型时,为了便于同时复制多个几何要素,使用发布几何的方法将其合成为一个特征,这个特征即为发布几何特征。发布几何特征中的几何要素可以是曲面、曲线、基准轴线、基准面、参考等几何信息。

(2) 复制几何特征(copy geometry feature)：用于将其他模型中的曲面、曲线、基准特征等几何信息复制到木模型中。复制几何特征选择的参考对象可以是参考模型中的面、线等单独的几何信息,还可以是参考对象中已经创建好的发布几何特征。

图 9.4.1 所示为发布几何特征与复制几何特征的应用实例。在图 9.4.1(a)所示零件

(a)　　　　　　(b)

图 9.4.1　发布几何特征与复制几何
特征的应用

模型中创建发布几何特征,选择齿轮的轮廓作为要发布的几何要素。在新的零件模型中,使用复制几何的方法,将图 9.4.1(a)中的发布几何特征复制进来,得到一个复制几何特征,如图 9.4.1(b)所示。

复制几何特征与发布几何特征是两个分开的数据共享工具,在 Creo 中使用不同的命令激活,下面分别讲述。

9.4.2　复制几何特征

在组件或零件模式下创建复制几何特征时,将出现不同的操控面板界面和采用不同的操作方式。

(1) 在组件模式下,激活要创建复制几何特征的元件,并单击【模型】选项卡【获取数据】组中的复制几何命令按钮 📮 复制几何 ,弹出【复制几何】操控面板,如图 9.4.2 所示。

图 9.4.2　组件模式下【复制几何】操控面板

(2) 在零件模式下,单击【模型】选项卡【获取数据】组中的复制几何命令按钮 📮 复制几何 ,弹出【复制几何】操控面板,如图 9.4.3 所示。

图 9.4.3　零件模式下【复制几何】操控面板

结合图 9.4.2 和图 9.4.3 所示复制几何特征操控面板,说明其建模要素如下。

(1) 参考类型:设置复制几何的来源。组件环境中,单击 🔲 在上下文中 按钮,将复制几何的来源设置为组件内;单击 🔲 外部 按钮,将来源设置为外部其他零件。零件环境中,单击 🔲 局部 按钮,将复制几何的来源设置为零件内部,此时只能选择模型自身曲面、曲线等几何要素作为复制几何的来源;单击 🔲 外部 按钮,将来源设置为外部其他零件。

(2) 发布几何的内容来源:单击操控面板【内容】区域中的 📇 发布几何 按钮,表示复制几何的来源限定为已有的发布几何。此时单击【参考】标签打开滑动面板,单击其中的打开文件按钮 📂 打开参考文件,并选择文件中已有的发布几何,如图 9.4.4 所示。若不单击

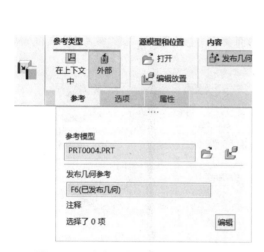 按钮,表示要复制的要素不是发布几何特征,则【参考】滑动面板如图 9.4.5 所示,可以选择曲面、曲线链或参考作为复制几何的来源。

图 9.4.4　复制几何来源为"发布几何"
时的【参考】滑动面板

图 9.4.5　复制几何来源不是"发布几何"
时的【参考】滑动面板

（3）选项：单击【选项】标签,弹出滑动面板如图 9.4.6 所示,用于设置复制几何的方式、属性以及是否相关。其中,【曲面复制选项】决定了复制源曲面的方式,包括按原样复制所有曲面、排除曲面并填充孔以及复制内部边界。【包括属性】决定了可以被复制的内容。【更新复制的几何】决定了复制几何的从属关系,选择【自动更新】单选按钮,复制几何特征从属于原始的参考模型,当参考模型发生变化时,此复制几何特征将发生同样的变化;选择【非相关性】单选按钮,参考模型的变化不会影响到此复制几何特征。

9.4.3　发布几何特征

从 9.4.2 节中可以看到,创建复制几何特征时,可以直接选择其他模型中的曲面、曲线以及参考等几何要素,也可以单击  发布几何 按钮,将要复制的要素限定为发布几何特征,当使用后一种复制几何的方法时,被复制的参考元件中必须包含发布几何特征。

图 9.4.6　【选项】滑动面板

发布几何特征是将要共享给其他模型的多种几何要素（曲面、曲线以及参考等）打包为一个特征,以方便设计者在其他模型中创建复制几何特征时选择。在使用复制几何特征时,可以直接选择参考模型中的几何元素,但是当需要复制的几何较多时,最好首先在参考模型中创建一个发布几何特征,将所有需要复制的内容包含进来,这样可以方便复制几何特征的创建。同时,当需要添加或删除被复制元素时,仅需打开参考模型并修改发布几何特征即可。

发布几何特征的创建实际就是一个选择要打包的几何要素的过程。可以在组件中、组件环境下激活的元件中或零件模型中创建发布几何特征,单击【工具】选项卡【模型意图】组中的发布几何命令按钮 ,弹出【发布几何】对话框如图 9.4.7 所示,其中 9.4.7(a)、(b)分别所示为组件和零件模式下的对话框。激活"曲面集"、"主体"、"链"或"参考"拾取框,从模型中选择要发布的相应的元素完成发布。

图 9.4.7 【发布几何】对话框

9.4.4 复制与发布几何实例

在 9.2 节讲述骨架模型时提到,骨架模型不但可以控制产品的结构,还可以控制产品中各零部件的形状。当使用骨架控制零件的形状时,须由骨架向零件传递曲面、曲线等几何信息,这就需要用到复制与发布几何特征。

例 9.3 创建如图 9.2.2 所示的通道模型。

分析:本例结合骨架等数据共享方法创建组件模型。在骨架中,创建涉及两个零件形状的曲线,并创建发布几何特征;然后,在组件中新建零件模型,并激活零件创建复制几何特征,将骨架中的曲线形状复制过来;最后,根据复制曲线的形状,生成所需零件。

模型创建过程:①新建组件文件,并创建骨架模型;②打开骨架模型,创建控制通道模型截面形状的曲线,并创建发布几何特征;③在组件中新建钢结构骨架和工程塑料蒙皮零件;④分别激活两个零件,将骨架中创建的发布几何特征使用复制几何的方法复制到各零件,并根据此曲线创建实体特征。

步骤 1:创建组件。

选择公制模板 mmns_part_solid_abs,新建零件文件 ch9_4_example1.prt。

步骤 2:创建骨架。

单击【模型】选项卡【元件】组中的创建元件命令按钮 📇创建,选择元件类型为【骨架模型】,子类型为【标准】,接受默认的骨架名称 ch9_4_example1_skel。使用【复制现有】的方法创建骨架,被复制文件选用公制模板文件,其安装路径为"Creo 安装路径\Common Files\templates\mmns_part_solid_abs.prt"。

在组件中单击【文件】→【保存】命令或工具栏中的保存按钮 🔲保存组件。

步骤 3:编辑骨架文件。

(1) 打开骨架文件。在当前工作目录中打开骨架文件 ch9_4_example1_skel.prt(或直接从组件模型树中单击骨架文件,在弹出的浮动菜单中单击打开文件命令按钮 📂 打开骨架文件)。

(2) 创建草绘基准曲线。单击【模型】选项卡【基准】组中的草绘基准曲线命令按钮 ∿草绘,激活草绘基准曲线命令。选择 FRONT 面作为草绘平面,RIGHT 面作为参考,方向向右,进入草绘界面创建一条长度为 1530 的竖直线段,如图 9.4.8 所示。

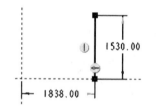

图 9.4.8 草绘基准曲线草图

(3) 创建造型曲线。单击【模型】选项卡【曲面】组中的造型曲面特征命令按钮 📕样式,进入造型曲面界面。单击【样式】操控面板【曲线】组中的创建曲线命令按钮 ∿曲线,激活造型曲线命令,单击操控面板上的 平面曲线 按钮创建平面曲线,单击【平面】区域中的设置活动平面命令按钮 设置活动平面,选择 FRONT 面作为活动平面。绘制平面曲线,然后双击修改曲线,使其左端点的法线垂直于 RIGHT 面,如图 9.4.9 所示;右端点的法线与(2)中创建的线段对齐,如图 9.4.10 所示。

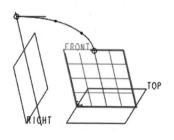

图 9.4.9 造型曲线左端法线垂直于 RIGHT 面

单击操控面板中的 ✔确定 按钮退出造型界面。注意:绘制曲线的端点时按住 Shift 键,使左右端点分别捕捉到 RIGHT 面和(2)中绘制的线段上端点。

(4) 创建镜像特征。从模型树上选择(2)、(3)中创建的曲线,单击【模型】选项卡【编辑】组中的镜像命令按钮 ▯◖镜像 激活镜像命令,选择 RIGHT 面作为镜像平面,完成镜像,如图 9.4.11 所示。

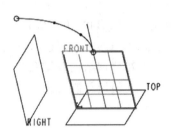

图 9.4.10 造型曲线右端与(2)中绘制的线段对齐

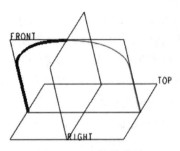

图 9.4.11 镜像曲线

步骤 4:创建发布几何特征。

单击【工具】选项卡【模型意图】组中的发布几何命令按钮 ,弹出【发布几何】对话框。激活【链】拾取框,按住 Ctrl 键从图形区依次选择直线段、造型曲线及其镜像特征,完成后的【发布几何】对话框如图 9.4.12 所示。单击 按钮完成发布几何操作。

图 9.4.12 【发布几何】对话框

至此骨架文件创建完毕,单击 按钮存盘。

步骤 5:在组件中新建蒙皮文件。

(1)打开组件 ch9_4_example1.asm。

(2)新建蒙皮文件。单击【模型】选项卡【元件】组中的创建元件命令按钮 创建,选择元件类型为【零件】,子类型为【实体】,输入文件名 ch9_4_example1_mengpi,使用【复制现有】的方法创建文件,被复制文件选用公制模板文件,其安装路径为"Creo 安装路径\Common Files\templates\mmns_part_solid_abs.prt"。

步骤 6:编辑蒙皮文件。

(1)在组件中激活蒙皮文件。在组件目录树中单击零件 ch9_4_example1_mengpi.prt,在弹出的浮动菜单中单击激活文件命令按钮 激活蒙皮文件。

(2)复制几何特征。单击【模型】选项卡【获取数据】组中的复制几何命令按钮 复制几何,弹出复制几何操控面板。选择步骤 4 中创建的发布几何特征,如图 9.4.13 所示。单击 确定 按钮完成复制几何操作。

(3)打开零件模型。在组件目录树中单击蒙皮零件,在弹出的浮动工具栏中单击打开文件命令按钮 将其打开。

(4)创建拉伸特征。单击【模型】选项卡【形状】组中的拉伸命令按钮 激活拉伸命令,在弹出的操控面板中单击 加厚草绘 按钮生成壳体。选择 FRONT 面作为草绘平面,RIGHT 面作为参考,方向向右。通过复制特征的边创建草图如图 9.4.14 所示。设置向 FRONT 面的负方向拉伸,长度为 3000,向草图外侧生成壳体,厚度为 50。生成的模型如图 9.4.15 所示。

步骤7：使用与步骤5、步骤6相同的方法创建钢筋骨架零件模型。

（1）在组件中新建文件 ch9_4_example1_banliang. prt。

（2）激活零件 ch9_4_example1_banliang. prt。

（3）根据骨架中的发布几何特征，创建复制几何特征。

（4）打开零件 ch9_4_example1_banliang. prt。

（5）创建扫描特征。单击【模型】选项卡【形状】组中的扫描命令按钮 ⬛ 扫描 ，选择步骤（3）中创建的复制几何特征作为轨迹，并把轨迹的起始点定在曲线左端点上，创建截面如图 9.4.16 所示，完成后的模型如图 9.4.17 所示。

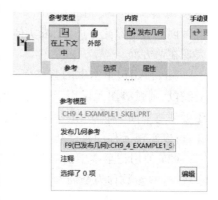

图 9.4.13 复制几何操控面板

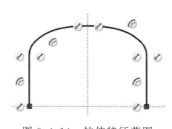

图 9.4.14 拉伸特征草图

图 9.4.15 拉伸特征

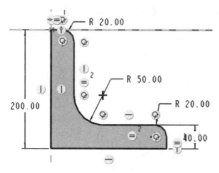

图 9.4.16 扫描特征草图

图 9.4.17 扫描特征

至此模型创建完成，如图 9.2.2 所示，参见配套文件夹 ch9\ch9_4_example1。

9.5 记事本

记事本（layout）是一个非参数化的二维草图，使用概念性草绘的方法描述了产品的整体结构，并可以控制产品参数的变化。

9.5.1 记事本概述

记事本是设计初期创建的用于描述产品总体结构的二维草图。与参数化草图不同的是,记事本是非参数化的,其图元仅用于表达设计初期设计师对于产品的初步构思,并不与以后创建的参数化草图、三维实体模型相关联。记事本对以后创建的组件、零件模型的控制表现在两方面。

(1)使用记事本中的基准面、基准轴、基准点等元素实现组件的自动化装配。记事本中的线段、圆弧等图元仅用于表达设计意图,与以后创建的实体没有任何关联。同时,记事本还可创建平面、轴、点、坐标系等基准特征,通过声明记事本中的基准与零件中的点、线、面重合,可以实现元件的自动化装配。

(2)使用记事本中的参数控制与其相关联的零件、组件的形状。在记事本中可以创建参数,这些参数称为全局参数。若在其他零件中声明了该记事本,则记事本中的全局参数便可传递到该零件中,通过在零件中创建关系式,便可使用记事本中的全局参数控制零件中局部参数的变化,即控制零件形状的变化。

9.5.2　使用记事本进行元件的自动装配

使用记事本中的基准面、基准轴、基准点等元素可以实现组件中元件的自动化装配。将两个零件中各自的轴参考同一记事本中的基准轴时,系统会将零件中的轴对齐。当将两个零件中的平面参考同一记事本中的基准平面时,系统会将这些面对齐。在装入第一个元件后,由于记事本上各基准与此元件几何元素之间的参考关系,记事本上基准的位置已经固定下来。在装入其他元件时,便可利用记事本与元件的已有参考关系自动确定元件位置,完成自动装配。

图9.5.1(a)、(b)、(c)、(d)所示分别为记事本、需要装配的螺栓、盘以及装配后的组件。图9.5.1(a)中,平面PLANE_MATE和轴线AXES_1为记事本中创建的基准,称为全局基准。在零件建模中,将记事本声明到各零件中,然后声明平面PLANE_MATE与图9.5.1(b)所示螺栓帽底面、图9.5.1(c)所示盘顶面相关联,再声明记事本中的轴线AXES_1与螺栓中心、盘上孔中心相关联。最后创建组件时,可实现自动装配,结果如图9.5.1(d)所示。

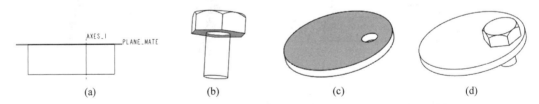

(a)　　　　　(b)　　　　　(c)　　　　　(d)

图9.5.1　使用记事本进行元件的自动装配

使用记事本控制元件自动装配的流程如下。

(1)创建记事本文件,在记事本文件中创建代表要创建组件中零件的线条,并创建基准特征。

(2)创建多个零件模型,并声明记事本。完成各零件中实体模型的创建,声明参考记事本,并指定零件中的面、轴、点等几何元素参考记事本中的基准特征。

(3)创建组件,并使用常规的约束方法装入第一个元件。

(4)自动装入其他元件。在装入其他元件时,因为已经通过记事本创建了新装入元件与已装入元件之间的约束关系,可选择自动装配,完成组件。

单击【文件】→【新建】命令或工具栏中的新建按钮，选择文件类型为【记事本】，输入记事本文件名，单击【确定】按钮打开【新记事本】对话框，如图9.5.2所示。选择【格式为空】单选按钮指定一种记事本格式；或选择【空】单选按钮，不使用模板，仅指定图纸大小。单击对话框中的【确定】按钮打开记事本窗口。

记事本窗口从外观上看与工程图界面类似。其【草绘】选项卡如图9.5.3所示，用于创建非参数化草图；【注释】选项卡如图9.5.4所示，用于标注尺寸、创建基准、添加注释等；其功能与右侧工具栏相同；【工具】选项卡如图9.5.5所示，用于创建关系、参数等。

在记事本中创建草图的方法与在草绘器中绘制草图类似，但因为是非参数化建模方法，其建模功能比参数化草绘要弱。草图仅代表设计者的原始意图，不必很精确。要想完成元件的自动化装配，还必须创建基准，以便在两个或多个零件间创建装配关系。

图9.5.2 【新记事本】对话框

图9.5.3 【草绘】选项卡

图9.5.4 【注释】选项卡

图9.5.5 【工具】选项卡

例9.4 创建如图9.5.6所示记事本，它表达了螺钉和六面体上孔的连接。

分析：记事本中要草绘的内容包括六面体、螺钉示意图以及用于完成自动装配的平面及轴线。其创建过程如下。

（1）创建记事本文件。单击【文件】→【新建】命令或工具栏中的新建按钮，选择文件

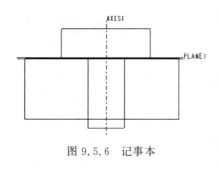

图9.5.6　记事本

类型为【记事本】,输入文件名并指定在横向 A3 图纸上创建记事本。

(2)创建六面体示意图。单击【草绘】选项卡【设置】组中的设置草绘捕捉环境命令按钮 ┼ 草绘器首选项,弹出【草绘首选项】对话框,如图 9.5.7 所示,设置捕捉类型为【水平/竖直】、【顶点】、【图元上】,单击【关闭】按钮完成设置。单击【草绘】选项卡【草绘】组中的绘制线按钮 ＼ 线,绘制如图 9.5.8 所示长方形代表六面体,绘制过程中注意捕捉长度相等、垂直、水平等相关约束信息,如图 9.5.9 所示。

(3)创建螺栓示意图。使用与(2)相同的方法,在六面体基础上创建螺钉示意图,如图 9.5.10 所示。注意:在绘制过程中,图形不必精确定位,只要能表达大体形状即可。

图9.5.7　【草绘首选项】对话框

图9.5.8　六面体示意图

图9.5.9　绘图捕捉

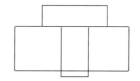

图9.5.10　螺栓示意图

(4)创建基准平面。单击【注释】选项卡【注释】组中的【绘制基准】命令溢出按钮,在弹出的菜单中单击绘制基准平面命令按钮 ▱ 绘制基准平面,弹出【选择点】对话框,如图 9.5.11 所示,在长方形上单击选择两个点,在屏幕【输入基准名称】文本框中输入名称"PLANE1",创建基准平面如图 9.5.12 所示。单击基准平面将其激活,拖动为如图 9.5.13 所示。

(5)创建基准轴。单击【注释】选项卡【注释】组中的【绘制基准】命令溢出按钮,在弹出的菜单中单击绘制基准轴命令按钮 ∕ 绘制基准轴,弹出【选择点】对话框。使用与(4)中类似的方法创建基准轴 AXES1,如图 9.5.6 所示。至此记事本创建完成,参见配套文件 ch9\ch9_5_example1.lay。

图 9.5.11 【选择点】对话框

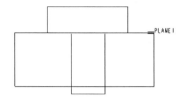

图 9.5.12 基准平面

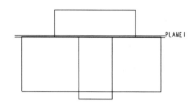

图 9.5.13 修改后的基准平面

　　由以上过程可以看出,在记事本中不能实现精确绘图,要想得到精确的模型示意图,可以借助其他设计软件。例如,可以在 AutoCAD 中创建图形要素,然后插入到记事本中。首先,在 AutoCAD 中创建需要的图形文件并存盘。(注意:Creo 10.0 可识别的最高 AutoCAD 版本为 AutoCAD 2018。)然后在记事本文件中单击【布局】选项卡【插入】组中的导入绘图/数据命令按钮 导入绘图/数据,弹出【打开】对话框,找到已创建的 AutoCAD 文件并打开,弹出【导入 DWG】对话框,如图 9.5.14 所示,选择导入其模型空间,得到如图 9.5.15 所示的记事本。本例相关文件参见配套文件 ch9\ch9_5_example2。

图 9.5.14 【导入 DWG】对话框

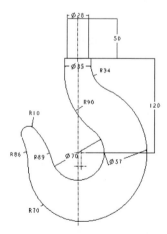

图 9.5.15 导入的 DWG 文件

　　注意:采用以上方法导入其他文件作为记事本时,因为记事本是非参数化的,不会保持到原始文件的链接,因此若更新了原始文件,记事本不会随之更新。
　　要实现元件的自动装配,还要创建零件模型并声明记事本。零件模型创建完成后,单击【文件】→【管理文件】→【声明】命令,弹出【声明】菜单,如图 9.5.16 所示。其中必须指定的内容有两项。

（1）声明记事本。单击【声明记事本】命令，弹出可用的声明列表，如图 9.5.17 所示，指定要关联的记事本。在完成此步骤后，关联记事本中的基准和参数便可应用于零件模型。一个模型可以声明多个记事本。若要取消与记事本之间的联系，则单击【取消声明记事本】命令，并选择要取消的记事本。

图 9.5.16　【声明】菜单

图 9.5.17　声明记事本

（2）声明名称。要参考记事本中的全局基准，还必须将它们声明到零件中的特定基准。单击图 9.5.16 所示【声明】动态菜单中的【声明名称】命令，消息区弹出提示信息"选择要声明的基准平面、轴、点、坐标系或任意平面"，选择零件中的点、轴、坐标系或面并确定方向后，在【输入全局名称】文本框中输入记事本中的全局基准。

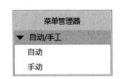

图 9.5.18　【自动/手动】动态菜单

完成零件中的记事本声明后，便可实现元件的自动装配。创建组件文件，并使用传统的约束方法装配已经声明记事本的第一个元件。在装配其他元件时，系统弹出如图 9.5.18 所示的【自动/手工】动态菜单，选择【手工】命令，使用传统的方法约束元件；选择【自动】命令，使用记事本中创建的元件内基准和记事本中的全局基准之间的联系自动完成装配。

例 9.5　使用自动装配的方法，创建如图 9.5.1(d)所示的组件，其元件位于配套文件目录 ch9\ch9_5_example3 中。

分析：要创建自动装配的组件，首先要创建记事本，并在记事本中创建用于完成自动装配的全局基准。然后将记事本声明到即将装配的元件，并创建记事本中全局基准与元件中的基准之间的联系。最后创建组件，并实现自动装配。

模型创建过程：①新建记事本文件，并创建基准；②打开元件，声明记事本并创建记事本基准与元件基准之间的联系；③创建组件并实现自动装配。

步骤 1：新建记事本。

使用例 9.4 的方法创建记事本文件 ch9_5_example3_lay.lay，将其基准平面和基准轴分别命名为 PLANE_MATE、AXES_1，如图 9.5.19 所示。

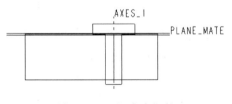

图 9.5.19　记事本文件

提示：在创建记事本时,表示组件形状的非参数化草图不是必须绘制的。草图中的线条仅代表设计者对产品形状的构思,如果仅需实现自动装配,可以不必绘制任何草图。如图9.5.20和图9.5.21所示的记事本与图9.5.19所示记事本在完成组件自动装配方面是等效的。

图9.5.20 简化记事本文件(一)　　　　图9.5.21 简化记事本文件(二)

步骤2：在零件中声明记事本。

(1) 在ch9_5_example3_bolt中声明记事本。打开配套文件ch9\ch9_5_example3\ch9_5_example3_bolt.prt,单击【文件】→【管理文件】→【声明】命令,弹出【声明】动态菜单,单击【声明记事本】命令,在记事本列表中选择步骤1中创建的记事本ch9_5_example3_lay.lay。

注意：必须保证步骤1中创建的记事本处于内存中(保持打开状态或使用【关闭窗口】命令关闭但没有被拭除),在零件中声明记事本时,此记事本才能显示在记事本列表中。

(2) 声明基准。单击【声明】动态菜单中的【声明名称】命令,选择螺栓帽底面并指定其方向向上,如图9.5.22所示,并输入记事本中要与之重合的基准平面PLANE_MATE；选择螺栓轴线A_1,并输入记事本中与之重合的基准轴AXES_1。

(3) 使用与(1)、(2)相同的方法,在ch9_5_example3_panel.prt中声明记事本并声明基准,选择其上表面并使其正方向向上(图9.5.23),与记事本中的基准平面PLANE_MATE重合；选择其孔的轴线A_2,使其与记事本中的基准轴AXES_1重合。

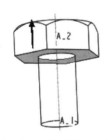

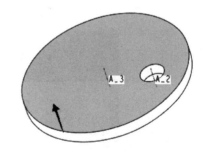

图9.5.22 声明螺帽与记事本基准重合　　　　图9.5.23 声明圆盘与记事本基准重合

步骤3：创建组件并实现自动装配。

(1) 创建组件。选择公制模板mmns_asm_design_abs,新建组件文件ch9_5_example3.asm。

(2) 装配ch9_5_example3_panel.prt。单击【模型】选项卡【元件】组中的组装元件命令按钮 组装 激活装配命令,选择ch9_5_example3_panel.prt,使用"默认"放置方式,使元件与组件的默认坐标系对齐。

(3) 装配ch9_5_example3_bolt.prt。单击【模型】选项卡【元件】组中的组装元件命令按

钮 激活装配命令,选择 ch9_5_example3_bolt. prt,系统弹出图 9.5.18 所示的【自动/手工】动态菜单,选择【自动】命令,元件自动装配。

装配完成,参见配套文件夹 ch9\ch9_5_example3_f。

9.5.3　使用记事本传递全局参数

在记事本中可以创建参数。单击【工具】选项卡【设计意图】组中的定义参数命令按钮【】**参数**,弹出【参数】对话框如图 9.5.24 所示。单击对话框中的 ✚ 按钮添加新参数,可以修改参数的名称、类型、值、访问权限等属性。设置实数参数 A＝100,B＝200,如图 9.5.25 所示。

图 9.5.24　【参数】对话框

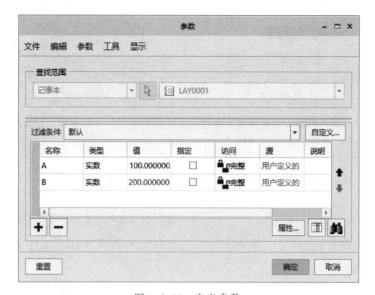

图 9.5.25　定义参数

在记事本中创建的参数称为全局参数。在其他零件或组件模型中,可以通过声明记事本将记事本中的全局参数引入本模型中。再通过在零件中创建关系式,便可使用记事本中的全局参数控制零件或组件中局部参数的变化。

例 9.6　创建记事本 ch9_5_example4.lay,并在记事本中创建两个全局参数 diameter=100 和 height=50,用来控制网络配套文件 ch9\ch9_5_example4\ch9_5_example4.prt 中拉伸特征的直径和高度。

步骤 1:新建记事本。

单击【文件】→【新建】命令或工具栏中的新建按钮 ,选择文件类型为【记事本】,输入文件名 ch9_5_example4.lay,创建记事本。

步骤 2:创建参数。

(1) 激活命令。单击【工具】选项卡【设计意图】组中的定义参数命令按钮 【】 **参数** ,弹出【参数】对话框。

(2) 添加参数。单击【参数】对话框中的 ＋ 按钮添加两个参数,修改参数名称分别为 diameter、height,分别修改其值为 100 和 50,如图 9.5.26 所示。[①]

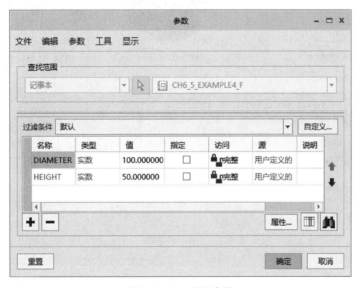

图 9.5.26　定义参数

步骤 3:保存记事本。

单击【文件】→【保存】命令或工具栏中的保存按钮 ,将记事本保存在当前工作目录中。注意:请勿拭除记事本文件,要确保记事本文件保留在内存中。

步骤 4:在 ch9_5_example4.prt 中声明记事本。

(1) 打开配套文件 ch9\ch9_5_example4\ch9_5_example4.prt。

(2) 声明记事本。在零件模型中单击【文件】→【管理文件】→【声明】命令,弹出【声明】动态菜单,单击【声明记事本】命令并选择记事本列表中的 ch9_5_example4,如图 9.5.27 所示。

_____

① 　Creo 软件的变量不区分大小写,输入的无论是大写或是小写字符,系统均以大写显示。

步骤5：在零件模型中创建关系。

（1）显示要编辑的尺寸。选择零件模型中的拉伸特征，在弹出的浮动工具栏中单击编辑尺寸命令按钮 🗗，模型显示要编辑的尺寸，如图9.5.28所示。

（2）创建关系。单击【工具】选项卡【模型意图】组中的切换尺寸按钮 切换尺寸，模型上的尺寸显示为参数，如图9.5.29所示，单击定义关系按钮 d= 关系 弹出【关系】对话框，在【局部参数】列表中可以看到源自记事本的两个参数 height 和 diameter。在关系输入区中输入模型尺寸与全局尺寸的关系 d0 = height，d1 = diameter，如图9.5.30所示，单击【确定】按钮退出。

图9.5.27　声明记事本

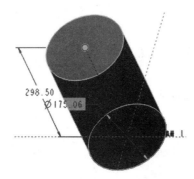

图9.5.28　模型尺寸

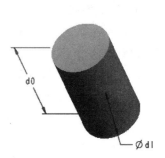

图9.5.29　尺寸以符号显示

图9.5.30　【关系】对话框

步骤 6：再生模型。

单击【模型】选项卡【操作】组中的再生命令按钮 ，模型根据记事本中创建的参数再生，如图 9.5.31 所示。

本例最终结果参见配套文件 ch9\ch9_5_example4\ch9_5_example4_f.prt。

图 9.5.31　再生后的模型

习题

1. 例 8.8 中创建了吹风机的整体造型如题图 1(a)所示(见配套文件 ch9\ch9_exercise1\ch9_exercise1.prt)，在此造型基础上创建分割面和安装螺钉中心线，创建吹风机外壳零件模型如题图 1(b)和(c)所示，并完成装配，如题图 1(d)所示。

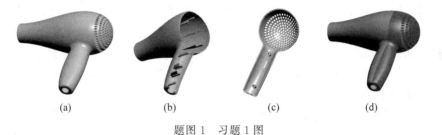

(a)　　　　　(b)　　　　　(c)　　　　　(d)

题图 1　习题 1 图

2. 使用自顶向下的方法创建例 7.10 中的电话听筒上下盖模型，如题图 2 所示，图中尺寸参见图 7.8.2(c)。

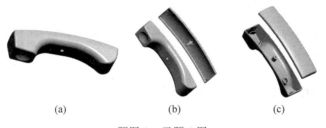

(a)　　　　　(b)　　　　　(c)

题图 2　习题 2 图

3. 使用自顶向下的方法，根据例 7.3 创建的电源适配器外形(如题图 3(a)所示)，创建其零件模型，如题图 3(b)所示。电源适配器外形参见配套文件 ch9\ch9_exercise3\ch9_exercise3.prt。

(a)　　　　　　　　　(b)

题图 3　习题 3 图

第10章

高 级 装 配

将元件按一定约束关系组合在一起形成组件,这个过程即为装配。Creo 提供了扩展名为".asm"的组件文件,设计者可以将元件和子组件放在一起形成新的组件文件。

Creo 采用单一数据库技术,其装配过程是一个调用元件模型并将其组合在一起的过程,最后形成的装配文件仅仅记录了元件之间形成约束的过程,在装配模型中所显示的均为元件数据。所以,无论是在零件中或是在组件中修改模型,改变的均为零件模型中的数据,同时组件模型的显示也会随之发生改变。Creo 这种全相关的数据结构,使产品开发过程中任何阶段的更改都会自动应用到其他设计阶段,从而保证了数据的正确性和完整性。

在前面介绍的基本模型装配方法的基础上,本章总结创建组件以及元件放置的各种方式,讲述装配中的布尔运算和大型组件中零件的简化表示方法。

10.1 组件的创建方式

根据不同的设计模式,Creo 提供了两种组件的创建方法:"将元件添加到组件"和"在组件模式下创建元件"。

10.1.1 将元件添加到组件

在组件中将创建好的元件依次装配到组件中,此装配过程仅仅是一个创建元件与组件之间约束的过程。这是最常用的组件创建方式,适用于已经完成所有零件的场合。"将元件添加到组件"方法的细节请参阅《Creo 10.0 基础设计》一书。

10.1.2 在组件模式下创建元件

"在组件模式下创建元件"允许设计者在装配界面下直接创建零部件。在产品开发过程中,部分零部件的形状、位置等参数需要依赖于组件中其他零部件,若在单独的零件建模界面中创建这些零部件,可能存在很大的不便和困难,使用"在组件模式下创建元件"的方法便可解决这个问题。

如图 10.1.1(a)所示,组件中的第一个元件是一个参数未知的圆环,要在其上装配第二个圆环,其内半径与第一个圆环相等,外半径比第一个圆环小 30,如图 10.1.1(b)所示。若在单独的零件建模界面下,因为不知道即将创建圆环的内外半径,因此无法创建这个零件。而在组件界面下,装配第一个圆环后,通过其内孔可创建内圆,将外圆边界向内偏移 30 得到第二个圆环半径,从而能够创建其模型。

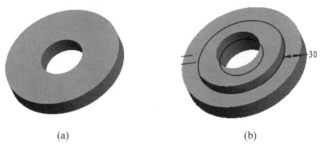

(a)　　　　　　　　　　　　　　　(b)

图 10.1.1　具有尺寸联系的零件的建模

例 10.1　组件中已有零件如图 10.1.1(a)所示,其中的圆环为半径未知的导入特征(参见配套文件 ch10\ch10_1_example2.asm),创建并装配一个小圆环,其高度为 20,内孔半径与已有圆环相等,外圆半径比已有圆环小 30,如图 10.1.1(b)所示。

分析:使用"在组件模式下创建元件"的方式创建第二个元件,同时完成其装配。在创建第二个元件时,通过捕捉已有元件的边界得到需要的图元。

步骤 1:打开已有组件。

打开配套文件 ch10\ch10_1_example2.asm,显示已装入元件如图 10.1.1(a)所示。

步骤 2:在组件模式下创建第二个元件。

(1) 激活命令。单击【模型】选项卡【元件】组中的创建元件命令按钮 创建,弹出【创建元件】对话框,如图 10.1.2 所示。

(2) 输入元件名称并确定元件创建方法。在【创建元件】对话框中输入第二个元件的名称"ch10_1_example2",并单击【确定】按钮,弹出【创建选项】对话框,如图 10.1.3 所示。其中列出了创建新零件的 4 种方法。

图 10.1.2　【创建元件】对话框

图 10.1.3　复制现有模型创建元件

① 从现有项复制：选择一个已存在的零件创建其副本，将此副本作为新创建的零件放置在组件中。其界面如图 10.1.3 所示。

② 定位默认基准：创建元件并自动将其装配到所选参考，其界面如图 10.1.4 所示。此时创建的零件通过其基准定位到了组件上，但零件本身没有任何实体特征。单击对话框中的【确定】按钮，可以进入零件设计模式并设计零件。

图 10.1.4　定位默认基准创建元件

③ 空：创建一个不含有任何特征的零件模型。

④ 创建特征：创建一个零件模型，并进入零件设计模式创建特征。

本例中选择【创建特征】单选按钮，进入零件设计界面，组件中已有元件呈半透明状态显示，如图 10.1.5 所示。同时模型树中新创建的零件 ch10_1_example2.prt 被激活，其图标变为 ，如图 10.1.6 所示。

图 10.1.5　组件原有元件

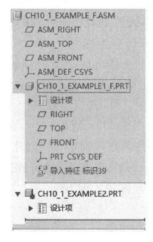

图 10.1.6　模型树

（3）创建拉伸特征。单击【模型】选项卡【形状】组中的拉伸命令按钮 激活拉伸命令。选择已有元件上表面作为草绘平面，ASM_FRONT 面和 ASM_RIGHT 面作为草绘平面中的放置参考。

在草绘界面中，使用偏移的方法创建图元。在【草绘】组中单击偏移命令按钮 偏移 ，在弹出的选择框（图 10.1.7）中单击链属性按钮 ，弹

图 10.1.7　偏移命令选择框

出【链】对话框。选择【基于规则】单选按钮，【规则】选择【完整环】单选按钮，然后单击原有模型外边缘线，整个模型外圆被选中，默认向外偏移一定距离生成草图，如图 10.1.8 所示。此时【链】对话框如图 10.1.9 所示。在模型上双击修改偏移距离为 −30，表示向内偏移已有模型外圆，生成草图如图 10.1.10 所示。

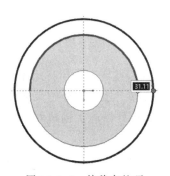

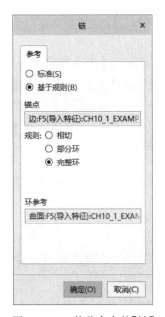

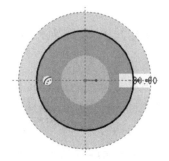

图 10.1.8　偏移完整环　　　图 10.1.9　偏移命令的【链】　　图 10.1.10　偏移生成的草图
　　　　　　　　　　　　　　　　　　　对话框

使用投影命令创建草图内孔。在【草绘】组中单击投影命令按钮 ▢ 投影，按住 Ctrl 键单击已有元件内孔的两个半圆，生成草图如图 10.1.11 所示。单击 ✔ 确定 按钮退出草绘器。

指定模型向 ASM_TOP 面的正方向拉伸，长度为 20，生成的模型如图 10.1.12 所示。单击【文件】→【保存】命令或工具栏中的保存按钮 💾 存盘，创建的第二个元件 ch10_1_example2.prt 被保存到工作目录下。

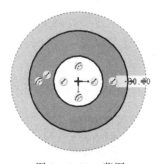

图 10.1.11　草图　　　　　　　　图 10.1.12　拉伸特征

至此模型创建完成，参见配套文件 ch10\ch10_1_example2_f.prt 和 ch10_1_example2_f.asm。

10.2　组件中元件的放置方式

组件中的元件根据其约束方式的不同，可分为"完全约束元件"、"封装元件"以及"未放置元件"3 类。

10.2.1 完全约束元件

产品装配过程中,一般情况下要求每个装入组件的元件都处于全约束状态,即:其六个自由度全部被约束,新装入的元件与组件之间的位置是相对固定的。Creo提供了"重合"、"距离"、"角度偏移"、"平行"、"法向"、"共面"、"居中"、"相切"、"固定"以及"默认"10种约束方法,用于创建新装入元件与组件之间的约束关系。除了这种"完全约束"的元件外,Creo的组件中还允许存在部分约束及未放置元件。

10.2.2 封装元件

在向组件添加元件时,有时可能不知道将元件放置在哪里最好,或者不希望将此元件相对于其他元件定位,这时可使这些元件处于部分约束或无约束状态。处于部分约束或无约束状态的元件也称为"封装元件","封装"也成为临时放置元件的一种措施。创建封装元件的方法有两种。

(1)单击【模型】选项卡【元件】组中的组装命令按钮![组装],选择零件或子组件进行装配。装配过程中,若在完全约束元件之前关闭"元件放置"操控面板,添加的元件即为处于部分约束或无约束状态的封装元件。

(2)单击【模型】选项卡【元件】组中的【组装】命令溢出按钮,在弹出的菜单中单击封装命令按钮![封装],弹出【封装】浮动菜单。单击【添加】命令,在下级浮动菜单中单击【打开】命令,如图10.2.1所示,系统弹出【打开】对话框,选择要封装的零件到当前组件模型中。

封装元件也是组件模型的一部分,但与其他以完全约束方式装配的文件是有区别的。在模型树上封装元件前有一个方框图标□,如图10.2.2所示。

图10.2.1 【封装】浮动菜单

图10.2.2 封装元件

对于封装元件,可以使用"编辑定义"的方法将其更改为完全约束元件。从模型树上选择一个封装元件,单击【编辑】→【定义】命令,或右击封装元件并选择快捷菜单中的【编辑定义】命令,图形区底部将弹出【元件放置】操控面板,模型进入装配状态。此时可使用合适的约束方式,限制封装元件的自由度,使其变为完全约束元件。

10.2.3　未放置元件

Creo 的组件中允许存在不显示在图形窗口中的元件模型,这类元件称为"未放置元件"。未放置元件属于没有装配或封装的组件,这些元件出现在模型树中,但不会出现在图形窗口中。未放置元件在模型树中用 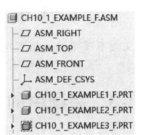 进行标识,如图 10.2.3 所示。

可对未放置元件执行不涉及在组件或其几何中放置的操作。例如,可使未放置元件与层相关,但不能在未放置元件上创建特征。

有两种方法可以在组件中添加未放置元件:包括未放置元件和创建未放置元件。

图 10.2.3　未放置元件

1. 包括未放置元件

(1) 激活命令。在组件中,单击【模型】选项卡【元件】组中的【组装】命令溢出按钮,在弹出的菜单中单击【包括】按钮,打开【打开】对话框。

(2) 选择要包括在组件中的元件,并单击对话框中的【打开】按钮,操作完成。该元件已添加到模型树中,但没有出现在图形窗口中。

2. 创建未放置元件

(1) 激活命令。在组件中,单击【模型】选项卡【元件】组中的创建元件命令按钮 <!-- icon -->创建,打开【创建元件】对话框。

(2) 选择文件类型。选择【零件】单选按钮,并在【文件名】文本框中输入名称或保留默认名称。

图 10.2.4　【创建选项】对话框

(3) 确定未放置元件。在【创建元件】对话框中单击【确定】按钮,打开【创建选项】对话框,通过从现有元件复制或保留空元件来创建元件,在【放置】选项框中选中【不放置元件】复选框,如图 10.2.4 所示。

单击【确定】按钮,该元件被添加到模型树中,但不出现在图形窗口中,操作完成。

从以上两种添加未放置元件的方法可以看出,"创建未放置元件"的方法适用于创建新的元件的场合,而"包括未放置元件"的方法则应用于将已有元件添加到组件中。

可以通过重定义未放置元件的方法,对未放置元件添加约束,将其变为完全约束元件或封装元件。在模型树中单击未放置元件,在弹出的浮动菜单中单击编辑定义命令按钮 <!-- icon -->,即可编辑元件。根据未放置元件是否包含特征,其放置方法也不相同。

(1) 包含特征的未放置元件的放置方法:若未放置元件中含有特征,激活放置元件的命令后,主窗口中打开【元件放置】操控面板,使用 Creo 中提供的约束方法,添加组件与元件之间的约束方式,即可完成元件与组件之间的约束。

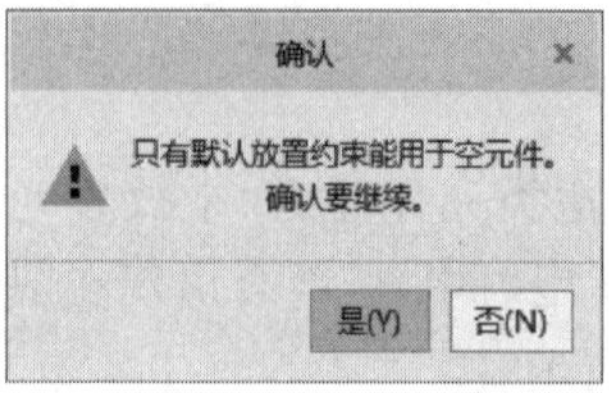

图10.2.5 【确认】对话框

（2）不包含任何特征的未放置元件的放置方法：若未放置元件中不包含任何特征，则无法使用常规约束方式创建其与组件之间的约束。此时系统弹出如图10.2.5所示的【确认】对话框，单击【是】按钮，使用默认放置约束方式放置此元件。

注意：一旦将未放置元件通过"编辑定义"的方法添加了约束，此元件即变为完全约束或封装元件，无法将该元件还原为未放置状态。也就是说，未放置元件到完全约束或封装元件的转变是不可逆的。但可以通过单击撤销按钮 来撤销转换操作。

10.3 装配中的布尔运算

在组件中不同的元件之间可以执行布尔运算。布尔运算是处理二值之间关系的逻辑数学计算法，包括联合、相交、相减算法。将布尔运算应用于三维模型设计领域，可以在图形处理操作中引用合并、切除以及相交等算法，以使简单的基本图形组合产生新的形体。

三维模型布尔运算的实例如图10.3.1所示。图10.3.1（a）所示锥台和圆柱装配完成后如图10.3.1（b）所示，对锥台实施布尔运算在其中切除圆柱得模型如图10.3.1（c）所示，在锥台上合并圆柱得模型如图10.3.1（b）所示，将锥台与圆柱相交得模型如图10.3.1（d）所示。

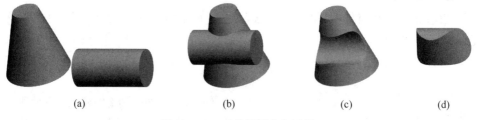

| (a) | (b) | (c) | (d) |

图10.3.1 三维模型布尔运算

10.3.1 元件合并

将两个元件装配为组件后，使用"合并"的方法可以将其中一个元件的材料添加到另一个元件中，其结果是在第二个元件模型中生成一个合并特征。

元件合并的一般过程如下。

（1）创建两个零件模型，并将其装配到一个组件中。

（2）激活命令。在组件模型中，单击【模型】选项卡【元件】组中的组溢出按钮，在弹出的菜单中单击【元件操作】按钮，弹出【元件】浮动菜单，如图10.3.2所示。单击【布尔运算】命令弹出【布尔运算】对话框，如图10.3.3所示。

（3）确定布尔运算的类型。布尔运算包括合并、剪切、相交等多种类型，如图10.3.4所示，此处选择"合并"。

（4）选择要对其执行合并处理的零件。单击激活【被修改模型】拾取框，选择将要被修改的模型；同理激活【修改元

图10.3.2 【元件】浮动菜单

件】拾取框,拾取将要被合并的模型。单击对话框中的【确定】按钮完成操作。

图 10.3.3　【布尔运算】对话框　　　　图 10.3.4　设置布尔运算的类型

至此元件合并操作完成。打开对其执行合并处理的零件,可以看到模型中多了一个"合并"特征。

例 10.2　如图 10.3.5 所示,将配套文件 ch10\ch10_3_example2.prt(如图 10.3.5(b)所示)合并到文件 ch10_3_example1.prt(如图 10.3.5(a)所示)上,使模型 ch10_3_example1.prt 变为如图 10.3.5(c)所示。

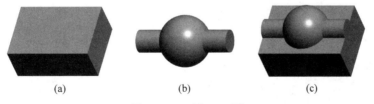

(a)　　　　　　　　(b)　　　　　　　　(c)

图 10.3.5　例 10.2 图

分析:按照以上所述元件合并的方法,首先将零件 ch10_3_example1.prt 和 ch10_3_example2.prt 按照图形位置要求装配为组件,然后在组件中对 ch10_3_example1.prt 执行合并操作。

步骤 1:装配元件。

(1) 选择公制模板 mmns_asm_design_abs,新建组件文件 ch10_3_example3.asm。

(2) 装入第一个零件。单击【模型】选项卡【元件】组中的组装元件命令按钮　,选择零件模型 ch10_3_example1.prt,使用"默认"约束方式将其装入组件。

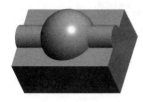

图 10.3.6　元件装配

（3）装入第二个零件。单击【模型】选项卡【元件】组中的组装元件命令按钮 ![组装]，选择零件模型 ch10_3_example2.prt。使元件的 RIGHT 面和 FRONT 面分别与组件的相应面对齐、元件的 TOP 面与模型 ch10_3_example1.prt 的上表面对齐,将元件装入组件,如图 10.3.6 所示。

步骤 2：将 ch10_3_example2.prt 合并到 ch10_3_example1.prt 中。

（1）激活命令。在组件模型中,单击【模型】选项卡【元件】组中的组溢出按钮,在弹出的菜单中单击【元件操作】按钮,弹出【元件】浮动菜单,单击【布尔运算】命令弹出【布尔运算】对话框。

（2）设置布尔运算的操作类型。在对话框中单击【布尔运算】选项框,在弹出的下拉列表中选择【合并】命令。

（3）指定被修改的元件以及将要被合并的元件。选择 ch10_3_example1.prt（六面体）作为被修改的元件；选择 ch10_3_example2.prt 作为修改元件。此时【布尔运算】对话框如图 10.3.7 所示,单击对话框中的【确定】按钮完成操作。

将组件存盘,并打开模型 ch10_3_example1.prt,显示如图 10.3.5(c)所示,其模型树如图 10.3.8 所示,说明零件 ch10_3_example2.prt 已被合并到模型中。完成后的模型参见配套文件 ch10\ch10_3_example1_f.prt、ch10_3_example2_f.prt 和 ch10_3_example3_f.asm。

布尔运算	✕

布尔运算: 合并

被修改模型:
CH10_3_EXAMPLE1_F.PRT

修改元件:
Comp id 40 (CH10_3_EXAMPLE2_F.PRT)

方法: 几何

更新控制: 自动更新

☑ 关联放置
☐ 传递参考
☐ 放弃修改元件
☐ 复制基准平面
☑ 复制面组
☑ 包括构造主体

包括复制的图元的属性
☑ 外观
☑ 参数
☑ 名称
☑ 层
☑ 材料
☑ 构造 - 是/否

☐ 预览(P)　　　　确定　取消

图 10.3.7　【布尔运算】对话框　　　图 10.3.8　添加合并特征元件的模型树

10.3.2 元件切除

在组件中,可使用"切除"的方法从一个零件中减去另一个零件的材料得到切除特征。元件切除的方法与元件合并类似,不同之处在于选择布尔运算的类型为"剪切",即在图 10.3.4 所示【布尔运算】对话框中选择【剪切】选项。

元件切除操作完成后,打开对其执行切除操作的零件,可以看到模型中多了一个"切除"特征。

例 10.3 如图 10.3.9 所示,从配套文件 ch10_3_example1.prt(如图 10.3.9(a)所示)中切除 ch10\ch10_3_example2.prt(图 10.3.9(b)),使模型 ch10_3_example1.prt 变为如图 10.3.9(c)所示。

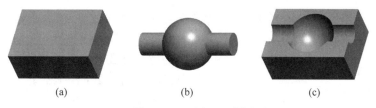

(a) (b) (c)

图 10.3.9 例 10.3 图

分析:本例与例 10.2 类似,首先将两个零件按照切除后的位置装配为一个组件,然后在组件中从模型 ch10_3_example1.prt 中切除 ch10_3_example2.prt。

步骤 1:装配元件。

使用例 10.2 的方法创建装配模型,如图 10.3.6 所示。

步骤 2:从元件模型 ch10_3_example1.prt 中切除 ch10_3_example2.prt。

(1)激活命令。在组件模型中,单击【模型】选项卡【元件】组中的组溢出按钮,在弹出的菜单中单击【元件操作】按钮,弹出【元件】浮动菜单,单击【布尔运算】命令弹出【布尔运算】对话框。

(2)设置布尔运算的操作类型。在对话框中单击【布尔运算】选项框,在弹出的下拉列表中选择【剪切】命令。

(3)指定被修改的元件以及修改元件。选择 ch10_3_example1.prt(六面体)作为被修改的元件,选择 ch10_3_example2.prt 作为修改元件。

将组件存盘,并打开模型 ch10_3_example1.prt,如图 10.3.9(c)所示,其模型树如图 10.3.10 所示。完成后的模型参见配套文件 ch10\ch10_3_example1_f1.prt、ch10_3_example2_f1.prt 和 ch10_3_example3_f1.asm。

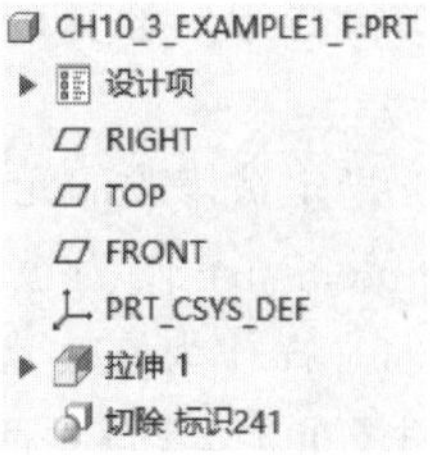

```
📄 CH10_3_EXAMPLE1_F.PRT
 ▶ 🔳 设计项
   ▱ RIGHT
   ▱ TOP
   ▱ FRONT
   ↳ PRT_CSYS_DEF
 ▶ 📁 拉伸 1
   🗐 切除 标识241
```

图 10.3.10 被修改元件模型树

10.3.3 元件相交

对组件中两元件"求交",其重叠部分生成一个"零件相交"特征,添加到被修改元件中。如图 10.3.11(a)所示组件中包含两个直径相等的球体,其球心之间的间距等于球体半径。

对其求交得到"零件相交"特征如图 10.3.11(b)
所示。

元件相交的方法与前述元件合并、元件切除
类似,不同之处在于选择布尔运算的类型为"相
交",即在图 10.3.4 所示【布尔运算】下拉列表中
选择【相交】命令。元件相交操作完成后,打开被
操作元件,可以看到模型中多了一个"零件相交"
特征。

图 10.3.11　元件求交

例 10.4　对两个直径为 100 的球体求交,两球心距离为 50,如图 10.3.12 所示。

步骤 1:创建两个球体零件,并装配。

(1) 创建第一个球体。新建一个零件文件,单击【模型】选项卡【形状】组中的旋转命
令按钮 ◆ 旋转 激活旋转命令,创建一个直径为 100 的球,旋转特征的草图和球的模型如
图 10.3.12 所示。将此文件保存为 ch10_3_example3.prt。

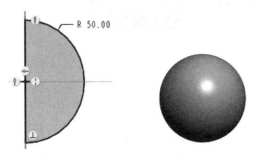

图 10.3.12　创建第一个零件文件

(2) 创建第二个球体。在上面的模型中
单击【文件】→【保存副本】命令,将此文件另
存为 ch10_3_example4.prt。

(3) 新建组件文件。单击【模型】选项卡
【元件】组中的组装元件命令按钮 ,选择零
件模型 ch10_3_example3.prt,使用"默认"约
束将其装入组件。采用同样方法激活装配命
令,选择零件模型 ch10_3_example4.prt,分
别选择元件的 TOP 面和 FRONT 面,使其与
组件中相应的面重合,选择元件的 RIGHT 面使其与组件中对应的面对齐,且偏距为 50。

步骤 2:创建元件相交特征。

(1) 激活命令。在组件模型中,单击【模型】选项卡【元件】组中的组溢出按钮,在弹出的
菜单中单击【元件操作】按钮,弹出【元件】浮动菜单,单击【布尔运算】命令弹出【布尔运算】对
话框。

(2) 设置布尔运算的操作类型。在对话框中单击【布尔运算】下拉菜单,选择【相交】
命令。

(3) 指定被修改的元件以及修改元件。选择 ch10_
3_example3.prt 作为被修改的元件,选择 ch10_3_
example4.prt 作为修改元件。

单击【布尔运算】对话框中的【确定】按钮,相交特
征创建完成。此时被修改元件 ch10_3_example3.prt
的模型树如图 10.3.13 所示,添加了一个"零件相
交"特征。本例结果参见配套文件 ch10\ch10_3_
example3.prt、ch10_3_example4.prt、ch10_3_example5
.asm。

图 10.3.13　添加相交特征元件
的模型树

10.4　大型组件的简化表示

大型复杂产品建模时,由于构成组件的零件数目较多,其数据总量较大,当全部打开这类组件模型时往往需要耗费大量内存和时间。如图 10.4.1 所示 CA6140 车床模型,由 600 多个元件装配而成,数据总量 300MB,打开后 Creo 进程占用内存空间接近 1GB。当使用或修改模型时,其再生时间较长。若进程数据量继续增加,虚拟内存占用空间接近 2GB 时,对于配置较低的普通 PC 机,Creo 软件经常会出现内存错误而自动退出。

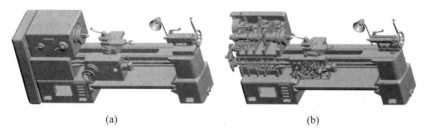

(a)　　　　　　　　　　　　　　　(b)

图 10.4.1　CA6140 车床模型

(a) 车床外形图;(b) 车床剖视图

对于已经组装好的大型组件,设计者需要查看或修改的往往是其部分内容。为了减小计算机的内存开销,Creo 软件提供了组件简化表示方法,用于控制元件或组件在屏幕上的显示或是否驻留在内存中,从而提高系统工作效率。

10.4.1　组件简化表示概述

在 Creo 中,组件的简化表示使用以下两种方法可达到加快计算机运算速度、提高计算机显示效率的目的。

(1) 排除元件或组件。将不需要的元件或组件排除在显示之外。

(2) 使用替代元件代替复杂元件或组件。创建简化的包络元件,并用这些元件替换模型中相应的复杂元件,从而达到减少数据运算量、提高计算机速度的目的。

单击【模型】选项卡【模型显示】组中的视图管理器命令按钮 ![管理视图] ,弹出【视图管理器】对话框如图 10.4.2 所示,其中显示【简化表示】属性页的内容。图中【名称】列表框中显示了几种已有的简化表示。

(1) 主表示:列出组件中所有成员的一种表示类型,即没有任何简化的视图表示。创建组件后,列表中的"默认表示"和主表示是相同的。

(2) 默认包络表示:使用收缩包络来表示复杂元件。在使用默认包络表示时,必须创建或选择对组件的包络。关于包络的创建方法详见 10.4.3 节。

设计者可以新建并编辑新的简化表示,在新建的简化表示中排除或替代元件。单击【视图管理器】对话框中【简化表示】属性页下的【新建】按钮,或直接单击鼠标中键,在【名称】列表框中添加一项新的简化表示,如图 10.4.3 所示。输入简化表示的名称或接受默认名称后,按 Enter 键或单击鼠标中键,打开简化表示编辑界面如图 10.4.4 所示。

图 10.4.2 【视图管理器】对话框

图 10.4.3 新建简化表示

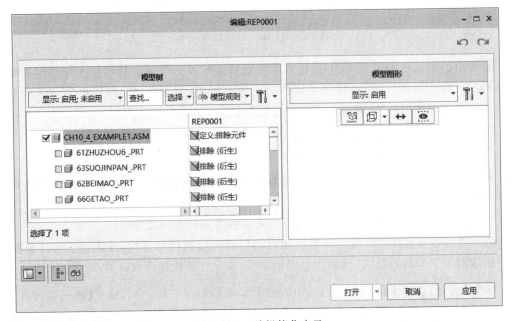

图 10.4.4 编辑简化表示

在新建简化表示中,所有元件均默认为"排除"状态,表示在此简化表示中不显示任何元件。选中零件前的复选框可在右侧【模型图形】窗口显示该零件,单击零件后的状态列弹出下拉菜单,用于设置此元件在简化表示中的状态。若设置为"主表示",则此元件正常显示,如图 10.4.5 所示。

简化表示中各元件的状态设定完成后,依次单击【编辑:REP0001】对话框中的【应用】和【打开】按钮,完成简化状态的编辑,返回到图 10.4.3 所示【视图管理器】对话框,以上创建的简化表示 Rep0001 被设定为活动状态。单击对话框中的【属性】按钮,对话框显示如图 10.4.6 所示,表示简化表示列出的三个元件以主表示显示,其他元件不显示。

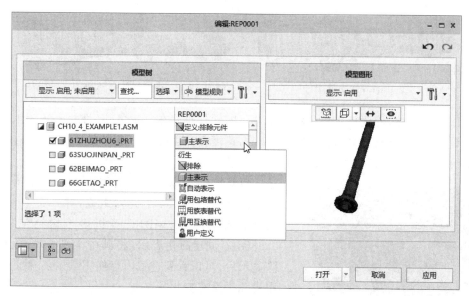

图 10.4.5　选择【主表示】

图 10.4.6　简化表示的属性

10.4.2　排除显示

排除显示是组件简化表示最常用的一种方法。在创建简化表示时,将选定元件"排除"后,此元件在图形窗口将不显示,但仍存在于模型树中并且可作为其他元件的参考。

图 10.4.7 示出了 CA6140 车床床头箱中的 VI 轴组件,按照 10.4.1 节中的操作,在【视图管理器】对话框中新建一个简化表示,打开简化表示编辑界面如图 10.4.4 所示。调整元件的显示状态,除 3 个齿轮显示状态设置为"排除"外,其他元件均显示为"主表示"。完成简化表示后模型如图 10.4.8 所示,可以看出 3 个齿轮元件被排除在了显示之外。本例文件参见配套文件目录 ch10\ch10_4_example1。

图 10.4.7　主轴组件

图 10.4.8　排除齿轮显示后的主轴组件

对于大型组件,创建简化表示将一定数量的元件排除在显示之外,可大大降低计算机显存使用量,此时进行模型移动、旋转等操作时,速度会显著提高。但观察 Creo 进程的内存使用量和计算机虚拟内存使用量,却发现没有显著改变。

图 10.4.9　CA6140 车床床头箱剖切图

以 CA6140 车床床头箱为例,其剖切图如图 10.4.9 所示。该组件由 154 个元件组成,打开后 Creo 进程内存使用量为 387MB,计算机虚拟内存使用量为 0.98GB。创建简化表示,将其中大部分复杂元件排除显示后,可以看到进程内存使用量以及虚拟内存使用量几乎没有变化。

创建组件的简化表示后,要想显著减少内存使用量、提高计算机运行速度,需要使用"打开表示"命令。单击【文件】→【打开】命令或工具栏中的打开按钮

,打开【文件打开】对话框如图 10.4.10 所示,选择要打开的组件后,单击【打开表示】按钮,显示【打开表示】对话框如图 10.4.11 所示。从打开表示列表中选择要打开的简化表示。此时再观察 Creo 进程内存使用量以及虚拟内存使用量分别为 126MB、750MB,计算机运行速度也显著提高。

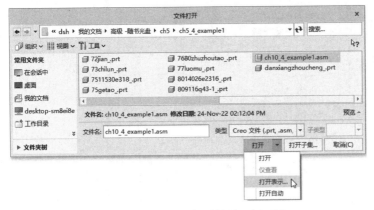

图 10.4.10　打开文件时的"打开表示"

图 10.4.11　【打开表示】
对话框

除了在打开组件文件时选择【打开表示】命令打开简化表示外,还可以将其存储为外部简化表示,而无须修改原始组件。在【视图管理器】对话框【简化表示】属性页中右击激活状态下的简化表示,在弹出的快捷菜单中选择【复制为外部】命令,如图 10.4.12 所示,弹出【创建外部简化表示】对话框如图 10.4.13 所示。选择【保存模型】单选按钮,并输入简化表示的名称,外部简化表示即被存储为特殊组件类型的新模型。

图 10.4.12 将简化表示复制为外部文件　　　　图 10.4.13 【创建外部简化表示】对话框

10.4.3 使用包络元件替换复杂元件

对于图 10.4.7 所示轴组件,在上一小节中使用排除元件的方法创建简化表示,虽然能减少内存使用量、提高计算机运行速度,但这种表示方法无法表达被排除元件的位置与整体结构,造成了结构表达的欠缺。本小节介绍简化表示的第二种常用方法:使用包络元件替换复杂元件或组件。

使用包络元件替换复杂元件,是指使用能够表达复杂元件基本形状的简化元件替换原有复杂元件,简化模型显示,以减少内存使用量、提高计算机运行速度。对于图 10.4.7 所示轴组件,使用如图 10.4.14 所示的替换方法,创建轴组件的简化表示,如图 10.4.15 所示。

图 10.4.14 零件的简化表示

图 10.4.14 中的替换使用了由拉伸、旋转等简单特征生成的替换元件来表达复杂零件的外形,其内存占用量比原来的复杂零件要少得多,而且在打开、再生以及显示零件时,速度也比以前快得多。

在以上替换中,包络元件使用拉伸、旋转等简单特征生成,这是一种创建包络元件的方法。使用以下两种方法可激活创建包络元件命令。

(1) 单击【视图】选项卡【模型显示】组中的【管理视图】命令溢出按钮,在弹出的菜单中单击  包络管理器 命令,弹出【包络】对话框,如图 10.4.16 所示。单击【新建】按钮,弹出【包络定义】对话框,如图 10.4.17 所示。

图 10.4.15　使用包络元件替换复制元件

显示组件模型

图 10.4.16　【包络】对话框

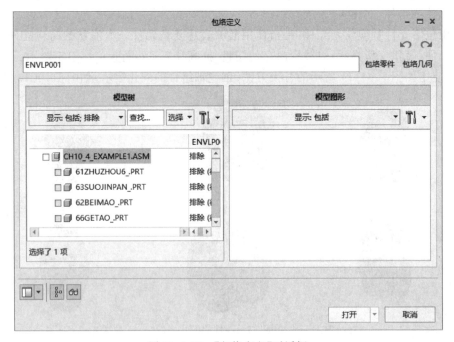

图 10.4.17　【包络定义】对话框

(2) 单击【模型】选项卡【元件】组中的创建元件命令按钮 创建 ,弹出【创建元件】对话框,选择【包络】单选按钮并输入包络名称,如图 10.4.18 所示,单击【确定】按钮,也可以弹出

图 10.4.18 【创建元件】对话框

图 10.4.17 所示的【包络定义】对话框。

使用包络元件替换复杂元件的步骤如下。

（1）使用以上两种方法之一打开【包络定义】对话框。

（2）选择要替代的元件。在图 10.4.17 所示的【包络定义】对话框中选择要替代的元件，并将其状态由"排除"改为"包括"。

（3）在【包络定义】对话框中单击【包络零件】按钮，弹出【包络方法】对话框，如图 10.4.19 所示。选择【创建包络零件】单选按钮，并输入生成的包络零件名称。

（4）确定创建方法。在图 10.4.19 所示对话框中单击【确定】按钮，弹出【创建选项】对话框如图 10.4.20 所示，选择其中的一种方法创建包络元件。

图 10.4.19 【包络方法】对话框

图 10.4.20 【创建选项】对话框

① 从现有项复制：复制现有零件的包络几何。

② 定位默认基准：定位新包络零件的基准平面。

③ 空：创建没有几何的包络零件。创建零件后，可通过右击模型树中的包络元件并从弹出的快捷菜单中选择【编辑定义】命令添加元件。

④ 创建特征：创建新元件的特征。新元件将作为活动零件出现在模型树中。

（5）完成包络元件。根据（4）中选择的包络元件创建方法创建包络元件，并单击图 10.4.17 所示【包络定义】对话框中的【确定】按钮。

（6）将包络显示在模型树中。创建的包络元件以元件形式存在，但默认不显示在模型树上。在导航区单击树过滤器按钮 ，如图 10.4.21 所示，在弹出的【树过滤器】对话框中选中【包络元件】复选框，如图 10.4.22 所示。

（7）使用包络。使用包络的方法有以下三种。

图 10.4.21 树过滤器按钮

① 在模型中以包络替代元件。在模型树中右击包络，在弹出的快捷菜单中单击【表示】→【使用包络】命令，如图 10.4.23 所示。包络零件将替代模型中的原件显示在图形区。

图 10.4.22　【树过滤器】对话框　　　　　　　图 10.4.23　使用包络替代元件

② 在简化表示中以包络替代元件。如图 10.4.5 所示，在编辑简化表示时，选择元件的状态为"用包络替代"，使用包络替代该元件。

③ 在简化表示中以包络创建默认包络表示。创建包络时，若选择整个组件，则此包络可作为"默认包络"被用在简化表示中。在图 10.4.2 所示【视图管理器】对话框中，当设置"默认包络表示"作为活动简化表示时，若当前模型中没有整个组件的包络，则将弹出【创建默认包络】对话框，如图 10.4.24 所示，单击【确定】按钮创建一个包络元件。若当前模型中已经包含整个组件的包络，设置默认包络表示时将弹出【选择包络】对话框，如图 10.4.25 所示，从列表中选择一个包络作为简化表示的默认包络。

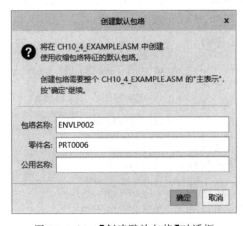

图 10.4.24　【创建默认包络】对话框　　　　　图 10.4.25　【选择包络】对话框

例 10.5 机械手臂如图 10.4.26(a)所示,其第二关节外转动套为复杂零件,创建其简化表示,如图 10.4.26(b)所示。本例所用模型参见配套文件目录 ch10\ch10_4_example2。

(a)　　　　　　　　　　　　　　　(b)

图 10.4.26　例 10.5 图

步骤 1:设置工作目录并打开原始文件。

(1) 设置工作目录。将配套文件目录 ch10\ch10_4_example2 复制到硬盘中,并将工作目录设置于此。

(2) 打开原始文件。打开文件 ch10\ch10_4_example2\ch10_4_example2.asm,如图 10.4.26(a)所示。

步骤 2:定义包络元件。

(1) 激活包络命令。单击【视图】选项卡【模型显示】组中的【管理视图】命令溢出按钮,在弹出的菜单中单击 【包络管理器】命令,弹出【包络】对话框,单击【新建】按钮,弹出【包络定义】对话框;或单击【模型】选项卡【元件】组中的创建元件命令按钮 【创建】,弹出【创建元件】对话框,选择【包络】单选按钮并输入包络名称,单击【确定】按钮弹出【包络定义】对话框。

(2) 选择要替代的元件并修改其状态。在模型上或模型树上单击元件 waizhuandongtao.prt,作为被替代元件,并将其状态由“排除”改为“包括”。

(3) 创建包络元件。在【包络定义】对话框中单击【包络零件】按钮,弹出【包络方法】对话框。选择【创建包络零件】单选按钮,并输入生成的包络零件名称“jianhua.prt”,单击【确定】按钮,在弹出的【创建选项】对话框中选择“创建特征”单选按钮,进入特征创建界面。

创建拉伸特征。单击【插入】→【拉伸】命令或工具栏中的拉伸按钮 【创建】 激活拉伸命令。单击操控面板上的【放置】标签,在弹出的滑动面板中单击【定义】按钮,在手臂末端选择元件 waizhuandongtao.prt 的端面作为草绘平面,如图 10.4.27 所示,图 10.4.28 所示平面作为参考,方向向上。过外转动套外圆创建草图如图 10.4.29 所示。拉伸到零件的另一端,生成模型如图 10.4.30 所示。

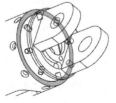

图 10.4.27　包络特征的草绘平面

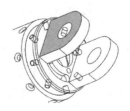

图 10.4.28　包络特征的参考

图 10.4.29　包络特征草图　　　　　　　　图 10.4.30　生成的包络模型

（4）完成包络元件。单击【包络定义】对话框中的【打开】按钮，单击【包络】对话框的【关闭】按钮，完成包络零件。

（5）创建简化表示，以包络替代元件。单击【视图】→【视图管理器】命令，打开【视图管理器】对话框，创建一个新的简化表示 REP0001。在其编辑对话框中，首先设置组件的显示状态为"主表示"，如图 10.4.31 所示，然后设置元件 waizhuandongtao. prt 的状态为"用包络替代"，并选择以上创建的包络，如图 10.4.32 所示单击【打开】按钮退出【编辑：REP0001】对话框，单击【关闭】按钮关闭【视图管理器】对话框。

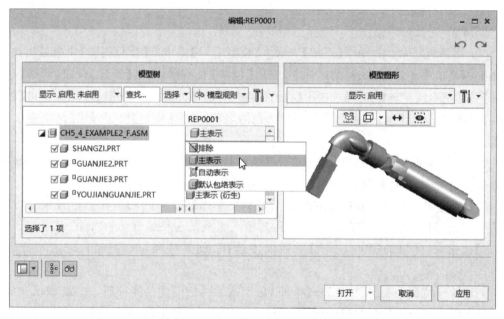

图 10.4.31　组件显示状态为主表示

（6）存盘。单击【文件】→【保存】命令或工具栏中的保存按钮 🖫，将简化表示随组件存盘。同时，创建的简化文件 jianhua. prt 也随之保存。

步骤 3：打开简化表示。

（1）关闭并拭除原来的组件。单击【文件】→【关闭】命令关闭当前文件，并单击【文件】→【管理会话】→【拭除未显示的】命令将其从内存中清除。

（2）打开简化表示。单击【文件】→【打开】命令或工具栏中的打开按钮 ☞，在弹出的【文件打开】对话框中单击【打开】命令溢出按钮，在弹出的菜单中单击【打开表示】按钮，在列表框中选择前面创建的简化表示 REP0001，如图 10.4.33 所示。单击【打开】按钮打开该表示，模型如图 10.4.26(b)所示。

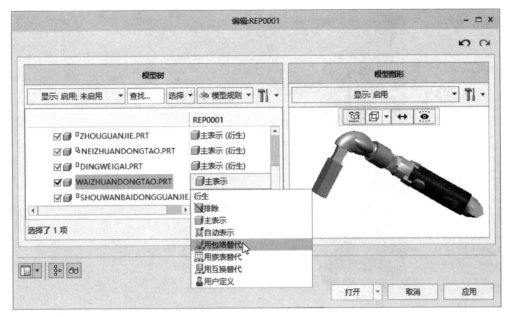

图 10.4.32 用包络替代零件

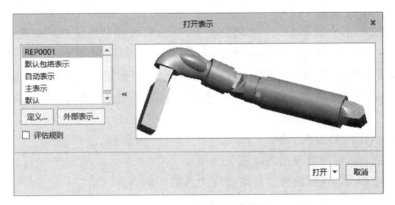

图 10.4.33 打开表示列表

本例创建的简化表示参见配套文件 ch10\ch10_4_example2\ch10_4_example2_f.asm。

10.4.4 使用多面实体收缩包络创建包络元件

10.4.3 小节中,使用"包络元件"的方法通过一个或多个简单特征创建了替换元件。也可以使用"多面实体收缩包络"的方法直接创建替换元件。

多面实体收缩包络,是指使用系统自动计算出的一个多面实体来表示要替换元件的外部曲面。如图 10.4.34(a)所示为万向轮组件模型,图 10.4.34(b)所示为使用包络轮子和轮毂的多面实体来替换相应元件后的简化表示。

在图 10.4.19 所示的【包络方法】对话框中,选择【多面实体收缩包络】单选按钮,对话框变为如图 10.4.35 所示。新对话框中添加了"质量"和"属性"两项内容。

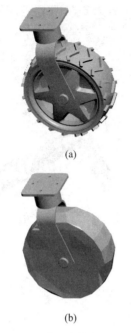

(a)

(b)

图 10.4.34　多面实体收缩包络元件

图 10.4.35　【包络方法】对话框

在【等级】文本框中输入 1～10 之间的数字,可调整收缩包络模型的质量级别。输入的数字越大,创建的收缩包络模型就越详细;同时,系统处理时间也就越长。在创建收缩包络模型时,推荐首先指定较低的质量级别,在预览结果后,根据需要逐渐增加质量等级。

收缩包络的"属性"指定了创建模型时的多个选项,通过选中【属性】区域中不同的复选框,改变收缩包络模型形成的方式。

(1) 自动填孔:从收缩包络中移除孔。

(2) 包括面组:将面组包括在收缩包络中。

(3) 忽略小曲面:在创建收缩包络过程中忽略小曲面。

使用收缩包络替代创建简化表示的方法与过程如下。

(1) 激活【包络定义】对话框。单击【视图】选项卡【模型显示】组中的【管理视图】命令溢出按钮,在弹出的菜单中单击 包络管理器 命令,弹出【包络】对话框,单击【新建】按钮,弹出【包络定义】对话框;或单击【模型】选项卡【元件】组中的创建元件命令按钮 创建 ,弹出【创建元件】对话框,选择【包络】单选按钮并输入包络名称,单击【确定】按钮弹出【包络定义】对话框。

(2) 选择要替代的元件。从列表中选择要创建多面实体收缩包络的元件,使其状态改变为"包括"。

(3) 完成包络。在【包络定义】对话框中单击【包络零件】按钮,弹出【包络方法】对话框。选择【多面实体收缩包络】单选按钮,设置包络质量和属性并输入包络零件名称,单击【确定】按钮完成包络元件。单击【包络定义】对话框中的【打开】按钮关闭【包络定义】对话框,单击【包络】对话框中的关闭按钮,完成包络零件的定义,模型树中显示包络零件。

(4) 创建简化表示,以包络替代元件。单击【模型】选项卡【模型显示】组中的视图管理

器命令按钮 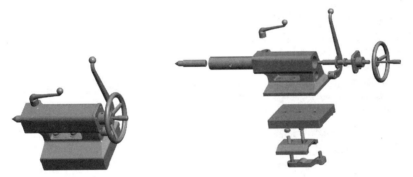,打开【视图管理器】对话框,创建一个新的简化表示 ERP0001。在其编辑对话框中,首先设置组件的显示状态为"主表示",然后设置以上创建多面实体收缩包络的元件状态为"用包络替代",并选择以上创建的包络。单击简化表示编辑对话框上的【打开】按钮完成显示。

图 10.4.34 所示实例参见配套文件目录 ch10\ch10_4_example3,请读者自行练习。

10.4.5　收缩包络

使用"收缩包络"功能可创建一个反映组件外部曲面形状的单个实体零件。图 10.4.36 所示为车床尾座组件模型,具有详细的内部结构。使用"收缩包络"功能可以创建一个仅具有外部形状的实体零件,这个收缩包络零件可减少磁盘和内存使用量 90% 以上,从而加快计算机加载和处理速度。同时,在没有公开模型的内部设计结构的情况下,此收缩包络实体零件可以提供模型的准确外形,以便供其他设计组、供货商或客户使用,保护商业秘密、专利设计及其他专利信息。

图 10.4.36　收缩包络模型

创建收缩包络的方法较简单,单击【文件】→【另存为】→【保存副本】命令,在【保存副本】对话框中选择文件【类型】为"收缩包络",如图 10.4.37 所示,单击【确定】按钮,弹出【创建收

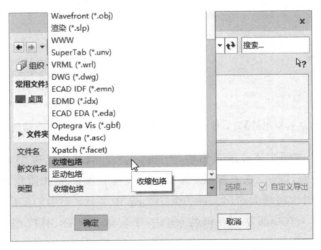

图 10.4.37　模型另存为收缩包络文件

缩包络】对话框如图 10.4.38 所示,设置收缩包络的创建方法、质量级别及其他选项,单击【确定】按钮创建收缩包络零件。

收缩包络模型有三种类型:曲面子集、多面实体和合并实体。

(1) 曲面子集。曲面子集收缩包络模型由一组曲面和基准特征组成,代表了参考模型的外部曲面。调整收集曲面的质量级可改变所得到曲面集合的精度,应用较高的质量会增加包括在收缩包络中的曲面的数量。

曲面子集是最快的收缩包络方法,它只包括曲面,生成的模型占用空间最小。图 10.4.39所示为曲面子集收缩包络模型的目录树,其中显示的外部复制几何均为曲面。

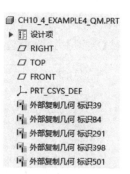

图 10.4.38 【创建收缩包络】对话框　　图 10.4.39 曲面子集收缩包络模型目录树

(2) 多面实体。多面实体收缩包络模型生成一个近似的原始模型,它是一单个实体模型,表示所有外部曲面,如图 10.4.40(a)所示。可调整收集曲面的质量级,较高的质量将提高表示的精确性,同时也将增大输出文件的大小。图 10.4.40(a)中的多面实体收缩包络模型为 7 级精度,它产生一个外部复制几何特征和一个实体化特征,其模型树如图 10.4.40(b)所示。

(3) 合并实体。合并实体收缩包络模型可提供一个十分准确的原始模型的实体表示。

     (a)   (b)

图 10.4.40 多面实体收缩包络模型

系统将参考组件模型中的外部元件合并到单个零件中,表示所有收集的元件中的实体几何。通过从参考模型中将元件合并并复制到收缩包络模型中,系统创建并导出一个收缩包络模型。当合并实体收缩包络模型有一个封闭型腔时,系统将用实体几何来填充它。合并实体收缩包络模型生成一个外部复制几何特征和一个实体化特征,其模型树与多面实体包络收缩模型类似。

  注意:收缩包络模型与原始组件不相关联,修改源模型时它不会随之更新。

  图 10.4.36 所示实例参见配套文件目录 ch10\ch10_4_example4,请读者自行练习。

参 考 文 献

1. 丁淑辉. Pro/Engineer Wildfire 5.0 高级设计与实践[M]. 北京：清华大学出版社，2010.
2. 丁淑辉. Creo 4.0 基础设计[M]. 北京：中国矿业大学出版社，2018.
3. 丁淑辉. Creo Parametric 3.0 基础设计与实践[M]. 北京：清华大学出版社，2015.
4. 丁淑辉，李学艺. Pro/Engineer Wildfire 4.0 曲面设计与实践[M]. 8 版. 北京：清华大学出版社，2013.
5. 孙桓，陈作模. 机械原理[M]. 6 版. 北京：高等教育出版社，2001.
6. 宁汝新，赵汝嘉. CAD/CAM 技术[M]. 2 版. 北京：机械工业出版社，2006.
7. 钟日铭. Creo 8.0 产品结构设计[M]. 北京：机械工业出版社，2022.
8. 北京兆迪科技有限公司. Creo 6.0 运动仿真与分析教程[M]. 北京：机械工业出版社，2021.
9. 詹友刚. Creo 4.0 机械设计教程[M]. 北京：机械工业出版社，2018.
10. 林清安. Pro/ENGINEER 零件设计：高级篇（上）[M]. 北京：北京大学出版社，2000.
11. 林清安. Pro/ENGINEER 零件设计：高级篇（下）[M]. 北京：北京大学出版社，2000.